Bernd Ulmann
Mathematik
De Gruyter Studium

Weitere empfehlenswerte Titel

Analog Computing
Bernd Ulmann, 2013
ISBN 978-3-486-72897-2, e-ISBN 978-3-486-75518-3

Einführung in die Informatik, 10. Auflage
Heinz-Peter Gumm, Manfred Sommer, 2012
ISBN 978-3-486-70641-3, e-ISBN 978-3-486-71995-6

IT-Sicherheit, 9.Auflage
Claudia Eckert, 2014
ISBN 978-3-486-77848-9, e-ISBN (PDF) 978-3-486-85916-4;
e-ISBN (EPUB) 978-3-11-039910-3

Die phantastische Geschichte der Analysis, 2. Auflage
Hans Heinrich Körle, 2012
ISBN 978-3-486-70819-6, e-ISBN 978-3-486-71625-2,
Set-ISBN 978-3-486-79517-2

Bernd Ulmann

Mathematik

Eine Einführung für Praktiker

DE GRUYTER
OLDENBOURG

Autor
Prof. Dr. Bernd Ulmann
65307 Bad Schwalbach
Germany
ulmann@vaxman.de

ISBN 978-3-11-037511-4
e-ISBN (PDF) 978-3-11-037513-8
e-ISBN (EPUB) 978-3-11-039785-7

Library of Congress Cataloging-in-Publication Data
A CIP catalog record for this book has been applied for at the Library of Congress.

Bibliographic information published by the Deutsche Nationalbibliothek
Die Deutsche Nationalbibliothek verzeichnet diese Publikation in der Deutschen Nationalbibliografie; detaillierte bibliografische Daten sind im Internet über http://dnb.dnb.de abrufbar.

Coverabbildung: Sergey Nivens/thinkstock
Druck und Bindung: CPI books GmbH, Leck
♾Printed on acid-free paper
Printed in Germany

www.degruyter.com

Für Rikka, Miyu und Lilly.

Danksagung

Dieses Buch wäre ohne die Hilfe und Unterstützung einer Vielzahl von Personen nicht oder nicht in der vorliegenden Form entstanden. Zunächst möchte ich Rikka, meiner Frau, nicht nur für ihre schier endlose Geduld danken, mit der sie an vielen Tagen und Abenden auf mich verzichtet hat, die ich statt mit ihr mit LaTeX und `vim` verbracht habe, sondern auch für unermüdliches Korrekturlesen, Lösen von Übungsaufgaben und viele fruchtbare Diskussionen über Aufbau und Struktur des Buches.

Herrn Professor Dr. Gerd Hofmeister sowie Herrn Dr. Christian Kaminski danke ich für ihre Unterstützung und viele Verbesserungsvorschläge, ohne die das Buch sicherlich weit weniger lesbar und lesenswert geworden wäre.

Frau Bianca Brunner, Herrn Erik Reischl, Herrn Oliver Bach, Herrn Dr. Patrick Hedfeld, Herrn Tibor-Florestan Pluto, Herrn Simon Monscheuer und Herrn Jens Breitenbach gebührt Dank für viele Korrekturen und anregende Diskussionen.[1]

Weiterhin gebührt Dank Dr. Reinhard Steffens, ohne den nicht nur die Idee für dieses Buch nicht entstanden wäre, sondern der auch mit kritischem Mathematikerblick Korrektur gelesen hat.

Das Buch wurde mit LaTeX gesetzt, der Quellcode wurde mit dem besten Editor von allen, dem `vim`, geschrieben, die Mehrzahl der Abbildungen wurde mit TikZ erstellt.

1 Darüber hinaus hat sich Herr Joachim Wagner vor allem um die Fußnoten in diesem Buch verdient gemacht, wofür ihm an dieser angemessenen Stelle gedankt sei.

Vorwort

Ziel des vorliegenden Buches ist eine praxisorientierte Einführung in die Mathematik, wobei typische Anwendungen herausgestellt werden. Entsprechend finden sich deutlich weniger Beweise in diesem Buch, als es sonst üblich ist – überhaupt pflegt das Buch deutlich weniger mathematische Rigorosität als andere, viele Darstellungen erfolgen quasi „hemdsärmelig“ mit Blick auf die Praxis. Dies soll jedoch keinesfalls den Eindruck erwecken, Beweise und andere Errungenschaften der reinen Mathematik seien nicht wichtig – ganz im Gegenteil! Ohne das über Jahrhunderte hinweg entwickelte Instrumentarium der Mathematik wäre unser Zeitalter ein Dunkles, da ohne sie kein tiefergehendes Verständnis der Naturgesetze möglich ist und damit auch keine der unsere Kultur maßgeblich bestimmenden Hochtechnologien hätte entwickelt werden können.

Dieses Buch soll als erster Einstieg in die Mathematik für Studierende verstanden werden. Es kann und soll kein Lehrbuch der reinen Mathematik ersetzen, aber vielleicht komplementieren, indem es mitunter eine andere, praxisorientierte Sicht auf gewisse Aspekte vermittelt.

Wofür wird in den unterschiedlichsten Wissenschaftszweigen Mathematik benötigt? Um es kurz zu machen, ist es wie im restlichen Leben: Für beinahe alles! Allein auf den ersten Blick einfache Fragen und Probleme beispielsweise der Zahlendarstellung haben schon für abstürzende Raketen gesorgt, Aktienkurse einbrechen lassen etc. Keine der heute in nahezu allen Bereichen eingesetzten Techniken wie Optimierungsverfahren, Datenbanken, Verschlüsselung, verlustfreie und verlustbehaftete Kompression etc. sind ohne ein solides mathematisches Fundament denk-, geschweige denn umsetzbar. Einen ersten Grundstein für ein solches Fundament will das vorliegende Buch legen.

Die einzelnen Themen werden im Laufe des Textes durch eine Reihe von Übungsaufgaben ergänzt, die in der Mehrzahl von Form und Komplexität her typischen Klausuraufgaben von Einführungsvorlesungen entsprechen. Eine Besonderheit dieses Buches sind die sogenannten *Abschweifungen*: Diese Passagen enthalten thematische Ausblicke, Anekdoten und andere wissenswerte Aspekte zu bestimmten Themen und entsprechen damit typischen Randbemerkungen in Vorlesungen.

Es wird kein über den Rahmen der Schulmathematik hinausgehendes Vorwissen vorausgesetzt – einige wesentliche Rechenregeln sowie eine Liste häufig verwendeter Buchstaben und Symbole sind in Anhang A aufgelistet.

Inhalt

1 Grundlagen

Die folgenden Abschnitte behandeln einige grundlegende Themen, die für das Verständnis der folgenden Kapitel notwendig sind. Hierzu gehört eine kleine Einführung in die Logik und die Grundlagen des Beweisens, gefolgt von einer kurzen Darstellung der Mengenlehre, die unter anderem für den Zahlbegriff notwendig ist. Hieran schließt sich ein Abschnitt über Zahldarstellungen in Digitalrechnern an.

1.1 Mathematische Notation

Nur wenige Wissenschaften sind so eng mit ihrer jeweiligen Notationsform verbunden wie Mathematik, Physik und Chemie. Keines dieser Fächer ist ohne eine über Jahrhunderte hinweg entstandene formalisierte Sprache denk- oder gar betreibbar. Gerade diese besondere Form der Notation und auch Ausdrucksweise hat jedoch einen nicht unerheblichen Anteil daran, dass Mathematik von vielen als furchteinflößend und unverständlich angesehen wird – ganz zu Unrecht, wie sich zeigen wird. Ohne die heute verwendete mathematische Notation könnten komplexe Zusammenhänge nicht ansatzweise ausgedrückt werden. Sehr schön zeigt dies folgende Rechenaufgabe aus einem babylonischen Keilschrifttext:[1]

> Länge mit 3 vervielfacht[,] Breite mit 2 vervielfacht[,] addiert quadratisch[,] Fläche [der] Länge addiert und so 4,56,40.

Dieser kleine Text zeichnet sich durch das völlige Fehlen heute gewohnter mathematischer Symbole aus und versucht dennoch eine abstrakte Rechenaufgabe zu beschreiben. In heutiger Notation liest sich die gleiche Aufgabenstellung wie folgt:

$$(3x + 2y)^2 + x^2 = 4{,}56{,}40$$

Man sieht, um wie vieles einfacher die gleiche Aufgabe mit Hilfe nur einiger weniger spezieller Symbole wie +, = und Potenzbildung formuliert werden kann.[2] Bis dahin

1 Siehe (Neugebauer, 1969, S. 71). Die ungewohnte Zahlendarstellung auf der rechten Seite des Gleichheitszeichens beruht auf der Tatsache, dass das babylonische Zahlensystem die 60 als Basis verwendete. (Siehe Abschnitt 1.6.) Eine solche Zahlendarstellung wird *Sexagesimalsystem* genannt. Auch heute noch finden sich Spuren eines solchen 60er-Systems beispielsweise in Uhrzeitangaben und in Winkelmaßen. Versetzt man sich jedoch in die Rolle eines Babylonischen Schülers, dessen zu lernendes Einmaleins über $60 \cdot 60 = 3600$ Einträge verfügt, lernt man den Vorteil eines Zahlensystems mit einer deutlich kleineren Basis wie der 10 in unserem Dezimalsystem zu schätzen. Eine Vermutung, warum die Babylonier just 60 als Basis ihres Zahlensystems wählten, ist, dass die 60 extrem viele Teiler besitzt, was beispielsweise typische Aufgaben der Landverteilung etc. vereinfacht.

2 Oberflächlich betrachtet könnte man argumentieren, dass die in dieser Aufgabe verwendeten Begriffe „Länge“ und „Breite“ doch auch hervorragend funktionieren, da man sich vielleicht spontan

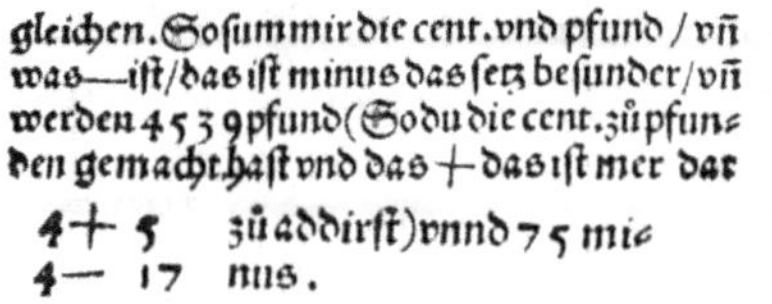

Abb. 1.1. Die Verwendung von „+“ und „–“ in (WIDMANN, 1508, S. 59 f.)

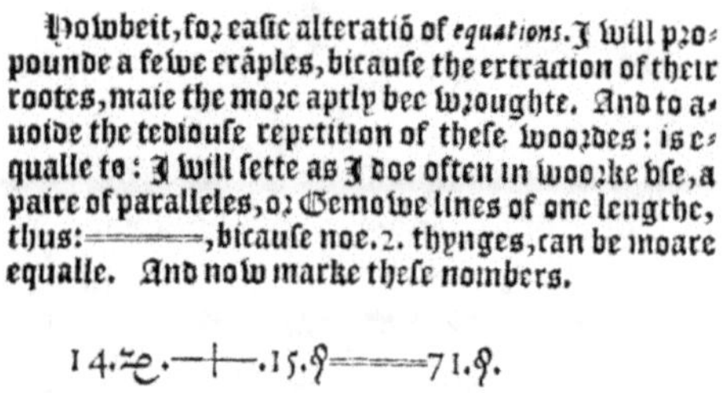

Abb. 1.2. Die Einführung des Gleichheitszeichens und die erste bekannte Gleichung, $14x + 15 = 71$ (siehe (RECORDE, 1557, S. 236))

war es jedoch ein langer und interessant zu verfolgender Weg: JOHANNES WIDMANN[3] hielt 1486 in Leipzig die wohl erste Algebra-Vorlesung und verwendete dort zwei spezielle Symbole, die er auch in seinem 1489 publizierten einflussreichen Buch *„Behend und hüpsch Rechnung uff allen Kauffmanschafften“* verwendete. Diese beiden in Abbildung 1.1 dargestellten Symbole haben als *Plus* und *Minus* weltweite Verwendung gefunden und sind aus dem heutigen Leben nicht mehr wegzudenken.[4]

WIDMANN machte auch die sogenannten, heute fast völlig vergessenen *cossischen Zeichen* einem größeren Publikum bekannt, mit denen Potenzen einer Unbekannten ausgedrückt wurden. Der Begriff leitet sich vom italienischen Wort „cosa“ für „Ding“ ab. Heute ist an ihre Stelle meist ein x getreten.[5] Eine weitere frühe Schrift, die Plus- und Minuszeichen verwendete und ihrer allgemeinen Verwendung den Weg ebnete, war das Buch *„Ayn new kunstlich Buech welches gar gewiß und behend lernet nach der gemainen regel Detre […]“* von HEINRICH SCHREIBER[6].

---

eher etwas darunter als unter den heute verwendeten Zeichen x und y vorstellen kann. Gerade das ist jedoch ein gefährlicher Schluss: Begriffe wie diese beiden implizieren genau ein Bild, das aber bereits in der geschilderten Aufgabe völlig unangebracht ist. Schon in dieser einige Jahrtausende alten Aufgabe ging es um eine abstrakte Fragestellung, bei der konkrete Begriffe wie „Länge“ und „Breite“ den Leser auf eine trügerische Fährte locken.

3 Ca. 1460–1500.

4 Umso bemerkenswerter ist die Feststellung, dass IBM beispielsweise erst 1949 auf mehrfachen Kundenwunsch seine Drucker, die damals *Tabelliermaschinen* genannt wurden und in ihrem Leistungsumfang weit über heutige Drucker hinausgingen, um ein druckbares Minuszeichen erweiterte. Zuvor waren negative Zahlen stets durch ein vorangestelltes *CR*, kurz für *Credit*, kenntlich gemacht worden, was zwar im kaufmännischen Bereich üblich und praktikabel war, jedoch ein Hindernis für die Anwendung dieser Maschinen im technisch/naturwissenschaftlichen Bereich darstellte (siehe MCCLELLAND et al. (1983).

5 TERRY MOORE erläutert in einem unter `https://www.ted.com/talks/terry_moore_why_is_x_the_unknown` (Stand 05.11.2014) zugänglichen TED-Talk die Hintergründe, die dazu führten, dass x heutzutage allgemein für das Unbekannte an sich, nicht nur in der Mathematik, steht.

6 Ca. 1492–1525. HEINRICH SCHREIBER war auch unter den Namen HEINRICH GRAMMATEUS und HENRICUS GRAMMATEUS bekannt.

Eine der zentralen Errungenschaften der mathematischen Notation ist das Gleichheitszeichen, das von ROBERT RECORDE[7] im Jahre 1557 eingeführt wurde,[8] um auf einen Blick deutlich zu machen, dass zwei Dinge einander gleich sind, nämlich die linke und rechte Seite einer *Gleichung*. Seine Wahl, zwei parallele Linien für dieses Symbol zu verwenden, ist darauf zurückzuführen, dass, wie er schreibt, nichts gleicher als zwei parallele Linien sein kann.[9] Abbildung 1.2 zeigt eine der ersten solcherart notierten Gleichungen. Bei den ungewohnten Symbolen hinter den Konstanten 14, 15 und 71 handelt es sich um sogenannte cossische Zeichen, um die erste und nullte Potenz der Variablen der Gleichung, die selbst nicht explizit notiert ist, darzustellen. Der zugehörige Text liest sich wie folgt:

> Howbeit, for easie alteratiõ of equations. I will propunde a fewe exãples, bicause the extraction of their rootes, maie the more aply bee wroughte. And to auoide the tediouse repetition of these woordes : is equalle to : I will sette as I doe often in woorke vse, a paire of paralleles, or Gemowe lines of one lengthe, thus: =====, bicause noe .2. thynges, can be moare equalle. And now marke these nombers.

Von diesen aus heutiger Sicht geradezu bescheidenen Anfängen zu unserer heutigen mathematischen Notation mit ihrer schier unüberschaubaren Vielzahl von Symbolen und speziellen Regeln[10] war der Weg lang, und die resultierende Notationsform ist keineswegs frei von seltsam anmutenden Eigenarten.[11] Als Werkzeug ist sie ein zweischneidiges Schwert: Auf der einen Seite wäre ohne sie die Entwicklung der uns umgebenden Technologien unmöglich gewesen, auf der anderen Seite verleitet sie durch ihr reichhaltiges und mächtiges Instrumentarium dazu, reine Symbolmanipulation zu betreiben, ohne in genügendem Maße über die Eigenschaften der jeweiligen Objekte nachzudenken – implizite Division durch 0 ist noch das harmloseste Beispiel. Schon CARL FRIEDRICH GAUSS,[12] der „Fürst der Mathematiker", bemerkte hierzu:

> Es ist der Charakter der Mathematik der neueren Zeit (im Gegensatz gegen das Alterthum), daß durch unsere Zeichensprache und Namensgebungen wir einen Hebel besitzen, wodurch die verwickeltsten Argumentationen auf einen gewissen Mechanismus reduciert werden. An Reichthum hat dadurch die Wissenschaft unendlich gewonnen, an Schönheit und Solidität aber wie das Geschäft gewöhnlich betrieben wird, eben so sehr verloren. Wie oft wird jener Hebel eben nur mechanisch angewandt, obgleich die Befugniß dazu in den meisten Fällen gewisse stillschweigende Voraussetzungen implicіert.[13]

---

7 Ca. 1512–1558.

8 Siehe RECORDE (1557).

9 ... bis zur Einführung der nichteuklidischen Geometrie.

10 Man denke nur an die EINSTEINsche *Summenkonvention*, nach der automatisch über gleiche Indizes summiert wird, so dass beispielsweise der Ausdruck $\sum_{j=1}^{n} A_{ij}B_{jk}$ kurz als $A_{ij}B_{jk}$ geschrieben wird.

11 Eine gewisse Unzufriedenheit mit der traditionellen mathematischen Notation veranlasste beispielsweise KEN IVERSON (17.12.1920–19.10.2004), eine eigene Notation zu entwickeln, aus der die Programmiersprache *APL*, kurz für *A Programming Language*, entstand.

12 30.04.1777–23.02.1855

13 Siehe (WUSSING, 1979, p. 65).

Wichtig ist, Mathematik nicht als abstrakte Symbolmanipulation zu betrachten, sondern sich stets bewusst zu machen, was sich hinter den jeweiligen Formeln verbirgt. Damit verliert Mathematik auch automatisch ihren Schrecken, den viele mit dem Fach aus der Schulzeit verbinden. Was Mathematik eine weitaus größere Herausforderung als andere Fächer werden lässt, sind zum einen die gerade zu Beginn für Studierende ungewohnte Schärfe und Strenge in der Argumentation und zum anderen die extreme Verflechtung auf den ersten Blick weit auseinander liegender Teilgebiete. Lücken in einem grundlegenden Gebiet können nicht durch Lernleistungen in einem anderen Bereich überspielt werden. Entsprechend kann kaum ein Teil dieses Buches oder einer anderen Einführung in die Mathematik herausgelöst aus der Gesamtdarstellung gelesen werden, falls nicht entsprechende Vorkenntnisse bereits vorhanden sind.

1.2 Logik und Beweise

Logik befasst sich allgemein mit der Frage, wie und welche Schlussfolgerungen aus gegebenen Fakten unter bestimmten Voraussetzungen gezogen werden können. Hierbei steht die Tätigkeit des Schlussfolgerns an sich im Zentrum der Betrachtungen, nicht die Voraussetzungen, aus denen Aussagen abgeleitet werden. Aus Sicht eines Logikers ist es also nicht von Bedeutung, ob bestimmte Voraussetzungen „sinnvoll“ sind – es geht um das Schlussfolgern an sich.[14]

Genau dieses Schlussfolgern ist von zentraler Bedeutung für die Mathematik. Während man im täglichen Leben häufig mit Überlegungen der Art „Das hat bisher immer so funktioniert, es wird jetzt auch so funktionieren.“ konfrontiert wird und damit zugegebenermaßen oft – aber eben nicht immer – gut beraten ist, ist so etwas in der Mathematik nicht zulässig. Erfahrungswerte besitzen in dieser Wissenschaft keinen Wert – nur Aussagen, die auf Basis einiger (weniger) Grundannahmen, sogenannter *Axiome*,[15] *bewiesen* werden können, besitzen Gültigkeit und können wiederum als Grundlage für Beweise weiterer Aussagen dienen.

Der Idee des Beweises kommt also eine ganz zentrale Rolle in der Mathematik zu – was nicht bewiesen ist, kann bestenfalls als *Vermutung* gelten, aber nicht als verlässliche Grundlage für weitere Entwicklungen. Diese rigorose Beweispflicht lässt die Mathematik oft unnahbar erscheinen, da die nötige Stringenz in der Argumentation meist erst mühsam erlernt werden muss. Zu sehr ist man es aus dem Alltag ge-

14 Das Gebiet der Logik ist deutlich zu umfangreich, um im Folgenden mehr als nur angerissen zu werden. Entsprechend wird auf Wessel (1989) und Hermes (1976) für weiterführende Informationen verwiesen.

15 Als Axiom bezeichnet man eine Aussage, die ohne Beweis vorausgesetzt wird. In der Regel handelt es sich dabei um sehr grundlegende Aussagen, in deren Rahmen komplexere Aussagen bewiesen werden. In der klassischen Mathematik waren Axiome in der Regel „einleuchtende Grundsätze“.

wohnt, Dinge, die „einleuchtend“ erscheinen, nicht weiter zu hinterfragen – oftmals nicht einmal mit einem unguten Gefühl, obwohl ein solches häufig angebracht wäre, wie das berühmte *Ziegenproblem* zeigt.[16]

Abschweifung: Das Ziegenproblem
Hierbei handelt es sich um eine Aufgabe, die in mehreren Fernsehspielshows zum Einsatz kam: Auf der Bühne befinden sich drei Türen. Hinter einer Türe befindet sich ein Sportwagen, hinter den beiden anderen Türen jeweils eine Ziege (oder ein sonstiger Trost- oder eher Scherzpreis). Der Kandidat der Spielshow darf nun eine Türe auswählen. Daraufhin öffnet der Showmaster eine der beiden verbleibenden Türen, hinter der sich stets eine Ziege befindet. In einem zweiten Schritt darf der Kandidat nun entscheiden, ob er bei seiner ursprünglich ausgewählten Türe bleibt oder lieber auf die zweite noch verbleibende geschlossene Türe wechselt.

Hier stellt sich also die Frage, was aus Sicht der Kandidaten, der natürlich den Sportwagen gewinnen möchte, vernünftiger ist:

Variante 1: Angenommen, es wurde Tür 1 ausgewählt. Der Showmaster öffnet nun beispielsweise Tür 3, hinter der unweigerlich eine Ziege zu sehen ist. Der Kandidat entscheidet sich, bei Tür Nummer 1 zu bleiben.

Variante 2: Wie oben, jedoch mit dem Unterschied, dass der Kandidat nach dem Öffnen von Tür 3 zur noch immer verschlossenen Tür 2 wechselt.

Spontan sollte man meinen, dass die Chancen für den Kandidaten, den erhofften Sportwagen zu gewinnen, bei beiden Varianten gleich sind. Diese Annahme wurde jedoch 1990 von MARILYN VOS SAVANT[17] als falsch bewiesen – die Chance auf einen Sportwagengewinn ist bei Variante 2 deutlich besser als bei Variante 1.

Diese dem Gefühl doch stark zuwiderlaufende Erkenntnis rief, wie zu erwarten war, einen Sturm der Entrüstung hervor – selbst gestandene Mathematiker sahen sich bemüßigt, MARILYN VOS SAVANT Fehler nachzuweisen. Letztlich stellte sich jedoch heraus, dass das Bauchgefühl trügt und die Gewinnchancen tatsächlich steigen, wenn der Kandidat, nachdem der Showmaster eine Tür geöffnet hat, zur zweiten noch verschlossenen Tür wechselt.[18]

1.2.1 Aussagen- und Prädikatenlogik

Von zentraler Bedeutung für die Logik sind die beiden *Wahrheitswerte wahr* und *falsch*, die oft schlicht durch 1 und 0 ausgedrückt werden,[19] was auch den Konventio-

---

16 Im englischen Sprachraum ist dieses Problem nach dem Showmaster MONTY HALL auch als *MONTY HALL Problem* bekannt.

17 11.08.1946–

18 Der Beweis dieser Aussage findet sich in Abschnitt 4.4.

19 Es gibt auch sogenannte *mehrwertige Logiken*, auf die im Folgenden jedoch nicht eingegangen wird. Diese verwenden mehr als zwei diskrete Wahrheitswerte. Eine Einführung in dieses Gebiet findet sich beispielsweise in GOTTWALD (1989).

nen in vielen Programmiersprachen nahe kommt.[20] Sogenannte *Aussagen*, die genau einen dieser Wahrheitswerte annehmen können, lassen sich mit Hilfe von *Junktoren*, d. h. verbindenden Operatoren miteinander zu komplexeren Aussagen verknüpfen. Die kleinsten Aussagen, aus denen zusammengesetzte Aussagen bestehen, werden *atomar* im Sinne von *nicht weiter zerlegbar* genannt. Das grundlegende Teilgebiet der Logik, das sich mit solchen Fragestellungen befasst, heißt entsprechend auch *Aussagenlogik*.

Grundlegende Junktoren sind das *logische Und* (auch *Konjunktion* genannt), geschrieben $\wedge$ sowie das *logische Oder* (*Disjunktion*), das als $\vee$[21] notiert wird. Analog zur umgangssprachlichen Verwendung des Und-Operators ist die zusammengesetzte Aussage $a \wedge b$, gesprochen „a und b", dann wahr, wenn sowohl a als auch b wahr sind.[22] Das Oder weicht im Unterschied hierzu von seiner umgangssprachlichen Verwendung ab, da es sich um ein *inklusives Oder* handelt, d. h. die zusammengesetzte Aussage $a \vee b$ ist wahr, wenn a wahr ist oder b wahr ist oder beide wahr sind.

Hierdurch unterscheidet es sich von der häufigsten Verwendung des Oders in der Umgangssprache, das meist in Form eines sogenannten *exklusiven Oders* gebraucht wird: Die umgangssprachliche Aussage „Das Auto ist grün oder rot." schließt in der Regel implizit aus, dass es sowohl grün als auch rot zugleich ist. Ein solches exklusives Oder wird in der Logik auch als *Kontravalenz* bezeichnet und durch das Symbol $\underline{\vee}$ repräsentiert.[23]

Das Verhalten dieser drei grundlegenden aussagenlogischen Junktoren für jeweils alle vier Kombinationen von Wahrheitswerten rechts und links der Junktoren ist in Abbildung 1.3 dargestellt. Weiterhin wird noch die *Negation* benötigt, die einen Wahrheitswert in sein Gegenteil verkehrt. Ist also eine Aussage a wahr, so ist ihre Negation $\neg a$ falsch und umgekehrt. Anstelle des von ANDREJ NIKOLAJEWITSCH KOLMOGOROW[24] für die Negation eingeführten Symbols $\neg$ findet sich auch häufig ein Ausrufungszeichen, d. h. $!a$ oder seltener eine Tilde, $\sim a$.

---

20 In C entspricht dem Wahrheitswert falsch der Wert `0`, während jeder von `0` verschiedene Wert den Wahrheitswert wahr repräsentiert, in Perl repräsentieren die Werte `0`, `'0'`, `undef`, `''`, `()` und `('')` falsch, während alle anderen Werte als wahr interpretiert werden usf. Andere Sprachen, wie beispielsweise Pascal, verfügen über einen Datentyp `boolean`, um Wahrheitswerte darzustellen.

21 Das Zeichen $\vee$ ist vom lateinischen Wort „vel" („oder") abgeleitet.

22 Umgangssprachlich wird „und" allerdings auch häufig verwendet, um eine zeitliche und kausale Abhängigkeit zu beschreiben, was von der Verwendung als Konjunktion abweicht: „Die Katze ist krank, und der Tierarzt gibt ihr eine Spritze." Während für die Konjunktion zweier Wahrheitswerte a und b stets $a \wedge b = b \wedge a$ gilt, ist dies für die obige Verwendung des Wortes „und" offensichtlich nicht der Fall.

23 In der Informatik findet sich auch häufig das Zeichen $\oplus$ für das exklusive Oder.

24 Андре́й Никола́евич Колмого́ров, 25.04.1903–20.10.1987

$$
\begin{array}{cc|cc}
 & & \multicolumn{2}{c}{b} \\
 & \wedge & 0 & 1 \\
\hline
\multirow{2}{*}{a} & 0 & 0 & 0 \\
 & 1 & 0 & 1
\end{array}
\qquad
\begin{array}{cc|cc}
 & & \multicolumn{2}{c}{b} \\
 & \vee & 0 & 1 \\
\hline
\multirow{2}{*}{a} & 0 & 0 & 1 \\
 & 1 & 1 & 1
\end{array}
\qquad
\begin{array}{cc|cc}
 & & \multicolumn{2}{c}{b} \\
 & \underline{\vee} & 0 & 1 \\
\hline
\multirow{2}{*}{a} & 0 & 0 & 1 \\
 & 1 & 1 & 0
\end{array}
$$

Abb. 1.3. Wahrheitstabellen der Junktoren $\wedge$, $\vee$ und $\underline{\vee}$

Die zusammengesetzte Aussage „14 ist eine gerade Zahl $\wedge$ 9 ist eine Primzahl" ist also falsch, da die rechte Seite der Konjunktion falsch ist. Die Aussage „14 ist eine gerade Zahl $\wedge\neg$(9 ist eine Primzahl)" ist hingegen wahr usw.[25]

Um Aussagen beweisen zu können, benötigt man nun eine weitere Operation, die *Implikation*, oft auch *Konditional* oder *Subjunktion* genannt wird. Geschrieben wird die Implikation als $\Longrightarrow$ und bringt zum Ausdruck, dass eine links des Pfeiles stehende Aussage eine *hinreichende Bedingung* für den rechten Ausdruck ist. $a \Longrightarrow b$ wird also gelesen als „aus a folgt b" oder „a ist eine hinreichende Bedingung für b". Da a also b quasi „vorausgeht", wird es auch als *Antezedens* bezeichnet, während b das *Konsequens* ist.

Die Aussage a ist *hinreichend*, weil aus wahrem a zwar folgt, dass auch b wahr ist, aber umgekehrt aus einem falschen a nicht folgt, dass auch b falsch ist. Das klassische Beispiel hierfür ist die Aussage „Die Tatsache, dass es regnet, ist hinreichend dafür, dass die Straße nass ist." Daraus folgt ganz offensichtlich nicht, dass die Straße nicht nass, d. h. trocken ist, wenn es nicht regnet, immerhin könnte jemand einen Eimer Wasser ausgeleert haben etc.

Umgekehrt kann man aus der Aussage $a \Longrightarrow b$ aber folgern, dass a falsch sein muss, wenn b falsch ist. Die linke Hälfte von Abbildung 1.4 zeigt die Wahrheitstabelle des Konditionals. Wie man sieht, ist die Aussage $a \Longrightarrow b$ also nur dann falsch, wenn a wahr und b falsch ist.[26]

Soll hingegen zum Ausdruck gebracht werden, dass a eine sowohl hinreichende also auch *notwendige Bedingung* für b ist, so ist dies gleichbedeutend mit

$$a \Longrightarrow b \wedge b \Longrightarrow a,$$

d. h. a muss hinreichende Bedingung für b sein und umgekehrt muss b hinreichend für a sein. Dies wird in der Regel kürzer als $a \Longleftrightarrow b$ geschrieben, wobei $\Longleftrightarrow$ das sogenannte *Bikonditional* bezeichnet. Die Wahrheitstabelle des Bikonditionals ist rechts in

---

25 So naheliegend und einleuchtend die Eigenschaften dieser grundlegenden logischen Verknüpfungen scheinen, verhalten sie sich interessanterweise beispielsweise in der Quantenphysik (siehe SUSSKIND et al. (2014)) grundlegend anders. Dort ist z. B. $a \vee b$ nicht gleich $b \vee a$ etc.

26 Wenn a eine hinreichende Bedingung für b ist, und a ist wahr, dann folgt daraus ja, dass b ebenfalls wahr sein muss. Ist also a wahr und b falsch, so ist die Aussage $a \Longrightarrow b$ falsch.

	$\Longrightarrow$	b: 0	1
a	0	1	1
	1	0	1

	$\Longleftrightarrow$	b: 0	1
a	0	1	0
	1	0	1

Abb. 1.4. Wahrheitstabellen des Konditionals und des Bikonditionals

Abbildung 1.4 dargestellt.[27] Ein Ausdruck der Form $a \Longleftrightarrow b$ wird auch oft als „a genau dann, wenn b“ oder „a dann und nur dann, wenn b“ gelesen.

Abschweifung: Modus ponens und modus tollens

Klassisch wird die Schlussmethode, nach der aus den Aussagen $a \Longrightarrow b$ und „a ist wahr“ die Aussage „b is wahr“ folgt, als *modus ponens* bezeichnet. Der Begriff leitet sich vom lateinischen „modus ponendo ponens“ ab, was soviel bedeutet wie „eine Aussage (b) wird gesetzt durch eine andere gesetzte Aussage (a)“.

Die Folgerung, dass aus $a \Longrightarrow b$ und nicht wahrem b folgt, dass a nicht wahr ist, wird *modus tollens* nach dem lateinischen „modus tollendo tollens“ genannt. Dies bedeutet, dass die Aufhebung einer Aussage, in diesem Fall b, eine andere Aussage a, aufhebt.

Diese beiden Grundmodi des Schließens können auch kombiniert werden, woraus sich dann die beiden Schlussformen *modus ponendo tollens* und der *modus tollendo ponens* ergeben. Der modus ponendo tollens besagt, dass sich aus den Aussagen $\neg(a \wedge b)$ sowie a ergibt, dass $\neg b$ gilt. Umgekehrt beschreibt der modus tollendo ponens die Tatsache, dass aus den beiden Aussagen $a \vee b$ und $\neg a$ die Aussage b folgt.

Eine Erweiterung der Aussagenlogik stellt die *Prädikatenlogik* dar, die sogenannte *Prädikate* einführt, die Eigenschaften von Objekten beschreiben. Während in der Aussagenlogik das obige Beispiel „14 ist eine gerade Zahl“ eine nicht weiter zerlegbare Aussage darstellt, betrachtet es die Prädikatenlogik als zusammengesetzten Ausdruck aus einem *Argument* – in diesem Fall die Zahl 14 – und einem Prädikat („ist eine gerade Zahl“).[28]

Im weiteren Verlauf werden neben diesen Begriffen noch sogenannte *Quantoren* benötigt, mit deren Hilfe Aussagen für alle, einige oder genau ein bestimmtes Objekt getroffen werden können. Die Aussage „Alle Menschen sind sterblich“ kann beispielsweise wie folgt mit Hilfe des *Allquantors* $\forall$ geschrieben werden:

$$\forall a : \text{ist\_Mensch}(a) \Longrightarrow \text{ist\_sterblich}(a)$$

27 Vergleicht man die Wahrheitstabelle des Bikonditionals mit der der Kontravalenz, fällt auf, dass das Bikonditional gleich der Negation einer Kontravalenz ist.

28 Ein Prädikat kann als *Funktion* oder auch *Relation* (siehe Abschnitt 1.3.10) aufgefasst werden, die auf Argumente angewandt werden.

Gelesen wird dies als „Für alle a gilt: Wenn ist_Mensch von a wahr ist (d. h. a ist ein Mensch), dann ist dies eine hinreichende Bedindung dafür, dass ist_sterblich von a erfüllt ist (d. h. a ist sterblich)."

Neben diesem Allquantor gibt es noch zwei Formen eines *Existenzquantors*, geschrieben $\exists$ und $\exists!$, welche die Existenz von mindestens einem beziehungsweise genau einem Objekt postulieren. Die Aussage „Es gibt schwarze Katzen" lässt sich damit als

$$\exists a : \text{ist\_Katze}(a) \wedge \text{ist\_schwarz}(a)$$

schreiben und wird gelesen „Es gibt ein a, für das gilt ist_Katze(a) und ist_schwarz(a)".

Die Aussage „Es gibt genau ein Mädchen, das ich liebe " kann entsprechend wie folgt geschrieben werden:

$$\exists! a : \text{ist\_Mädchen}(a) \wedge \text{ich\_liebe}(a).$$

In den obigen Beispielen wurde eine Variable a verwendet, um mit Hilfe von All- und Existenzquantoren Aussagen zu formulieren. Variablen, die durch einen Quantor quasi kontrolliert werden, heißen *gebundene Variablen*, während andere Variablen, die durchaus auch Bestandteile von Aussagen darstellen können, aber keiner Quantifizierung unterliegen, *freie Variablen* genannt werden.

Abschweifung: Modus Barbara
Recht naheliegend ist die Überlegung, dass aus $a \Longrightarrow b$ und $b \Longrightarrow c$ bei wahrem a auch c folgt, was oft als *Kettenschluss* bezeichnet wird. Traditionell findet sich für diese Form des Schließens auch der Begriff *modus barbara*,[29] wobei die drei „a" im Wort „Barbara" als Merkhilfe dienen, da drei Aussagen erfüllt sind, was durch das lateinische Wort „affirmare" („behaupten", „bekräftigen", „versichern") zum Ausdruck gebracht wird. Das folgende Beispiel ist typisch für den modus barbara:

Aus

$$\forall a : \text{ist\_Logiker}(a) \Longrightarrow \text{ist\_Mensch}(a) \text{ und}$$
$$\forall a : \text{ist\_Mensch}(a) \Longrightarrow \text{ist\_sterblich}(a)$$

folgt

$$\forall a : \text{ist\_Logiker}(a) \Longrightarrow \text{ist\_sterblich}(a).$$

---

29 Es gibt eine erstaunliche Menge historischer Schlussfiguren, die mit mehr oder weniger sprechenden Namen belegt sind, wie beispielsweise *modus celarent*, *modus celaront*, *modus baroco* uvm., auf die im Folgenden jedoch nicht weiter eingegangen wird. Eine schöne Darstellung findet sich beispielsweise in (NEMES, 1967, S. 42 ff.).

Aufgabe 1:
Geben Sie eine umgangssprachliche Formulierung der folgenden Aussagen an:

$$\forall a \forall b : a + b = b + a$$
$$\forall a \exists ! b : ab = 1$$
$$\forall a : \text{ist\_gerade}(a) \Longleftrightarrow \frac{a}{2} \text{ lässt keinen Rest}$$

1.2.2 Einige grundlegende Beweistechniken

Wofür braucht man Logik, über die sich noch viel, viel mehr schreiben ließe, nun? Letztlich gibt sie einem das notwendige Werkzeug an die Hand, um mathematische Aussagen beweisen zu können. Wie bereits erwähnt, müssen in der Mathematik alle Aussagen, abgesehen von einer Reihe von Axiomen, die vorausgesetzt werden müssen und dürfen, bewiesen werden, bevor mit ihnen gearbeitet werden kann.[30]

Beispiel 1:
Als erstes Beispiel für einen Beweis soll eine einfache Aussage aus der Mengenlehre bewiesen werden:

$$A \subseteq B \wedge B \subseteq A \Longleftrightarrow A = B. \tag{1.1}$$

Das Symbol $\subseteq$ im Ausdruck $A \subseteq B$ bedeutet, dass A eine Teilmenge von B ist, d. h. A enthält nur Elemente, die auch in B enthalten sind.[31] Die linke Seite von (1.1) bedeutet folglich, dass sowohl A eine Teilmenge von B und gleichzeitig B eine Teilmenge von A ist. Zu beweisen ist nun, dass dies *genau dann* gilt, wenn A gleich B ist.

Da diese Aussage ein Bikonditional enthält, kann sie auch in Form zweier Konditionalaussagen geschrieben werden:

$$A \subseteq B \wedge B \subseteq A \Longrightarrow A = B \text{ und} \tag{1.2}$$
$$A = B \Longrightarrow A \subseteq B \wedge B \subseteq A. \tag{1.3}$$

(1.2) und (1.3) müssen nun getrennt bewiesen werden, um das Bikonditional zu beweisen:

Beweis von (1.2): Die Aussage $A \subseteq B \wedge B \subseteq A$ bedeutet einerseits, dass alle in der Menge A enthaltenen Elemente auch in der Menge B enthalten sind. Andererseits sind aber auch alle in der Menge B enthaltenen Elemente in der Menge A enthalten.

Dies bedeutet jedoch, dass es kein Element in der Menge A gibt, das nicht auch in B enthalten wäre. Ebensowenig gibt es ein Element in der Menge B, das nicht auch in A enthalten wäre, woraus die rechte Seite der Aussage, d. h. die Gleichheit der beiden Mengen A und B folgt.

30 Wie bereits erwähnt, unterscheidet sich dieses Buch von der Mehrzahl anderer Mathematikbücher dadurch, dass nur sehr wenige Aussagen rigoros bewiesen werden, da es sich um eine Einführung in die Mathematik handelt, die nicht durch übermäßig viele Beweise den Blick auf größere Zusammenhänge verstellen möchte.

31 Mehr hierzu findet sich in Abschnitt 1.3.5.

Beweis von (1.3): In ähnlicher Weise wird nun die umgekehrte Richtung bewiesen: Gemäß der Aussage gilt $A = B$, d. h. die beiden Mengen A und B enthalten die gleichen Elemente, so dass für jedes Element aus A gilt, dass es auch in B enthalten ist und umgekehrt. Daraus folgt direkt $A \subseteq B \wedge B \subseteq A$, womit auch die umgekehrte Richtung des Bikonditionals bewiesen ist. [32] □

Bei diesem Beispiel handelt es sich um einen sogenannten *konstruktiven Beweis*, bei dem ausgehend von einer Menge von Aussagen durch logische Schlussfolgerungen eine andere Aussage hergeleitet wird. Eine weitere wichtige Beweistechnik ist die des *Widerspruchsbeweises*, wie im folgenden Beispiel gezeigt:

Beispiel 2:

Der folgende Beweis wird dem griechischen Mathematiker EUKLID VON ALEXANDRIA zugeschrieben, der vermutlich im 3. Jahrhundert vor Christus lebte und als einer der Väter der Beweisidee an sich gilt: Um zu beweisen, dass es unendlich viele Primzahlen gibt, wird zunächst das Gegenteil hiervon angenommen, d. h. es wird angenommen, dass es nur eine endliche Anzahl, zum Beispiel n Stück, von Primzahlen gibt. Diese Primzahlen seien mit $p_1, p_2, \ldots, p_n$ bezeichnet.[33]

Nun kann man aus diesen Primzahlen eine neue Zahl x erzeugen, indem man alle vorhandenen Primzahlen miteinander multipliziert und das Ergebnis noch um 1 erhöht:

$$x = p_1 p_2 \cdots p_n + 1, \text{ kürzer geschrieben als}^{34}\ x = 1 + \prod_{i=1}^{n} p_i$$

Diese neue Zahl x lässt sich offensichtlich weder durch p_1, noch durch p_2 usf. bis p_n ohne Rest teilen, da die zum Primzahlprodukt addierte 1 nicht ohne Rest durch eine dieser Primzahlen teilbar ist. Folglich muss entweder x selbst eine weitere Primzahl sein oder zumindest einen oder mehrere Primfaktoren enthalten, die ungleich $p_1, p_2, \ldots, p_n$ sind.

Damit ist aber auch klar, dass die Primzahlen p_1 bis p_n nicht die einzigen Primzahlen sein können. Da die obige Schlussfolgerung nicht von der konkreten Anzahl n abhängt, ergibt sich hieraus ein Widerspruch zu der Annahme, es gäbe nur eine endliche Anzahl von Primzahlen. Entsprechend muss es unendlich viele Primzahlen geben.[35] □

---

32 Das Ende eines Beweises wird häufig durch ein kleines quadratisches Kästchen oder die Abkürzung „qed", kurz für „quod erat demonstrandum" (lateinisch für „was zu beweisen war") kenntlich gemacht.

33 Die tiefgestellten Zahlen werden *Indizes* (Singular *Index*) genannt und dienen dazu, Elemente, die mit gleichen Symbolen bezeichnet werden, voneinander zu unterscheiden.

34 Das Symbol $\prod$ bezeichnet das Produkt einer Reihe von Werten, wobei eine sogenannte *Indexvariable* – in diesem Fall i – von einem Startwert (in der Regel in Einerschritten) bis zu einem Endwert läuft. In diesem Fall läuft i also von 1 bis n, so dass das Produkt über die Werte $p_1, p_2, \ldots, p_n$ gebildet wird. Eine solche Produktbildung entspricht in der Programmierung also einer Schleife mit einer ganzzahligen Schleifenvariablen `i` und einer Variablen `x`, in der das Produkt gebildet wird.

35 PAUL ERDŐS (26.03.1913–20.09.1996), einer der berühmtesten und produktivsten Mathematiker des zwanzigsten Jahrhunderts, pflegte zu scherzen, dass Gott ein besonderes Buch, *DAS BUCH*, besitzt, in dem die perfekten und damit schönsten Beweise für mathematische Aussagen aufbewahrt werden. Dieser Beweis der Unendlichkeit der Menge der Primzahlen nimmt in diesem Buch sicherlich eine herausragende Stellung ein. Auf die Idee des BUCHES geht auch AIGNER et al. (1999) zurück. Eine

Die Idee eines solchen Widerspruchsbeweises ist also, die zu beweisende Grundannahme zu negieren und auf dieser Grundlage einen Widerspruch herzuleiten, woraus folgt, dass die Negation der Grundannahme falsch und damit die Grundannahme selbst richtig ist.

Eine weitere wichtige Beweisklasse ist die der *vollständigen Induktion*: Diese Beweisklasse kommt zum Einsatz, wenn eine Aussage für alle natürlichen Zahlen, d. h. Zahlen $1, 2, 3, 4, 5, 6, \ldots$, bewiesen werden soll. Die Grundidee ist hierbei, die Aussage zunächst für eine kleinste Zahl, meist 1, mitunter auch 0, zu beweisen. Dieser Schritt wird als *Induktionsanfang* bezeichnet, da er quasi den Ankerpunkt für den nun folgenden zweiten Schritt darstellt.[36] Durch den Induktionsanfang wird also bewiesen, dass die Aussage für eine bestimmte Zahl, beispielsweise für den Wert 1, gilt, d. h. es gilt z. B. $A(1)$.

Der nun folgende zweite Schritt, der sogenannte *Induktionsschritt*, zeigt nun, dass aus der Annahme, dass die Aussage für eine beliebige Zahl n gilt, auch folgt, dass sie für die nächste Zahl, d. h. für $n + 1$, ebenfalls gilt. Die hierbei gemachte Annahme, dass die Aussage für n gilt, heißt *Induktionsvoraussetzung*.

Der Induktionsschritt zeigt also, dass aus $A(n)$ direkt $A(n+1)$ folgt. Da der Induktionsanfang einen festen Startpunkt vorgibt, für den die Aussage gilt, ergibt sich aus dem Induktionsschritt, dass die Aussage für alle folgenden natürlichen Zahlen gilt, da von einem Wert immer der Schritt zum direkten Nachfolger unternommen werden kann.[37]

Beispiel 3:

Als Carl Friedrich Gauss als neunjähriger Schüler die Aufgabe gestellt bekam, die Summe der ersten einhundert natürlichen Zahlen zu berechnen, wobei der Lehrer sicherlich den Hintergedanken hegte, die Klasse damit einige Zeit zu beschäftigen, verblüffte er nicht zuletzt den Lehrer, indem er direkt die korrekte Lösung aufschrieb.

Während die anderen Schüler mühsam 99 Additionen der Form $1 + 2 + 3 + \cdots + 100$ ausführten, fiel Gauss sofort auf, dass die Aufgabe durch geschicktes Umsortieren der zu addierenden Werte erheblich vereinfacht werden kann: $1 + 100 = 2 + 99 = 3 + 98 = \cdots = 50 + 51 = 101$. Hiermit ergeben sich spontan 50 Zahlenpaare, deren Summe 101 beträgt, so dass die gesuchte Summe gleich 5050 ist.

Das Verfahren lässt sich für Summen der Form $1 + 2 + 3 + \cdots + n$ verallgemeinern und liefert die sogenannte Gauss*sche Summenformel*:

$$1 + 2 + \cdots + n = \frac{n(n+1)}{2}$$

Analog zum zuvor verwendeten Produktzeichen kann auch diese Summenformel kürzer als

$$\sum_{i=1}^{n} i = \frac{n(n+1)}{2} \tag{1.4}$$

---

sehr lesenswerte Biographie des sehr bewegten und faszinierenden Lebens von Erdős findet sich in Hoffman (1998).

36 Bis in die erste Hälfte des 20. Jahrhunderts hinein wurde der Induktionsschritt oft auch als *Verankerung* bezeichnet.

37 Eine umfassende Darstellung des Induktions-Prinzips findet sich beispielsweise in Felgner (2012).

geschrieben werden. Das von LEONHARD EULER[38] eingeführte Symbol $\sum$ bezeichnet hierbei die Bildung einer Summe über eine Folge von Werten, in diesem Fall über die Indexvariable i, die von 1 bis n in Einerschritten läuft.

Der Beweis von (1.4) kann nun mit Hilfe der vollständigen Induktion erfolgen:

Induktionsanfang: Zunächst muss die Aussage für $i = 1$ bewiesen werden, d. h. es ist zu zeigen, dass die zu beweisende Summenformel für den Wert 1 das erwartete Resultat 1 liefert:

$$\sum_{i=1}^{1} i = \frac{1(1+1)}{2} = \frac{2}{2} = 1$$

Induktionsschritt: Nun muss gezeigt werden, dass aus der Annahme, dass Gleichung (1.4) für beliebige n gilt, folgt, dass diese Gleichung auch jeweils für $n + 1$ gilt. Einsetzen von $n + 1$ in (1.4) liefert den Ausdruck für $n + 1$, der im Induktionsschritt bewiesen werden muss:

$$\sum_{i=1}^{n+1} i = \frac{(n+1)(n+2)}{2}$$

Der Beweis verläuft nun wie folgt:

$$\sum_{i=1}^{n+1} i = \sum_{i=1}^{n} i + (n+1) \quad \text{Aufspalten in bekannte Summe und einen additiven Term}$$

$$= \frac{n(n+1)}{2} + (n+1) \quad \text{Summenformel (1.4) anwenden}$$

$$= \frac{n(n+1) + 2(n+1)}{2} \quad (n+1) \text{ wurde mit 2 erweitert und addiert}$$

$$= \frac{n^2 + 3n + 2}{2} \quad \text{Zähler wurde ausmulti6pliziert}$$

$$= \frac{(n+1)(n+2)}{2} \quad \text{Zähler umgeformt.}$$

□

Wie kommt man auf die obigen Beweisschritte? Dafür lässt sich keine allgemeingültige Vorschrift angeben – letztlich ist bei einem Beweis zunächst nur bekannt, wovon ausgegangen werden kann, und wohin der Weg einer Beweisführung führen soll. Die dafür notwendigen Schritte dazwischen müssen quasi erforscht werden und es ist nicht selten, dass viele Irrwege beschritten werden müssen, bis sich ein korrekter Beweis ergibt. Manche Beweise, wie der obige, sind verhältnismäßig einfach, andere blicken auf eine jahre- oder gar jahrzehntelange Geschichte und mehr zurück, während wieder andere Aussagen bis heute unbewiesen sind, obwohl die zugrunde liegenden Fragestellungen bereits vor Jahrtausenden aufgeworfen wurden.[39] Allgemein lässt sich feststellen, dass die hohe Kunst in der Mathematik im Beweisen von Aussagen liegt, was sehr viel Übung erfordert.

---

38 15.04.1707–18.09.1783

39 Ein Beispiel hierfür ist die Frage, ob es unendlich viele sogenannte *Zwillingsprimzahlen*, d. h. Primzahlen, die sich um 2 voneinander unterscheiden, gibt. Diese Frage konnte bis heute nicht beantwortet werden, obwohl sie so leicht zu formulieren ist.

Aufgabe 2:
Beweisen Sie durch vollständige Induktion, dass für $n \in \mathbb{N}$ die folgende Summenformel für *Kuben*, d. h. dritte Potenzen gilt:

$$1^3 + 2^3 + 3^3 + \cdots + n^3 = \left(\frac{n(n+1)}{2}\right)^2 \tag{1.5}$$

Eine bewiesene Aussage wird in der Mathematik als *Satz* oder auch als *Theorem* bezeichnet. Ein Satz oder Theorem ist also etwas, auf das man sich dahingehend verlassen kann, als seine Korrektheit durch einen mehr oder minder langen Beweis gezeigt werden kann.

Abschweifung: Theorie und Hypothese
An dieser Stelle sollte der Begriff der *Theorie* in der Naturwissenschaft kurz erwähnt werden: Eine Theorie stellt in diesem Bereich ein (Gedanken-)Modell zur Beschreibung eines Aspekts der Realität dar.

Obwohl Theorien in der Naturwissenschaft in der Regel nicht in einer so stringenten Form wie in der Mathematik bewiesen werden können, sind sie dennoch wesentlich mehr als vage Vermutungen. Nicht selten sind Aussagen zu lesen und zu hören, nach denen beispielsweise die Evolutionstheorie „nur eine Theorie" sei und damit auch falsch sein könnte. Ein solcher Standpunkt ist zu stark vereinfacht, um nicht zu sagen grundverkehrt!

Während in der Mathematik der Beweis eines Satzes seine Richtigkeit garantiert, müssen Aussagen in der Naturwissenschaft nicht nur *verifizierbar*, sondern auch und vor allem *falsifizierbar*, d. h. durch geeignete Experimente etc. widerlegbar sein. Eine Theorie in der Naturwissenschaft wird in der Regel durch vielfältige experimentelle Resultate verifiziert, indem getestet wird, ob auf Grundlage dieser Theorie aufgestellte Vorhersagen auch eintreffen. Widerlegt hingegen ein einziges Experiment eine Theorie, so wird sie dadurch widerlegt! In diesem Fall heißt dieses Experiment *Falsifikator*.

Umgekehrt bedeutet dies jedoch auch, dass eine Theorie, die durch kein denkbares Experiment verifiziert oder falsifiziert werden kann, keinerlei Wert besitzt und somit den Pseudowissenschaften zuzuordnen ist.

Bei einer *Hypothese* handelt es sich im Unterschied zu einer Theorie beziehungsweise einem Theorem um eine Aussage, die bislang weder verifiziert noch falsifiziert wurde. Unter diesen Begriff fallen beispielsweise die Axiome der Mathematik, da sie vorausgesetzt werden (müssen), um Aussagen auf ihrer Basis zu beweisen oder zu widerlegen.

Obwohl Axiome weder bewiesen noch widerlegt werden können, zählen sie nicht zur Pseudowissenschaft, da sie als „unmittelbar einsichtig" beweislos vorausgesetzt werden müssen. Ein Beispiel hierzu sind die fünf PEANO-Axiome.[40] Diese besagen, dass die Null ein Element der natürlichen Zahlen ist ($\mathbb{N}_0$), dass jede natürliche Zahl n einen Nachfolger besitzt (dies ist $n + 1$), dass die Null selbst kein Nachfolger einer natürlichen Zahl ist (d. h. es ist die kleinste natürliche Zahl), dass zwei natürliche Zahlen mit gleichem Nachfolger ebenfalls gleich sein müssen, und, dass eine Menge, welche die Null und zu jeder natürlichen Zahl auch deren Nachfolger enthält, eine Obermenge der natürlichen Zahlen sein muss.

40 Benannt nach GIUSEPPE PEANO, 27.08.1858–20.04.1932.

Bis auf das letzte Axiom, das in den folgenden Abschnitten klarer werden wird, sind alle diese Forderungen spontan einleuchtend, aber nicht beweisbar. Wollte man sie beweisen, bräuchte man eine unter diesen Aussagen liegende Menge von Axiomen, die wiederum an sich nicht beweisbar wären usf.

Nach dieser kurzen Einführung in die Logik und grundlegende Beweistechniken widmet sich der folgende Abschnitt den Grundlagen der Mengenlehre, die das Fundament für große Teile der Mathematik und Informatik bildet.[41]

1.3 Mengenlehre

Als der Autor dieses Buches zur Grundschule ging, wurde gerade das Fach *Mengenlehre* eingeführt – während die Kinder mit mehr oder weniger ausgeprägter Begeisterung rote Drei- und blaue Vierecke in Kreisen anordneten, fragten sich die meisten Eltern, wofür derlei wohl gut sein könnte. Was den Kindern und der Mehrzahl der Eltern damals nicht bewusst war, ist die tragende Rolle, welche die Mengenlehre in der Mathematik spielt. So einfach viele ihrer Aussagen scheinen, so essenziell sind sie für fast alle anderen Teilgebiete der Mathematik und der Informatik.[42] So beruhen beispielsweise die heutzutage (noch immer) dominierenden *relationalen Datenbanken* auf zentralen Aussagen und Verfahren der Mengenlehre.

1.3.1 Mengen und Elemente

Begründet wurde die Mengenlehre von Georg Cantor[43] – er selbst bezeichnete dieses Gebiet zunächst als *Mannigfaltigkeitslehre*. Eine *Menge* ist die Zusammenfassung unterscheidbarer Dinge, sogenannter *Elemente*. Beispielsweise könnte eine Menge R die Menge aller roten Fahrzeuge sein, während eine zweite Menge F die aller Fahrzeughalter ist. Mengen können entweder durch explizite Auflistung ihrer Elemente oder durch Angabe einer Auswahlbedingung spezifiziert werden. So besteht die durch $M = \{1, 2, 3\}$ definierte Menge aus den drei Elementen 1, 2 und 3. Die Menge $G = \{n : n \text{ ist eine ungerade ganze Zahl}\}$[44] hingegen enthält alle ungeraden ganzen Zah-

---

41 Eine Vielzahl interessanter Aspekte der Beweistheorie sowie der Mengenlehre wird in Stillwell (2014) behandelt.

42 Eine umfassende Darstellung der Mengenlehre und naheliegender Gebiete findet sich beispielsweise in Suppes (1972), Lawvere et al. (2003) oder Felscher (1989).

43 03.03.1845–06.01.1918

44 Rechts des Doppelpunktes in dieser Schreibweise stehen die Bedingungen, die an die Elemente der betreffenden Menge gestellt werden. Gelesen werden kann er entsprechend als „..., für die gilt...“.

len.[45] Rechts des Doppelpunktes wird in diesem Fall die Auswahlbedingung zur Bestimmung der Elemente einer Menge notiert. In einfachen Fällen, in denen das Bildungsgesetz der Elemente einer Menge „klar" ersichtlich ist, werden oft auch nur wenige Mengenelemente exemplarisch notiert – auf die Intuition des Lesers hoffend.[46] Die Menge aller ungeraden ganzen Zahlen wird entsprechend mitunter wie folgt definiert: $G = \{1, 3, 5, 7, 9, 11, \dots\}$

Um kenntlich zu machen, dass ein Element zu einer bestimmten Menge gehört, d. h. in ihr enthalten ist, wird das $\in$-Zeichen verwendet. $a \in A$ beschreibt also den Sachverhalt, dass a ein Element der Menge A ist. Entsprechend wird die Tatsache, dass a kein Element dieser Menge ist, durch $a \notin A$ ausgedrückt.

Eine besondere Menge ist die sogenannte *leere Menge*, d. h. die Menge ohne Elemente, die durch $\varnothing$, manchmal aber auch einfach durch $\{\}$ repräsentiert wird. Offenbar gilt für beliebige Elemente a stets $a \notin \varnothing$.

Achtung: $\{\varnothing\}$ bezeichnet nicht die leere Menge, sondern die Menge, welche die leere Menge enthält! Dies mag auf den ersten Blick befremdlich wirken, ist aber konsequent, sobald man zulässt, dass Mengen ihrerseits wieder Mengen enthalten dürfen.

Zwei Mengen A und B sind *identisch*, wenn sie die gleichen Elemente enthalten, was durch $A = B$ zum Ausdruck gebracht wird. Sind A und B nicht identisch oder *ungleich*, d. h. enthalten A und B nicht ausschließlich die gleichen Elemente, so wird dies als $A \neq B$ geschrieben.

Die Schreibweise $|M|$ bezeichnet die sogenannte *Mächtigkeit* – auch *Kardinalität* genannt – einer Menge M, d. h. im Fall einer Menge mit endlich vielen Elementen, einer sogenannten *endlichen Menge*, die Anzahl ihrer Elemente. Beispielsweise gilt für $M = \{1, 2, 3\}$ also $|M| = 3$. Falls es für eine Menge M keine *natürliche*, d. h. positive ganze Zahl n gibt, so dass $|M| = |\{1,2,\dots,n\}|$ gilt, so ist M eine *unendliche Menge*.[47]

Der Mächtigkeitsbegriff ist für endliche Mengen naheliegend und repräsentiert die Anzahl der Elemente in einer solchen Menge. Schwieriger wird es bei unendlichen Mengen, wie zum Beispiel der Menge der natürlichen Zahlen, $\mathbb{N} = \{1,2,3,\dots\}$. Der Vergleich der Mächtigkeiten zweier Mengen ist bei endlichen Mengen einfach durch Abzählen der Elemente möglich. Um dieses Verfahren auch auf unendliche Mengen zu erweitern, wird zunächst der Begriff der *Abbildung* benötigt.

45 Mit Hilfe entsprechender Mengensymbole, die in Abschnitt 1.4 eingeführt werden sowie der *modulo*-Operation $a \mod b$, welche den Rest, den die Division von a durch b lässt, zurückliefert, kann G einfacher durch $G = \{n : n \in \mathbb{N} \wedge n \mod 2 = 1\}$ definiert werden, wie später klar werden wird.

46 Je nach Intuition kann so eine Definition auch falsch ausgelegt werden, so dass davon nach Möglichkeit abgesehen werden sollte.

47 Es gilt $|\varnothing| = 0$. Frage: Was ist dann $|\{\varnothing\}|$?

1.3.2 Abbildungen

Eine Abbildung, auch *Funktion* genannt, ordnet Elementen aus einer *Definitionsmenge* D eindeutig Elemente aus einer zugehörigen *Wertemenge* W zu.[48] Diese Zuordnung von Elementen geschieht mit Hilfe einer sogenannten *Abbildungs-* oder auch *Funktionsvorschrift* f. Dieser Sachverhalt wird durch die Notation $f : D \longrightarrow W$ dargestellt: „f bildet von D nach W ab." Entsprechend beschreibt $f(d) = w$, gelesen „f von d ist gleich w", die Abbildung eines Elementes $d \in D$ auf ein Element $w \in W$. Hierbei wird d auch als *Urbild* von w bezeichnet, während w entsprechend das *Bild* von d unter der Abbildung f ist.

Während der Pfeil $\longrightarrow$ kenntlich macht, auf welcher Definitions- und Wertemenge eine Abbildung operiert, wird die eigentliche Abbildungsvorschrift durch den Pfeil $\longmapsto$ notiert. Eine Abbildung $f : \mathbb{N} \longrightarrow \mathbb{N}$, die von den natürlichen Zahlen in die natürlichen Zahlen abbildet, indem sie zu jedem Element aus der Definitionsmenge 1 addiert, führt also folgende Operation aus: $f : n \longmapsto n + 1$. Alternativ wird oft auch $f(n) = n+1$ geschrieben. Das Element, auf dem die Abbildung beziehungsweise Funktion operiert, wird als *Argument* bezeichnet.

Falls es einen Wert d gibt, für den $f(d) = d$ gilt, wird dieser Wert *Fixpunkt* der Funktion f genannt.

Nun stellt sich schnell die Frage, ob die Abbildung von Elementen aus D auf Elemente aus W umkehrbar ist. Das ist gleichbedeutend mit der Frage, ob es vorkommen kann, dass zwei unterschiedliche Elemente $d \in D$ und $d' \in D$ auf das gleiche Element w abgebildet werden, d. h. ob $f(d) = f(d') = w$ gilt.

Abschweifung: Digitale Unterschrift

Im Zusammenhang mit sogenannten *Hashfunktionen*[49] bezeichnet man einen solchen Fall als *Kollision*. Solche Kollisionen sind in der Praxis meist unvermeidlich und können durchaus schwerwiegende Implikationen für sicherheitstechnische Anwendungen nach sich ziehen. Angenommen, eine solche Funktion wird dafür verwendet, ein Dokument digital zu unterzeichnen, wobei das Dokument als Element aus einer Menge aller möglichen Dokumente aufgefasst wird, während die Bildmenge allen möglichen digitalen Unterschriften entspricht, dann bedeutet eine Kollision, dass es zwei unterschiedliche Dokumente mit der gleichen digitalen Unterschrift gibt. Fatal ist es, wenn auf Basis eines abgefangenen Dokumentes durch einen Angreifer ein zweites Dokument anderen Inhalts konstruiert werden kann, das den gleichen Funktionswert liefert. In diesem Fall erhält der Nachrichtenempfänger ein manipuliertes Dokument, dessen digitale Unterschrift jedoch korrekt ist – mit unter Umständen fatalen Folgen.

---

48 Diese beiden Mengen werden oft auch als *Definitionsbereich* und *Wertebereich* bezeichnet.

49 Siehe (Knuth, 2011, Vol. 3, S. 513 ff.).

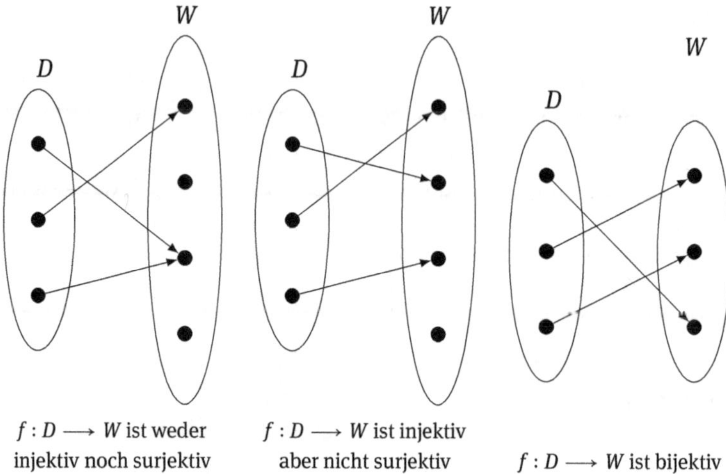
D
W
D
W
D
W
f : D ⟶ W ist weder injektiv noch surjektiv
f : D ⟶ W ist injektiv aber nicht surjektiv
f : D ⟶ W ist bijektiv

Abb. 1.5. Injektivität, Surjektivität und Bijektivität

Falls es keine zwei solchen d, $d' \in D$ mit $d \neq d'$ gibt, heißt f *injektiv*, d. h. die Abbildung kann umgekehrt werden, da jedes $w \in W$ einem eindeutig bestimmten Element $d \in D$ zugeordnet ist.

Die nächste Frage, die sich aufdrängt, ist die, ob eine Abbildung $f : D \longrightarrow W$ allen Elementen $w \in W$ ein Urbild in D zuordnet oder ob sozusagen Elemente in W unerreicht bleiben. Falls alle w ein Urbild in D haben, heißt f eine *surjektive* Abbildung.

Eine Abbildung, die sowohl injektiv als auch surjektiv ist, d. h. eine Abbildung, unter der jedem Bildelement w ein eindeutiges Urbildelement d zugeordnet ist und darüber hinaus jedes $w \in W$ ein Bildelement ist, heißt *bijektiv*. Abbildung 1.5 zeigt einfache Beispiele für verschiedene Abbildungstypen.

Eine solche bijektive Abbildung bzw. Funktion kann offensichtlich umgekehrt werden, d. h. zu ihr existiert eine *Umkehrfunktion* f^{-1}, die nun von W nach D abbildet, d. h. es ist $f^{-1} : W \longrightarrow D$. Bijektive Funktionen werden auch als *eineindeutig* bezeichnet, da sie Elemente aus D eindeutig Elementen aus W zuordnet und umgekehrt werden kann.

Auf das Ergebnis einer Funktion f kann nun eine weitere Funktion angewandt werden, falls deren Definitionsbereich dem Wertebereich von f entspricht. Eine solche „Hintereinanderausführung" von Funktionen wird im Allgemeinen als *Komposition* bezeichnet. Für zwei solche Funktionen $f : A \longrightarrow B$ und $g : B \longrightarrow C$ wird die Komposition in der Regel als $g \circ f : A \longrightarrow C$ geschrieben.[50] Unter entsprechenden Voraussetzungen bezüglich Definitions- und Wertebereich kann eine Funktion auch mehrfach selbst hintereinander angewendet werden, was zum Begriff der *Po-*

---

50 Wenn es um konkrete(re) Funktionen geht, findet sich auch oft die Schreibweise $g(f(x))$.

tenz führt. Beispielsweise lässt sich $f \circ f$ als f^2 auffassen. Setzt man, was naheliegend ist, f^0 gleich der *Identitätsfunktion*, geschrieben id, d. h. gleich der Funktion, die ihr Funktionsargument unverändert als Ergebnis zurückliefert, so lässt sich die Potenzierung von Funktionen auf das Induktionsprinzip zurückführen:

1. $f^0 = \mathrm{id}$, d. h. die nullte Potenz einer Funktion ist stets die Identität.
2. Höhere Potenzen werden nun mit Hilfe der folgenden Vorschrift gebildet:

   $$f^n = f \circ f^{n-1},$$

   wobei $n \geq 1$ gilt.

Wendet man diese beiden Vorschriften auf eine gegebene Potenz, beispielsweise f^3, an, so ergibt sich, wie zu erwarten ist, Folgendes:

$$f^3 = f \circ f^2 = f \circ \left(f \circ f^1\right) = f \circ (f \circ (f \circ \mathrm{id})) = f \circ f \circ f.$$

Abschweifung: Rekursion

Ein solches Definitionsverfahren wird in der Informatik als *Rekursion* bezeichnet. Der Begriff leitet sich aus dem lateinischen Wort „recurrere" („zurücklaufen") her, da ein Schritt auf den vorangehenden Schritt zurückgeführt wird. Im Wesentlichen gibt es zwei Klassen von Berechnungsvorschriften: Rekursive sowie *iterative* Verfahren, deren Name auf das lateinische Wort „iterare", „wiederholen" zurückgeht.

Ein Beispiel soll den grundlegenden Unterschied verdeutlichen: Die folgende C-Funktion berechnet die Potenz einer Zahl auf rekursive Art:

rekursion.c

```
double power(double x, unsigned int n)
{
    if (n == 0)
        return 1.;

    return x * power(x, n - 1);
}
```

rekursion.c

Wie man sieht, wird keine explizite Schleife für die Berechnung benötigt. Das von der Bedingung `n == 0` abhängige[51] Statement `return 1.` ist quasi das Ende (oder der Anfang – je nachdem, wie man es sieht) der Rekursion. Falls der Exponent `n` größer `0` ist, wird jeweils ein Kompositionsschritt ausgeführt, der auf einem um eins verminderten Exponenten beruht, bis irgendwann der Fall `n == 0` erreicht ist. Zentral für jede rekursive Berechnungsvorschrift ist, dass sich eine Funktion selbst aufruft – ganz analog zu obiger Definition der n-ten Potenz einer Funktion.

51 Durch das doppelte Gleichheitszeichen == wird in vielen Programmiersprachen, unter anderem in C, die Vergleichsoperation notiert, während ein einfaches Gleichheitszeichen eine Zuweisung repräsentiert.

Eine typische iterative Lösung dieser Aufgabenstellung hat in C folgende Gestalt:

iteration.c

```
double power(double x, unsigned int n)
{
    double result = 1.;
    int i;

    for (i = 0; i < n; i++)
        result *= x;

    return result;
}
```

iteration.c

Im Unterschied zur rekursiven Variante ruft sich die Funktion `power` hier nicht selbst auf; vielmehr wird das Resultat mit Hilfe einer expliziten Schleife berechnet.

Es lässt sich zeigen, dass Rekursion und Iteration als Verfahren gleich mächtig sind, d. h. eine rekursive Funktion lässt sich auch iterativ implementieren und umgekehrt. Einige Programmiersprachen, allen voran LISP und hiermit verwandte Sprachen, beruhen stark auf rekursiven Konzepten, während andere Sprachen, vor allem typische *imperative* Programmiersprachen, häufig der Iteration den Vorzug geben.

Es gilt übrigens stets

$$f^{-1} \circ f = \mathrm{id},$$

d. h., die Umkehrfunktion einer Funktion, angewandt auf diese Funktion, ergibt die Identität.

1.3.3 Permutationen

Eine bijektive Abbildung von einer Menge M auf sich selbst wird *Permutation* genannt. Angenommen, M sei eine endliche Menge mit n Elementen, d. h. $M = \{m_1, m_2, \ldots, m_n\}$, so liefert eine Permutation auf M wieder alle Elemente (sonst wäre sie nicht bijektiv), aber mit möglicherweise veränderten Indizes.[52] Die Permutation eines Index i wird πi geschrieben. Bei endlichen Mengen können Permutationen in der Form

$$\begin{pmatrix} 1 & 2 & \ldots & n \\ \pi 1 & \pi 2 & \ldots & \pi n \end{pmatrix}$$

angegeben werden. Angenommen, die Indizes einer dreielementigen Menge $M = \{m_1, m_2, m_3\}$ sollen durch eine Permutation in ihrer Reihenfolge vertauscht werden,

52 Die *Identität* zieht keine Indexänderungen nach sich.

so kann diese Permutation als

$$\begin{pmatrix} 1 & 2 & 3 \\ 3 & 2 & 1 \end{pmatrix}$$

geschrieben werden. Hiermit wird dem Ursprungsindex 1 der Index 3 zugeordnet usf.[53]

Solche Permutationen besitzen vielfältige Anwendungen, nicht zuletzt im Bereich der Kryptographie. So beruht beispielsweise der *Advanced Encryption Standard*, kurz *AES*, wesentlich auf derartigen Permutationen.

1.3.4 Abzählbar unendliche Mengen

Damit kann nun der Bogen wieder zurück zu der vorangegangenen Frage nach dem Vergleich von Mächtigkeiten unendlicher Mengen geschlagen werden: Wenn eine bijektive Abbildung von einer Menge auf eine andere Menge möglich ist, müssen beide Mengen gleich mächtig sein, d. h. es gilt $|D| = |W|$, falls es eine bijektive Abbildung $f : D \longrightarrow W$ gibt.

Damit kann man sich nun einer interessanten Frage widmen: Wenn $\mathbb{N}$ die Menge der natürlichen Zahlen und G die Menge aller geraden natürlichen Zahlen beschreiben, dann kann eine Abbildung $f : \mathbb{N} \longrightarrow G$ mit der Abbildungsvorschrift $f(n) = 2n$ gebildet werden.

f ist offensichtlich surjektiv, da jedes Element $g \in G$ ein Bildelement ist. Umgekehrt ist f aber auch injektiv, da jedes solche g genau ein Urbild $n \in \mathbb{N}$ besitzt, d. h. f ist bijektiv. Das bedeutet aber, so sehr es der Intuition widersprechen mag, dass $\mathbb{N}$ und G, d. h. die Menge der natürlichen Zahlen und die Menge der geraden natürlichen Zahlen, gleich mächtig sind!

Allgemein heißt eine Menge M *abzählbar unendlich*, wenn es eine bijektive Funktion zwischen ihr und der Menge der natürlichen Zahlen, d. h. $f : M \longrightarrow \mathbb{N}$ gibt.

Abschweifung: Hilberts Hotel

Der berühmte Mathematiker David Hilbert[54] verdeutlichte diesen und verwandte verblüffende Effekte, die im Umgang mit abzählbar unendlichen Mengen auftreten, in Form von *Hilberts Hotel*, bei dem es sich um ein Hotel mit abzählbar unendlich vielen Zimmern handelt. Angenommen, Hilberts Hotel ist voll belegt und ein neuer Gast trifft ein, so kann der Hotelier alle bereits eingetroffenen Gäste bitten, in das jeweils nächste Zimmer zu ziehen, d. h. der Gast in Zimmer 1 zieht in Zimmer 2, etc.

---

53 Vorstellen kann man sich eine solche Permutation beispielsweise als das gezielte Mischen eines Stapels Spielkarten. Übrigens entwickelte sich aus grundlegenden Betrachtungen zu Permutationen, die Évariste Galois (25.10.1811–31.05.1832) im frühen 19ten Jahrhundert anstellte, das in Abschnitt 1.5 angerissene zentrale Gebiet der Gruppentheorie. Eine schöne Darstellung der Hintergründe findet sich in Stewart (2013).

54 23.01.1862–14.02.1943

Da das Hotel unendlich viele Zimmer besitzt, findet jeder Gast ein Zimmer mit einer um eins höheren Nummer, in das er ziehen kann, so dass das Zimmer mit der Nummer 1 für den Neuankömmling frei wird. Letztlich wendet der Hotelier also eine bijektive Funktion $f : \mathbb{N} \longrightarrow \{2,3,4,5,\dots\}$ mit der Abbildungsvorschrift $f(n) = n + 1$ an.[55]

Aufgabe 3:
Was kann der Hotelier von Hilberts Hotel tun, wenn bei vollständig belegtem Hotel nicht nur ein einzelner neuer Gast, sondern ein mit abzählbar unendlich vielen neuen Gästen vollbesetzter Hilbert-Bus ankommt, um jedem Neuankömmling ein Zimmer zuzuweisen? Geben Sie eine geeignete bijektive Abbildung hierfür an.

1.3.5 Teilmengen

Die oben verwendete Menge der geraden natürlichen Zahlen G führt direkt zum nächsten Begriff, nämlich dem der *Teilmenge*. Eine Menge T, deren Elemente alle auch Elemente einer Menge M sind, heißt Teilmenge von M, geschrieben $T \subseteq M$. Dies schließt auch den Fall $T = M$ ein. Falls jedoch $T \neq M$ gilt, heißt T eine *echte Teilmenge* von M, geschrieben $T \subset M$. Umgekehrt wird M in diesen beiden Fällen *Obermenge* beziehungsweise *echte Obermenge* von T genannt. Wie schon im Fall der Ungleichheit oder des Nichtzugehörens eines Elementes zu einer Menge wird die Tatsache, dass eine Menge T *keine* Teilmenge einer Menge M ist, durch $T \nsubseteq M$ zum Ausdruck gebracht. Ganz anschaulich gilt für zwei gleiche Mengen A und B, d. h. $A = B$, sowohl $A \subseteq B$ als auch $B \subseteq A$.

Wie viele und welche Teilmengen gibt es zur Menge $M = \{1, 2, 3\}$? Zu einer endlichen Menge der Mächtigkeit n gibt es allgemein 2^n Teilmengen – im vorliegenden Fall sind dies die Teilmengen $\varnothing$, $\{1\}$, $\{2\}$, $\{3\}$, $\{1,2\}$, $\{1,3\}$, $\{2,3\}$ und $\{1,2,3\}$. Fasst man alle Teilmengen einer Menge M in einer neuen Menge zusammen, die damit eine Menge aus Mengen ist,[56] so erhält man die sogenannte *Potenzmenge*, geschrieben $\mathcal{P}(M)$ mit der Mächtigkeit $|\mathcal{P}(M)| = 2^{|M|}$.

---

55 Schriebe man $f : \mathbb{N} \longrightarrow \mathbb{N}$, so gälte die Aussage, dass f bijektiv ist, nicht mehr, da durch die angegebene Funktion kein Element der Definitionsmenge auf das Element 1 der Wertemenge abgebildet wird. In diesem Falle wäre die Surjektivität verletzt.

56 Mengen aus Mengen gaben Anlass zu einer der tiefsten Krisen der Mathematik überhaupt, als Bertrand Russell, 18.05.1872–02.02.1970, im Jahre 1903 die nach ihm benannte *Russellsche Antinomie* publizierte. Hierbei handelt es sich im Wesentlichen um die Frage, ob die Menge, die alle Mengen enthält, die sich nicht selbst enthalten, sich selbst enthält. Angenommen, diese Menge enthält sich selbst, so kann sie sich nicht enthalten, wenn sie sich aber nicht enthält, muss sie sich enthalten. Diese und verwandte Fragestellungen, die eine immense Bedeutung für die Mathematik als solche haben, liegen jedoch weit jenseits des vorliegenden Buches, darum sei an dieser Stelle zum einen auf das wunderbare Comic-Buch (Doxiadis et al., 2012, S. 38. ff.) sowie auf Hoffmann (2011) verwiesen.

Aufgabe 4:

1. Geben Sie die Potenzmenge der Menge $M = \{a, b, c, d\}$ an.
2. Knobelaufgabe: Geben Sie die Elemente der Potenzmenge $\mathcal{P}(\mathcal{P}(\emptyset))$ an.

Aufgabe 5:
Beweisen Sie mit Hilfe der vollständigen Induktion, dass für die Mächtigkeit der Potenzmenge einer endlichen Menge $|\mathcal{P}(M)| = 2^{|M|}$ gilt.

Mit Hilfe dieser Begriffe und der Grundidee aus HILBERTS Hotel kann man nun noch eine andere Sicht auf unendliche Mengen entwickeln, die auf RICHARD DEDEKIND[57] zurückgeht, die sogenannte *DEDEKIND-Unendlichkeit*: Eine Menge M ist unendlich, falls sie zu einer echten Teilmenge $T \subset M$ gleich mächtig ist, falls es also eine bijektive Abbildung zwischen M und T gibt.[58] Dieser Fall kam bereits zuvor mit der Menge der natürlichen Zahlen $\mathbb{N}$ und jener der geraden natürlichen Zahlen zur Sprache.

1.3.6 Schnitt, Vereinigung, Differenz

Nach diesen Grundbegriffen im Zusammenhang mit Mengen gilt es nun, eine Reihe grundlegender Operationen auf Mengen einzuführen. Dies sind zunächst die *Schnitt-* sowie die *Vereinigungsmenge* zweier Mengen A und B:[59] Die Schnittmenge $S = A \cap B$ enthält nur jene Elemente, die sowohl in A als auch B enthalten sind, d. h. $S = A \cap B = \{s : s \in A \wedge s \in B\}$.

Die zweite grundlegende Operation auf Mengen ist die Vereinigung $V = A \cup B = \{v : v \in A \vee v \in B\}$, die alle Elemente aus den beteiligten Mengen A und B enthält. Abbildung 1.6 stellt die Operationen Vereinigung und Schnitt in Form zweier sogenannter VENN-Diagramme dar.[60]

Falls zwei Mengen A und B keine gemeinsamen Elemente enthalten, so dass der Schnitt dieser Mengen leer ist, d. h. falls $A \cup B = \emptyset$ gilt, heißen A und B *disjunkt*.

Eine weitere Operation ist die Bildung der *Differenzmenge* zweier Mengen A und B, geschrieben $A \setminus B$. Ganz anschaulich besteht die Differenz zweier Mengen A und B aus allen Elementen, die in A, nicht jedoch in B enthalten sind, d. h. $A \setminus B = \{a \in A : a \notin B\}$.

---

57 06.10.1831–12.02.1916

58 In Abschnitt 1.4 wird noch eine weitere Art der Unendlichkeit zur Sprache kommen, die über abzählbar unendliche Mengen hinausgeht.

59 Wer sich bereits mit relationalen Datenbanken befasst hat, kennt diese beiden Operationen unter den Begriffen `INTERSECT` beziehungsweise `UNION`.

60 Benannt nach JOHN VENN, 04.08.1834–04.04.1923.

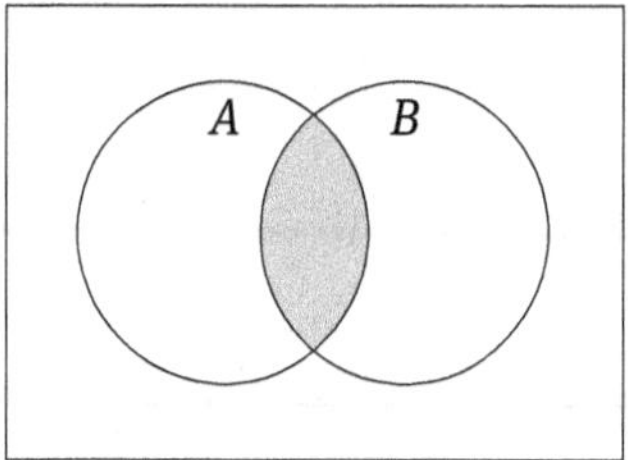

Der graue Bereich entspricht
$S = A \cap B$

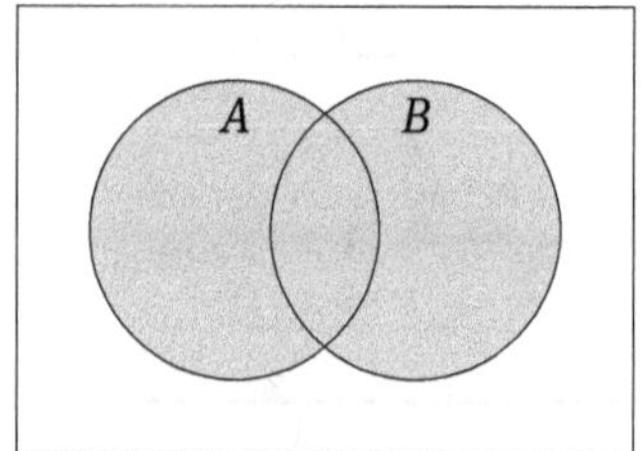

Der graue Bereich entspricht
$V = A \cup B$

Abb. 1.6. VENN-Diagramme grundlegender Mengenoperationen

Aufgabe 6:
Stellen Sie die Differenzmenge zweier Mengen A und B mit $A \cap B \neq \varnothing$ als VENN-Diagramm dar.

Abschweifung: Schnitt durch Differenzen
Wie anhand eines entsprechenden Venn-Diagrammes schnell deutlich wird, kann beispielsweise die Bildung einer Schnittmenge auf die Bildung zweier Mengendifferenzen zurückgeführt werden, was mitunter in relationalen Datenbanken eingesetzt wird. Es gilt $A \cap B = A \setminus (A \setminus B)$.

In dem speziellen Fall, dass $B \subset A$ gilt (d. h. A enthält B) heißt $A \setminus B$ das *Komplement* von B. Die Obermenge A wird hier als *Universum* bezeichnet. Allgemein bezeichnet man in der Mathematik mit diesem Begriff die Menge aller in einem bestimmten Zusammenhang betrachteter Elemente. Wird beispielsweise eine Fragestellung im Zusammenhang mit natürlichen Zahlen betrachtet, so ist das Universum in diesem Fall gleich $\mathbb{N}$.

Spricht man also beispielsweise im Kontext der natürlichen Zahlen vom Komplement der Menge der geraden Zahlen, so ist damit die Menge der ungeraden Zahlen gemeint, ohne dass explizit darauf hingewiesen wird, dass die Menge der geraden Zahlen eine Teilmenge der natürlichen Zahlen ist. Abbildung 1.7 zeigt das Komplement $A \setminus B$ mit $B \subset A$ in Form eines sogenannten EULER-Diagrammes. Hier ist also A das Universum, innerhalb dessen B betrachtet wird. Wenn das Universum durch die Fragestellung klar ist, wird es oft auch nicht explizit angegeben – anstelle von $A \setminus B$ schreibt man dann kurz $\overline{B}$ für das Komplement von B.

1.3.7 Kommutativität, Assoziativität, Distributivität

Die beiden Operationen Vereinigungen und Schnitt besitzen eine gemeinsame Eigenschaft, sie sind *kommutativ* (vertauschbar), d. h. es gilt sowohl $A \cup B = B \cup A$ als auch $A \cap B = B \cap A$ – eine Eigenschaft, die beispielsweise auch auf die Addition natürli-

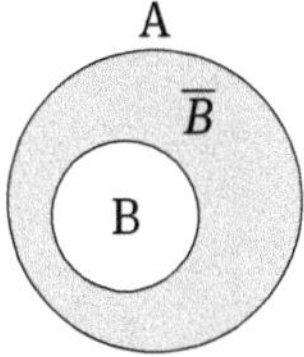

Abb. 1.7. Komplement $\overline{B}$ der Menge B im Universum A

cher Zahlen und viele weitere Operationen zutrifft. Offenbar ist jedoch die Bildung der Mengendifferenz nicht kommutativ, d. h. es gilt allgemein $A \setminus B \neq B \setminus A$.

Aufgabe 7:
Unter welcher (stark einschränkenden) Bedingung gilt $A \setminus B = B \setminus A$?

Wenn man die beiden Operationen $\cup$ und $\cap$ betrachtet, fällt auf, dass für beide eine weitere Eigenschaft, die sogenannte *Assoziativität*, gilt, d. h. es gilt $A \cup (B \cup C) = (A \cup B) \cup C$ und $A \cap (B \cap C) = (A \cap B) \cap C$. So banal dies auf der ersten Blick wirken mag, ist es doch eine wichtige Eigenschaft: Falls für eine *zweistellige* Operation, d. h. eine Operation, die auf zwei *Operanden* arbeitet, das Assoziativitätsgesetz gilt, so ist die Ausführungsreihenfolge dieser Operation unerheblich.

Während man sich beispielsweise in der Schulmathematik mehr oder weniger stets auf die Assoziativität der Addition verlassen konnte, gilt dies beim maschinellen Rechnen mit sogenannten *Gleitkommazahlen* (siehe Abschnitt 1.6.5) nicht, was oft zu schwerwiegenden und vor allem auch schwer zu findenden Fehlern führt. Allgemein kann man sich, falls `a`, `b` und `c` Gleitkommawerte, d. h. vom Datentyp `float` oder `double` sind, nicht auf `a+b+c=c+b+a` verlassen!

Während sich sowohl die Kommutativität als auch die Assoziativität jeweils auf eine einzige zweistellige Operation beziehen, beschreibt das *Distributivgesetz* das Verhalten zweier unterschiedlicher zweistelliger Operationen bezüglich des Auflösens von Klammern. Konkret gilt für Vereinigung und Schnitt zweier Mengen

$$A \cup (B \cap C) = (A \cup B) \cap (A \cup C) \tag{1.6}$$

und

$$A \cap (B \cup C) = (A \cap B) \cup (A \cap C), \tag{1.7}$$

d. h. man kann jeweils eine der beiden Operationen ausklammern, wie man es beispielsweise auch von Addition und Multiplikation aus der Schulmathematik gewohnt ist.[61]

---

61 Diese drei Eigenschaften, Kommutativität, Assoziativität und Distributivität fallen in das Gebiet der (abstrakten) *Algebra*, die weit über die sogenannte *elementare Algebra*, wie sie in der Schule vermit-

Die beiden Fälle (1.6) und (1.7) werden auch als *linksdistributiv* bezeichnet. Die Form $(A \cap B) \cup C = (A \cup C) \cap (B \cup C)$ heißt entsprechend *rechtsdistributiv*.

1.3.8 De Morgansche Regeln

Anhand der Operationen $\cup$ und $\cap$ lassen sich nun noch einige weitere grundlegende Regeln darstellen, die auf Augustus De Morgan[62] zurückgehen und nicht nur für diese beiden Mengenoperationen, sondern auch für andere Operationen gelten: Für zwei Mengen A und B sind $\overline{A \cup B} = \overline{A} \cap \overline{B}$ und $\overline{A \cap B} = \overline{A} \cup \overline{B}$, wobei der Querstrich die Komplementbildung einer Menge repräsentiert.

Das heißt, das Komplement der Vereinigung zweier Mengen ist gleich dem Schnitt der beiden Komplemente und umgekehrt ist das Komplement des Schnittes zweier Mengen gleich der Vereinigung der beiden Komplemente.

---

i Die De Morganschen Regeln gelten auch für die logischen Verknüpfungen $\wedge$ und $\vee$. Für zwei Variablen a und b, die jeweils nur einen der beiden Werte „wahr“ und „falsch“ annehmen können, gilt $\overline{a \wedge b} = \overline{a} \vee \overline{b}$ und $\overline{a \vee b} = \overline{a} \wedge \overline{b}$, wobei der Querstrich die logische Negation darstellt, d. h. aus dem Wert „wahr“ wird „falsch“ und umgekehrt. Gerade in der Softwaretechnik sind diese beiden Aussagen von großer Bedeutung bei der Implementation zusammengesetzter Bedingungen in Programmen. Beispielsweise wird eine Bedingung wie `if (!(a || b)) {...}`[63] von einem Compiler in aller Regel in einen Ausdruck der Form `if (!a) { if (!b) { ...}}` umgewandelt. Die beiden verschachtelten Bedingungen entsprechen hierbei einem logischen Und.

Häufig müssen Aussagen wie die obige auf mehr als zwei beteiligte Mengen oder Variablen verallgemeinert werden, wofür in der Mathematik meist sogenannte *Indices* verwandt werden. Das De Morgansche Gesetz für n Mengen $M_1, M_2, M_3, \ldots, M_n$ könnte also als $\overline{M_1 \cup M_2 \cup M_3 \cup \cdots \cup M_n} = \overline{M_1} \cap \overline{M_2} \cap \overline{M_3} \cap \cdots \cap \overline{M_n}$ geschrieben werden, was jedoch schnell unübersichtlich wird. Aus diesem Grunde kann man die meisten zweistelligen Operationen, wie hier am Beispiel von Vereinigung und Schnitt, auch mit einer Indexvariablen versehen und kürzer

$$\overline{\bigcup_{i=1}^{n} M_i} = \bigcap_{i=1}^{n} \overline{M_i}$$

telt wird, hinausgeht. Während sich die elementare Algebra mit Rechenoperationen auf natürlichen, ganzen, rationalen und reellen Zahlen etc. befasst, spannt die *abstrakte* Algebra den Bogen weiter und betrachtet neben Zahlenmengen allgemeinere algebraische Strukturen wie *Gruppen*, *Ringe* und *Körper*.

62 27.06.1806–18.03.1871

63 In dieser C-ähnlichen Notation stellen `!` die Negation und `||` ein inklusives Oder dar.

beziehungsweise

$$\overline{\bigcap_{i=1}^{n} M_i} = \bigcup_{i=1}^{n} \overline{M_i}$$

schreiben.[64] Man sagt hierbei, „der Index i läuft von 1 bis n“.

1.3.9 Partitionen

Mit einer kleinen Abwandlung dieser Notation kann nun der Begriff der *Partition* eingeführt werden: Eine Menge P von Teilmengen T_i, d. h. $P = \{T_1, T_2, T_3, \ldots, T_n\}$, einer Menge M heißt Partition, wenn

$$M = \bigcup_{T_i \in P} T_i \text{ und } T_i \cap T_j = \varnothing \; \forall i \neq j \tag{1.8}$$

gelten. Die Vereinigung läuft hierbei also über alle Teilmengen T_i aus P und darüber hinaus sollen alle Teilmengen T_i *paarweise disjunkt* sein, d. h. alle Vereinigungen zweier unterschiedlicher Teilmengen T_i und T_j müssen als Ergebnis die leere Menge liefern. Das Symbol $\forall$ steht kurz für „für alle“ und wird auch als *Allquantor* bezeichnet. (1.8) wird also wie folgt gelesen: “M ist gleich der Vereinigung aller T_i aus P, wobei die T_i paarweise disjunkt sind.“

Eine Partition einer Menge ist also eine Menge von Teilmengen, die untereinander jeweils disjunkt sind, deren Vereinigung die fragliche Menge generiert.[65]

Anschaulich ist P also eine Partition von M, wenn jedes Element von M in genau einer der Teilmengen $T_i \in P$ liegt.

Aufgabe 8:
Handelt es sich bei der Menge $P = \{\{1,3,5\}, \{2,4,6\}, \{5,7\}, \{8\}\}$ um eine Partition der Menge $M = \{1,2,3,4,5,6,7,8\}$? Begründen Sie Ihre Antwort.

1.3.10 Produktmengen und Relationen

So wie die Vereinigung, der Schnitt und die Differenz von Mengen gebildet werden können, sind auch Produktmengen möglich. Die Produktmenge[66] $A \times B$ zweier Men-

64 Solche Kurzschreibweisen werden vor allem häufig bei der Bildung von Summen, $\sum$, und Produkten, $\prod$, verwendet, wie bereits in Abschnitt 1.2 zu sehen war.

65 Partitionen von Mengen treten in der Informatik beispielsweise bei der Aufteilung von Problemen auf Multiprozessorsysteme auf.

66 Häufig wird das Produkt zweier Mengen auch nach René Descartes, 31.03.1596–11.02.1650, als *kartesisches Produkt* bezeichnet. Diese Operation bildet zum Beispiel die Grundlage für den sogenannten *Join* in relationalen Datenbanken.

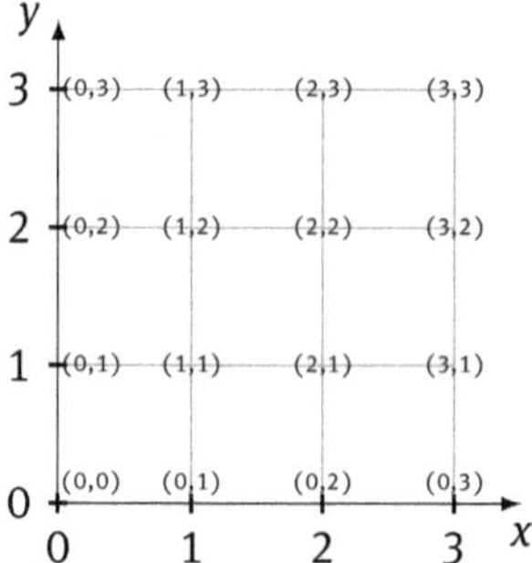

Abb. 1.8. Produkt $A \times A$ der Menge $A = \{0,1,2,3\}$ als kartesisches Koordinatensystem aufgefasst

gen A und B besteht aus sogenannten *Tupeln* der Form (a,b) mit $a \in A$ und $b \in B$. Ein solcher Tupel ist eine geordnete Liste von Elementen, d. h. während die Reihenfolge der Elemente in einer Menge keine Rolle spielt, ist sie bei einem Tupel essenziell.[67] Ein Tupel mit n Elementen wird in der Regel als n-Tupel bezeichnet. Für Tupel mit zwei, drei, vier oder fünf Elementen haben sich, da sie häufig auftreten, auch die Kurzbezeichnungen *Dupel*, *Tripel*, *Quadrupel* und *Quintupel* eingebürgert.

Die Produktmenge zweier Mengen besteht also aus zweielementigen Tupeln, die alle Kombinationen von Elementen der beiden beteiligten Mengen enthalten. Mit $A = \{1,2,3\}$ und $B = \{a,b,c\}$ ergibt sich also folgende Produktmenge:

$$A \times B = \{(1,a),(1,b),(1,c),(2,a),(2,b),(2,c),(3,a),(3,b),(3,c)\}$$

Offensichtlich gilt für die Mächtigkeit der Produktmenge zweier Mengen

$$|A \times B| = |A| \cdot |B|.$$

Falls das (mehrfache) Produkt einer Menge mit sich selbst gebildet wird, wird in der Regel eine Potenzschreibweise genutzt, wie zum Beispiel $A \times A = A^2$. Allgemein gilt dann $A \times \cdots \times A = A^n$. Abbildung 1.8 zeigt das Produkt A^2 von $A = \{0,1,2,3\}$ in Form eines kartesischen Koordinatensystems. Die Werte an den Achsen x und y entsprechen den Elementen der Menge A, die Elemente der Produktmenge sind explizit durch 16 Zahlenpaare (Dupel) angegeben.

Da die Elemente der Produktmenge zweier Mengen aus den 2-Tupeln aller Kombinationen von Elementen der beiden Mengen bestehen, kann man Teilmengen dieser Produktmenge bilden, die nur solche Tupel enthält, deren Elemente in einer bestimmten Relation zueinander stehen. Eine solche Teilmenge $R \subseteq A \times B$ nennt man *Relation*. Im allgemeinen Sprachgebrauch sagt man, dass „a und b in Relation R zueinander stehen“, wenn $(a,b) \in R$ gilt.

67 In relationalen Datenbanken werden Informationen in Form von Tupeln abgebildet, wobei je ein Tupel eine Zeile einer Tabelle bildet.

Beispiel 4:
Angenommen, eine Menge M enthalte die Namen aller Mitarbeiter eines Unternehmens, während eine Menge W alle Wohnorte der Mitarbeiter dieses Unternehmens enthält. Die Produktmente $P = M \times W$ besteht nun aus Tupeln (m,w) mit $m \in M$ und $w \in W$, die alle Kombinationen von Mitarbeitern und Wohnorten enthalten – neben vielen falschen Kombinationen finden sich darin natürlich auch Tupel, welche die richtigen Kombinationen von Mitarbeitern und Wohnorten enthalten.

Fasst man nur diese „richtigen" Tupel (m,w) in einer neuen Menge R zusammen, so ist $R \subseteq P$ eine Relation, die Mitarbeiternamen und -wohnorte zueinander in Beziehung setzt. In relationalen Datenbanken entspricht die Bildung einer solchen Relation einer Join-Operation, wenngleich diese in der Praxis in der Regel aus Zeit- und Speicherplatzgründen nicht auf Basis einer Produktmengenbildung implementiert wird.

Das nächste Beispiel verwendet die bereits bekannte Menge $A = \{0,1,2,3\}$ sowie die Produktmenge $P = A^2$. Die Menge $R = \{(0,1),(0,2),(0,3),(1,2),(1,3),(2,3)\}$ enthält, wie man schnell sieht, nur Tupel der Form (a,a') mit $a,a' \in A$, für die $a < a'$ gilt, d. h. R repräsentiert die Relation „kleiner" auf der Grundmenge A.

Relationen können *reflexiv*, *symmetrisch* und *transitiv* sein. Für eine reflexive Relation gilt $(a,a) \in R \; \forall \; a \in A$, wobei hier $R \subseteq A \times A$ gilt. Für eine symmetrische Relation $R \subseteq A \times B$ gilt

$$(a,b) \in R \Longrightarrow (b,a) \in R \; \forall \; a \in A \wedge b \in B. \tag{1.9}$$

(1.9) wird wie folgt gelesen: „Für eine symmetrische Relation R gilt: Aus a steht zu b in Relation R folgt, dass auch b zu a in Relation R steht für alle a aus A und b aus B."

Naheliegende Beispiele für solche reflexiven Relationen sind unter anderem die Gleichheit sowie die Vergleiche $\leq$ und $\geq$ zweier ganzer Zahlen. Die Gleichheit ist darüber hinaus auch symmetrisch.

Neben symmetrisch können Relationen auch *asymmetrisch* und *antisymmetrisch* sein: Für eine antisymmetrische Relation R gilt

$$(a,b) \in R \wedge (b,a) \in R \Longrightarrow a = b \; \forall \; a,b \in A.$$

Wenn R also eine antisymmetrische Relation ist, dann kann nur in dem Fall, das $a = b$ gilt, für zwei Elemente a und b sowohl gelten, dass a in Relation R zu b steht, als auch, dass b in Relation R zu a steht. Ein Beispiel für eine solche antisymmetrische Relation ist $\leq$ auf den ganzen Zahlen. Wenn für zwei Zahlen a und b sowohl $a \leq b$ als auch $b \leq a$ gilt, so folgt daraus $a = b$.

Eine asymmetrische Relation schränkt dies noch mehr ein, es gilt

$$(a,b) \in R \Longrightarrow (b,a) \notin R \; \forall a,b \in A,$$

d. h. wenn a in Relation R zu b steht, ist der Fall, dass b gleichzeitig in Relation R zu a steht, ausgeschlossen! Ein Beispiel hierfür ist der Vergleich $<$. Gilt $a < b$, so ist damit ausgeschlossen, dass auch $b < a$ gelten kann.

Die letzte wesentliche Eigenschaft, die eine Relation besitzen kann, ist die Transitivität. In diesem Fall gilt

$$(a,b) \in R \wedge (b,c) \in R \Longrightarrow (a,c) \in R \; \forall \; a,b,c \in A.$$

Ein Beispiel hierfür ist wieder der Vergleich < auf ganzen Zahlen: Gilt $a < b$ und $b < c$, so folgt daraus, dass auch $a < c$ gilt.

Relationen, die sowohl reflexiv als auch symmetrisch und transitiv sind, heißen *Äquivalenzrelationen*. Ist R eine Äquivalenzrelation, so sagt man für $(a,b) \in R$ „a ist äquivalent zu b". Alle Elemente, die zu einem solchen Element a äquivalent sind, bilden zusammen mit diesem eine sogenannte *Äquivalenzklasse*.

Beispiel 5:
Ist R mit $(a,b) \in R$ beispielsweise die Relation „a hat die gleiche Farbe wie b", so ist R eine Äquivalenzrelation, da R reflexiv, symmetrisch und transitiv ist. Eine Äquivalenzklasse zu R enthält nur Dinge gleicher Farbe.

Solche Äquivalenzrelationen sind beispielsweise beim Testen von Software von Interesse. Dort versucht man, Testfälle in Äquivalenzklassen zu gruppieren, um dann aus jeder solchen Äquivalenzklasse nur einen einzigen Testfall stellvertretend für alle Fälle aus dieser Klasse ausführen zu müssen.

Neben solchen Äquivalenzrelationen gibt es eine weitere große Klasse von Relationen, die sogenannten *Ordnungsrelationen*. Dieser Klasse gehören alle Relationen an, die reflexiv, antisymmetrisch und transitiv sind. Typische Beispiele hierfür sind die bekannten Vergleiche ≤ und ≥. Fehlt von diesen drei Eigenschaften einer Ordnungsrelation lediglich die Reflexivität, so handelt es sich um eine *strikte Ordnungsrelation*. Beispiele hierfür sind offensichtlich < und >.

Zu einer Relation gibt es auch eine entsprechende *Umkehrrelation*. So ist beispielsweise ≤ die Umkehrrelation von ≥. Die Umkehrrelation zu einer Relation, die das Verhältnis „ist Elter von" zum Ausdruck bringt, ist entsprechend „ist Kind von" etc. Formal ist die Umkehrrelation zu einer Relation $R \subseteq A \times B$ definiert durch $R^{-1} = \{(b,a) : (a,b) \in R\} \subseteq B \times A$. Der Exponent -1 bezeichnet hierbei analog zur Umkehrfunktion die Umkehrrelation als solche.

Abschließend lässt sich nun der Bogen wieder zurück zu Abbildungen schlagen, wie sie aus Abschnitt 1.3.2 bekannt sind: Eine Relation zwischen zwei Mengen A und B ist eine Abbildung von A nach B, wenn jedem $a \in A$ höchstens ein $b \in B$ zugeordnet wird, d. h. wenn die Abbildungsvorschrift von A nach B injektiv ist. Anstelle von $(a,b) \in R$ schreibt man dann einfacher $b = f(a)$, wobei A und B die Definitions- und Wertemengen der Funktion $f()$ sind.

1.4 $\mathbb{N}, \mathbb{N}_0, \mathbb{P}, \mathbb{Z}, \mathbb{Q}, \mathbb{R}, \mathbb{C}$

Zahlen sind von derart zentraler Bedeutung für alle Bereiche des täglichen Lebens, dass man ihr Vorhandensein oft als etwas Selbstverständliches hinnimmt. Dabei ist die Idee von Zahlen erst wenige Jahrtausende alt. *Stellenwertsysteme* wie unser Dezimalsystem, die sperrige Zahlendarstellungen wie die römischen Zahlen ablösten und damit erst das algorithmische Rechnen im großen Stil ermöglichten, wurden erst vor wenigen Jahrhunderten eingeführt.[68] Ganz unabhängig davon wie man Zahlen jedoch repräsentiert (mehr dazu in Abschnitt 1.6), kann man zunächst einmal Mengen von Zahlen bilden, für die das zuvor über Mengen im Allgemeinen Gesagte zutrifft.

Abschweifung: Die Pirahã
Interessant werden Betrachtungen zu Mengen aus Zahlen eigentlich erst, wenn der kulturelle Zahlbegriff nicht allzu eingeschränkt ist. Beispielsweise gibt es Berichten zufolge ein Volk, die Pirahã, das nicht einmal bis vier zählen kann.[69] In diesem Fall erschöpft sich die Mengenlehre schon bei sehr handlichen und doch eher uninteressanten endlichen Mengen.

1.4.1 $\mathbb{N}$ und $\mathbb{N}_0$

Eine ganz wesentliche Menge, die der natürlichen Zahlen, wurde bereits in den vorangegangenen Abschnitten verwendet. Diese Menge, kurz $\mathbb{N}$ geschrieben, enthält alle ganzen Zahlen, beginnend mit der Eins. Im Folgenden wird die Menge $\mathbb{N} \cup \{0\}$ mit $\mathbb{N}_0$ bezeichnet. $\mathbb{N}$ ist die archetypische abzählbar unendliche Menge, d. h. es gibt kein größtes Element in $\mathbb{N}$ (ein kleinstes hingegen schon, die Eins), und es gibt Teilmengen von $\mathbb{N}$ mit gleicher Mächtigkeit wie $\mathbb{N}$, beispielsweise die Menge der geraden Zahlen etc.

1.4.2 $\mathbb{P}$

Eine wichtige Teilmenge von $\mathbb{N}$ ist die Menge aller Primzahlen, geschrieben $\mathbb{P}$. Eine Primzahl ist eine natürliche Zahl, die von genau zwei unterschiedlichen natürlichen Zahlen ohne Rest geteilt wird, d. h. durch die 1 und sich selbst. Damit ist klar, dass die 1 selbst keine Primzahl ist, und 2 die einzige gerade Primzahl ist.[70] Wie bereits in Abschnitt 1.2 gezeigt, gibt es abzählbar unendlich viele Primzahlen $p \in \mathbb{P}$, d. h. es gilt $|\mathbb{P}| = |\mathbb{N}|$.

---

68 IFRAH (1991) gibt einen hervorragenden Überblick über die Geschichte der Zahlen. ARTMANN (1983) gibt eine sehr theoretische Einführung in den Zahlbegriff an sich.

69 Siehe VON RAUCHHAUPT (2004).

70 Das war nicht immer so – erst in den letzten 100 Jahren setzte sich diese Übereinkunft durch – zuvor wurde 1 als die kleinste Primzahl angesehen.

Aufgabe 9:
Erstellen Sie eine Liste aller Primzahlen zwischen 2 und 50.

Essenziell ist die Tatsache, dass jede natürliche Zahl (die 1 ist hiervon ausgenommen) eindeutig[71] in ein Produkt von Primzahlen zerlegt werden kann. Eine solche Zerlegung einer Zahl $n \in \mathbb{N}$ heißt *Primfaktorzerlegung* oder auch *Faktorisierung*. Beispielsweise ist $12345678 = 2 \cdot 3 \cdot 3 \cdot 47 \cdot 14593$.

Abschweifung: Leeres Produkt und leere Summe
Ist gemäß dieses Beispiels eine Menge $P = \{2, 3, 3, 47, 14593\}$ gegeben, so kann das Produkt der Elemente dieser Menge mit Hilfe des bereits aus Beispiel 2 bekannten Produktzeichens gebildet werden:

$$\prod_{p \in P} p = 12345678.$$

Dabei stellt sich die Frage, was eigentlich das Produkt über die leere Menge ist. Es ist sinnvoll, dieses sogenannte *leere Produkt* als 1 festzulegen, da 1 bezüglich der üblichen Multiplikation das *neutrale Element* ist, d. h. 1 verändert das Ergebnis einer Multiplikation nicht:[72]

$$\prod_{p \in \emptyset} p = 1$$

Analog gilt für die *leere Summe*

$$\sum_{s \in \emptyset} s = 0,$$

da bezüglich der Addition die Null das neutrale Element ist.

Aufgabe 10:
Geben Sie die Primfaktorzerlegung der natürlichen Zahl 510510 an.

Primzahlen sind nicht nur an sich faszinierend, sondern auch in zunehmendem Maße von kommerziellem Interesse, da eine Vielzahl aktueller Verschlüsselungsverfahren, wie zum Beispiel das RSA-Verfahren,[73] auf der Annahme beruhen, dass die Zerlegung (großer) natürlicher Zahlen in ihre Primfaktoren extrem zeitaufwendig ist.

1.4.3 $\mathbb{Z}$

Eine Erweiterung dieser natürlichen Zahlen ist die Menge der *ganzen* Zahlen $\mathbb{Z} = -\mathbb{N} \cup \{0\} \cup \mathbb{N}$, welche die positiven und negativen ganzen Zahlen sowie die Null

71 D. h. es gibt genau eine Zerlegung einer natürlichen Zahl in ein Produkt aus Primzahlen.

72 Siehe Abschnitt 1.5.

73 Siehe (Knuth, 2011, Vol. 2, S. 403 ff.).

Tab. 1.1. Idee einer bijektiven Abbildung von $\mathbb{N}$ nach $\mathbb{Z}$

$\mathbb{N}$	1	2	3	4	5	6	7	8	9	10	11	12	...
$\mathbb{Z}$	0	1	−1	2	−2	3	−3	4	−4	5	−5	6	...

enthält. Vertrauend auf die Intuition der Leser wird dies mitunter auch als $\mathbb{Z} = \{\dots, -4-,3-,2-,1,0,1,2,3,4,\dots\}$ dargestellt.

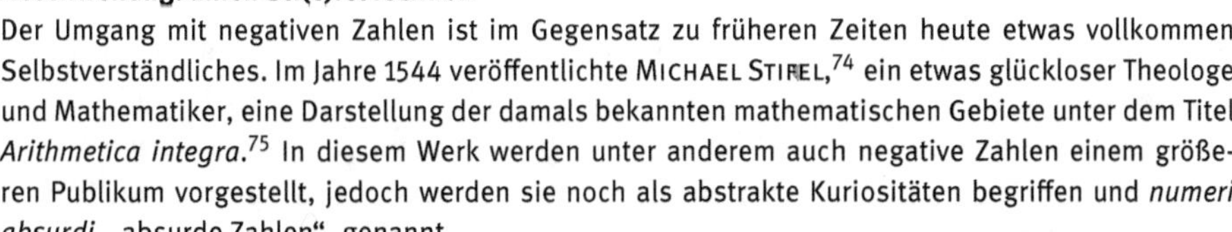

Abschweifung: Einen Sti(e)fel rechnen

Der Umgang mit negativen Zahlen ist im Gegensatz zu früheren Zeiten heute etwas vollkommen Selbstverständliches. Im Jahre 1544 veröffentlichte MICHAEL STIFEL,[74] ein etwas glückloser Theologe und Mathematiker, eine Darstellung der damals bekannten mathematischen Gebiete unter dem Titel *Arithmetica integra*.[75] In diesem Werk werden unter anderem auch negative Zahlen einem größeren Publikum vorgestellt, jedoch werden sie noch als abstrakte Kuriositäten begriffen und *numeri absurdi*, „absurde Zahlen", genannt.

Michael Stifel berechnete übrigens einmal das genaue Datum des Weltunterganges auf Basis von Bibelstellen. Als Theologen gelang es ihm, die Mitglieder seiner Gemeinde von der Richtigkeit seiner Prognose zu überzeugen, was zur Folge hatte, dass viele ihrem weltlichen Besitz entsagten, Arbeiten unterbrochen wurden etc. Als der von ihm vorhergesagte Untergang ausblieb, wurde er sogar kurzzeitig inhaftiert. Auf diese Begebenheit geht der noch heute manchmal verwendete Ausspruch „einen Sti(e)fel rechnen"zurück, wenn sich jemand ganz offensichtlich vollkommen verrechnet hat.

Ist $\mathbb{Z}$ nun mächtiger als $\mathbb{N}$ oder sind beide Mengen gleich mächtig? Um zu zeigen, dass $\mathbb{Z}$ und $\mathbb{N}$ gleich mächtig sind, wird eine bijektive Abbildung von $\mathbb{N}$ nach $\mathbb{Z}$ benötigt. Eine erste Idee hierzu zeigt Tabelle 1.1.

Die Grundidee ist also, gerade und ungerade Zahlen aus $\mathbb{N}$ wechselweise auf positive und negative Werte aus $\mathbb{Z}$ abzubilden, was mit folgender Abbildungsvorschrift $f : \mathbb{N} \Longrightarrow \mathbb{Z}$ erreicht werden kann:

$$f(n) = \begin{cases} \frac{n}{2}, & \text{falls } n \text{ gerade} \\ -\frac{n-1}{2} & \text{sonst.} \end{cases} \tag{1.10}$$

Da (1.10) offensichtlich bijektiv ist, d. h. jedes Element aus $\mathbb{Z}$ hat ein Urbild in $\mathbb{N}$ und jedem Element aus $\mathbb{N}$ ist genau ein Element in $\mathbb{Z}$ zugeordnet, ergibt sich die *kontraintuitive* Feststellung, dass die Mengen der natürlichen Zahlen und die der ganzen Zahlen gleich mächtig sind!

74 Ca. 1487–19.04.1567

75 Siehe STIFELIO (1544).

1.4.4 $\mathbb{Q}$

Die nächste grundlegende Menge von Zahlen ist die Menge $\mathbb{Q}$ der *rationalen Zahlen*, d. h. der Brüche:

$$\mathbb{Q} = \left\{ \frac{p}{q} : p,q \in \mathbb{Z} \wedge q \neq 0 \right\}.$$

Verblüffenderweise lässt sich – wieder durch eine bijektive Abbildung von $\mathbb{N}$ nach $\mathbb{Q}$ – zeigen, dass $\mathbb{N}$ und $\mathbb{Q}$ gleich mächtig sind! Dieser Beweis geht auf GEORG CANTOR zurück und wird als *erstes Diagonalargument* bezeichnet. Die Grundidee ist so einfach wie genial: Zunächst wird anstelle von $\mathbb{Q}$ nur die Menge der positiven Brüche, $\mathbb{Q}^+$, betrachtet, was der Korrektheit des Arguments allerdings keinen Abbruch tut. Beginnend bei $\frac{1}{1}$ werden nun alle Brüche in Diagonalen Elementen von $\mathbb{N}$ zugeordnet, wobei nicht gekürzte Brüche übersprungen werden, wie Abbildung 1.9 zeigt. Daraus folgt, dass die Mächtigkeit von $\mathbb{Q}$ gleich jener von $\mathbb{N}$ ist.

Ein Bruch $\frac{p}{q}$ mit $p,q \in \mathbb{Z}$ und $q \neq 0$ heißt *gekürzt*, falls es keine natürlichen Zahlen größer 1 gibt, die sowohl p als auch q ohne Rest teilen. Dies ist gleichbedeutend damit, dass der *größte gemeinsame Teiler* von p und q, kurz $\mathrm{ggT}(p,q)$ geschrieben, gleich 1 ist. In diesem Fall sagt man, „p und q sind teilerfremd".

$$\begin{array}{ccccccccccccccc}
\frac{1}{1} & \rightarrow & \frac{1}{2} & & \frac{1}{3} & \rightarrow & \frac{1}{4} & & \frac{1}{5} & \rightarrow & \frac{1}{6} & & \frac{1}{7} & \rightarrow & \\
 & \swarrow & & \nearrow & & \swarrow & & \nearrow & & \swarrow & & \nearrow & & & \\
\frac{2}{1} & & \frac{2}{2} & & \frac{2}{3} & & \frac{2}{4} & & \frac{2}{5} & & \frac{2}{6} & & \frac{2}{7} & \cdots & \\
\downarrow & \nearrow & & \swarrow & & \nearrow & & \swarrow & & \nearrow & & & & & \\
\frac{3}{1} & & \frac{3}{2} & & \frac{3}{3} & & \frac{3}{4} & & \frac{3}{5} & & \frac{3}{6} & & \frac{3}{7} & \cdots & \\
 & \swarrow & & \nearrow & & \swarrow & & \nearrow & & & & & & & \\
\frac{4}{1} & & \frac{4}{2} & & \frac{4}{3} & & \frac{4}{4} & & \frac{4}{5} & & \frac{4}{6} & & \frac{4}{7} & \cdots & \\
\downarrow & \nearrow & & \swarrow & & \nearrow & & & & & & & & & \\
\frac{5}{1} & & \frac{5}{2} & & \frac{5}{3} & & \frac{5}{4} & & \frac{5}{5} & & \frac{5}{6} & & \frac{5}{7} & \cdots & \\
 & \swarrow & & \nearrow & & & & & & & & & & & \\
\frac{6}{1} & & \frac{6}{2} & & \frac{6}{3} & & \frac{6}{4} & & \frac{6}{5} & & \frac{6}{6} & & \frac{6}{7} & \cdots & \\
\downarrow & \nearrow & & & & & & & & & & & & & \\
\frac{7}{1} & & \frac{7}{2} & & \frac{7}{3} & & \frac{7}{4} & & \frac{7}{5} & & \frac{7}{6} & & \frac{7}{7} & \cdots & \\
\vdots & & \vdots & & \vdots & & \vdots & & \vdots & & \vdots & & \vdots & \ddots &
\end{array}$$

Abb. 1.9. CANTORS erstes Diagonalargument – ungekürzte Brüche sind hellgrau dargestellt und werden übersprungen

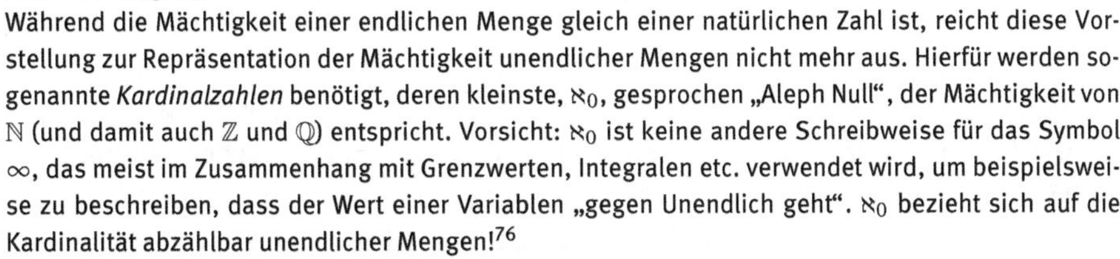

Abb. 1.10. Zwei exemplarische Dezimalbruchdarstellungen

Abschweifung: $\aleph_0$

Während die Mächtigkeit einer endlichen Menge gleich einer natürlichen Zahl ist, reicht diese Vorstellung zur Repräsentation der Mächtigkeit unendlicher Mengen nicht mehr aus. Hierfür werden sogenannte *Kardinalzahlen* benötigt, deren kleinste, $\aleph_0$, gesprochen „Aleph Null", der Mächtigkeit von $\mathbb{N}$ (und damit auch $\mathbb{Z}$ und $\mathbb{Q}$) entspricht. Vorsicht: $\aleph_0$ ist keine andere Schreibweise für das Symbol ∞, das meist im Zusammenhang mit Grenzwerten, Integralen etc. verwendet wird, um beispielsweise zu beschreiben, dass der Wert einer Variablen „gegen Unendlich geht". $\aleph_0$ bezieht sich auf die Kardinalität abzählbar unendlicher Mengen![76]

Die Potenzmenge einer abzählbar unendlichen Menge, d. h. beispielsweise $\mathcal{P}(\mathbb{N})$ ist übrigens nicht mehr abzählbar, sondern *überabzählbar* unendlich, d. h. es ist nicht möglich, eine Bijektion zwischen $\mathbb{N}$ und einer solchen Potenzmenge zu konstruieren.

Der *Satz von* CANTOR besagt, dass die Potenzmenge einer Menge eine größere Kardinalität als die Ursprungsmenge besitzt. Während diese Aussage für endliche Mengen offensichtlich ist, konnte CANTOR die Korrektheit dieser Aussage auch für unendliche Mengen zeigen.[77]

Ein Bruch $\frac{p}{q}$ kann durch Division als sogenannter *Dezimalbruch* dargestellt werden. So ergibt sich für $\frac{17}{8}$ beispielsweise die in Abbildung 1.10 links gezeigte Dezimalbruchdarstellung. Dies ist ein Beispiel für einen *endlichen Dezimalbruch*, der auch *dekadisch rational* genannt wird.

Andere Brüche, wie das rechte Beispiel in Abbildung 1.10, führen auf *periodische Dezimalbrüche*, d. h. auf eine nicht-endliche Darstellung, deren Ziffernfolge sich jedoch ab einem bestimmten Punkt wiederholt. In der Regel schreibt man über das erste Auftreten der Periode einen Querstrich, d. h. $\frac{1}{6} = 0,1\overline{6}$.

76 In ACZEL (2002) findet sich eine populäre Darstellung zu allgemeinen Fragen rund um $\aleph_0$ und verwandte Themen. GOLDSTERN (2000) behandelt allgemeine Fragen der Mächtigkeit unendlicher Mengen.

77 Ein Beweis hierzu findet sich beispielsweise in (HUNTER, 1996, S. 24. f.).

Aufgabe 11:

1. Stellen Sie die Brüche $\frac{1}{7}$, $\frac{3}{7}$, $\frac{1}{8}$, $\frac{7}{8}$ und $\frac{2}{9}$ als Dezimalbrüche dar – welche hiervon sind endlich, welche sind periodisch?
2. Beweisen Sie, dass $0{,}\overline{9}$ gleich 1 ist.

1.4.5 $\mathbb{R}$

Etwa 500 Jahre vor Christus machte der Grieche HIPPASOS VON METAPONT eine faszinierende Entdeckung: Die Länge der Hypothenuse eines rechtwinkligen Dreiecks mit den Kathetenlängen 1, die wir heute als $\sqrt{2}$ schreiben, ist nicht als Bruch darstellbar, d. h. eine Zahl, die nicht in $\mathbb{Q}$ liegt![78]

Aufgrund der Tragweite dieser Erkenntnis wird im Folgenden ein Beweis dafür angegeben, dass $\sqrt{2} \notin \mathbb{Q}$. Hierbei handelt es sich um den klassischen sogenannten *Widerspruchsbeweis*, bei dem das Gegenteil der zu beweisenden Aussage angenommen wird, woraus dann ein Widerspruch konstruiert wird. Entsprechend sei also angenommen, es gelte $\sqrt{2} \in \mathbb{Q}$, d. h. es sei $\sqrt{2} = \frac{p}{q}$ mit geeigneten $p, q \in \mathbb{Z}$ und natürlich mit $q \neq 0$.

Weiterhin handele es sich bei $\frac{p}{q}$ um einen gekürzten Bruch, d. h. $\operatorname{ggT}(p,q) = 1$. Daraus folgt direkt, dass nicht p und q beide gerade sein können (da sie sonst 2 als gemeinsamen Teiler besäßen).

Durch Quadrieren von $\sqrt{2} = \frac{p}{q}$ ergibt sich $2 = \frac{p^2}{q^2}$ und damit durch Multiplikation mit q^2, dass

$$p^2 = 2q^2 \tag{1.11}$$

ist. $2q^2$ ist jedoch offensichtlich gerade, woraus folgt, dass p^2 ebenfalls gerade sein muss. Wenn jedoch das Quadrat von p gerade ist, muss auch p selbst gerade sein, d. h. es gibt ein $n \in \mathbb{N}$ mit $p = 2n$.

Setzt man dies in Gleichung (1.11) ein, so ergibt sich $4n^2 = 2q^2$. Division durch 2 liefert $2n^2 = q^2$, woraus sich ergibt, dass q ebenfalls gerade sein muss, da q^2 offensichtlich gerade ist.

Dies ist jedoch ein Widerspruch zu der zu Beginn gemachten Annahme, dass $\sqrt{2}$ als gekürzter Bruch darstellbar sei, da eben gezeigt wurde, dass sowohl p als auch q gerade sind. Damit ist die ursprüngliche Behauptung $\sqrt{2} \in \mathbb{Q}$ nicht haltbar, d. h. es gilt $\sqrt{2} \notin \mathbb{Q}$.

78 Das Symbol $\sqrt{}$ für die Wurzeloperation leitet sich übrigens aus dem ersten Buchstaben des lateinischen Wortes „radix“ für „Wurzel“ ab.

Offensichtlich gibt es also Zahlen, die über die bekannten abzählbar unendlichen Mengen hinausgehen. Diese Zahlen werden *irrationale Zahlen* genannt. Die Vereinigung der Menge der irrationalen Zahlen mit $\mathbb{Q}$ ergibt die Menge der *reellen Zahlen*, geschrieben $\mathbb{R}$.

Abschweifung: Inkommensurabilität
Zur Zeit der Entdeckung, dass $\sqrt{2} \notin \mathbb{Q}$, betrieb man Mathematik in der Hauptsache geometrisch, so dass der Idee des Messens eine besondere Bedeutung zukam. Entsprechend bezeichnete man irrationale Zahlen, d. h. Zahlen, die sich einer vergleichenden Messung quasi entziehen, als *inkommensurabel*.

Abschweifung: Transzendente Zahlen
$\sqrt{2}$ kann zwar nicht als Bruch geschrieben werden, ist also eine irrationale Zahl, dafür lässt sich $\sqrt{2}$ aber als Lösung eines *Polynoms*[79] mit rationalen Zahlen als Koeffizienten schreiben. $\sqrt{2}$ ist die Lösung eines Polynoms der Art $x^2 = 2$. Zahlen, die als Lösungen solcher Polynome auftreten, werden *algebraische Zahlen* genannt.

Neben diesen gibt es auch noch Zahlen, die nicht Lösung eines Polynoms mit rationalen Koeffizienten sind. Solche Zahlen, die ebenfalls zu $\mathbb{R}$ gehören, werden *transzendente Zahlen* genannt. Zwei bekannte Beispiele solcher transzendenten, d. h. nicht algebraischen Zahlen, sind die *Euler*sche Zahl e, die von zentraler Bedeutung z. B. bei Wachstumsprozessen wie der Zinseszinsrechnung ist, und π, das Verhältnis von Kreisdurchmesser zu Kreisumfang.[80]

Wie bereits erwähnt, kann man keine bijektive Abbildung zwischen $\mathbb{N}$ und der Menge der reellen Zahlen $\mathbb{R}$ aufstellen, d. h. R ist *überabzählbar unendlich*. Den Beweis hierfür erbrachte Georg Cantor auf zwei unterschiedlichen Wegen in den Jahren 1874 und 1877. Der zweite Beweis stellt eine Variation seines ersten Diagonalargumentes dar und wird *zweites Diagonalargument* genannt. Im Folgenden wird hierauf jedoch nicht weiter eingegangen – eine ausführliche Darstellung findet sich beispielsweise in (Suppes, 1972, S. 191 ff.).

1.4.6 $\mathbb{C}$

Selbst die überabzählbar unendliche Menge $\mathbb{R}$ enthält nicht alle notwendigen Werte, um mitunter ganz einfach erscheinende Fragestellungen zu lösen.

---

79 Siehe Abschnitt 3.4.

80 $\pi = 3{,}14159265358979\ldots$ Erstmalig wurde das Symbol π zur Bezeichnung dieses besonderen Wertes im Jahre 1706 von William Jones (1675–01.07.1749) verwendet (siehe (Jones, 1706, S. 243, 263)). Jones leitet es hierbei von dem von ihm in diesem Zusammenhang verwendeten Begriff „periphery“, griechisch περιφέρεια, ab.

Abschweifung: CARDANO und TARTAGLIA

Bereits im 16. Jahrhundert zeigte sich, dass es Fragestellungen gab, für deren Beantwortung $\mathbb{R}$ nicht ausreichte. Einer der ersten, der sich mit dem befasste, was wir heute als *komplexe Zahlen* bezeichnen, war GEROLAMO CARDANO.[81] Wie schon MICHAEL STIFEL rechnete auch er bereits mit negativen Zahlen und tat dies deutlich selbstverständlicher, ohne sie als „absurde Zahlen" anzusehen.[82]

Neben vielem anderen befasste sich CARDANO mit der Lösung sogenannter *kubischer Gleichungen*, d. h. Gleichungen der Form

$$x^3 + ax^2 + bx + c = 0.$$

Dies war eine Aufgabenklasse, um deren Lösung zu seiner Zeit heftig gerungen wurde. Berühmt wurde ein Streit zwischen ihm und NICCOLÓ TARTAGLIA,[83] der CARDANO – nach langem Drängen – einige von ihm entwickelte Lösungsverfahren für bestimmte Klassen kubischer Gleichungen unter dem Siegel der Verschwiegenheit offenlegte. Dennoch veröffentlichte CARDANO in einem Buch (allgemeinere) Verfahren zur Lösung solcher Gleichungen, woraufhin ihn TARTAGLIA des Verrats bezichtigte.[84]

Für die allgemeine Lösung solcher Gleichungen musste ein neues Konzept, nämlich das der komplexen Zahlen, eingeführt werden.

Ein ganz einfaches Beispiel für eine Gleichung, die nicht mit Werten aus $\mathbb{R}$, sondern nur mit einer komplexen Zahl gelöst werden kann, ist die einfache quadratische Gleichung

$$x^2 = -1. \tag{1.12}$$

Wie aus der Schulmathematik bekannt ist, gilt für das Quadrat einer reellen Zahl x stets $x^2 \geq 0$, so dass Gleichung (1.12) offensichtlich nicht durch Werte aus $\mathbb{R}$ erfüllt werden kann.

Definiert man jedoch eine sogenannte *imaginäre Einheit* als $\mathrm{i} = \sqrt{-1}$, so kann mit ihrer Hilfe (1.12) gelöst werden: $x = \mathrm{i}$. Wie der Name „Einheit" andeutet, kann i mit anderen Werten multipliziert oder zu ihnen addiert werden usw. Zu beachten ist zunächst nur, dass $\mathrm{i}^2 = -1$ gilt.[85]

Diese Idee bildet die Grundlage für die Menge $\mathbb{C}$ der komplexen Zahlen:

$$\mathbb{C} = \{(x + \mathrm{i}y) : x, y \in \mathbb{R}\}$$

$\mathbb{C}$ kann also als zweidimensionale Produktmenge der Form $\mathbb{R} \times \mathbb{R}$ aufgefasst werden. Entsprechend beschreibt ein Element dieser Menge, eine einzelne komplexe Zahl,

---

81 24.09.1501–21.09.1576

82 Siehe CARDANO (1993).

83 Ca. 1500–13.12.1557

84 Die ganze Geschichte gibt Stoff für einen Roman ab: Eine Darstellung von TARTAGLIAS Leben bis hin zu dem alles andere überschattenden Disput mit CARDANO findet sich in Romanform in JÖRGENSEN (2004). Mittlerweile steht übrigens fest, dass das strittige Lösungsverfahren im Wesentlichen bereits zuvor von SCIPIONE DEL FERRO (06.02.1465–05.11.1526) entwickelt wurde.

85 LEONHARD EULER führte die Bezeichnung i ein.

einen Punkt in einem zweidimensionalen *Raum*, der entsprechend durch ein zweidimensionales Koordinatensystem dargestellt werden kann. Dieser Raum wird auch als *komplexe Zahlenebene* bezeichnet.

Abschweifung: Dimension

Unter dem Begriff der *Dimension* versteht man die Anzahl von Variablen, die zur Beschreibung eines Objektes notwendig sind. So benötigt ein Punkt auf einer Geraden nur einen Wert zu seiner Beschreibung, nämlich seine Entfernung von einem bestimmten Punkt auf dieser Geraden, dem Nullpunkt. Ein Punkt auf einer Ebene wird durch zwei Werte beschrieben usf. So gesehen ist ein allgemeines n-dimensionales Objekt gar nichts Besonderes – es handelt sich lediglich um etwas, das durch n voneinander unabhängige Werte (Variablen) beschrieben wird.

JOHN WALLIS[86] erkannte wohl als erster, dass komplexe Zahlen als zweidimensionale Objekte in einer Zahlenebene dargestellt werden können.

Die beiden Bestandteile x und y einer komplexen Zahl $z = (x + \mathrm{i}y) \in \mathbb{C}$ nennt man den *Realteil* beziehungsweise den *Imaginärteil* der komplexen Zahl. Es gilt $x = \mathrm{Re}(z)$ und $y = \mathrm{Im}(z)$.

Interessant ist übrigens die Feststellung, dass $\mathbb{R}$ und $\mathbb{C}$ gleich mächtig sind.[87]

Abschweifung: Einsatzgebiete

Obwohl komplexe Zahlen im Folgenden nicht mehr betrachtet werden, handelt es sich bei ihnen um eines der mächtigsten Werkzeuge der Mathematik. Ein ganzer Bereich der Mathematik, die sogenannte *Funktionentheorie*, oftmals auch als *komplexe Analysis* bezeichnet, befasst sich mit dem Verhalten von Funktionen auf dieser besonderen Menge.[88]

Direkte praktische Anwendung haben die komplexen Zahlen in nahezu allen Bereichen der Ingenieurwissenschaften, insbesondere jedoch in der Physik, der Fluidynamik, d. h. dem Fachgebiet, das sich mit der Untersuchung bewegter Gase und Flüssigkeiten befasst, der Elektrotechnik und Elektronik, wo sie beispielsweise für die Behandlung von Wechselspannungen und -strömen und damit zur Berechnung von Filtern, Spektrumanalysen uvm. benötigt werden[89] etc.

86 03.12.1616–08.11.1703

87 Wer sich übrigens allgemein für die Konstruktion von Zahlenmengen interessiert, sei an dieser Stelle auf KNUTH (1974) sowie CONWAY (2001) verwiesen. In diesen Büchern werden sogenannte *surreale Zahlen* entwickelt, welche eine Reihe interessanter Eigenschaften aufweisen, die über einfache reelle Zahlen hinausgehen.

88 Siehe REMMERT (1995/1), REMMERT (1995/2), JÄNICH (2011) und STEWART et al. (1983) für eine umfassende Darstellung des Gebietes der Funktionentheorie.

89 Da just in diesen Bereichen das Symbol i oft einen Strom bezeichnet, wird dort häufig an Stelle von i der Buchstabe j für die imaginäre Einheit geschrieben.

1.5 Gruppe, Körper, Ring

Nachdem nun die wesentlichen Mengen von Zahlen eingeführt wurden, stellt sich die Frage, welche Operationen eigentlich auf den Elementen dieser Mengen möglich sind (die Mehrzahl der bislang betrachteten Operationen, wie $\cup$, $\cap$ etc. arbeiteten auf ganzen Mengen, nicht jedoch auf einzelnen Elementen), was schnell auf die Begriffe *Gruppe*, *Körper* und *Ring* führt, die bestimmte *algebraische Strukturen* beschreiben. Der Vorteil der Einführung solcher Strukturen liegt aus praktischer Sicht in erster Linie darin, dass es genügt, die Gültigkeit grundlegender Operationen und Rechenregeln einmalig pro Struktur zu beweisen, um ab dann, unabhängig vom Einzelfall, mit den auf der jeweiligen Struktur zugelassen Operationen und Regeln arbeiten zu können.

Die einfachste dieser Strukturen ist die Gruppe, bei der es sich um eine Menge G, zusammen mit einer zweistelligen Operation, dargestellt als Tupel $(G,\circ)$, handelt. Das Symbol $\circ$ repräsentiert in diesem Zusammenhang ganz allgemein eine zweistellige Operation, die auf Elementen aus der Menge G operiert, wobei das Ergebnis der Operation wieder in G liegen muss, d. h. es gilt $\circ : G \times G \Longrightarrow G$. Weiterhin müssen die folgenden drei Axiome erfüllt sein:

1. Für die Operation muss das Assoziativitätsgesetz gelten, d. h. es muss gelten
$$a \circ (b \circ c) = (a \circ b) \circ c \;\forall\; a,b,c \in G.$$
2. Weiterhin muss es bezüglich der Operation $\circ$ ein sogenanntes *neutrales Element* $e \in G$ geben, für das gilt
$$a \circ e = e \circ a = a \;\forall\; a \in G.$$
Handelt es sich bei der Operation $\circ$ um die Addition, so wird das neutrale Element oft auch *Nullelement* genannt.
3. Zu guter Letzt wird für jedes Element $a \in G$ die Existenz eines *inversen Elementes* $a^{-1} \in G$ gefordert, für das
$$a \circ a^{-1} = a^{-1} \circ a = e$$
gilt.

Ist die Operation $\circ$ darüber hinaus kommutativ, d. h. gilt $a \circ b = b \circ a \;\forall\; a,b \in G$, so wird die Gruppe nach dem norwegischen Mathematiker Niels Henrik Abel[90] *Abelsche Gruppe* genannt.

90 05.08.1802–06.04.1829

Beispiel 6:
Die Menge der ganzen Zahlen, $\mathbb{Z}$, ist bezüglich der Additionsoperation eine Gruppe, wie leicht zu sehen ist: Die Assoziativität gilt offensichtlich für die Addition ganzer Zahlen; mit der Null gibt es ein neutrales Element bezüglich der Addition, und das Negative einer positiven ganzen Zahl ist ihr inverses Element und umgekehrt.

Es gilt sogar noch mehr: Die Addition in $\mathbb{Z}$ ist kommutativ, d. h. es gilt $a + b = b + a \; \forall \; a,b \in \mathbb{Z}$. Somit handelt es sich um eine ABELsche Gruppe.

Aufgabe 12:

1. Warum stellt die Menge der ganzen Zahlen, $\mathbb{Z}$, zusammen mit der Multiplikation als zweistelliger Operation keine Gruppe dar?
2. Welche bereits bekannte Zahlenmenge bildet bezüglich der Multiplikation eine Gruppe? Welches Element muss hierbei aus der Menge entfernt werden?

Abschweifung: Gruppentheorie
In der Mathematik befasst sich das Teilgebiet der *Gruppentheorie* mit Gruppen, ihren Eigenschaften und Anwendungen. Da mit Hilfe von Gruppen Operationen wie die Spiegelung, Drehung etc. von Objekten abgebildet werden können, haben diese Strukturen große Bedeutung beispielsweise in der Chemie, der Kristallographie, der Physik usf.

Komplexer als eine Gruppe ist ein sogenannter *Körper*. Hierbei handelt es sich um ein Tripel der Form $K = (K, +, \cdot)$, wobei K eine Menge und $+$ beziehungsweise $\cdot$ die zweistelligen Operationen Addition und Multiplikation darstellen. Für einen Körper müssen folgende Bedingungen erfüllt sein:

1. $(K,+)$ ist eine ABELsche Gruppe mit der Null als neutralem Element, d. h. die Addition muss kommutativ sein. Durch die Existenz von Inversen ergibt sich die Existenz der Umkehrfunktion, d. h. neben der Addition impliziert diese Bedingung die Existenz der Subtraktion.
2. $(K \setminus \{0\}, \cdot)$ ist ebenfalls eine ABELsche Gruppe, jedoch mit 1 als neutralem Element. Analog zu obiger Überlegung ergibt sich hieraus die Existenz einer Division (selbstverständlich ohne die Null).
3. Nachdem nun zwei unterschiedliche Operationen auf dem Körper agieren, müssen diese darüber hinaus sowohl links- als auch rechtsdistributiv sein, d. h. es muss gelten
$$a \cdot (b + c) = a \cdot b + a \cdot c \; \forall \; a,b,c \in K$$
und umgekehrt
$$(a + b) \cdot c = a \cdot c + b \cdot c \; \forall \; a,b,c \in K.$$

Beispiel 7:
Zwei offensichtliche Körper sind beispielsweise $(\mathbb{Q}, +, \cdot)$ und $(\mathbb{R}, +, \cdot)$, was der aus der Schulmathematik bekannten Vorstellung entspricht, dass in diesen beiden Mengen mit Addition, Subtraktion (durch das Inverse bezüglich der Addition), Multiplikation und – mit Ausnahme der Null – Division (durch das Inverse bezüglich der Multiplikation) gerechnet werden kann.

Die letzte Struktur, der Ring, ist nun einem Körper recht ähnlich, allerdings fehlt die Division als zulässige Grundoperation. Für einen Ring $(R, +, \cdot)$ müssen die folgenden Bedingungen erfüllt sein:

1. $(R,+)$ ist eine ABELsche Gruppe, d. h. insbesondere, dass neben der Addition auch die Subtraktion vorhanden ist.
2. Im Unterschied zu einem Körper fehlt bezüglich der Multiplikation die Forderung nach Inversen, d. h. es wird nur die Assoziativität der Multiplikation gefordert.[91]

Ein Ring, der hinsichtlich der Multiplikation kommutativ ist, d. h. für den

$$a \cdot b = b \cdot a \; \forall \; a,b \in R$$

gilt, heißt *kommutativer Ring.*

Beispiel 8:
Die Menge $\mathbb{Z}$ bildet zusammen mit den beiden Operationen $+$ und $\cdot$ einen kommutativen Ring, aber keinen Körper, da die notwendigen inversen Elemente bezüglich der Multiplikation fehlen.

Besitzt der Ring bezüglich der Multiplikation ein Einselement, so heißt er *Ring mit Eins*. Da dies der häufigste Fall ist, versteht man unter einem *Ring* meist einen Ring mit Eins. Ein Beispiel für einen *Ring ohne Eins* ist der durch $2\mathbb{Z}$ bezeichnete Ring, dessen Elemente die geraden Zahlen sind.

Die Mengen $\mathbb{N}$, $\mathbb{Z}$, $\mathbb{Q}$, $\mathbb{R}$ und $\mathbb{C}$ haben alle einen schwerwiegenden Nachteil: Sie sind abzählbar beziehungsweise sogar überabzählbar unendlich, was zur Folge hat, dass eine Maschine, ein *Computer*, im Folgenden auch oft *Rechner* genannt,[92] damit nicht arbeiten kann, da in der Praxis nur endlich viel Speicherplatz, endlich viel Rechenzeit und endlich viel Energie für eine Rechnung zur Verfügung stehen. Entspre-

91 In diesem Fall ist $(R,\cdot)$ eine sogenannte *Halbgruppe*.

92 Unter diesen beiden Begriffen wird im weiteren Verlauf ein sogenannter *speicherprogrammierter Digitalrechner* verstanden, der gesteuert durch eine Rechenvorschrift, einen sogenannten *Algorithmus*, arbeitet. Dies ist im Unterschied zu *Analogrechnern* zu verstehen, die nicht algorithmisch programmiert werden, sondern durch geeignete Verschaltung einer Reihe von Rechenelementen Aufgaben lösen (siehe ULMANN (2010)).

chend arbeiten solche Maschinen auf anderen algebraischen Strukturen, sogenannten *Restklassenringen*:

Ein solcher „Restklassenring $\mathbb{Z}$ modulo n" mit $n \in \mathbb{N}$ und $n > 1$ besteht aus allen Divisionsresten, die bei der Division durch n bleiben.[93]

Beispiel 9:
Eines der bekanntesten Beispiele für einen solchen Restklassenring modulo 12 sind Stundenangaben: Die Werte für die Stunden eines Tages durchlaufen traditionell zweimal die Werte 0 bis 11, d. h. gerade die Reste, welche bei der Division ganzer Zahlen durch 12 bleiben. Nach jedem Durchlaufen aller Werte dieses zwölf Elemente umfassenden Restklassenringes beginnt der nächste Durchlauf.[94]

Auch bei dem aus der Musik bekannten *Quintenzirkel* handelt es sich um einen Restklassenring.

Ganz anschaulich enthält ein Restklassenring $\mathbb{Z}$ modulo $n > 1$, $n \in \mathbb{N}$, also n Werte von 0 bis $n - 1$. Notiert wird ein solcher Ring als $\mathbb{Z}/n\mathbb{Z}$, das obige Beispiel des Restklassenringes der Stunden ist also $\mathbb{Z}/12\mathbb{Z}$.

Offensichtlich kann man innerhalb eines solchen Restklassenringes addieren: Addiert man zur Stunde 11 drei Stunden, erhält man den Wert 2. Ebenso offensichtlich gibt es Inverse bezüglich der Addition, d. h. auch Subtraktionen sind möglich. Während auch Multiplikationen möglich sind, gibt es keine Division in einem Ring.[95]

Wie bereits erwähnt, kann ein Computer aufgrund der ihm zur Verfügung stehenden endlichen Ressourcen nicht auf unendlichen Mengen operieren, so dass letztlich alle Berechnungen in einem Restklassenring modulo der Länge der implementierten Zahlendarstellung erfolgen. Dieser Punkt wird immer wieder von Programmierern vergessen, was mitunter fatale Folgen nach sich zieht:

Beispiel 10:
Angenommen, ein vorhandener Computer rechnet im Dezimalsystem (eine vereinfachende Annahme, die keine Beschränkung der Allgemeinheit des folgenden Beispieles darstellt, zumal derartige Datentypen im traditionellen Großrechnerumfeld nicht ohne Grund häufig anzutreffen sind), wobei nur dreistellige Zahlen möglich sind, dann verfügt diese Maschine über einen darstellbaren Wertebereich von 0 bis 999, d. h. es können 1000 unterschiedliche Werte repräsentiert werden. Weiterhin sei angenommen, dass diese Maschine nur positive Zahlen repräsentieren kann. Welches Ergebnis wird dann die Ausführung der Addition 999+2 liefern? Konsequenterweise wird die Maschine als Resultat den Wert 1 zurückliefern. Die Rechnung findet hier in $\mathbb{Z}/1000\mathbb{Z}$ statt.

Wird sehr maschinennah, d. h. in Maschinensprache bzw. Assembler, programmiert, so kann zumindest prinzipiell das meist vorhandene *Overflow*-Flag ausgewertet werden, mit dessen Hilfe ein

---

93 Wie bereits erwähnt, liefert die modulo-Operation, geschrieben $a \mod b$, für $a,b \in \mathbb{Z}$ allgemein den Rest, den die Division von a durch b lässt. Zum Beispiel ist also $7 \mod 2 = 1$, da 7 eine ungerade Zahl ist.

94 Offensichtlich gilt Analoges für die Repräsentation von Minuten und Sekunden etc.

95 Nur am Rande sei hier bemerkt, dass ein Restklassenring $\mathbb{Z}/n\mathbb{Z}$ genau dann ein Körper ist, wenn n eine Primzahl ist.

solcher *Überlauf* (oft auch als *Overflow* bezeichnet) erkannt werden kann. In den meisten Hochsprachen (sieht man beispielsweise von `COBOL`[96] einmal ab) ist so etwas jedoch nicht möglich, so dass derartige Fehler meist zunächst unerkannt bleiben und nur durch Folgefehler, die mitunter katastrophaler Natur sind, auffallen.

Nun mag man einwenden, dass dieses Beispiel ein wenig an den Haaren herbei gezogen ist, was auch hinsichtlich der Wertedarstellung sowie des Wertebereiches stimmt, aber ein typischer 32 Bit-Rechner, d. h. ein Rechner, der mit 32 Bit langen Werten arbeitet, kann lediglich $2^{32} = 4294967296$ unterschiedliche Werte darstellen. Egal, wie viele Ziffern für die Darstellung von Zahlen in einer Maschine verwendet werden, der mögliche Wertebereich ist stets endlich und damit finden alle Rechnungen in einem Restklassenring modulo n statt, so dass man stets auf mehr oder weniger unerwartete Effekte wie Überläufe oder Vorzeichenwechsel gefasst sein muss!

Dieses Beispiel ist eine gute Überleitung zum nächsten grundlegenden Punkt, nämlich der Frage, wie Zahlen eigentlich in Maschinen in der Regel dargestellt werden:

1.6 Zahlenrepräsentation

Nachdem nun Grundlegendes zur Mengenlehre und zu wichtigen algebraischen Strukturen dargestellt wurde, befassen sich die folgenden Abschnitte mit der Frage, wie numerische Werte eigentlich in einer Maschine repräsentiert werden. Hiervon hängt nämlich nicht nur ab, welche Wertebereiche und welche Genauigkeiten erzielbar sind, auch Fragen rund um die Assoziativität von Grundoperationen, Rundungs- und Darstellungsfehler uvm. sind direkt auf die gewählte Zahlenrepräsentation zurückzuführen.

1.6.1 Stellenwertsysteme

Aus heutiger Sicht ist kaum noch vorstellbar, wie mühsam das Rechnen mit Zahlensystemen wie dem römischen war. Einer römischen Zahl wie MMXIV sieht man auf den ersten Blick ihre Größenordnung nicht an, da es sich bei diesem und verwandten historischen Zahlensystemen nicht um ein sogenanntes *Stellenwertsystem*[97] handelt, d. h. die Position einer Ziffer sagt in solchen Systemen nichts über ihre Wertigkeit aus. Bei einem Stellenwertsystem wie unserem Dezimalsystem ist dies anders: Der natürlichen Zahl 2014 sieht man sofort an, dass es sich um einen Wert in der Grössenordnung einiger Tausend handeln muss, da die Zahl vier Stellen aufweist.

---

96 Kurz für *Common Business Oriented Language*.

97 Auch *Positionssystem* genannt.

Wesentliche Eigenschaft eines Stellenwertsystems ist also die Tatsache, dass die Position einer Ziffer[98] über die Wertigkeit der jeweiligen Ziffer entscheidet. Von zentraler Bedeutung ist hierbei der Begriff der *Basis* des Zahlensystems. In unserem *Dezimalsystem* wird durchgängig die Basis $b = 10$ verwendet, bei Zeitangaben handelt es sich hingegen um ein Stellenwertsystem mit verschiedenen Basen, da für Sekunden- und Minutenangaben $b = 60$ gilt, während die Stunden mit $b = 12$ beziehungsweise $b = 24$ dargestellt werden. Ein weiterer zentraler Punkt ist die Notwendigkeit, eine Ziffer für die Darstellung von „Nichts" zu haben, d. h. der Ziffernvorrat eines Stellenwertsystems erfordert das Vorhandensein der Ziffer Null.[99] Das Dezimalsystem verfügt entsprechend über die Ziffern $0, 1, 2, \dots, 9$.

Der Wert w einer mit Hilfe von n Ziffern z_i, $0 \leq i < n$, dargestellten Zahl

$$z_{n-1}z_{n-2}\dots z_2z_1z_0$$

bei gegebenener Basis b[100] ergibt sich in einem Stellenwertsystem zu

$$w = z_{n-1}b^{n-1} + z_{n-2}b^{n-2} + \dots + z_2b^2 + z_1b^1 + z_0b^0. \tag{1.13}$$

Hierbei heißt z_{n-1} die *höchstwertige Stelle* – entsprechend handelt es sich bei z_0 um die *niederwertigste Stelle*. Im englischen Sprachraum werden diese beiden ausgezeichneten Stellen als *most significant digit*, kurz *MSD*, beziehungsweise *least significant digit*, kurz *LSD*, bezeichnet. In dem besonderen (und wesentlichen) Fall $b = 2$ heißen diese Positionen entsprechend *most significant bit* (*MSB*) und *least significant bit* (*LSB*).

Beispiel 11:
Die Zahl 1234 besteht also aus den vier Ziffern $z_3 = 1$, $z_2 = 2$, $z_1 = 3$ und $z_0 = 4$, die korrespondierenden Basispotenzen sind für $b = 10$ dann $10^3 = 1000$, $10^2 = 100$, $10^1 = 10$ und $10^0 = 1$, d. h. der von dieser Ziffernfolge repräsentierte Wert ist gleich

$$w = 1 \cdot 10^3 + 2 \cdot 10^2 + 3 \cdot 10^1 + 4 \cdot 10^0,$$

was dem Wert Eintausendzweihundertundvierunddreißig entspricht.

Gleichung (1.13) lässt sich auch kürzer und (nach kurzer Eingewöhnung) besser lesbar als

$$w = \sum_{i=0}^{n-1} z_i b^i$$

98 Ziffer und Zahl müssen streng getrennt werden – Zahlen werden mit Hilfe von Ziffern dargestellt, Ziffern selbst sind keine Zahlen. In dieser Hinsicht verhalten sich die beiden Begriffe etwa wie Buchstaben und Wörter.

99 Lesenswert sind in diesem Zusammenhang Kaplan (2006), aber auch Seife (2002).

100 Für die Basis $b \in \mathbb{N}$ muss gelten $b > 1$, da anderenfalls jede Stelle die gleiche Wertigkeit hätte und anstelle eines Stellenwertsystems nur eine Strichliste zum Abzählen von Werten übrig bliebe.

schreiben. Gelesen wird dieser Ausdruck als „w ist die Summe über alle z_i mal b hoch i für i von 0 bis $n-1$". Das Zeichen $\sum$ repräsentiert also eine Summenbildung, während die unter und über ihm stehenden Ausdrücke, in diesem Fall $i = 0$ und $n-1$ festlegen, welchen Bereich die Indexvariable i durchläuft.

Während (1.13) nur ganzzahlige Werte darstellt, lässt sich der Ausdruck auch leicht auf (endliche) Dezimalbrüche erweitern, wobei Ziffern mit positivem Index den Vorkommastellen und solche mit negativem Index den Nachkommastellen entsprechen. Eine Ziffernfolge der Form

$$z_{n-1}z_{n-2}\dots z_1z_0,z_{-1}z_{-2}\dots z_{-(m-1)}z_{-m}$$

mit n Vorkomma- und m Nachkommastellen hat also den Wert

$$\begin{aligned} w = {} & z_{n-1}b^{n-1} + z_{n-2}b^{n-2} + \dots + z_1b^1 + z_0b^0 \\ & + z_{-1}b^{-1} + z_{-2}b^{-2} + \dots + z_{-(m-1)}b^{-(m-1)} + z_{-m}b^{-m}, \end{aligned}$$

was auch einfacher als

$$w = \sum_{i=-m}^{n-1} z_ib^i \tag{1.14}$$

geschrieben werden kann.

Beispiel 12:
Die Ziffernfolge 3,14 zur Basis $b = 10$ besitzt $n = 1$ Vorkomma- und $m = 2$ Nachkommstellen und repräsentiert den Wert $w = 3 \cdot 10^0 + 1 \cdot 10^{-1} + 4 \cdot 10^{-2}$.

1.6.2 Basiswechsel

Wie schon bemerkt, können Stellenwertsysteme mit beliebigen Basen $b \in \mathbb{N}$ aufgebaut werden, solange $b > 1$ erfüllt ist. Das aus dem täglichen Leben gewohnte Dezimalsystem mit $b = 10$ hat seinen Ursprung vermutlich in der Tatsache, dass Menschen über zehn Finger verfügen, die jederzeit als Rechenhilfe verfügbar sind. Dennoch ist $b = 10$ nicht für alle Fälle die praktischste Basis.

Abschweifung: Das Zwölfersystem
Das gemischte *Duodezimal-* (*Zwölfersystem*) und *Zwanzigersystem*, das bis 1971 in Großbritannien die Grundlage des Britischen Pfundes darstellt, gehört sicherlich nicht zu den übermäßig praktischen Stellenwertsystemen. Ein Pfund Sterling bestand vor der Umstellung auf das Dezimalsystem aus 20 Schilling, von denen jeder wiederum aus 12 Pence bestand. Noch heute setzen sich einige Vereinigungen für die (Wieder-)Einführung eines Zwölfersystems ein – die wohl bekanntesten Beispiele sind die *Dozenal Society of America*[101] und die *Dozenal Society of Great Britain*.[102]

101 `http://www.dozenal.org`, Stand 05.11.2014.

102 `http://www.dozenalsociety.org.uk`, Stand 05.11.2014.

Abb. 1.11. Der „decimal- or sterling-to-binary converter" Anfang der 1950er Jahre (siehe (Evans, 1983, S. 70))

Vermutlich bzw. hoffentlich nicht ganz ernst gemeint, ist der in Zirkel (2009, S. 16) dargestellte Vorteil des Zwölfersystems:

> "However, it takes two hands to count to ten on your fingers while you can easily count to a dozen on only one hand using your thumb to point to the twelve phalanges (or bones) in your four fingers."

Gerade in der Frühzeit der Digitalrechnerentwicklung war die Notwendigkeit, zwischen dezimalen, duodezimalen und binären Werten umrechnen zu müssen, mit großem Hardwareaufwand verbunden, wie Abbildung 1.11 anhand des „decimal- or sterling-to-binary converters" zeigt, der Anfang der 1950er Jahre im Rahmen der Entwicklung des *LEO*-Computers[103] gebaut wurde, letztlich aber nicht sonderlich zuverlässig war und entsprechend 1953 durch eine Neukonstruktion abgelöst wurde.

Da der durch eine Ziffernfolge repräsentierte Wert maßgeblich von der zugrunde liegenden Basis b abhängt, wird diese in der Regel tiefgestellt rechts neben der Ziffernfolge notiert, wobei die Übereinkunft gilt, dass eine fehlende Basisangabe die Basis $b = 10$ impliziert, sofern nichts anderes vereinbart wurde. Die Ziffernfolge 123 entspricht also 123_{10}, während 123_7 eine Zahl zur Basis 7 darstellt. Mit Hilfe von Gleichung (1.14) lässt sich nun der Wert einer beliebigen Ziffernfolge zu einer gegebenen Basis b bestimmen. Die Zahl 123_7 entspricht $1 \cdot 7^2 + 2 \cdot 7^1 + 3 \cdot 7^0 = 1 \cdot 49 + 2 \cdot 7 + 3 = 66_{10}$.

Von besonderer technischer Bedeutung ist die binäre oder auch *dyadische* Zahlendarstellung zur Basis $b = 2$, da sich elektronische Schaltelemente mit zwei stabilen Zuständen wesentlich einfacher als solche mit beispielsweise zehn Zuständen implementieren lassen.

103 Kurz für *Lyon Electronic Office*.

Abschweifung: Frühe Digitalrechner

In der Frühzeit des Digitalrechnens rechneten Maschinen nicht selten zur Basis $b = 10$, was sowohl für Entwickler als auch Anwender gewohnter erschien. Dies hatte jedoch einen unvertretbar großen technischen Aufwand zur Folge. *ENIAC*, kurz für *Electronic Numerical Integrator and Computer*, verwendete sogenannte *Ringzähler*, die aus zehn hintereinander geschalteteten *Flip-Flops*[104] bestanden, um eine einzige Dezimalziffer zu speichern und zu verarbeiten.[105] Der Aufwand hierfür war signifikant, da allein die Flip-Flops zwanzig Röhren benötigten, was eine entsprechend geringe *MTBF*, kurz für *Mean Time Between Failure*, der Anlage zur Folge hatte.

Es ist das Verdienst KONRAD ZUSES,[106] als einer der Ersten die Vorteile des binären Zahlensystems für die Implementation von Digitalrechnern erkannt und konsequent umgesetzt zu haben.[107]

Nachdem die Umrechnung einer gegebenen Ziffernfolge von einer beliebigen Basis $b > 1$ in den korrespondierenden (dezimalen) Wert auf Basis von Gleichung (1.14) erfolgt, stellt sich die Frage, wie der umgekehrte Weg, d. h. die Umwandlung einer Dezimalzahl in eine Zahl zu einer anderen Basis, funktioniert. Dies erfolgt durch wiederholte Division mit Rest, wie das folgende Beispiel zeigt:

Beispiel 13:

Gegeben sei der Wert 123_{10}, der in eine Zahl im Fünfersystem[108] umgerechnet werden soll. Da jede Stelle dieser Zahl im Fünfersystem jeweils eine von fünf verschiedenen Ziffern 0,1,2,3,4 aufnehmen kann, liefert der Rest 3, den die Division von 123_{10} durch die Basis $b = 5$ lässt, die Ziffer z_0 der gesuchten Zahl. Dieses Verfahren wird nun mit dem abgerundeten[109] Divisionsergebnis $[123 \div 5] = 24$ wiederholt, um die Ziffer z_1 zu bestimmen usf.:

$$\begin{array}{rcrrl} 123 & \div & 5 & 24 & \text{Rest } 3 \\ 24 & \div & 5 & 4 & \text{Rest } 4 \\ 4 & \div & 5 & 0 & \text{Rest } 4 \end{array}$$

Der erste Divisionsrest liefert also die niederwertigste Ziffer z_0, der nächste entsprechend z_1 und der letzte z_2, so dass sich für die Darstellung von 123_{10} im Fünfersystem der Wert 443_5 ergibt.

104 Hierbei handelt es sich um elektronische Bausteine, die zwei unterschiedliche stabile Zustände annehmen können, die meist durch 0 und 1 ausgedrückt werden.

105 Siehe (STIFLER et al., 1950, S. 24).

106 22.06.1910–18.12.1995

107 Siehe z. B. ZUSE (1993) und ROJAS (1998).

108 Das Zahlensystem zur Basis 5 weist eine kuriose Eigenschaft bezüglich der Minimalität des Produktes von Ziffernanzahl und Durchschnitt der Quersummen von Zahlenmengen auf, die für keine andere Basis gilt, wie in HOFMEISTER (1966) gezeigt wird.

109 Die eckigen Klammern werden als *GAUSS-Klammern* bezeichnet und schneiden den Nachkommateil des zwischen ihnen notierten Ausdruckes ab. Mitunter findet sich auch die Notation $\lfloor x \rfloor$ anstelle von $[x]$.

$$\begin{array}{cccccc} & a_{n-1} & a_{n-2} & \dots & a_1 & a_0 \\ + & b_{n-1_{c_{n-1}}} & b_{n-2_{c_{n-2}}} & \dots & b_{1_{c_1}} & b_0 \\ \hline c_n & s_{n-1} & s_{n-2} & \dots & s_1 & s_0 \end{array}$$

Abb. 1.12. *Ripple-Carry*-Addition

Wie bereits erwähnt, dominiert in technischen Systemen heute das Binärsystem,[110] so dass in der Praxis vor allem Umrechnungen zwischen $b = 10$ und $b = 2$ von Interesse sind.

Aufgabe 13:
Wandeln Sie die Dezimalzahlen 123, 314 sowie den Dezimalbruch 12,5 in binäre Darstellung, d. h. in Zahlen zur Basis $b = 2$ um.

1.6.3 Addition

Das Schöne an Stellenwertsystemen ist, dass Rechenoperationen auf den in ihnen repräsentierten Werten mit Hilfe vergleichsweise einfacher Rechenvorschriften (Algorithmen) durchgeführt werden können. So kann beispielsweise die Addition zweier durch zwei n-stellige Ziffernfolgen $a_{n-1}a_{n-2}\dots a_1a_0$ und $b_{n-1}b_{n-2}\dots b_1b_0$ zur Basis $b > 1$ repräsentierten Zahlen durch das in Abbildung 1.12 dargestellte und aus der Schule bekannte Verfahren implementiert werden.[111]

Hierbei wird, beginnend mit dem rechten Ziffernpaar a_0 und b_0, stellenweise addiert, wobei jeder eventuell auftretende *Übertrag*, ein sogenanntes *Carry*, zur jeweils links folgenden Stelle hinzu addiert wird. Entsprechend ergibt sich aus der Addition der Ziffern $a_0 + b_0$[112] eine Summenziffer s_0 sowie ein Carry c_1, so dass die nächste Addition entsprechend $a_1 + b_1 + c_1$ lautet und s_1 sowie c_2 liefert usf. Den sich von rechts nach links schrittweise fortpflanzenden Überträgen ist die Bezeichnung *Ripple-Carry*-Addition dieses Verfahrens geschuldet.[113]

Ein Übertrag tritt stets dann auf, wenn bei der stellenweisen Addition der Wertebereich der Ziffern überschritten wird, d. h. wenn quasi keine weiteren Ziffernausprägungen mehr für die Stelle zur Verfügung stehen. Im Dezimalsystem mit seinen

---

110 Wobei es auch interessante Ausnahmen wie den im *Ternärsystem*, d. h. im Dreiersystem rechnenden Computer *SETUN* gab (siehe (Apokin, 2001, S. 91) und Malinovskiy et. al (2001)). Eine Einführung in mehrwertige Digitalschaltungen findet sich in Auer et al. (1975).

111 Falls die beiden Zahlen nicht gleichviele Ziffern aufweisen, kann die kürzere links entsprechend mit Nullen aufgefüllt werden.

112 Es wird davon ausgegangen, dass das nullte Carry gleich 0 ist, d. h. $c_0 = 0$.

113 Aus dem Englischen: „to ripple“: „dahinplätschern“.

Ziffern 0 bis 9 tritt dieser Fall also stets auf, wenn das Ergebnis der Addition zweier Stellen zweier Zahlen den Wert 9 überschreitet. Da die größte mögliche Ziffer einer Zahl zur Basis $b > 1$ gleich $b - 1$ ist, ergibt die Addition zweier solcher Ziffern maximal einen Übertrag von 1. Auch ein eventuell zu berücksichtigender Übertrag, der entweder 0 oder 1 sein kann, ändert hieran nichts. Im Dezimalsystem ist die größte mögliche Ziffer 9, d. h. selbst unter Berücksichtigung eines Übertrages von einer rechten Stelle kann das Ergebnis einer stellenweisen Addition nie den Wert 19 überschreiten.

Aufgabe 14:
Führen Sie schriftlich die Additionen $123_5 + 14_5$ und $110011_2 + 10111_2$ durch. Bedenken Sie, dass im Binärsystem nur die beiden Ziffern 0 und 1 zur Verfügung stehen, d. h. 1 + 1 ergibt als Summe 0 und einen Übertrag usf.

Dieses einfache Ripple-Carry-Verfahren ist offensichtlich rein sequenziell, d. h. eine Addition muss Stelle für Stelle ausgeführt werden, da erst bei der Addition einer Stelle das Carry für die links folgende Stelle bestimmt wird. Entsprechend langsam ist das Verfahren, so dass in der Folge eine ganze Reihe effizienterer Verfahren entwickelt wurde, auf die im Weiteren jedoch – ebenso wie auf die Implementation anderer Grundrechenoperationen – nicht näher eingegangen wird. Ein hervorragender Überblick über solche Verfahren findet sich in HWANG (1979).

1.6.4 `int`

Der grundlegendste und einfachste numerische *Datentyp*, über den moderne Digitalrechner verfügen, ist der Typ *integer*, meist, so auch im Folgenden, kurz als `int` bezeichnet. Hierbei handelt es sich um ganze, wahlweise vorzeichenlose (`unsigned int`) oder vorzeichenbehaftete (`int`) Zahlen, die durch eine feste Anzahl von Ziffern repräsentiert werden. Aufgrund der internen Darstellung als Binärzahl werden die einzelnen Ziffern *Bits*, kurz für *binary digit*, genannt. Je nach Implementation der Maschine und je nach verwendeter Ausprägung des Datentyps `int` sind typische Längen 16, 32 oder 64 Bit.[114]

Allgemein lassen sich mit einer aus n Ziffern bestehenden Zahl zu einer gegebenen Basis $b > 1$ Werte $0 \leq w \leq b^n - 1$ repräsentieren, was auch der Grund für die zuvor gemachte Bemerkung ist, dass reale Maschinen letztlich lediglich in Restklassenringen operieren können, da ihnen nur eine endliche Anzahl verschiedener Werte zur Verfügung steht. Mit einem 16 Bit langen, vorzeichenlosen `int` lassen sich also Werte $0 \leq w \leq 2^{16} - 1$, d. h. Werte zwischen 0 und 65535 darstellen.

---

114 Eine Folge von Bits, die von einer Maschine direkt verarbeitet werden kann, wird oft als *Wort* oder besser *Maschinenwort* bezeichnet.

Bei der Addition sowohl verzeichenbehafteter als auch -loser `int`-Werte treten, wie im Abschnitt zu den Restklassenringen bereits erwähnt, Overflows auf, wenn das Ergebnis einer Rechenoperation den verfügbaren Wertebereich überschreitet.

Beispiel 14:
Das folgende kurze Beispielprogramm zeigt einen typischen Overflow mit 16 Bit langen Zahlen, d. h. im Restklassenring $\mathbb{Z}/2^{16}\mathbb{Z}$:

unsigned_overflow.c

```
#include <stdio.h>

int main()
{
    unsigned short a = 65530, b = 10, c;

    c = a + b;
    printf("Die Summe von %u und %u ist %u.\n", a, b, c);

    return 0;
}
```

unsigned_overflow.c

Dieses kleine Testprogramm erzeugt folgende Ausgabe:

```
Die Summe von 65530 und 10 ist 4.
```

Wie man sieht, ist das Auftreten eines Overflows nicht ohne Weiteres zu erkennen, da die wenigsten höheren Programmiersprachen Mechanismen anbieten, mit deren Hilfe geeignete Statusflags des Prozessors ausgewertet werden können. Entsprechend gefährlich sind solche Situationen.[115]

Eine typische Aufgabenstellung, bei der in der Praxis derartige Überläufe auftreten können, ist die Bestimmung des arithmetischen Mittels zweier Zahlen a und b. Wird das Mittel m gemäß

$$m = \frac{a+b}{2}$$

berechnet, kann bei hinreichend großen Werten a und b leicht ein Überlauf auftreten. In solchen Fällen bietet es sich an, auf die Bildung der Summe $a + b$ zu verzichten und stattdessen

$$m = a + \frac{b-a}{2}$$

zu rechnen.

---

115 Ein klassisches Beispiel für die Folgen, die ein solcher Overflow nach sich ziehen kann, ist der Fehlschlag des Erstfluges der Ariane-5-Rakete am 04.06.1996, der seine Ursache in einer unbedachten Konversion eines Wertes in eine 16 Bit lange Integerzahl hatte, deren Wertebereich sich leider als zu klein erwies…

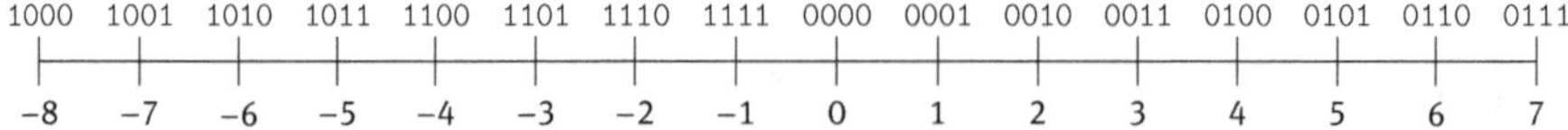

Abb. 1.13. Vorzeichenbehaftete Integerdarstellung, Binärdarstellung oben, korrespondierende dezimale Werte unten

Nachdem nur Werte eines Restklassenringes als Grundlage für maschinelles Rechnen in Frage kommen, stellt sich die Frage, wie neben vorzeichenlosen auch vorzeichenbehaftete ganze Zahlen repräsentiert werden können. Ein naiver Ansatz könnte sein, von einer n Bit langen Zahl das höchstwertige Bit, das MSB, als Vorzeichenbit zu verwenden, so dass für die eigentliche Zahlendarstellung noch $n - 1$ Bits verbleiben. Dieses Vorgehen bringt aber zwei Nachteile mit sich: Zum einen muss die Maschine, gesteuert durch das Vorzeichenbit, neben Additionen auch Subtraktionen durchführen können, was einen entsprechend höheren Hardwareaufwand nach sich zieht, zum anderen handelt man sich zwei Nullen, nämlich `+0` und `-0` ein, was ebenfalls zusätzliche Hardware nötig macht, um eine dieser Nullen, typischerweise `-0`, zu unterdrücken.

Deutlich eleganter ist die in Abbildung 1.13 anhand von 4 Bit langen[116] `ints` gezeigte Variante: Mit diesen vier Bits lassen sich $2^4 = 16$ verschiedene Werte repräsentieren. Wie man sieht, werden hiervon acht positive Werte durch die Bitmuster `0000` bis `0111` dargestellt, während den acht negativen Werten −1 bis −8 die Bitmuster 1111_2 bis 1000_2 zugeordnet sind.

Die Idee hinter dieser Darstellung, die aus weiter unten beschriebenen Gründen *2er-Komplement-Darstellung* genannt wird, lässt sich einfach anhand des Zifferblattes einer Uhr veranschaulichen: Eigentlich enthält das Zifferblatt nur positive ganze Stunden, von 0 bis 11. Stellt man sich nun vor, dass aus irgendeinem Grunde beim Stellen der Uhr der Stundenzeiger nur im Uhrzeigersinn bewegt werden kann, so wirft das ein Problem auf: Wie dreht man den Zeiger quasi zurück, wenn man zu weit gedreht hat und, gehindert durch die Mechanik, nicht wirklich zurück drehen kann? In diesem Falle kann man die Tatsache ausnutzen, dass ein Restklassenring, in diesem Fall $\mathbb{Z}/12\mathbb{Z}$, nur eine endliche Anzahl von Elementen besitzt, d. h. durch geeignetes Vorwärtsdrehen des Zeigers kann man Stunden erreichen, die man auf quasi direktem Wege eigentlich durch Zurückdrehen erreicht hätte.

Angenommen, der Stundenzeiger des Weckers steht auf 11 und soll auf 8 zurückgedreht werden, d. h. es soll $11 - 3$ gerechnet werden. Da dies in diesem Beispiel direkt nicht möglich ist, muss er um 9 Stunden nach vorne gestellt werden, um das gewünschte Resultat zu erzielen. Offensichtlich kann man in einem solchen Restklassenring eine Subtraktion, nichts anderes stellt das Zurückdrehen des Zeigers dar,

116 4 Bit lange Integerwerte sind natürlich nicht praktikabel, in der Realität werden meist mindestens 16, eher jedoch 32 und zunehmend 64 Bit für die Repräsentation eines ganzzahligen Wertes genutzt. Die kurze Darstellung hier ist der Seitenbreite und der Abbildung geschuldet.

durch eine geeignete Addition ausdrücken. Soll beispielsweise der Wert x subtrahiert werden, so kann man auch sein Komplement, das dann $-x$ entspricht, addieren.

Das Komplement einer Zahl x in einem Restklassenring modulo n ist offensichtlich $n-x$. In obigem Beispiel also $12-x$, d. h. das Komplement von $x = 3$ ist $12-3 = 8$. Ein weiteres Beispiel zeigt das Prinzip anhand des gewohnten Dezimalsystems:

Beispiel 15:

Alle folgenden Betrachtungen beziehen sich auf dreistellige vorzeichenlose ganze Zahlen im Dezimalsystem, d. h. auf Werte von 0 bis 999, was dem Restklassenring $\mathbb{Z}/1000\mathbb{Z}$ entspricht. In diesem Ring soll die Rechnung $314 - 123$ durchgeführt werden, indem anstelle der Subtraktion die Addition des Komplementes von 123 vollzogen wird:

$$\begin{array}{r} 3\ 1\ 4 \\ -\ 1\ 2\ 3 \\ \hline 3\ 1\ 4 \\ +\begin{pmatrix} 1\ 0\ 0\ 0 \\ -\ 1\ 2\ 3 \end{pmatrix} \\ \hline \end{array}$$

Anstelle der Subtraktion lässt sich sicherlich $+(1000 - 123)$ rechnen, da die Addition von 1000 in diesem Restklassenring, der ja genau 1000 Elemente enthält, keine Auswirkung auf das Resultat hat. Die Differenz $1000 - 123 = 877$ ist nun das Komplement, genauer das *Zehnerkomplement* von 123:

$$\begin{array}{r} 3\ 1\ 4 \\ +\ 8\ 7\ 7 \\ \hline 1\ 1\ 9\ 1 \end{array}$$

Das Resultat dieser Addition beträgt im vorliegenden Restklassenring 191, der Übertrag, der in der Tausenderstelle auftrat, hat keinen Effekt, da ja nur mit vorzeichenlosen dreistelligen Dezimalzahlen gerechnet wird und ist entsprechend hellgrau dargestellt.

Das Ganze mag auf den ersten Blick ein wenig wie ein Taschenspielertrick wirken, hat aber immense Bedeutung für die Informatik: Durch die Bildung des Komplementes kann man innerhalb eines an sich eigentlich vorzeichenlosen Restklassenringes negative Werte darstellen und damit auch Subtraktionen auf Basis von Additionen ausführen. Tatsächlich verfügt die sogenannte *Arithmetic Logic Unit*, kurz *ALU*, die das Herz eines Digitalrechners bildet, nur über Einrichtungen, um Additionen auszuführen. Subtraktionen können ausschließlich über die Addition des Komplementes durchgeführt werden.[117]

---

117 Einige frühe Digitalrechner, wie beispielsweise die *CDC 160*, gingen den umgekehrten Weg: Die ALU implementierte lediglich Subtraktionen, so dass eine Addition durch Subtraktion des Komplementes des zu addierenden Wertes dargestellt wurde.

Nun kann man noch einwenden, dass der obige Trick der Addition von 1000 – 123 doch just die Subtraktion enthält, die eigentlich vermieden werden sollte, was jedoch nur auf den ersten Blick stimmt. Um beim obigen Beispiel von $\mathbb{Z}/1000\mathbb{Z}$ zu bleiben, kann anstelle der Subtraktion 1000 – 123 auch (999 – 123) + 1 gerechnet werden. Egal, welche dreistellige Zahl man in diesem Restklassenring von 999 subtrahiert, es kann niemals ein Übertrag auftreten, da bei stellenweiser Betrachtung 9 – 9 = 0 als schlimmster Fall auftritt. Die nötige Subtraktion ist also im weitesten Sinne gar keine, da sie keine Überträge berücksichtigen muss und somit stellenparallel durchgeführt werden kann! Diesen Vorteil erkauft man sich (recht preiswert bei heutiger Hardware) durch die Notwendigkeit, nach dieser übertragslosen Subtraktion noch +1 rechnen zu müssen.

Wie sieht das nun im Binärsystem aus? Im Folgenden wird, entsprechend Abbildung 1.13, mit vierstelligen Binärwerten gearbeitet, d. h. alle Rechenoperationen finden in $\mathbb{Z}/16\mathbb{Z}$ statt. Es soll 3 – 5 gerechnet werden, d. h. $0011_2 - 0101_2$. Hierzu muss zunächst das 2er-Komplement von 0101 bestimmt werden. Analog zu obigem Beispiel wird also anstelle von –0101 der Wert $10000_2 - 0101_2$ addiert. Diese Subtraktion ist jedoch im Binärsystem noch einfacher als im Dezimalsystem ausführbar: Da $10000_2 = 1111_2 + 1_2$ gilt, kann anstelle von $10000_2 - 0101_2$ einfacher $(1111_2 - 0101_2) + 1_2$ gerechnet werden.

Die hierin enthaltene Subtraktion hat offensichtlich wieder die Eigenschaft, dass keine Überträge auftreten können, in dieser Hinsicht entspricht der binäre Wert $11\ldots1_2$ dem Dezimalwert $99\ldots9$. Im Binärsystem gilt offensichtlich $1_2 - 1_1 = 0_2$ und $1_2 - 0_2 = 1_2$, so dass die für die 2er-Komplement-Bildung notwendige stellenparallele Subtraktion auf einfaches Invertieren der Bits des *Subtrahenden* zurückgeführt werden kann. Im Anschluss hieran ist nur noch $+1_2$ zu rechnen, um das endgültige 2er-Komplement zu erhalten.

Anstelle von $0011_2 - 0101_2$ ist also $0011_2 + 1011_2$ zu rechnen, da 1011_2 das 2er-Komplement von 0101_2 ist, wie auch Abbildung 1.13 entnommen werden kann. Diese Addition liefert 1110_2, was dem erwarteten Wert 3 – 5 = –2 entspricht.

---

i

1. Für die Bildung des 2er-Komplementes einer gegebenen Binärzahl muss also zunächst bekannt sein, in welchem Restklassenring gerechnet wird, d. h. es muss die Anzahl binärer Stellen bekannt sein. Zahlen mit weniger Stellen sind entsprechend mit 0_2 links aufzufüllen, bevor die Komplementbildung stattfindet.
2. Nach diesem vorbereitenden Schritt werden alle Bits der zu komplementierenden Zahl invertiert, d. h. aus jeder 1_2 wird eine 0_2 und umgekehrt.
3. Zu dem solchermaßen erhaltenen Resultat muss nun noch 1_2 addiert werden.

Tab. 1.2. Typische ganzzahlige Datentypen

Bits	Bezeichnung	Wertebereich unsigned	Wertebereich signed	Dezimal-stellen (ca.)
4	nibble	$0 \le x \le 15$	$-8 \le x \le 7$	2
8	byte	$0 \le x \le 255$	$-128 \le x \le 127$	3
16	word, halfword	$0 \le x \le 65535$	$-32768 \le x \le 32767$	5
32	word, doubleword, longword	$0 \le x \le 2^{32} - 1$	$-2^{31} \le x \le 2^{31} - 1$	10
64	double-, long-, quadword	$0 \le x \le 2^{64} - 1$	$-2^{63} \le x \le 2^{63} - 1$	19 / 20
128	octaword	$0 \le x \le 2^{128} - 1$	$-2^{127} \le x \le 2^{127} - 1$	39

Die Bildung des Komplementes einer Zahl x in einem Restklassenring entspricht nach dem Obigen also einer Vorzeichenumkehr. Statt einer Subtraktion von x kann auch das Komplement von x addiert werden, das mithin $-x$ entspricht. Entsprechend ergibt das Komplement des Komplementes eines Wertes x wieder den Wert x, so wie sich auch zweifache Vorzeichenumkehr wieder aufhebt.[118]

Aufgabe 15:

1. Bilden Sie die 10er-Komplemente der Werte 5, 12 und 314 in $\mathbb{Z}/1000\mathbb{Z}$.
2. Bilden Sie die 2er-Komplemente der Werte 10110_2, 10101101_2 und 1111_2 in $\mathbb{Z}/256\mathbb{Z}$.[119]
3. Was geschieht, wenn Sie in $\mathbb{Z}/16\mathbb{Z}$, wie in Abbildung 1.13 dargestellt, das 2er-Komplement des Werts 1000_2 bilden? Was geschieht, wenn das 2er-Komplement von 0000_2 gebildet wird?

Tabelle 1.2 listet die wichtigsten ganzzahligen Datentypen auf. Bedauerlicherweise haben sich keine verbindlichen Bezeichnungen für die verschiedenen Wortlängen durchsetzen können. Entsprechend werden 32 Bit-Integerwerte sowohl als *word* als auch als *doubleword* oder als *longword* bezeichnet. Der Wertebereich für den vorzeichenlosen Fall ergibt sich direkt zu $0 \le x \le 2^n - 1$, wobei n der Wortlänge in Bits entspricht. Der Wertebereich für vorzeichenbehaftete Integerwerte ist dann $-2^{n-1} \le x \le 2^{n-1} - 1$.

Overflows können selbstverständlich auch bei vorzeichenbehafteten Integerwerten auftreten, wie das folgende Beispielprogramm zeigt:

118 Mit einer Ausnahme, wie Aufgabe 15.3 zeigt.

119 Da 256 verschiedene Werte gerade durch 8 Bits darstellbar sind, ist hier also mit 8-stelligen Binärzahlen zu rechnen.

Beispiel 16:
Das folgende Programm generiert einen Overflow mit vorzeichenbehafteten Integerwerten: Im Restklassenring $\mathbb{Z}/2^{16}\mathbb{Z}$ wird 10 von -32765 subtrahiert:

signed_overflow.c

```
#include <stdio.h>

int main()
{
    short a = -32765, b = 10, c;

    c = a - b;
    printf("Die Differenz von %d und %d ist %d.\n", a, b, c);

    return 0;
}
```

signed_overflow.c

Die Ausgabe des Programmes lautet:

```
Die Differenz von -32765 und 10 ist 32761.
```

Wie Tabelle 1.2 zeigt, sind heutzutage typische Wortlängen Zweierpotenzen und insbesondere Vielfache von 4. Dies legt eine Darstellung solcher Binärwerte unter Zuhilfenahme eines Stellenwertsystems zur Basis 16, dem sogenannten *Hexadezimalsystem*,[120] nahe. Die Idee ist hierbei, anstelle der mitunter doch recht langen Binärdarstellung eines Maschinenwortes jeweils 4 Bit-Gruppen, d. h. sogenannte ***nibbles***, durch eine Hexadezimalziffer auszudrücken; den sechzehn möglichen 4 Bit-Kombinationen 0000_2 bis 1111_2 werden hierbei die sechzehn Hexadezimalziffern 0, 1, 2, 3, 4, 5, 6, 7, 8, 9, A, B, C, D, E und F zugeordnet.[121]

---

120 Einige Autoren betonen, dass die „richtige" Bezeichnung eigentlich *Sedezimalsystem* lauten müsse, da *hexa* die griechische Vorsilbe *sechs* ist, während „decem" lateinisch für „zehn" ist, es sich bei *hexadezimal* also um ein Mischwort handelt, während „sedezimal" einen rein lateinischen Hintergrund besitzt. Da sich jedoch international die Bezeichnung *hexadezimal* für Zahlen zur Basis 16 durchgesetzt hat, wird auch im Folgenden ausschließlich hiervon Gebrauch gemacht.

121 Bis in die 1970er Jahre und vereinzelt auch bis in die 1980er Jahre hinein gab es eine Vielzahl von Computern, die beispielsweise 12, 24, 36 oder auch 60 Bit lange Maschinenwörter verwendeten. Anstelle der Hexadezimaldarstellung wurde seinerzeit häufig auch eine *oktale* Darstellung, d. h. ein Stellenwertsystem zur Basis 8, verwendet, um Binärwerte kürzer und besser lesbar zu notieren. Im Oktalsystem werden die Ziffern 0 bis 7 den Bitmustern 000_2 bis 111_2 zugeordnet. Bis heute werden oktale Wertepräsentationen beispielsweise bei Dateirechtemasken in UNIX, aber auch bei Sekundärradarsystemen, wie sie bei der Luftraumüberwachung eingesetzt werden, genutzt.

Beispiel 17:
Dem Integerwert 1234 entspricht in seiner Darstellung als 16 Bit langes Maschinenwort das Bitmuster 0000010011010010_2. Die Hexadezimaldarstellung hiervon ist entsprechend $04D2_{16}$.

Aufgabe 16:
Wandeln Sie die Integerwerte 314 und −314 zunächst in 16 Bit lange Binärzahlen (2er-Komplementdarstellung berücksichtigen) um und stellen Sie diese dann als Hexadezimalzahlen dar.

Abschweifung: BCD-Darstellung
Im Banken- und Versicherungsumfeld, wo mitunter sehr große Größen auftreten, man denke nur an Staatsanleihen etc., und Nachkommastellen verzichtbar sind, indem z. B. in der jeweils kleinsten Währungseinheit gerechnet wird, wird mitunter anstelle der oben beschriebenen Integerdarstellung eine ziffernweise Codierung von Dezimalzahlen eingesetzt. Hierbei werden einzelne Dezimalziffern einer Zahl im sogenannten *BCD-Code*, kurz für *Binary Coded Decimal*, repräsentiert, wobei den Ziffern von 0 bis 9 die Bitmuster 0000_2 bis 1001_2 entsprechen. Von den 16 möglichen Kombinationen, die mit vier Bits abgebildet werden können, werden also nur 10 genutzt.[122]

Programme beziehungsweise Computer, die eine solche Darstellung verwenden, rechnen also in einem Restklassenring der Gestalt $\mathbb{Z}/10^n\mathbb{Z}$, wobei n der Ziffernanzahl der BCD-Zahl entspricht.

1.6.5 Gleitkommadarstellung

Viele praktische Rechnungen – vor allem im technisch/naturwissenschaftlichen Bereich – bringen Variablen mit sich, deren Werte mit Hilfe einfacher Integerzahlen nicht oder nur schwer darstellbar sind. Wären alle in einer Rechnung benötigten Werte von ähnlicher Größenordnung, könnte man sie durch geeignete Skalierung recht problemlos mit Integerzahlen darstellen. Z. B. lassen sich €-Beträge centgenau mit Integerzahlen darstellen, wenn man den Cent als Grundlage wählt, d. h. einen Skalierungsfaktor 100 verwendet.

Problematisch wird es jedoch, wenn innerhalb einer Aufgabenstellung sowohl sehr kleine als auch sehr große Werte auftreten, die miteinander verrechnet werden müssen. Wird der Skalierungsfaktor so gewählt, dass die kleinsten auftretenden Werte noch dargestellt werden können, überschreiten die größten meist den Wertebereich, im umgekehrten Fall gehen kleine Werte verloren.

Aus diesem Grund werden häufig sogenannte *Gleitkommazahlen* verwendet, die jedoch keinesfalls als Allzweckwerkzeug verstanden werden sollten. Im Gegenteil – Gleitkommazahlen bringen eine ganze Reihe von Schwierigkeiten mit sich, die über

122 Die meisten Taschenrechner nutzen diese Zahlendarstellung ebenfalls.

das Überlaufproblem und damit verbundene unbeabsichtigte Vorzeichenwechsel beim Rechnen in $\mathbb{Z}/n\mathbb{Z}$ deutlich hinausgehen.

Eine Gleitkommazahl g besteht aus drei Teilen, der *Basis* b, der *Mantisse* m sowie dem *Exponenten* e. Die Basis bildet die Grundlage für die Darstellung von m und e,[123] so dass eine Gleitkommazahl folgende Gestalt besitzt:

$$g = mb^e.$$

Die Mantisse soll hierbei stets *normalisiert* sein,[124] d. h. es soll gelten:

$$1 \leq m < b. \tag{1.15}$$

Eine normalisierte Mantisse hat also stets genau eine Ziffer vor dem Komma, was insbesondere bei binärer Darstellung der Mantisse bedeutet, dass eine normalisierte Mantisse stets mit 1,... beginnt. Allgemein hat eine solche Mantisse den großen Vorteil, dass alle verfügbaren Stellen wirklich zur Darstellung signifikanter Ziffern benutzt werden, d. h. es sind keine führenden Nullen vorhanden. Darüber hinaus kann man sich bei normalisierten binären Mantissen das Speichern des ersten Bits sparen, da dieses ohnehin immer 1 ist. Das so eingesparte Bit, das sogenannte *hidden bit*, lässt sich nutzen, um eine zusätzliche Stelle zu speichern.

Da reale Maschinen nur mit endlich langen Zahlenrepräsentationen arbeiten können, sind offensichtlich sowohl e als auch m hinsichtlich ihrer Länge beschränkt:

Beispiel 18:
Im Folgenden Beispiel sei eine (unrealistisch geringe) Mantissenlänge von vier Stellen sowie eine Exponentenlänge von zwei Stellen angenommen. Weiter gelte $b = 10$, m und b sind jeweils vorzeichenbehaftet, und m ist normalisiert.

Die Gleitkommadarstellung des Wertes 1234 unter diesen Bedingungen hat dann folgende Form: $1{,}234 \cdot 10^3$. Dies wird meist, wie auch im Folgenden, bei bekannter Basis b, als `1,234E3` geschrieben.

Mit Hilfe des Exponenten findet also eine Skalierung des durch die Mantisse ausgedrückten Wertes statt.[125] Da der Exponent in diesem Beispiel eine zweistellige Dezimalzahl mit Vorzeichen ist, sind also Skalierungsfaktoren zwischen 10^{-99} und 10^{99}

---

123 In einigen Computern wurden Gleitkommazahlen implementiert, die $b = 2$ für die Mantisse und $b = 16$ für den Exponenten nutzten, wobei der Vorteil eines größeren Wertebereiches für den Exponenten durch die Nachteile dieser gemischtbasigen Darstellung aufgehoben wurden. Die erste Verwendung von Gleitkommaarithmetik in einem Digitalrechner geht übrigens auf *Konrad Zuse* zurück, siehe beispielsweise (Rojas, 1998, S. 27 ff.).

124 Während der Durchführung von Rechnungen muss diese Bedingung zwangsläufig verletzt werden, auch bieten viele moderne Prozessoren die Möglichkeit, explizit mit *unnormalisierten* Gleitkommazahlen zu rechnen, was aber über den Rahmen dieses Abschnittes hinausgeht.

125 Dies hat zur Folge, dass Gleitkommazahlen – im Unterschied zu einfachen Integerwerten aus $\mathbb{Z}/n\mathbb{Z}$ – nicht gleichmäßig verteilt sind, da unabhängig von der Größe des Exponenten nur eine konstante Mantissenlänge zur Verfügung steht.

möglich; die Gleitkommazahlen aus diesem Beispiel können also einen sehr großen Bereich überstreichen, wobei jedoch nur vier signifikante Stellen mit Hilfe der Mantisse abgebildet werden können, was zu folgendem Problem führt: Mit den obigen Voraussetzungen lautet die Gleitkommadarstellung des Wertes 12345 entsprechend `1,234E4` – die niederwertigste Ziffer entfällt, da sie nur mit Hilfe einer mindestens fünfstelligen Mantisse dargestellt werden könnte.

Bessere wäre es in diesem Fall gewesen, die letzte Ziffer nicht einfach abzuschneiden, sondern eine gerundete Gleitkommadarstellung `1,235E4` zu wählen. Ein Wert $x \in \mathbb{R}$ besitzt die folgende Darstellung als gerundete Gleitkommazahl

$$\left[b^l x + \frac{1}{2}\right] b^{-l},$$

wobei l die Mantissenlänge und b die Basis repräsentieren.[126]

Ein weiteres Darstellungsproblem ergibt sich aus der Tatsache, dass in der Regel $b = 2$ gilt:

Beispiel 19:
Der Dezimalwert 0,1 soll zunächst als unnormalisierte Mantisse mit $b = 2$ und einer Länge von 23 Bit[127] dargestellt werden:

$$\begin{aligned}0{,}1 \approx\; & 0 \cdot \frac{1}{2} + 0 \cdot \frac{1}{4} + 0 \cdot \frac{1}{8} + 1 \cdot \frac{1}{16} + 1 \cdot \frac{1}{32} + 0 \cdot \frac{1}{64} + 0 \cdot \frac{1}{128} + 1 \cdot \frac{1}{256} + 1 \cdot \frac{1}{512} + \\ & 0 \cdot \frac{1}{1024} + 0 \cdot \frac{1}{2048} + 1 \cdot \frac{1}{4096} + 1 \cdot \frac{1}{8192} + \ldots \\ \approx\; & \texttt{0,0001100110011...}_2\end{aligned}$$

Der endliche Dezimalbruch 0,1 lässt sich zur Basis $b = 2$ also nur als periodischer Binärbruch darstellen. Die obige Mantissenform ist noch nicht normalisiert, da sie nicht Bedingung (1.15) erfüllt. Um sie in normalisierte Form zu bringen, muss sie um vier Bit nach links verschoben werden, was entsprechend einen Exponenten −4 (in Binärdarstellung, da $b = 2$ auch für den Exponenten gelten soll) erforderlich macht.[128]

Ein so einfacher Wert wie 0,1, der sich bei einer festen Skalierung mit 10 problemlos als Integerzahl darstellen ließe, kann also prinzipbedingt nicht fehlerfrei als binäre Gleitkommazahl dargestellt werden.[129]

---

126 Bei den eckigen Klammern handelt es sich um die bereits erwähnten GAUSS-Klammern.

127 Diese Mantissenlänge entspricht der einer sogenannten *einfach genauen* Gleitkommazahl nach dem IEEE-754-Standard.

128 Mittlerweile hat sich größtenteils der IEEE 754-Standard zur Darstellung von Gleitkommazahlen durchgesetzt, siehe IEEE (2008). Solche Gleitkommazahlen, wie sie in der Praxis eingesetzt werden, gehen weit über den Rahmen dieses Buches hinaus, es gibt beispielsweise spezielle Bitmuster zur Repräsentation von plus oder minus Unendlich, für *NaN* (kurz für *Not a Number*), es gibt ±0 usw.

129 Das gilt natürlich nicht nur für diesen einen Wert. Da Taschenrechner in der Regel keine binäre Gleitkommadarstellung nutzen, sondern Mantisse und Exponent als BCD-Werte darstellen, treten hier solche Schwierigkeiten nicht auf.

Beispiel 20:
Das folgende kleine Testprogramm berechnet einmal direkt das Produkt $100 \cdot 0{,}15$ und daneben die Summe $\sum_{i=0}^{99} 0{,}15$ – zwei Werte, die eigentlich gleich sein sollten:

gleitkommaprobleme.c

```
#include <stdio.h>

#define ITERATIONS 100

int main()
{
    float a = .15, sum = 0., prod;
    int i;

    for (i = 0; i < ITERATIONS; i++)
        sum += a;

    prod = a * ITERATIONS;
    printf("Summe: %f, Produkt: %f\n", sum, prod);

    return 0;
}
```

gleitkommaprobleme.c

Die Ausgabe des Programmes zeigt, mit wie viel Bedacht Gleitkommazahlen zum Einsatz gelangen sollten:

```
Summe: 14.999986, Produkt: 15.000001
```

Das obige Beispiel macht deutlich, dass alleine auf den ersten Blick einfache Operationen, wie ein Gleichheitsvergleich, d. h. die Relation =, nicht unbedacht verwendet werden können – immerhin hätte man erwarten können, dass die beiden in den Variablen `sum` und `prod` enthaltenen Werte gleich sind.

Abschweifung: ALGOL 60
Die Tatsache, dass Gleichheitsvergleiche bei Gleitkommazahlen meist nicht dem Erwarteten entsprechen und demgemäß sinnlos sind, zog auf Seiten der Implementierer der Programmiersprache *ALGOL 60* folgende Entscheidung nach sich, die sich aus offensichtlichen Gründen nicht bewährte:

> "In implementing ALGOL 60 we decided that $x = y$ would deliver the value **true** not only in the case of exact equality, but also when the two values differed only in the last significant digit represented [...] it quickly turned out that the chosen operation was so weak as to be hardly of any use at all. What it boiled down to was that the established truth $a = b$ **and** $b = c$ did not allow the programmer to conclude the truth of $a = c$."[130]

130 Siehe (Dijkstra, 1972, p. 15).

Rechnungen mit Gleitkommazahlen bergen weitere Schwierigkeiten in sich: Beispielsweise hat die Addition oder Subtraktion einer betragsmäßig sehr kleinen Zahl zu einer entsprechend großen Zahl keinerlei Effekt, wie folgendes Beispiel zeigt:

Beispiel 21:
Der Einfachheit halber gelte im Folgenden wieder $b = 10$ bei einer Mantissenlänge von vier Stellen (zuzüglich Vorzeichen) und einer Exponentenlänge von zwei Stellen. Es sei die Addition $1000 + 0{,}5$ mit Hilfe solcher Gleitkommazahlen darzustellen. Hierzu müssen zunächst die beiden Werte 1000 und 0,5 in Gleitkommadarstellung umgewandelt werden: 1000 = `1,000E3` und 0,5 = `5,000E-1`.

Sollen diese beiden Werte nun addiert werden, müssen die beiden Mantissen einander angepasst werden, damit Stellen gleicher Wertigkeit zueinander addiert werden können:

```
  1 , 0 0 0 E  3
+ 5 , 0 0 0 E -1
----------------
  1 , 0 0 0 E  3
+ 0 , 0 0 0 E  3
----------------
  1 , 0 0 0 E  3
```

Wie man sieht, geht die 5 des Wertes 0,5 bei der Angleichung der Mantissen verloren, so dass die Addition dieser beiden Werte den falschen Wert 1000 liefert. Dieser Effekt wird als *Absorption* bezeichnet, da Stellen einer betragsmäßig kleinen Zahl quasi durch eine entsprechend große Zahl absorbiert werden können.

Aus diesem Phänomen der Absorption folgt auch, dass die Assoziativität von Addition und Multiplikation nicht mehr gewährleistet ist, d. h. für Gleitkommazahlen g_1, g_2 und g_3 gilt in der Regel $(g_1 + g_2) + g_3 \neq g_1 + (g_2 + g_3)$. Mit den Werten aus dem obigen Beispiel ergibt sich ein solcher Fall wie folgt: $(1000 + 0{,}5) + 0{,}5 \neq 1000 + (0{,}5 + 0{,}5)$. Die Addition eines einzelnen Wertes 0,5 zu 1000 hat keinen Effekt. Wird jedoch zuerst $0{,}5 + 0{,}5$ gerechnet, so ergibt sich als Resultat 1. Dieses Zwischenergebnis kann dann zu 1000 addiert werden und liefert – in diesem Fall – das gewünschte und erwartete Resultat.

Da also die gewohnten Eigenschaften der bekannten Grundoperationen $+$, $-$, $*$ und / beim Rechnen mit Gleitkommazahlen nicht uneingeschränkt gelten, werden in diesem Zusammenhang an ihrer Stelle mitunter die Symbole $\tilde{+}$, $\tilde{-}$, $\tilde{*}$ und $\tilde{/}$ verwendet.

Allgemein ist beim Rechnen mit Gleitkommazahlen also größte Vorsicht angeraten – die beschriebenen Probleme decken bei Weitem nicht alle Dinge ab, die für möglichst geringe Rechenfehler berücksichtigt werden müssen. Weiterführende Informationen finden sich in Goldberg (1991), Acton (2005), Hwang (1979) und Braverman (2013).[131] Der amerikanische Numeriker Alston Scott Householder misstraute zumindest in den 1950er Jahren der Gleitkommaarithmetik noch so stark, dass

131 In Albrecht et al. (1977) findet sich eine Reihe weiterer interessanter Aufsätze zur Computer-Arithmetik, die jedoch weit über diesen Abschnitt hinausgehen.

er einmal bemerkte, er würde niemals mit einem modernen großen Flugzeug fliegen, da deren Design auf der Verwendung von Gleitkommazahlen beruhte.[132]

Aufgabe 17:
Führen Sie mit einem Taschenrechner die beiden folgenden Rechnungen durch:

1. `(1 + 1E30) - 1E30` und
2. `1 + (1E30 - 1E30)`.

Vermutlich ergibt sich im ersten Fall das fehlerhafte Ergebnis `0`, während der zweite Fall korrekterweise 1 liefert. Erklären sie diesen Effekt, der ein weiteres schönes Beispiel dafür ist, dass die Assoziativität von Grundrechenarten bei Verwendung von Gleitkommazahlen nicht mehr allgemein erfüllt ist.

Aufgabe 18:
Eine berühmte mathematische Vermutung, die von Pierre de Fermat[133] bereits im 17. Jahrhundert geäußert wurde, jedoch erst 1994 durch Andrew Wiles[134] und Richard Taylor[135] nach zähem Ringen bewiesen werden konnte, besagt, dass

$$a^n + b^n = c^n$$

für $a,b,c,n \in \mathbb{N}$ mit $n > 2$ keine Lösung besitzt. Diese Aussage wird als *großer Fermatscher Satz* bezeichnet, und spätestens nach ihrem Beweis im Jahre 1994[136] ist daran nicht zu rütteln.

Verblüffenderweise finden sich in zwei Folgen der Fernsehserie „The Simpsons" (vermeintliche) Gegenbeispiele hierfür![137] Konkret ist in der Folge „The Wizard of Evergreen Terrace" aus dem Jahr 1998 auf einer Tafel der Ausdruck

$$3987^{12} + 4365^{12} = 4472^{12} \tag{1.16}$$

zu sehen, und in „Treehouse of Horror VI" (1995) erscheint kurz

$$1782^{12} + 1841^{12} = 1922^{12}. \tag{1.17}$$

Ein kleiner Test mit einem typischen Taschenrechner bestätigt beide Formeln! Wie kann das sein? Widerlegt das nicht den großen Fermatschen Satz? Nein, natürlich nicht, aber wo liegt der Fehler?[138]

---

132 Siehe (Greenstadt, 1983, S. 151).
133 1607–12.01.1665
134 11.04.1953–
135 19.05.1962–
136 Siehe Singh (2000).
137 Siehe (Singh, 2013, S. 31, 156).
138 Bei (1.17) ist im Gegensatz zu (1.16) auf den ersten Blick klar, dass etwas ganz grundlegend nicht stimmen kann, da die zwölfte Potenz einer geraden Zahl gerade und die einer ungeraden Zahl ungerade ist, während die Summe aus einer geraden und einer ungeraden Zahl nicht gerade sein kann.

2 Lineare Algebra

Nach diesen einführenden Betrachtungen widmet sich das folgende Kapitel dem Gebiet der *linearen Algebra*, die sich mit den Eigenschaften von sogenannten *linearen Abbildungen* auf *Vektorräumen* beschäftigt.[1]

2.1 Vektorraum

Hierzu ist ein kurzer Blick auf den aus Abschnitt 1.5 bekannten Begriff des Körpers notwendig: Ein Körper besteht aus einer Grundmenge, beispielsweise $\mathbb{R}$, sowie zwei Operationen $+$ und $\cdot$, für die bestimmte Bedingungen erfüllt sein müssen. Die einzelnen Elemente eines Körpers werden als *Skalare* bezeichnet, da es sich um Zahlenwerte handelt, die auf einer *Skala*, z. B. einem *Zahlenstrahl*, dargestellt werden können.

Während mit Hilfe eines Skalars ein Punkt auf einem eindimensionalen Gebilde wie einem Zahlenstrahl beschreibbar ist, benötigt man schon zwei Skalare, um einen Punkt in einer Ebene zu beschreiben, drei Skalare, um einen Punkt im dreidimensionalen Raum zu bestimmen usf. Eine solche Zusammenfassung von Skalaren in Form eines Tupels wird auch als *Vektor* bezeichnet.

Im Unterschied zu einem Skalar a, der ein Element der Grundmenge G eines Körpers ist, ist ein Vektor (d. h. ein Tupel) aus n Elementen, sogenannten *Komponenten*, ein Element einer Produktmenge G^n. Bildet man also beispielsweise das Produkt $\mathbb{R}^2 = \mathbb{R} \times \mathbb{R}$, erhält man die reelle Zahlenebene,[2] deren Punkte durch Vektoren der Form $(x,y) \in \mathbb{R}^2$ beschrieben werden können.

Die Potenz wird hier als *Dimension* verstanden, die Produktmenge $\mathbb{R}^2$, die eine Ebene beschreibt, ist also (ganz anschaulich) etwas Zweidimensionales, $\mathbb{R}^3$ beschreibt etwas Dreidimensionales usf. Entsprechend handelt es sich um Vektoren mit zwei, drei oder mehr Komponenten.

Vektoren werden meist entweder durch einen darüber gestellten Pfeil, $\vec{v}$, oder durch fette Strichstärke, wie bei $\mathbf{v}$, kenntlich gemacht. Im Folgenden wird die zweite Schreibweise verwendet, um die Verwandtschaft zwischen Vektoren und Matrizen zu betonen. Ein Vektor $\mathbf{v} \in \mathbb{R}^2$, der einen Punkt in $\mathbb{R}^2$ beschreibt, besteht also aus zwei (skalaren) Komponenten $x,y \in \mathbb{R}$ und wird meist als *Spaltenvektor*

$$\mathbf{v} = \begin{pmatrix} x \\ y \end{pmatrix},$$

mitunter aber auch als *Zeilenvektor* $\mathbf{v} = (x,y)$ notiert.

1 Eine umfassende Darstellung des Gebietes der linearen Algebra findet sich beispielsweise in LORENZ (1988/1) und LORENZ (1988/2).

2 Auch als *EUKLIDische Ebene* bezeichnet.

So wie eine aus skalaren Elementen bestehende Grundmenge G mit Operationen $+$ und $\cdot$ auf dieser einen Körper $K = (G, +, \cdot)$ bildet, wenn die in Abschnitt 1.5 genannten Bedingungen erfüllt sind, bildet eine Menge V mit einer *Vektoraddition* und einer *Skalarmultiplikation* einen *Vektorraum* „über dem Körper K",[3] wenn zunächst die folgenden Bedingungen bezüglich der Vektoraddition erfüllt sind:

1. Für drei Vektoren $\mathbf{v}_1, \mathbf{v}_2, \mathbf{v}_3 \in V$ gilt das Assoziativgesetz:[4]
$$\mathbf{v}_1 + (\mathbf{v}_2 + \mathbf{v}_2) = (\mathbf{v}_1 + \mathbf{v}_2) + \mathbf{v}_3.$$
2. Für zwei Vektoren $\mathbf{v}_1, \mathbf{v}_2 \in V$ gilt das Kommutativgesetz:
$$\mathbf{v}_1 + \mathbf{v}_2 = \mathbf{v}_2 + \mathbf{v}_1.$$
3. Es gibt ein neutrales Element $\mathbf{0} \in V$, den sogenannten *Nullvektor*, und ein inverses Element $-\mathbf{v} \in V$, so dass
$$\mathbf{v} + \mathbf{0} = \mathbf{0} + \mathbf{v} = \mathbf{v} \text{ und}$$
$$\mathbf{v} + (-\mathbf{v}) = -\mathbf{v} + \mathbf{v} = \mathbf{0}$$
gelten.

Da die Vektoraddition auf Elementen aus der zugrunde liegenden Menge V operiert und als Ergebnis ebenfalls ein Element auf V liefert, nennt man sie auch eine *innere Verknüpfung*. Im Unterschied hierzu stehen *äußere Verknüpfungen*, wie die Skalarmultiplikation, die jeweils ein Element aus V mit einem Skalar aus dem zugrunde liegenden Körper, d. h. einem außerhalb des Vektors liegenden Element, verknüpft und ein Ergebnis aus V liefert.[5] Bezüglich der Skalarmultiplikation müssen die folgenden Bedingungen für Skalare $a, b \in K$ und Vektoren $\mathbf{v}_1, \mathbf{v}_2 \in V$ gelten:

1. Distributivität und Assoziativität:
$$a(\mathbf{v}_1 + \mathbf{v}_2) = (a\mathbf{v}_1) + (a\mathbf{v}_2)$$
$$(a + b)\mathbf{v}_1 = (a\mathbf{v}_1) + (b\mathbf{v}_1)$$
$$(ab)\mathbf{v} = a(b\mathbf{v})$$

3 Mitunter spricht man anstelle eines „Vektorraumes über dem Körper K" nur von einem „K-Vektorraum".

4 Vereinzelt wird die Vektoraddition durch Verwendung des Zeichens $\oplus$ kenntlich gemacht. Da sich jedoch stets aus dem Kontext ergibt, ob die Addition zweier Skalare oder zweier Vektoren gemeint ist, wird im Folgenden $+$ für beide Formen der Addition verwendet.

5 Daher rührt auch die Bezeichnung des Vektorraumes über einem Körper K.

2. Darüber hinaus muss das neutrale Element $1 \in K$ bezüglich der Multiplikation innerhalb des zugrunde liegenden Körpers auch neutrales Element bezüglich der Skalarmultiplikation sein, d. h. es muss gelten:

$$1\mathbf{v} = \mathbf{v}.$$

Anzumerken ist hier, dass stets eine Skalarmultiplikation vorliegt, wenn ein Skalar und ein Vektor miteinander multipliziert werden. Werden zwei Skalare miteinander multipliziert, handelt es sich um die Multiplikation des Körpers, aus dem die Skalare stammen. Werden zwei Vektoren addiert, handelt es sich um die Vektoraddition, werden zwei Skalare addiert, liegt die Addition aus dem Körper vor. Ein Skalar kann nicht zu einem Vektor addiert werden, und eine direkte Multiplikation von Vektoren gibt es ebenfalls nicht.[6]

Die Vektoraddition erfolgt *komponentenweise*, d. h. die einzelnen Skalare, aus denen sich die zu addierenden Vektoren zusammensetzen, werden an korrespondierenden Stellen addiert. Abbildung 2.1 zeigt links exemplarisch das Verhalten der Vektoraddition anhand zweier Vektoren

$$\mathbf{v}_1 = \begin{pmatrix} 1 \\ 3 \end{pmatrix} \text{ und } \mathbf{v}_2 = \begin{pmatrix} 4 \\ 1 \end{pmatrix}.$$

Beide Vektoren beschreiben jeweils einen Punkt der Zahlenebene $\mathbb{R}^2$ und werden komponentenweise addiert, so dass sich der Ergebnisvektor

$$\mathbf{v}_1 + \mathbf{v}_2 = \mathbf{v}_3 = \begin{pmatrix} 5 \\ 4 \end{pmatrix}$$

ergibt. Entsprechend erfolgt die Skalarmultiplikation ebenfalls komponentenweise: Die Elemente des Vektors $\mathbf{v}$ werden jeweils mit dem Skalar a aus dem zugrunde liegenden Körper multipliziert, so dass die Multiplikation des Vektors

$$\mathbf{v} = \begin{pmatrix} 2 \\ 2 \end{pmatrix}$$

mit dem Skalar $a = 2$ das Resultat

$$a\mathbf{v} = \begin{pmatrix} 4 \\ 4 \end{pmatrix}$$

liefert. Eine Skalarmultiplikation entspricht also im Fall $a > 1$ einer *Streckung* beziehungsweise ($a < 1$) einer *Stauchung* eines Vektors.

6 Es gibt jedoch ein sogenanntes *Skalarprodukt*, auf das im Folgenden eingegangen wird.

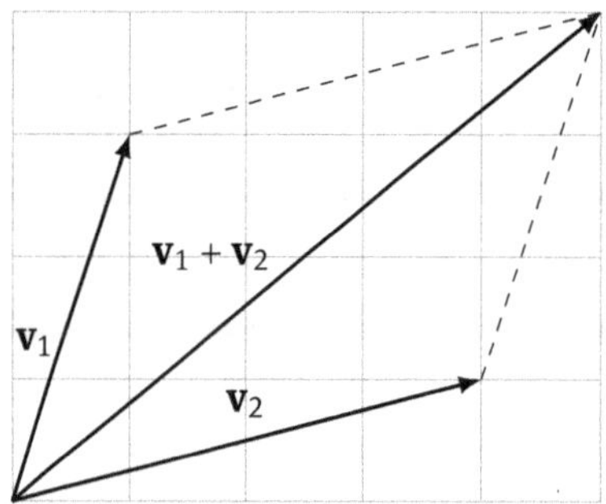

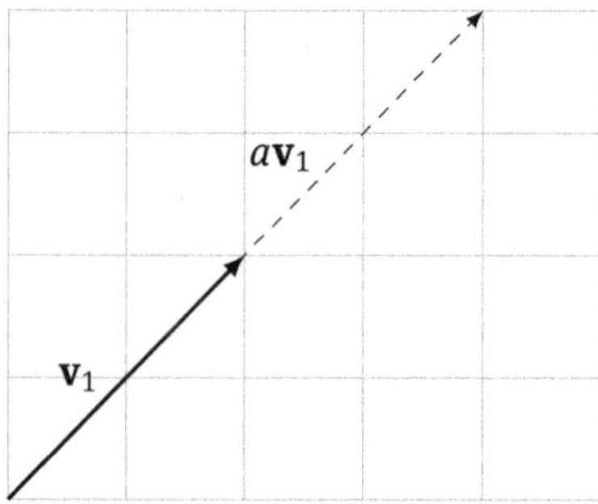

Abb. 2.1. Vektoraddition $\mathbf{v}_1 + \mathbf{v}_2$ mit $\mathbf{v}_1, \mathbf{v}_2 \in V$ und Skalarmultiplikation $a\mathbf{v}$ mit $a \in K$ und $\mathbf{v} \in V$

2.2 Lineare Abbildungen

Da sich die lineare Algebra nun, wie eingangs geschrieben, mit linearen Abbildungen auf solchen Vektorräumen beschäftigt, fehlt noch der Begriff der *linearen Abbildung*. Der Begriff der Abbildung ist bereits aus Abschnitt 1.3.2 bekannt. Erfüllt eine Abbildung f, die auf Vektorräumen, auf die gleich eingegangen wird, definiert ist, die beiden Bedingungen

$$f(ax) = af(x) \text{ und} \tag{2.1}$$

$$f(x+y) = f(x) + f(y), \tag{2.2}$$

so heißt sie *lineare Abbildung*. Hierbei sind x und y Elemente eines Vektorraumes, während a ein einfacher multiplikativer Faktor aus dem zugrunde liegenden Körper ist. Ist die Bedingung (2.1) erfüllt, heißt f *homogen*, ist (2.2) erfüllt, heißt f *additiv*.

Anschaulich gesprochen ist es bei einer homogenen Abbildung also unerheblich, ob der als Argument dienende Vektor vor Anwendung der Abbildung gestreckt oder gestaucht wird, oder ob die Streckung/Stauchung auf das Resultat der Abbildung angewandt wird. Die Additivität besagt, dass die Anwendung der Abbildung auf eine Vektorsumme gleich der Vektorsumme der Ergebnisse der Abbildung, angewandt auf die einzelnen Vektoren, ist.

Abschweifung: Isomorphismus

Eine lineare Abbildung zwischen zwei Vektorräumen $f : V_1 \Longrightarrow V_2$ (oder Körpern etc.) heißt *Isomorphismus*, wenn sie bijektiv ist. V_1 und V_2 heißen dann *isomorph* zueinander. Das bedeutet, dass sie sich eigentlich nur durch ihre Elemente und die auf ihnen zulässigen Verknüpfungen unterscheiden. Führt man also in V_1 irgendwelche Rechnungen durch und „übersetzt" deren Ergebnis mit Hilfe des Isomorphismus f in den Vektorraum V_2, so hätte man auch die für die Rechnung benötigten Werte erst mit Hilfe des Isomorphismus übersetzen und dann die Rechnung in V_2 durchführen können.

V und W seien zwei Vektorräume, und $f : V \Longrightarrow W$ sei eine lineare Abbildung zwischen diesen beiden Vektorräumen. Analog zu Abbildungen zwischen Mengen wird die von $f(\mathbf{v})$ für alle $\mathbf{v} \in V$ erzeugte Menge als das *Bild* der Abbildung bezeichnet. Als *Kern* der linearen Abbildung bezeichnet man alle $\mathbf{v} \in V$, für die $f(\mathbf{v}) = \mathbf{0}$ gilt.

Aufgabe 19:
Was lässt sich über den Kern einer injektiven linearen Abbildung allgemein sagen?

2.3 Basis eines Vektorraumes

Für einen Vektorraum V über einem Körper K lassen sich mit Hilfe der Skalarmultiplikation Produkte aus Skalaren und Vektoren der Form $a\mathbf{v}$ bilden, wobei $a \in K$ und $\mathbf{v} \in V$ gilt, während mit Hilfe der Vektoraddition Vektoren aus V addiert werden können. Auf dieser Grundlage kann eine sogenannte *Linearkombination* gebildet werden, bei der es sich um eine Summe aus Vektoren handelt, die zuvor jeweils mit einem Skalar multipliziert wurden. Eine Linearkombination $\mathbf{v}$ aus n Skalaren $a_1, a_2, \ldots, a_n \in K$ und n Vektoren $\mathbf{v}_1, \mathbf{v}_2, \ldots, \mathbf{v}_n$ hat die Form

$$\mathbf{v} = \sum_{i=1}^{n} a_i \mathbf{v}_i, \tag{2.3}$$

wobei $v \in V$ gilt.

Eine solche Linearkombination addiert also eine Menge gegebener Vektoren, die zuvor mit Hilfe geeigneter Skalare gestreckt oder gestaucht wurden. Ein Vektor eines Vektorraumes beschreibt, anschaulich gesprochen, einen Punkt in diesem Raum; welche Punkte kann man dann mit Linearkombinationen aus einer gegebenen Menge von Vektoren beschreiben? Kann man vielleicht alle Punkte, wenn man so möchte, durch wenige Vektoren, die geeignet gestreckt, gestaucht und addiert werden, beschreiben?

Denkt man sich eine reelle Zahlenebene $\mathbb{R}^2$ wie die in Abbildung 2.1 quasi auszugsweise dargestellte, so wird jeder Punkt dieser Ebene durch einen zweielementigen Vektor

$$\begin{pmatrix} x \\ y \end{pmatrix}$$

beschrieben, wobei $x, y \in \mathbb{R}$ gilt. Wenn nun zwei Vektoren

$$\mathbf{v}_1 = \begin{pmatrix} 0 \\ 1 \end{pmatrix} \text{ und } \mathbf{v}_2 = \begin{pmatrix} 1 \\ 0 \end{pmatrix}$$

gegeben sind, dann lassen sich mit Hilfe zweier Skalare $a_1, a_2 \in \mathbb{R}$ Linearkombinationen der Form $a_1\mathbf{v}_1 + a_2\mathbf{v}_2$ bilden, mit denen alle Elemente des $\mathbb{R}^2$ beschrieben werden können.[7]

---

7 Wenn man so möchte, „filtert“ $\mathbf{v}_1$ die x-Komponente eine Punktes heraus, während $\mathbf{v}_2$ die y-Komponente liefert.

Wenn man alle Elemente eines Vektorraumes V als solche Linearkombinationen von minimal vielen[8] n Vektoren $\mathbf{v}_1, \mathbf{v}_2, \ldots, \mathbf{v}_n \in V$ darstellen kann, nennt man die Menge dieser Vektoren eine *Basis* des Vektorraumes V. Man sagt auch, die Menge $\mathbf{v}_1, \mathbf{v}_2, \ldots, \mathbf{v}_n$ „spannt den Vektorraum V auf". Die einzelnen Vektoren einer solchen Basis heißen entsprechend *Basisvektoren*.

Abschweifung: Aufspannen

Das Aufspannen eines Vektorraumes durch eine Basis lässt sich anhand der EUKLIDischen Ebene $\mathbb{R}^2$ veranschaulichen. Die beiden oben beispielhaft genannten Vektoren $\mathbf{v}_1$ und $\mathbf{v}_2$ zeigen jeweils eine Einheit entlang der beiden Achsen eines rechtwinkligen Koordinatensystems, wie es beispielsweise in Abbildung 2.1 dargestellt ist.

Durch Skalarmultiplikation dieser beiden Vektoren lässt sich zunächst jeder Punkt, der auf einer dieser beiden Achsen liegt, erreichen.

Durch Addition entsprechend gestreckter oder gestauchter Vektoren $a_1\mathbf{v}_1$ und $a_2\mathbf{v}_2$ lassen sich nun alle Punkte der Ebene, in welcher diese Koordinatenachsen liegen, erreichen. Die beiden Basisvektoren spannen quasi als Stellvertreter der Achsen die Ebene zwischen den Achsen auf.

Die Menge der Basisvektoren eines Vektorraumes muss gemäß obiger Forderung minimal sein, d. h. sie enthält keine überflüssigen Vektoren, die ihrerseits als Linearkombination anderer Basisvektoren dargestellt werden könnten. Diese Eigenschaft bezeichnet man als *lineare Unabhängigkeit*. Eine Menge Vektoren $\mathbf{v}_1, \mathbf{v}_2, \ldots, \mathbf{v}_n \in V$ ist also linear unabhängig, wenn sich kein $\mathbf{v}_i$, $1 \leq i \leq n$, in Form einer Linearkombination (2.3) aus den verbleibenden $n - 1$ Basisvektoren darstellen lässt.[9] Dies bedeutet jedoch auch, dass eine Basis ein maximales linear unabhängiges System ist.

Aufgabe 20:

Sind die Vektoren

$$\mathbf{v}_1 = \begin{pmatrix} 1 \\ 2 \\ 3 \end{pmatrix}, \mathbf{v}_2 = \begin{pmatrix} 4 \\ 5 \\ 6 \end{pmatrix} \text{ und } \mathbf{v}_3 \begin{pmatrix} 7 \\ 8 \\ 9 \end{pmatrix}$$

linear unabhängig voneinander?

Ganz anschaulich spannt eine Basis aus n Basisvektoren einen n-dimensionalen Vektorraum auf, da jeder Basisvektor quasi eine Achse eines Koordinatensystems beschreibt. Ein dreidimensionaler Raum benötigt also drei Basisvektoren usf.[10]

8 D. h. es kann kein Element weggelassen werden.

9 Insbesondere sind $n \in \mathbb{N}$ Vektoren $\mathbf{v}_1, \mathbf{v}_2, \ldots, \mathbf{v}_n \in V$ linear unabhängig, wenn $a_1 = a_2 = \cdots = a_n = 0$ die einzige Lösung der Gleichung $a_1\mathbf{v}_1 + a_1\mathbf{v}_2 + \cdots + a_n\mathbf{v}_n = \mathbf{0}$ ist. Diese Eigenschaft wird in Abschnitt 3.9.2 benötigt.

10 Die Idee der Basis lässt sich übrigens verallgemeinern, indem beispielsweise Funktionen bestimmter Form als Basisfunktionen aufgefasst werden, aus denen sich dann über Linearkombinationen be-

2.4 Norm und Normierung

Unter der *Norm*[11] eines Vektors[12] versteht man eine Funktion, welche – ganz anschaulich gesprochen – einen Vektor auf einen Skalar abbildet, welcher der Länge des Vektors entspricht. Geschrieben wird die Norm eines Vektors $\mathbf{v}$ als $\|\mathbf{v}\|$. Eine Norm bildet also von einem Vektorraum auf die Menge der positiven reellen Zahlen ab, es gilt also $\|\cdot\| : V \longrightarrow \mathbb{R}^+$, da eine Länge stets positiv ist. Eine solche Norm muss drei Anforderungen erfüllen:

1. $\|\mathbf{v}\| = 0 \Longrightarrow \mathbf{v} = \mathbf{0}$: Diese Bedingung wird als *Definitheit* bezeichnet. Ein Vektor, dessen Norm gleich Null ist, muss der Nullvektor sein.
2. $\|s\mathbf{v}\| = |s|\|\mathbf{v}\|$: Ist diese Bedingung erfüllt, spricht man von *Homogenität*, d. h. die Länge eines mit Hilfe einer Skalarmultiplikation gestauchten oder gestreckten Vektors entspricht gerade der Länge des ursprünglichen Vektors mal dem Betrag des Skalars, da die resultierende Länge stets positiv ist.
3. $\|\mathbf{v}_1 + \mathbf{v}_2\| \leq \|\mathbf{v}_1\| + \|\mathbf{v}_2\|$: Diese Bedingung wird *Dreiecksungleichung* genannt. Sie besagt, dass die Norm über der Summe zweier Vektoren stets kleiner oder gleich der Summe der Normen der beiden Vektoren ist. Die linke Hälfte von Abbildung 2.1 zeigt dies ganz anschaulich: Die Summe der Längen der beiden Vektoren $\mathbf{v}_1$ und $\mathbf{v}_2$ ist in diesem Falle größer als die Länge der Vektorsumme $\mathbf{v}_1 + \mathbf{v}_2$.[13]

Normen können vielfältige Formen annehmen – am anschaulichsten ist die sogenannte EUKLIDische Norm, die als $\|\cdot\|_2$ geschrieben wird und wie folgt für einen aus n reellen Komponenten v_i bestehenden Vektor $\mathbf{v}$ definiert ist:

$$\|\mathbf{v}\|_2 = \sqrt{\sum_{i=1}^{n} v_i^2}$$

Für einen zweielementigen Vektor $\mathbf{v} \in \mathbb{R}^2$ ist dies gerade der aus der Schule bekannte Satz des PYTHAGORAS:[14] Der Vektor besteht aus zwei Komponenten, $v_1, v_2 \in \mathbb{R}$, die als Koordinatenpaar entlang der Achsen eines kartesischen Koordinatensystems aufgefasst werden können. Dies wird anhand der linken Darstellung in Abbildung 2.1 deutlich: Die Länge von $\mathbf{v}_1 = (1,3)$ ist gleich $\sqrt{1^2 + 3^2} = \sqrt{10}$, die Länge von $\mathbf{v}_2 = (4,1)$ ist $\sqrt{4^2 + 1^2} = \sqrt{17}$.

---

liebige Funktionen bestimmter Klassen aufbauen lassen. Beispiele hierzu finden sich in den Abschnitten 3.9.2 und 3.9.4.

11 Von lateinisch „norma“, „Maßstab“.

12 Generell auch anderer Objekte, die hier jedoch nicht von Interesse sind.

13 Wann kann in der Dreiecksungleichung der Gleichheitsfall auftreten?

14 ca. 570 v. Chr. – 510 v. Chr.

Ein naheliegender Begriff im Zusammenhang mit Normen ist der des *Einheitsvektors*. Ein Vektor **v** ist ein Einheitsvektor, wenn $\|\mathbf{v}\| = 1$ gilt. Die Division

$$\frac{\mathbf{v}}{\|\mathbf{v}\|},$$

die der Skalarmultplikation des Vektors mit $\frac{1}{\|\mathbf{v}\|}$ entspricht, liefert einen *normierten* Vektor zurück, der in die „gleiche Richtung zeigt" wie der ursprüngliche Vektor, im Unterschied zu diesem aber die Länge 1 besitzt, also ein Einheitsvektor ist.[15]

Aufgabe 21:
Welchen Wert besitzt die EUKLIDische Norm des Vektors $(3,1,4,1,5,9)$?

2.5 Gleichungssysteme, Matrizen und Vektoren

Nun kommt der Sprung von Vektorräumen zu linearen Gleichungssystemen, die in allen Gebieten der Naturwissenschaft, Technik, Wirtschaft etc. von zentraler Bedeutung sind.[16] Entsprechend wichtig sind Verfahren zur möglichst automatischen Lösung solcher Gleichungssysteme. Bereits 1878 entwickelte beispielsweise WILLIAM THOMSON,[17] besser bekannt unter dem Namen Lord KELVIN, einen mechanischen Computer zur Lösung solcher Gleichungssysteme, der allerdings erst in den 1930er Jahren gebaut und eingesetzt wurde.[18]

Als *lineare Gleichung* wird eine Gleichung bezeichnet, deren Form einer Linearkombination entspricht. Allgemein hat eine solche lineare Gleichung also folgende Gestalt:

$$a_1x_1 + a_2x_2 + \cdots + a_nx_n = b,$$

wobei die a_i und b Skalare sind, während die x_i die *Unbekannten* der Gleichung darstellen. Ist die rechte Seite der Gleichung Null, d. h. ist $b = 0$, so heißt die Gleichung *homogen*, anderenfalls handelt es sich um eine *inhomogene* Gleichung.

15 Das geht natürlich nicht, wenn $\mathbf{v} = \mathbf{0}$. Meist werden die Basisvektoren, die einen Vektorraum aufspannen, in normierter Darstellung angegeben. Mitunter wird ein Einheitsvektor **v** auch als $\hat{\mathbf{v}}$ geschrieben.

16 In MEMMESHEIMER (1984) findet sich eine Reihe praktischer Anwendungen von Verfahren der linearen Algebra aus dem Bereich der Betriebswirtschaft.

17 26.11.1824–11.12.1907

18 Nähere Informationen hierzu sowie zu einer modernen Implementation auf Basis des „fischertechnik"-Baukastensystems finden sich in PÜTTMANN (2014).

Die Lösung einer linearen Gleichung mit nur einer Unbekannten stellt keine große Herausforderung dar, so ergibt sich mit Hilfe einer einfachen *Äquivalenzumformung*[19] aus $7x = 14$ sofort $x = 2$. Was ist jedoch mit einer Gleichung mit zwei Unbekannten, wie zum Beispiel $3x_1 + 7x_2 = 14$? Diese kann durch entsprechende Äquivalenzumformungen nach x_1 oder x_2 aufgelöst werden, was

$$x_1 = \frac{14 - 7x_2}{3} \text{ und} \tag{2.4}$$

$$x_2 = \frac{14 - 3x_1}{7} \tag{2.5}$$

liefert. Offensichtlich hängen die beiden Unbekannten x_1 und x_2 direkt voneinander ab, so dass eine der Variablen als wählbarer Parameter betrachtet werden kann, und die andere sich hieraus ergibt. Eine solche lineare Gleichung mit zwei Unbekannten beschreibt eine Gerade, wie die Gleichungen (2.4) und (2.5) exemplarisch zeigen. Anstelle einer einzigen Lösung gibt es in diesem Fall also einen *Lösungsraum*, eine Gerade, auf der alle Lösungen liegen.

Um eine eindeutige Lösung für zwei Unbekannte zu erhalten, wird eine zusätzliche Gleichung benötigt, welche die nötige Zusatzbedingung einbringt, um die Lösung anstelle einer ganzen Geraden auf einen einzigen Wert einzuschränken.[20] Im Fall von zwei oder mehr linearen Gleichungen, deren Variablen voneinander abhängen, liegt ein sogenanntes *lineares Gleichungssystem* vor. Sind also beispielsweise die zwei Gleichungen

$$3x_1 + 7x_2 = 14 \text{ und} \tag{2.6}$$

$$5x_1 + 4x_2 = 9 \tag{2.7}$$

gegeben, so lassen sich x_1 und x_2 beispielsweise wie folgt bestimmen: Auflösen von (2.6) und (2.7) nach x_1 liefert

$$x_1 = \frac{14 - 7x_2}{3} \text{ und} \tag{2.8}$$

$$x_1 = \frac{9 - 4x_2}{5}. \tag{2.9}$$

Gleichsetzen von (2.8) und (2.9) liefert

$$\frac{14 - 7x_2}{3} = \frac{9 - 4x_2}{5},$$

woraus sich $x_2 = \frac{43}{23}$ ergibt. Wird dieser Wert nun beispielsweise in (2.8) eingesetzt, ergibt sich $x_1 = \frac{7}{23}$.

---

19 Diese werden so genannt, da sie beide Seiten einer Gleichung in äquivalenter Weise umformen, so dass stets die Gleichheitsbedingung erfüllt bleibt.

20 Die resultierenden Gleichungen müssen offensichtlich voneinander linear unabhängig sein, da sonst eine der Gleichungen durch die jeweils andere ausgedrückt werden kann, so dass faktisch doch nur eine Gleichung vorliegt.

Auf diese Art und Weise lassen sich nun (unter bestimmten Voraussetzungen, auf die noch eingegangen wird) auch größere Gleichungssysteme lösen, wenn auch ausgesprochen mühsam. Spätestens an dieser Stelle stellt sich die Frage, ob sich das Lösen solcher Gleichungssysteme nicht ein wenig formalisieren lässt, wozu nun die zuvor eingeführten Begriffe des Vektorraumes, des Vektors etc. sehr gelegen kommen.

Betrachtet werden nun also lineare Gleichungssysteme der Form

$$\begin{aligned} a_{1,1}x_1 + a_{1,2}x_2 + \cdots + a_{1,n}x_1 &= b_1 \\ a_{2,1}x_1 + a_{2,2}x_2 + \cdots + a_{2,n}x_2 &= b_2 \\ \dots \quad \dots \quad \dots \quad \dots \quad \dots &= \dots \\ a_{m,1}x_1 + a_{m,2}x_2 + \cdots + a_{m,n}x_n &= b_m \end{aligned} \tag{2.10}$$

mit n Unbekannten und m Gleichungen. Jede dieser Gleichungen ist eine Linearkombination aus skalaren Koeffizienten $a_{i,j}$ und Unbekannten x_j. Entsprechend kann man auch das gesamte Gleichungssystem als Produkt eines Vektors und einer *Matrix* auffassen.

Die rechte Seite dieses Gleichungssystems kann direkt als Spaltenvektor

$$\mathbf{b} = \begin{pmatrix} b_1 \\ b_2 \\ \vdots \\ b_m \end{pmatrix}$$

aufgefasst werden. Gleiches gilt für die Koeffizienten $a_{i,j}$, die ebenfalls spaltenweise als Vektoren dargestellt werden können:

$$\mathbf{a}_1 = \begin{pmatrix} a_{1,1} \\ a_{1,2} \\ \vdots \\ a_{1,n} \end{pmatrix}, \mathbf{a}_2 = \begin{pmatrix} a_{2,1} \\ a_{2,2} \\ \vdots \\ a_{2,n} \end{pmatrix}, \dots, \mathbf{a}_m = \begin{pmatrix} a_{m,1} \\ a_{m,2} \\ \vdots \\ a_{m,n} \end{pmatrix}.$$

Werden nun solche Spaltenvektoren zusammengefasst, ergibt sich eine sogenannte *Matrix*, die meist durch einen unterstrichenen Großbuchstaben, z. B. $\underline{A}$, oder einen mit fetter Strichstärke bezeichnet wird:

$$\mathbf{A} = \begin{pmatrix} a_{1,1} & a_{1,2} & \cdots & a_{1,n} \\ a_{2,1} & a_{2,2} & \cdots & a_{2,n} \\ \vdots & \vdots & \cdots & \vdots \\ a_{m,1} & a_{m,2} & \cdots & a_{m,n} \end{pmatrix}$$

Die nm Elemente einer solchen „n-mal-m-Matrix" werden analog zu Vektorelementen als Komponenten bezeichnet und sind Elemente aus einem Körper K. Die eindeutige Kennzeichnung der einzelnen Komponenten $a_{i,j}$ erfolgt mit Hilfe zweier Indizes $1 \leq i \leq m$ und $1 \leq j \leq n$. Das linke obere Element ist $a_{1,1}$, das Element rechts von ihm ist $a_{1,2}$, das Element unter dem Element links oben ist $a_{2,1}$ etc.

Ein lineares Gleichungssystem wie (2.10) lässt sich mit Hilfe dieser Matrix **A** sowie der Vektoren **b** und

$$\mathbf{x} = \begin{pmatrix} x_1 \\ x_2 \\ \vdots \\ x_n \end{pmatrix}$$

nun einfach als

$$\mathbf{Ax} = \mathbf{b} \tag{2.11}$$

schreiben. Die Multiplikation **Ax** erfolgt hierbei zeilenweise, mit Hilfe einer als *Standardskalarprodukt*[21] bezeichneten Operation.[22] Diese arbeitet auf einem Zeilen- und einem Spaltenvektor, die beide gleich viele Komponenten besitzen. Die einzelnen Komponenten werden miteinander multipliziert und die Ergebnisse hieraus aufsummiert, d. h. das Skalarprodukt liefert ein skalares Ergebnis. Definiert ist das Skalarprodukt eines Zeilenvektors $\mathbf{x} = (x_1, x_2, \ldots, x_n)$ und eines Spaltenvektors

$$\mathbf{y} = \begin{pmatrix} y_1 \\ y_2 \\ \vdots \\ y_n \end{pmatrix}$$

mit je n Elementen wie folgt:[23]

$$\langle x, y \rangle = \sum_{i=1}^{n} x_i y_i.$$

Die Matrix-Vektor-Multiplikation (2.11) lässt sich entsprechend zeilenweise durch das Skalarprodukt ausdrücken:

$$\mathbf{Ax} = \begin{pmatrix} a_{1,1} & \cdots & a_{1,n} \\ a_{2,1} & \cdots & a_{2,n} \\ \vdots & \cdots & \vdots \\ a_{m,1} & \cdots & a_{m,n} \end{pmatrix} \begin{pmatrix} x_1 \\ x_2 \\ \vdots \\ x_n \end{pmatrix} = \begin{pmatrix} \langle (a_{1,1}, a_{1,2}, \ldots, a_{1,n}), \mathbf{x} \rangle \\ \langle (a_{2,1}, a_{2,2}, \ldots, a_{2,n}), \mathbf{x} \rangle \\ \vdots \\ \langle (a_{m,1}, a_{m,2}, \ldots, a_{m,n}), \mathbf{x} \rangle \end{pmatrix} \tag{2.12}$$

Beispiel 22:

Ein Unternehmen fertigt drei verschiedene Produkte, $p_1, \ldots, p_3$, für deren Herstellung jeweils Kombinationen aus vier Grundstoffen $g_1, \ldots, g_4$ benötigt werden. Eine Einheit p_1 benötigt fünf Einheiten des Grundstoffes g_1 und 3 Einheiten des Grundstoffes g_3 etc. Insgesamt gelten für diese drei Produkte

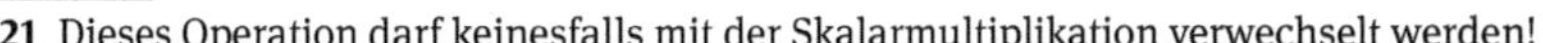

21 Dieses Operation darf keinesfalls mit der Skalarmultiplikation verwechselt werden!

22 Im Folgenden wird das Standardskalarprodukt lediglich als *Skalarprodukt* bezeichnet.

23 Die umschließenden spitzen Klammern bezeichnen die Bildung des Skalarproduktes.

die folgenden Beziehungen zu den Grundstoffen:

$$p_1 = 5g_1 + 3g_3$$
$$p_2 = 7g_2 + 2g_3$$
$$p_3 = 2g_1 + g_2 + 4g_4$$

Welche Mengen an Grundstoffen werden benötigt, um 100 Einheiten p_1, 50 Einheiten p_2 und 25 Einheiten p_3 zu produzieren? Dies lässt sich direkt durch eine Matrizenmultiplikation beantworten:

$$\begin{pmatrix} 5 & 0 & 2 \\ 0 & 7 & 1 \\ 3 & 2 & 0 \\ 0 & 0 & 4 \end{pmatrix} \begin{pmatrix} 100 \\ 50 \\ 25 \end{pmatrix} = \begin{pmatrix} 550 \\ 375 \\ 400 \\ 100 \end{pmatrix}$$

Es werden also 550 Einheiten des Grundstoffes g_1, 375 Einheiten g_2, 400 Einheiten g_3 und 100 Einheiten g_3 für die Fertigung benötigt.

In der Praxis sind die auftretenden Matrizen und Vektoren deutlich größer als in diesem Beispiel. Matrizen mit mehreren tausend Spalten und Zeilen sind in der Praxis keine Seltenheit!

Abschweifung: Skalarprodukt

Geometrisch betrachtet, lässt sich mit Hilfe des Skalarproduktes zweier Vektoren $\mathbf{x}$ und $\mathbf{y}$ der Cosinus des Winkels bestimmen, der zwischen diesen beiden Vektoren liegt:

$$\cos(\varphi) = \frac{\langle \mathbf{x}, \mathbf{y} \rangle}{|\mathbf{x}| \cdot |\mathbf{y}|}$$

Sind die die beiden Vektoren $\mathbf{x}$ und $\mathbf{y}$ *orthogonal*, d. h. sie stehen senkrecht aufeinander, so ist ihr Skalarprodukt gleich Null. Die Orthogonalität zweier Vektoren wird häufig auch als $\mathbf{x} \perp \mathbf{y}$ geschrieben. Das Resultat des Skalarproduktes $\langle \mathbf{x}, \mathbf{y} \rangle$, das selbst ein Skalar ist, entspricht der Länge der Projektion des Vektors $\mathbf{y}$ auf den Vektor $\mathbf{x}$. Abbildung 2.2 zeigt diese Zusammenhänge.

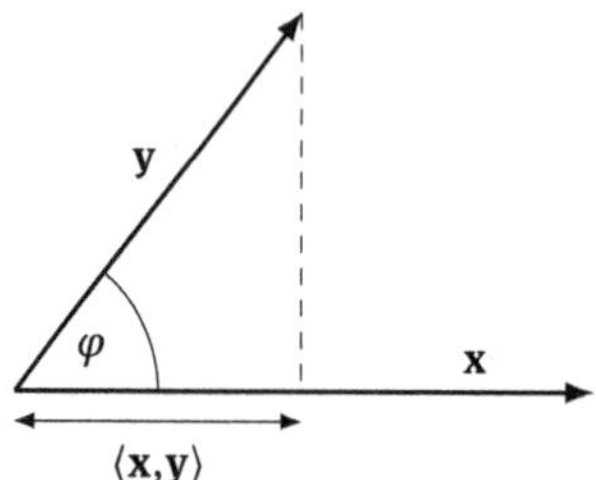

Abb. 2.2. Projektion eines Vektors $\mathbf{y}$ auf einen Vektor $\mathbf{x}$

Im Allgemeinen wird die Orthogonalität zweier Vektoren über ihr Skalarprodukt definiert, d. h. zwei Vektoren heißen orthogonal, wenn ihr Skalarprodukt gleich Null ist. Damit lässt sich die Idee der Orthogonalität auch auf komplexere mathematische Objekte ausdehnen, was beispielsweise große Bedeutung in der Netzwerktechnik besitzt, wo mit Hilfe sogenannter *orthogonaler Codes* Übertragungskanäle mehrfach ausgenutzt werden können.

Eine Basis eines Vektorraumes, die ausschließlich aus normierten und zueinander orthogonalen Basisvektoren besteht, wird *Orthonormalbasis* genannt, um sowohl die Orthogonalität als auch die Normierung der Vektoren zum Ausdruck zu bringen.

Ein wichtiger Begriff in diesem Zusammenhang ist der des *Transponierens*. Die *Transponierte* einer n-mal-m-Matrix ist eine m-mal-n-Matrix, die aus der Ursprungsmatrix durch Vertauschen der Indizes hervorgeht, was, bildlich gesprochen, einer Spiegelung der Komponenten an der Diagonalen[24] der Matrix entspricht. Die Transponierte wird durch ein hochgestelltes T kenntlich gemacht, d. h.

$$\begin{pmatrix} a_{1,1} & a_{1,2} & \cdots & a_{1,n} \\ a_{2,1} & a_{2,2} & \cdots & a_{2,n} \\ \vdots & \vdots & \cdots & \vdots \\ a_{m,1} & a_{m,2} & \cdots & a_{m,n} \end{pmatrix}^T = \begin{pmatrix} a_{1,1} & a_{2,1} & \cdots & a_{m,1} \\ a_{1,2} & a_{2,2} & \cdots & a_{m,2} \\ \vdots & \vdots & \cdots & \vdots \\ a_{1,n} & a_{2,n} & \cdots & a_{m,n} \end{pmatrix}$$

Neben Matrizen können auch Vektoren transponiert werden, die hierbei als einspaltige bzw. einzeilige Matrizen aufgefasst werden. Ein Spaltenvektor kann mit Hilfe dieser Operation also auch als $\mathbf{x} = (x_1, x_2, \ldots, x_n)^T$ geschrieben werden.

Aufgabe 22:
Welches lineare Gleichungssystem beschreiben

$$\mathbf{A} = \begin{pmatrix} 3 & 7 \\ 5 & 4 \end{pmatrix}, \mathbf{b} = \begin{pmatrix} 14 \\ 9 \end{pmatrix} \text{ und } \mathbf{x} = \begin{pmatrix} x_1 \\ x_2 \end{pmatrix}?$$

Abschweifung: Vektor aus Vektoren
Da sich eine Matrix aus Spalten- oder auch Zeilenvektoren zusammensetzt, kann man sie als Verallgemeinerung eines Vektors betrachten, dessen Komponenten keine Skalare, sondern ihrerseits wieder Vektoren sind. Diese Betrachtungsweise findet sich in vielen Programmiersprachen, wo man in der Regel selten von Vektoren und Matrizen, sondern vielmehr von *Arrays* beziehungsweise *Feldern* der Dimension 1, 2 etc. spricht. Matrizen und entsprechend höherdimensionale Datenstrukturen werden häufig aus Vektoren aufgebaut, deren Komponenten Vektoren sind, deren Komponenten gegebenenfalls wieder Vektoren sind, ...

Das folgende Beispiel zeigt, wie die Matrix

$$\begin{pmatrix} 1 & 2 & 3 \\ 4 & 5 & 6 \\ 7 & 8 & 9 \end{pmatrix}$$

in der Sprache Perl erzeugt werden kann:

24 Exakter müsste es *Hauptdiagonale* heißen, womit die von der linken oberen Ecke der Matrix in die rechte untere Ecke verlaufende Diagonale bezeichnet wird. Die zu dieser parallel, aber nach oben oder unten verschobenen Diagonalen werden als *Nebendiagonalen* bezeichnet. Die von rechts oben nach links unten verlaufende Diagonale heißt *Gegendiagonale*.

matrix.pl
```
use strict;
use warnings;

use Data::Dumper;

my $matrix = [[1, 2, 3], [4, 5, 6], [7, 8, 9]];
print Dumper($matrix);
```
matrix.pl

Die in eckigen Klammern eingeschlossenen Listen aus Werten liefern eine sogenannte *Referenz*, einen Verweis auf den Speicherbereich, in dem eine Datenstruktur abgelegt ist, zurück, die als Skalar in einer Vektorkomponente gespeichert werden kann. Die Matrix besteht also in diesem Fall aus einem Vektor aus drei Komponenten, die jeweils eine skalare Referenz auf einen zweiten Vektor enthalten, d. h. die Matrix wird hier auf Basis von Zeilenvektoren anstelle von Spaltenvektoren aufgebaut.

Datenstrukturen wie Vektoren, Matrizen und höherdimensionale Gebilde nehmen eine zentrale Position in der Informatik ein, um beispielsweise Daten strukturiert verwalten zu können etc.

Da eine Matrix aus Vektoren besteht und Vektoren mit Hilfe der Vektoraddition komponentenweise addiert werden können, lassen sich auch Matrizen komponentenweise addieren, wie folgendes Beispiel zeigt: Es seien

$$\mathbf{A}_1 = \begin{pmatrix} a_{1,1} & a_{1,2} & \cdots & a_{1,n} \\ a_{2,1} & a_{2,2} & \cdots & a_{2,n} \\ \vdots & \vdots & \cdots & \vdots \\ a_{m,1} & a_{m,2} & \cdots & a_{m,n} \end{pmatrix} \text{ und } \mathbf{A}_2 = \begin{pmatrix} b_{1,1} & b_{1,2} & \cdots & b_{1,n} \\ b_{2,1} & b_{2,2} & \cdots & b_{2,n} \\ \vdots & \vdots & \cdots & \vdots \\ b_{m,1} & b_{m,2} & \cdots & b_{m,n} \end{pmatrix}$$

zwei Matrizen gleicher Struktur. Ihre Summe ist dann

$$\mathbf{A}_1 + \mathbf{A}_2 = \begin{pmatrix} a_{1,1} + b_{1,1} & a_{1,2} + b_{1,2} & \cdots & a_{1,n} + b_{1,n} \\ a_{2,1} + b_{2,1} & a_{2,2} + b_{2,2} & \cdots & a_{2,n} + b_{2,n} \\ \vdots & \vdots & \cdots & \vdots \\ a_{m,1} + b_{m,1} & a_{m,2} + b_{m,2} & \cdots & a_{m,n} + b_{m,n} \end{pmatrix}.$$

Mit Hilfe der Skalarmultiplikation kann eine Matrix auch komponentenweise mit einem Skalar $a \in K$ multipliziert werden:

$$a\mathbf{A}_1 = \begin{pmatrix} aa_{1,1} & aa_{1,2} & \cdots & aa_{1,n} \\ aa_{2,1} & aa_{2,2} & \cdots & aa_{2,n} \\ \vdots & \vdots & \cdots & \vdots \\ aa_{m,1} & aa_{m,2} & \cdots & aa_{m,n} \end{pmatrix}.$$

Mit Hilfe des Skalarproduktes[25] können Matrizen auch miteinander multipliziert werden, indem die Matrix $\mathbf{A}_2$ bei der Multiplikation $\mathbf{A}_1\mathbf{A}_2$ als Menge von Spaltenvek-

25 Wie bereits geschrieben: Keinesfalls mit der Skalarmultiplikation verwechseln!

toren $\mathbf{a}_{2_i}$ aufgefasst wird, die dann gemäß (2.12) mit $\mathbf{A}_1$ multipliziert werden. Die resultierenden Ergebnisspaltenvektoren werden wieder zu einer Matrix zusammengefasst.

Allgemein können so l-mal-m-Matrizen mit m-mal-n-Matrizen multipliziert werden, wobei sich die Komponenten $c_{i,j}$ der l-mal-n-Ergebnismatrix aus

$$c_{i,j} = \sum_{k=1}^{m} a_{i,k} b_{k,j}$$

ergeben.

Beispiel 23:

$$\begin{pmatrix} 1 & 2 & 3 \\ 4 & 5 & 6 \end{pmatrix} \begin{pmatrix} 7 & 10 \\ 8 & 11 \\ 9 & 12 \end{pmatrix} = \begin{pmatrix} 50 & 68 \\ 122 & 167 \end{pmatrix}$$

Das linke obere Element der Ergebnismatrix ergibt sich also aus dem Skalarprodukt der ersten Zeile der linken sowie der ersten Spalte der rechten Matrix. Die linke untere Ergebniskomponente entsteht aus dem Skalarprodukt der zweiten Zeile der linken und der ersten Spalte der rechten Matrix usf.

Wie bereits gesagt, muss bezüglich der Struktur der zu multiplizierenden Matrizen gelten, dass die Spaltenanzahl der linken Matrix gleich der Zeilenanzahl der rechten Matrix ist, da sonst das Skalarprodukt nicht anwendbar ist.

In der Programmiersprache Python lässt sich die Matrizenmultiplikation wie folgt implementieren:[26]

matrix_multiplication.py

```python
a = [
      [1, 2, 3],
      [4, 5, 6]
    ]
b = [
      [7, 10],
      [8, 11],
      [9, 12]
    ]
c = [
      [0, 0],
      [0, 0]
    ]

for i in range(len(a)):
    for j in range(len(b[0])):
        for k in range(len(b)):
            c[i][j] += a[i][k] * b[k][j]
```

26 Diese Implementation dient nur zur Veranschaulichung des Verfahrens an sich, da sie ausgesprochen ineffizient ist. Zur Lösung numerischer Aufgaben mit Python steht das Paket `NumPy` zur Verfügung, das hocheffiziente Funktionen für eine Vielzahl von Verfahren bereitstellt.

```

for row in c:
    print row
```
matrix_multiplication.py

Vorsicht: Die Matrizenmultiplikation ist nicht kommutativ, d. h. es gilt

$$\mathbf{A}_1\mathbf{A}_2 \neq \mathbf{A}_2\mathbf{A}_1 .$$

2.6 Spezielle Matrizen

Sogenannte *Permutationsmatrizen* erlauben es, Elemente in einem gegebenen Vektor oder einer Matrix durch eine Matrizenmultiplikation umzusortieren. Eine solche Permutationsmatrix ist eine n-mal-n-Matrix[27] und besteht aus Komponenten, die nur 0 oder 1 sein dürfen. Darüber hinaus muss in jeder Spalte und Zeile genau eine 1 vorhanden sein.[28]

Beispiel 24:
Die Permutationsmatrix

$$\mathbf{P} = \begin{pmatrix} 0 & 1 & 0 & 0 \\ 1 & 0 & 0 & 0 \\ 0 & 0 & 1 & 0 \\ 0 & 0 & 0 & 1 \end{pmatrix}$$

vertauscht die beiden Komponenten a_1 und a_2 des Vektors, mit dem sie multipliziert wird:

$$\begin{pmatrix} 0 & 1 & 0 & 0 \\ 1 & 0 & 0 & 0 \\ 0 & 0 & 1 & 0 \\ 0 & 0 & 0 & 1 \end{pmatrix} \begin{pmatrix} a_1 \\ a_2 \\ a_3 \\ a_4 \end{pmatrix} = \begin{pmatrix} a_2 \\ a_1 \\ a_3 \\ a_4 \end{pmatrix}$$

Solche Permutationsmatrizen finden weite Anwendung in der Kryptographie, aber auch bei der Lösung von Gleichungssystemen.

Zwei weitere wichtige Matrizen sind die *Nullmatrix*, deren Komponenten alle 0 sind, sowie die *Einheitsmatrix*, oder auch *Identitätsmatrix*, die üblicherweise mit **I** be-

27 Eine solche Matrix wird auch *quadratische Matrix* genannt.

28 Wäre in einer Zeile mehr als eine 1 vorhanden, enthielte die korrespondierende Ergebniskomponente die Summe von mehr als einem Element des eigentlich zu permutierenden Vektors bzw. der Matrix, so dass keine Permutation mehr vorläge.

zeichnet wird und folgende Gestalt hat:

$$\mathbf{I} = \begin{pmatrix} 1 & 0 & 0 & \cdots & 0 \\ 0 & 1 & 0 & \cdots & 0 \\ 0 & 0 & 1 & \cdots & 0 \\ \vdots & \vdots & \vdots & \ddots & \vdots \\ 0 & 0 & 0 & \cdots & 1 \end{pmatrix}$$

Die Identitätsmatrix ist bezüglich der Matrizenmultiplikation das neutrale Element, d. h. für eine Matrix $\mathbf{A}$ gilt $\mathbf{AI} = \mathbf{IA} = \mathbf{A}$.

Abschweifung: KRONECKER-Delta

In diesem Zusammenhang ist der Begriff des *KRONECKER-Deltas*[29] von Bedeutung, da mit seiner Hilfe direkt die Identitätmatrix erzeugt werden kann. Geschrieben $\delta_{i,j}$ liefert das KRONECKER-Delta den Wert 1 zurück, falls $i = j$ gilt, ansonsten ist es 0:

$$\delta_{i,j} = \begin{cases} 1, & \text{falls } i = j \\ 0 & \text{sonst} \end{cases} \quad . \tag{2.13}$$

Während die Mehrzahl heutiger Mathematiker ganz selbstverständlich nicht nur mit abzählbaren sondern auch überabzählbaren Unendlichkeiten operiert, gehörte LEOPOLD KRONECKER einer als *Finitismus* bezeichneten Richtung der Mathematik an. Finitisten akzeptieren nur solche mathematischen Erkenntnisse, die in einer höchstens abzählbar unendlichen Anzahl von Schritten gewonnnen werden können. *Kronecker* selbst schrieb dazu:

> „Alle Ergebnisse der tiefgründigsten mathematischen Forschung müssen sich letzten Endes in einfachen Eigenschaften der ganzen Zahlen ausdrücken lassen."[30]

Entsprechend wird *Kronecker* das Bonmot

> „Gott schuf die ganzen Zahlen, das übrige ist Menschenwerk"[31]

zugeschrieben. Noch weiter als die Finitisten gehen die sogenannten *Ultrafinitisten*, die nur Konstruktionen in der Mathematik zulassen, die innerhalb realer physikalischer Beschränkungen erzielt werden können.[32]

---

29 Benannt nach LEOPOLD KRONECKER, 07.12.1823–29.12.1891.

30 Siehe (BELL, 1967, S. 444).

31 Siehe (BELL, 1967, S. 453).

32 Solche grundlegenden Beschränkungen, beispielsweise hinsichtlich maximaler Speicherkapazität des Universums, maximaler zur Verfügung stehender Energie oder zur Verfügung stehender Zeit sind von praktischer Bedeutung in der Kryptographie, da sie *obere Schranken* angeben, die prinzipbedingt nicht mit Hilfe einer Maschine überschritten werden können. Kann man also zeigen, dass eine bestimmte Berechnung mehr Speicherplatz benötigt, als das Universum an Elementarteilchen besitzt, so ist dies ein gutes Argument für die Undurchführbarkeit dieser Rechnung (siehe Abschnitt 3.9.5).

Da die Matrizenmultiplikation auch ein inverses Element $\mathbf{A}^{-1}$ kennt, lässt sich dieses mit Hilfe der Identitätsmatrix definieren: $\mathbf{AA}^{-1} = \mathbf{I}$.

Ein solches inverses Element A^{-1} muss nicht notwendigerweise existieren! Mit Hilfe der im Folgenden behandelten *Determinanten* einer Matrix A kann bestimmt werden, ob die Matrix *invertierbar* ist, d. h. ob das Inverse A^{-1} existiert.

Gilt für eine Matrix $\mathbf{A}$ die Aussage $\mathbf{AA}^T = \mathbf{I}$, so gilt umgekehrt auch $\mathbf{A}^T\mathbf{A} = \mathbf{I}$ und $\mathbf{A}$ heißt *orthogonale Matrix*.

Eine (quadratische) n-mal-n-Matrix heißt *symmetrisch*, wenn für ihre Komponenten gilt $a_{i,j} = a_{j,i}$ für $1 \le i,j \le n$.

2.7 Determinanten

In der zweiten Hälfte des 17. Jahrhundertes entwickelte Gottfried Wilhelm Leibniz[33] die Grundlagen einer Determinantentheorie.[34] Hierbei wird eine sogenannte *Determinante* auf quadratischen Matrizen (und nur auf solchen) definiert und ordnet diesen einen skalaren Wert zu. Geschrieben wird die Determinante als $\det(\mathbf{A})$ oder kürzer als $|\mathbf{A}|$.[35]

Für 2-mal-2-Matrizen gilt

$$\begin{vmatrix} a_{11} & a_{12} \\ a_{21} & a_{22} \end{vmatrix} = a_{11}a_{22} - a_{12}a_{21},$$

für 3-mal-3-Matrizen ist

$$\begin{vmatrix} a_{11} & a_{12} & a_{13} \\ a_{21} & a_{22} & a_{23} \\ a_{31} & a_{32} & a_{33} \end{vmatrix} = \begin{matrix} a_{11}a_{22}a_{33} + a_{12}a_{23}a_{31} + a_{13}a_{21}a_{32} \\ -a_{13}a_{22}a_{31} - a_{11}a_{23}a_{32} - a_{12}a_{21}a_{33}. \end{matrix}$$

Determinanten können (unter anderem) dazu verwendet werden, eine Aussage über die Lösbarkeit linearer Gleichungssysteme zu treffen und können auch für die Lösung derselben eingesetzt werden. Mit Hilfe der Gauss-Elimination können umgekehrt Determinanten größerer quadratischer Matrizen einfach bestimmt werden.

---

33 01.07.1646–14.11.1716 – siehe auch Huber (1989). Leibniz leistete auch bahnbrechende Arbeiten in der Analysis, auf einem Gebiet, das heute *Infinitesimalrechnung* genannt wird.

34 Wer sich für die historische Entwicklung der Mathematik interessiert, findet in Knobloch (1980) Leibniz' Studien zur Determinantentheorie (lateinisch).

35 Die Schreibweise mit zwei senkrechten Strichen darf keinesfalls mit der Mächtigkeit einer Menge verwechselt werden!

Ist $|\mathbf{A}| = 0$, so sind die Spaltenvektoren, aus denen sich die Matrix **A** zusammensetzt, voneinander linear abhängig. Nur, wenn $|\mathbf{A}| \neq 0$ gilt, kann die Matrix **A** invertiert werden.

2.8 GAUSS-Elimination

Lineare Gleichungssystem können mit Hilfe der *GAUSS-Elimination* gelöst werden.[36] Die Grundidee dieses Verfahrens ist, ein Gleichungssystem der Form

$$\begin{aligned} a_{1,1}x_1 + a_{1,2}x_2 + \cdots + a_{1,n}x_1 &= b_1 \\ a_{2,1}x_1 + a_{2,2}x_2 + \cdots + a_{2,n}x_2 &= b_2 \\ \ldots \quad \ldots \quad \ldots \quad \ldots \quad \ldots &= \ldots \\ a_{m,1}x_1 + a_{m,2}x_2 + \cdots + a_{m,n}x_n &= b_m \end{aligned}$$

durch geeignete Äquivalenzumformungen in eine Form

$$\begin{aligned} a'_{1,1}x_1 + a'_{1,2}x_2 + \cdots + a'_{1,n}x_1 &= b_1 \\ a'_{2,2}x_2 + \cdots + a'_{2,n}x_2 &= b_2 \\ \ldots \quad \ldots \quad \ldots &= \ldots \\ a'_{m,n}x_n &= b_m \end{aligned}$$

zu überführen, wobei die Koeffizienten $a'_{i,j}$ von den $a_{i,j}$ unterschiedlich sind. Die unterste Gleichung kann dann direkt nach x_n aufgelöst werden, das in die vorangehende Gleichung eingesetzt wird (sogenannte *Rückwärtssubstitution*), die ihrerseits x_{n-1} liefert usf., bis schließlich x_2 und x_1 bekannt sind.

Abschweifung: Äquivalenzumformung
Wie bereits erwähnt, ändert eine auf eine Gleichung angewandte Äquivalenzumformung jene in gleicher Weise sowohl rechts als auch links des Gleichheitszeichens, d. h. beide Seiten der Gleichung werden der selben Umformung unterzogen. Naheliegend, aber dennoch erwähnenswert ist, dass entsprechend auch Gleichungen voneinander abgezogen werden können. Da das, was rechts und links des Gleichheitszeichens einer Gleichung steht, gleich ist, ist beispielsweise die Addition oder Subtraktion einer Gleichung von/zu einer anderen eine Äquivalenzumformung, da der gleiche Wert rechts und links des Gleichheitszeichens addiert beziehungsweise subtrahiert wird. Zulässig sind also die folgenden Operationen:

- Multiplikation von Zeilen mit einem Skalar (Skalarmultiplikation)
- Addition/Subtraktion von (Vielfachen von) einer Zeile zu/von anderen Zeilen
- Zeilenvertauschung

---

36 Dieses Verfahren ist nicht für die Implementation auf einem Digitalrechner geeignet, da exzessive Fehler bei den Rechnungen mit Gleitkommazahlen auftreten (siehe Abschnitt 1.6.5). Deutlich bessere Verfahren finden sich in (PRESS et al., 2007, S. 37 ff.).

Diese zentralen Mechanismen erlauben es also, Linearkombinationen von Zeilen einer Matrix zu bilden, wodurch lineare Gleichungssysteme mit Hilfe des GAUSS-Eliminationsverfahrens gelöst werden können, wie das folgende Beispiel zeigt.

Beispiel 25:
Zu lösen sei das folgende lineare Gleichungssystem aus drei Gleichungen mit drei Unbekannten:

$$\begin{aligned} 2x_1 + 2x_2 + 2x_3 &= 12 && && (2.14) \\ 4x_1 - 2x_2 + 7x_3 &= 21 && \text{subtrahiere 2 mal (2.14)} \\ 3x_1 + 5x_2 - 9x_3 &= -14 && \text{subtrahiere } \frac{3}{2} \text{ mal (2.14)} \end{aligned}$$

$$\begin{aligned} 2x_1 + 2x_2 + 2x_3 &= 12 \\ -6x_2 + 3x_3 &= -3 && && (2.15) \\ 2x_2 - 12x_3 &= -32 && \text{addiere } \frac{1}{3} \text{ mal (2.15)} \end{aligned}$$

$$\begin{aligned} 2x_1 + 2x_2 + 2x_3 &= 12 \\ -6x_2 + 3x_3 &= -3 && (2.16) \\ -11x_3 &= -33 && (2.17) \end{aligned}$$

Aus (2.17) ergibt sich $x_3 = 3$. Eingesetzt in (2.16) liefert dies $x_2 = 2$. $x_1 = 1$ ergibt sich dann durch Einsetzen von x_3 und x_2 in (2.14).

Aus der Koeffizientenmatrix

$$\mathbf{A} = \begin{pmatrix} 2 & 2 & 2 \\ 4 & -2 & 7 \\ 3 & 5 & -9 \end{pmatrix}$$

entstand durch die obigen Äquivalenzumformungen die Matrix

$$\mathbf{A}' = \begin{pmatrix} 2 & 2 & 2 \\ 0 & -6 & 3 \\ 0 & 0 & -11 \end{pmatrix}.$$

Da alle Elemente unterhalb der *Diagonalen* gleich Null sind, heißt $\mathbf{A}'$ eine *rechte obere Dreiecksmatrix*, im Folgenden auch $\mathbf{A}^{\nabla}$ geschrieben. Der Spaltenvektor $\mathbf{b} = (12, 21, -14)^T$ wurde durch diese Umformungen in einen Vektor $\mathbf{b}' = (12, -3, -33)^T$ transformiert.

Die Idee der GAUSS-Elimination ist also, die Matrix $\mathbf{A}$ sowie den Vektor $\mathbf{b}$, die zusammen ein lineares Gleichungssystem beschreiben, durch geeignete Äquivalenzumformungen so zu modifizieren, dass eine rechte obere Dreiecksmatrix $\mathbf{A}^{\nabla}$ oder alternativ eine linke untere Dreiecksmatrix $\mathbf{A}^{\triangle}$ mit zugehörigem Vektor $\mathbf{b}'$ entsteht. Die

Lösungswerte für die Unbekannten x_1 bis x_n ergeben sich dann durch Rückwärtssubstitution.[37]

Wie man leicht sieht, gehört zu den Äquivalenzumformungen auch das Vertauschen von Zeilen in **A** und **b**, was mitunter nötig ist, wenn an ungeeigneten Stellen Nullen vorhanden sind, sei es durch die Aufgabenstellung oder durch Zwischenergebnisse während der Rechnung. Eine solche Vertauschung kann beispielsweise durch eine Permutationsmatrix abgebildet werden.

In der Praxis wird man nicht einfach Vielfache der ersten Gleichung von den folgenden Gleichungen abziehen, um deren erste Koeffizienten zu Null werden zu lassen usf. Die Gleichung, die man von den anderen subtrahiert oder zu ihnen addiert, sollte dahingehend ausgewählt werden, dass ihr erster Koeffizient, der (noch) nicht Null ist, maximal ist. Dies reduziert Rechenfehler bei Rechnungen mit Gleitkommazahlen. Dieser Vorgang heißt *Pivotisierung*, der in jedem Schritt ausgewählte Koeffizient wird entsprechend als *Pivotelement* bezeichnet.

In obigem Beispiel wurde also im ersten Schritt als Pivotelement der erste Koeffizient der ersten Gleichung gewählt, um die korrespondierenden Koeffizienten der Folgegleichungen zu Null zu machen. Im zweiten Schritt wurde der erste Koeffizient der zweiten, bereits modifizierten Gleichung, −6, als Pivotelement gewählt.

Bei einer maschinellen Lösung wäre es aus Gründen der Rechengenauigkeit besser gewesen, den ersten Koeffizienten der zweiten Gleichung, d. h. 4, als erstes Pivotelement zu wählen, da es sich hierbei um den betragsmäßig größten ersten Koeffizienten handelt usf.[38] Hierbei wären also die ersten beiden Gleichungen vor dem ersten Eliminationsschritt vertauscht worden.

Um solche Gleichungssysteme manuell zu lösen, hat sich folgende Notationsform bewährt:

I	2	2	2	12	
II	4	−2	7	21	−2I
III	3	5	−9	−14	$-\frac{3}{2}$I
I	2	2	2	12	
II'		−6	3	−3	
III'		2	−12	−32	$+\frac{1}{3}$II'
I	2	2	2	12	
II'		−6	3	−3	
III"			−11	−33	

37 Im Falle einer linken unteren Dreiecksmatrix handelt es sich entsprechend um eine *Vorwärtssubstitution*.

38 Eine Vielzahl praktischer Beispiele hierzu und allgemein zum Lösen linearer Gleichungssysteme findet sich in DREWS (1976).

Aufgabe 23:
Welche Lösung hat das durch

$$\mathbf{A} = \begin{pmatrix} 7 & 2 & -5 & 1 \\ 3 & 1 & 4 & -3 \\ 7 & 9 & 3 & 4 \\ 2 & 5 & 8 & 4 \end{pmatrix} \quad \mathbf{b} = \begin{pmatrix} 4 \\ 23 \\ 46 \\ 47 \end{pmatrix}$$

bestimmte lineare Gleichungssystem?

Abschweifung: Diagonalgestalt
Mitunter wird (beim manuellen Rechnen) die erweiterte Koeffizientenmatrix $\left(\mathbf{A} \mid \mathbf{b}\right)$ auf die Form

$$\left(\begin{array}{ccccc|c} 1 & 0 & 0 & \cdots & 0 & b'_1 \\ 0 & 1 & 0 & \cdots & 0 & b'_2 \\ \vdots & \vdots & \vdots & \ddots & \vdots & \vdots \\ 0 & 0 & 0 & \cdots & 1 & b'_m \end{array}\right)$$

gebracht, so dass sich die Lösungen $x_1, \dots, x_n$ direkt ablesen lassen: $x_1 = b'_1, x_2 = b'_2, \dots, x_m = b'_m$. Letztlich spart das den Vor-/Rückwärtsubstitutionsschritt, ist aber auch nicht weniger aufwendig als dieser.

2.9 Lösbarkeit

Das GAUSS-Eliminationsverfahren formt eine Matrix **A** in eine Dreiecksmatrix $\mathbf{A}^{\triangledown}$ (das Folgende gilt auch für $\mathbf{A}^{\triangle}$) um, wobei $\mathbf{A}^{\triangledown}$ als aus Zeilenvektoren $\mathbf{a}_i$ zusammengesetzt aufgefasst werden kann. Die Anzahl der Zeilenvektoren von $\mathbf{A}^{\triangledown}$, die ungleich $(0, \dots, 0)$ sind,[39] heißt der *Rang*[40] der Matrix $\mathbf{A}^{\triangledown}$, geschrieben $\mathrm{rg}\left(\mathbf{A}^{\triangledown}\right)$, und ist damit auch der Rang der Matrix **A**, da auf dem Weg von **A** nach $\mathbf{A}^{\triangledown}$ nur Äquivalenzumformungen zum Einsatz kamen.

Dieser Begriff schließt nun den Bogen zur linearen Unabhängigkeit von Vektoren. Zur Erinnerung: Eine Menge von Vektoren ist linear unabhängig, wenn kein Element dieser Menge aus Vektoren als Linearkombination der anderen Vektoren gebildet werden kann. Mit Hilfe der GAUSS-Elimination werden aber genau jene Zeilenvektoren der Koeffizientenmatrix **A** zu Nullvektoren gemacht, die als Linearkombination anderer Zeilenvektoren von **A** dargestellt werden können. Der Rang einer Matrix gibt also an,

39 Ein solcher Vektor wird *Nullvektor* genannt.

40 Genauer gesagt, handelt es sich um den *Zeilenrang* von **A**. Analog hierzu ist der *Spaltenrang* definiert.

wie viele linear unabhängige Zeilen (oder Spalten im Falle des Spaltenranges) die Matrix besitzt.[41]

Entsprechend kann mit Hilfe des GAUSS-Eliminationsverfahrens der Rang der sogenannten *erweiterten Koeffizientenmatrix* $(\mathbf{A} \mid \mathbf{b})$ bestimmt werden, wobei **b** wie zuvor die rechte Seite des Gleichungssystems darstellt. Mit den Werten aus Beispiel 25 ergibt sich also die erweiterte Koeffizientenmatrix[42]

$$\mathbf{A}^* = \left(\begin{array}{ccc|c} 2 & 2 & 2 & 12 \\ 4 & -2 & 7 & 21 \\ 3 & 5 & 9 & 14 \end{array}\right).$$

Anhand des Resultats von Beispiel 25 ist zu sehen, dass $\text{rg}(\mathbf{A}) = \text{rg}(\mathbf{A}^*) = 3$, d. h. sowohl die Koeffizientenmatrix als auch die erweiterte Koeffizientenmatrix haben den Rang 3.

Das zugrunde liegende Gleichungssystem besteht aus drei Gleichungen mit drei Unbekannten x_1, x_2 und x_3. $\text{rg}(\mathbf{A}) = \text{rg}(\mathbf{A}^*) = 3$ bedeutet, dass sowohl **A** als auch $\mathbf{A}^*$ aus drei linear unabhängigen Zeilenvektoren bestehen, d. h. es gibt so viele linear unabhängige Gleichungen, wie es Unbekannte gibt. Dieses Gleichungssystem ist damit eindeutig lösbar.

Ist $\text{rg}(\mathbf{A}) = \text{rg}(\mathbf{A}^*)$ kleiner als die Anzahl der Unbekannten des Gleichungssystems, so handelt es sich um ein sogenanntes *unterbestimmtes Gleichungssystem*. In diesem Fall gibt es also weniger linear unabhängige Gleichungen als Unbekannte, so dass das Gleichungssystem nicht eine einzige Lösung, sondern, wie bereits zu Beginn von Abschnitt 2.5 exemplarisch gezeigt, einen ganzen Lösungsraum besitzt, da die Unbekannten voneinander abhängen und somit beispielsweise eine Gerade, eine Ebene etc. beschreiben.

Neben solchen unterbestimmten Gleichungssystemen gibt es auch *überbestimmte*, die über mehr Gleichungen als Unbekannte verfügen. Ist hierbei $\text{rg}(\mathbf{A}) \neq \text{rg}(\mathbf{A}^*)$, so existiert keine Lösung des Gleichungssystems, wie folgendes Beispiel anhand eines Gleichungssystems mit zwei Unbekannten und drei Gleichungen zeigt:

Beispiel 26:

Gegeben sei das durch die erweiterte Koeffizientenmatrix

$$\left(\begin{array}{cc|c} 1 & 2 & 2 \\ 3 & 4 & 1 \\ 1 & 1 & 1 \end{array}\right)$$

---

41 Da man mit diesen linear unabhängigen Zeilenvektoren wieder einen Vektorraum aufspannen könnte, entspricht der Rang also der Dimension dieses Raumes.

42 Kenntlich gemacht durch den hochgestellten Stern.

beschriebene lineare Gleichungssystem mit zwei Unbekannten x_1 und x_2. Anwendung der GAUSS-Elimination liefert Folgendes:

I	1	2	2	
II	3	4	1	−3I
III	1	1	1	−I
I'	1	2	2	
II'	0	−2	−5	
III'	0	−1	−1	$-\frac{1}{2}$II'
I"	1	2	2	
II"	0	−2	−5	
III"	0	0	$\frac{3}{2}$	

Es ist also

$$\operatorname{rg}\begin{pmatrix}1 & 2\\0 & -2\\0 & 0\end{pmatrix} = 2 \text{ und } \operatorname{rg}\left(\begin{array}{cc|c}1 & 2 & 2\\0 & -2 & -5\\0 & 0 & \frac{3}{2}\end{array}\right) = 3.$$

Das Gleichungssystem hat gar keine Lösung, da Gleichung III" besagt, dass $0 = \frac{3}{2}$ gelten muss, was ein Widerspruch ist.

Für die Determinante einer quadratischen n-mal-n-Dreiecksmatrix gilt übrigens

$$|\mathbf{A}^{\nabla}| = \prod_{i=1}^{n} a_{i,i},$$

so dass die Determinante einer quadratischen Matrix **A** mit Hilfe der GAUSS-Elimination berechnet werden kann, indem das Produkt der Diagonalelemente der resultierenden Dreiecksmatrix bestimmt wird.[43]

Abschweifung: CRAMERsche Regel

Auf GABRIEL CRAMER[44] geht die sogenannte *CRAMERsche Regel* zurück, mit der lineare Gleichungssysteme unter Zuhilfenahme von Determinanten gelöst werden können.

Grundlegend ist hierbei der Begriff der *Nebendeterminante* einer n-mal-n-Matrix **A**. Hierzu werden nacheinander die n Spalten von **A** durch den Vektor **b** des zugrunde liegenden Gleichungssystems ersetzt, was Matrizen $\mathbf{A}_i$, $1 \leq i \leq n$ ergibt. Die Werte der n Unbekannten x_i des Gleichungssstems ergeben sich dann zu

$$x_i = \frac{|\mathbf{A}|}{|\mathbf{A}_i|}.$$

Da der Rechenaufwand hierfür immens ist, hat die CRAMERsche Regel heute kaum noch praktische Bedeutung.

---

43 Das gilt auch für linke untere Dreiecksmatrizen. Die Diagonalelemente sind dadurch gekennzeichnet, dass sie jeweils zwei gleiche Indizes besitzen.

44 31.06.1704–04.01.1752

Aufgabe 24:
Lösen sie das Gleichungssystem aus Beispiel 25 mit Hilfe der CRAMERschen Regel.

Ist übrigens die Determinante einer quadratischen Koeffizientenmatrix $\mathbf{A}$ ungleich Null, so ist das auf dieser Matrix beruhende Gleichungssystem eindeutig lösbar.[45]

Abschweifung: Lineare Optimierung
Eine zentrale Rolle spielen Techniken zur Lösung linearer Gleichungssysteme im Bereich der *linearen Optimierung*, die oft auch als *lineare Programmierung* bezeichnet wird, was jedoch nichts mit dem Programmieren im Sinne der Informatik zu tun hat, sondern als das Erstellen einer Planung zu verstehen ist. Ein grundlegendes Verfahren hierzu ist das 1947 von GEORGE DANTZIG[46] entwickelte *Simplexverfahren*, auf das im Folgenden jedoch nicht im Detail eingegangen wird.

Im Wesentlichen beruht dieses Verfahren auf der Lösung linearer Gleichungssysteme, die in der Praxis nicht selten hunderte oder tausende von Zeilen und Spalten enthalten und entsprechend ohne geschickte maschinelle Verfahren nicht lösbar sind. Bereits eine der ersten Anwendungen dieses Verfahrens, die zum Ziel hatte, optimale Nahrungsmittelrationen für Soldaten zu bestimmen, führte auf neun Ungleichungen (d. h. Randbedingungen der Optimierungsaufgabe) und 77 Unbekannte. Für die Lösung dieses Systems arbeiteten neun Personen mit Hilfe von Tischrechnern 120 Personentage (d. h. 13 „Zeittage") lang.[47] Bereits zu Beginn der 1970er Jahren konnten lineare Optimierungsprobleme mit bis zu 32.000 Randbedingungen mit Hilfe von Computern gelöst werden.

Detaillierte Ausführungen zu Optimierungsverfahren im Allgemeinen finden sich beispielsweise in (PRESS et al., 2007, S. 487 ff.) und PIERRE (1986), zur linearen Optimierung und dem Simplex-Verfahren im Besonderen in (PRESS et al., 2007, S. 526 ff.) sowie in (DREWS, 1976, S. 103 ff.), SWANSON (1985) und PAPADIMITRIOU et al. (1982). BIXBY (2002) stellt die historische Entwicklung solcher Verfahren dar, BORGWARDT (2014) befasst sich mit der Geschwindigkeit des Simplexverfahrens.

Obwohl zum Thema lineare Algebra bei Weitem nicht alles geschrieben wurde, was zu schreiben wäre (gänzlich unberücksichtigt blieben beispielsweise *Linear-*, *Bilinear-* und *quadratische Formen* und vieles mehr[48]), mögen die vorangegangenen Abschnitte einen groben Überblick über die Grundideen und Zusammenhänge dieses Teilgebietes der Mathematik gegeben haben.

45 Falls die Determinante ungleich Null ist, kann eine Aussage über die Lösbarkeit mit Hilfe von Nebendeterminanten getroffen werden, worauf im Folgenden jedoch nicht weiter eingangen wird.

46 08.11.1914–13.05.2005

47 Siehe (BIXBY, 2002, S. 8).

48 Siehe zum Beispiel LORENZ (1988/1) und LORENZ (1988/2).

3 Analysis

Die folgenden Abschnitte widmen sich nun einem weiteren zentralen Gebiet der Mathematik, der *Analysis*.[1] Während schon bei der linearen Algebra eine Ein- und Abgrenzung des Gebietes nicht ganz einfach ist, stellt einen die Analysis diesbezüglich vor noch größere Herausforderungen. Etwas platt gesagt, befasst sich die Analysis in der Hauptsache mit Funktionen auf $\mathbb{R}$, mit sogenannten *Folgen* und *Reihen* und – vielleicht am wichtigsten – mit *Differential-* und *Integralrechnung*.[2]

3.1 Folgen

Ein zentraler Begriff der Analysis ist der der sogenannten *Folge*. Eine Folge ist zunächst ganz anschaulich wirklich eine (Ab-)Folge von meist reellen Werten, die als *Folgenglieder* bezeichnet und meist mit einem Index versehen werden. So können beispielsweise die natürlichen Zahlen als eine Folge mit den Folgengliedern $a_1 = 1$, $a_2 = 2$, $a_3 = 3$, etc. aufgefasst werden. Eine solche Darstellung einer Folge durch Aufzählung weist die gleichen Nachteile auf, wie dies schon bei den Mengen bemerkt wurde. Deutlich praktischer ist die Angabe eines *Bildungsgesetzes*, durch das die Werte der Folgenglieder eindeutig bestimmt werden. Die Glieder der obigen Folge lassen sich beispielsweise durch das triviale Bildungsgesetz $a_i = i$ für $i \in \mathbb{N}$ beschreiben.

Ebenfalls häufig anzutreffen ist eine rekursive beziehungsweise induktive Definition der Folgenglieder[3] – im vorliegenden Fall hat diese folgende Gestalt:

$$a_i = \begin{cases} 1 & \text{für } i = 1, \\ a_{i-1} + 1 & \text{für } i > 1. \end{cases}$$

Für diese Folge gilt offenbar $a_i > a_{i-1}$, was als *streng monoton steigend* bezeichnet wird. Gilt für die Glieder einer Folge hingegen nur die schwächere Bedingung $a_i \geq a_{i-1}$, so handelt es sich um eine *monoton steigende* Folge. Entsprechend wird eine Folge *streng monoton fallend* beziehungsweise nur *monoton fallend* genannt, wenn $a_i < a_{i-1}$ bzw. $a_i \leq a_{i-1}$ gilt.[4]

Wechseln, wie im folgenden Beispiel

$$a_i = (-1)^i i,$$

1 Die Betonung bei der Aussprache liegt auf dem zweiten „a" – nicht auf dem „y".

2 Eine umfassende Einführung in die Analysis findet sich beispielsweise in Liedl et al. (1992). Eine sehr schöne Darstellung der Geschichte der Analysis findet sich in Körle (2012).

3 Siehe Abschnitt 1.3.2.

4 Mitunter finden sich auch die Begriffe „wachsend" beziehungsweise „schrumpfend".

die Glieder einer Folge von einem Index zum nächsten ihr Vorzeichen, handelt es sich um eine *alternierende* Folge.

Um zwischen einzelnen Folgengliedern a_i und der eigentlichen Folge unterscheiden zu können, wird letztere häufig als (a_i) oder auch $\langle a_i \rangle$ geschrieben. Falls der vom Index durchlaufene Bereich von Interesse ist, wird dies entsprechend als $(a_i)_{i=1}^n$ beziehungsweise $\langle a_i \rangle_{i=1}^n$ notiert.

Abschweifung: Pseudozufallszahlen

In vielen Bereichen der Informatik sowie der *numerischen Mathematik*, die sich mit der Anwendung von Computern für die Behandlung mathematischer Fragestellungen befasst, werden *Zufallszahlen* benötigt. Ein typisches Beispiel hierfür sind sogenannte *Monte-Carlo-Verfahren*, die auf statistischen Überlegungen beruhen und eine wichtige Rolle in Bereichen wie der Optimierung, der numerischen Integration, der Finanzmathematik, aber auch der Netzwerk- und Nachrichtentechnik spielen.[5]

Um statistische Verfahren anwenden zu können, benötigt man Zufallszahlen, die jedoch nur zeit- und hardwareaufwendig mit Hilfe physikalischer Prozesse wie radioaktivem Zerfall oder Rauschen in Halbleitern etc. gewonnnen werden können.[6] Entsprechend beschränkt man sich heutzutage meist auf die Verwendung sogenannter *Pseudozufallszahlen*, die auf einer mit vergleichsweise geringem Rechenaufwand auswertbaren Folge beruhen. Auf diese Art und Weise ist selbstverständlich kein echter Zufall möglich, da ein Computer eine rein deterministische Maschine darstellt. Ein Pioneer auf dem Gebiet der Monte Carlo-Methoden, John von Neumann,[7] bemerkte hierzu einmal:[8]

> "Anyone who considers arithmetical methods of producing random digits is, of course, in a state of sin."

„Gute" Pseudozufallszahlen, d. h. solche, die nicht oder nur sehr schwer von echtem Zufall unterscheidbar sind, zu erzeugen, ist ein ausgesprochen kompliziertes Unterfangen.[9] Häufig wird leider eine einfache Folge mit Gliedern der Gestalt

$$x_i = (ax_{i-1} + b) \mod n$$

verwendet, die zwar mit geringem Aufwand berechnet werden können, aber auch ausgesprochen schlechte Pseudozufallszahlen darstellen. Hierbei sind a, b und n gegebene Parameter, wobei noch ein *Startwert* x_1 benötigt wird. Durch die Modulo-Operation wird hier ein Restklassenring erzeugt, in dem alle von dieser Folge erzeugten Pseudozufallswerte liegen. Ein solcher Pseudozufallsgenerator wird auch *linearer Kongruenzgenerator* genannt. „Linear" wegen des Ausdruckes $ax_{i-1} + b$, „Kongruenz" wegen der Modulo-Operation, da in der *Zahlentheorie*, einem Teilgebiet der Mathematik, das

5 Eine umfassende Darstellung solcher Monte-Carlo-Verfahren findet sich in Müller-Gronbach et al. (2012). Entwickelt wurde die Grundidee dieser Verfahrensklasse von dem Mathematiker Stanis law Marcin Ulam (13.04.1909–13.05.1984), siehe z. B. Ulam (1951) oder Metropolis (1987). Eine Darstellung mit Schwerpunkt auf Nachrichtentechnik und Datenverarbeitung finde sich beispielsweise in Finger (1997).

6 Der letztgenannte Prozess findet in heutiger Zeit wieder zunehmend mehr Verbreitung bei kryptographischen Systemen etc.

7 28.12.1903–08.02.1957

8 Siehe von Neumann (1951).

9 Eine umfassende Darstellung dieses Gebietes findet sich in (Knuth, 2011, Bd. 2, S. 1–194).

sich mit den Eigenschaften der ganzen Zahlen befasst und von zentraler Bedeutung für die Kryptographie ist, zwei Zahlen x und y *kongruent* „modulo" einer Zahl n genannt werden, wenn sowohl x als auch y bei Division durch n den gleichen Rest ergeben.

Da jedes Folgenglied auf seinem Vorgänger beruht und der durch $\mod n$ erzeugte Restklassenring nur n verschiedene Werte enthält, besitzt eine solche Folge eine *Periode*, d. h. ab einem bestimmten Index wiederholen sich die Werte der Folgenglieder. Die Periodenlänge kann höchstens n sein, ist aber bei ungeschickter Wahl von a, b, n und x_1 mitunter deutlich kleiner.

Aufgabe 25:
Gegeben sei der durch

$$a_i = (7a_{i-1} + 3) \mod 17$$

definierte lineare Kongruenzgenerator. Welche Periodenlänge ergibt sich mit diesen Parametern und dem Startwert $x_1 = 4$ und wie lauten die Folgenglieder einer Periode?

Abschweifung: Das COLLATZ-Problem
Ein berühmtes und bislang ungelöstes Problem im Zusammenhang mit Folgen ist das sogenannte COLLATZ-Problem, das nach LOTHAR COLLATZ[10] benannt ist, der es 1937 erstmalig formulierte. Herzstück dieses Problems ist die durch die auf den ersten Blick einfache Regel

$$a_i = \begin{cases} \frac{a_{i-1}}{2}, & \text{falls } a_{i-1} \text{ gerade ist,} \\ 3a_{i-1} + 1 & \textit{sonst}, \end{cases}$$

definierte Folge, die, ausgehend von einem Startwert a_1 Werte erzeugt, die, so wird zumindest vermutet (ein Beweis hierfür steht jedoch noch immer aus), irgendwann 1 erreichen. Ab hier werden nur noch die Folgenglieder $4, 2, 1, 4, 2, 1, \ldots$ erzeugt. Die Vermutung ist also, dass jeder beliebige Startwert a_i nach endlich vielen Schritten in diesen Zyklus mit einer Periodenlänge von 3 mündet.

Wie so häufig in der Mathematik ist es erstaunlich, wie schwer auf den ersten Blick ganz einfache Fragen zu beantworten sind. Der bereits erwähnte PAUL ERDŐS sagte über dieses Problem:[11]

> "Mathematics is not yet ready for such problems."

Aufgabe 26:
Falls Sie ein wenig Erfahrung in der Programmierung haben, schreiben Sie ein Programm in einer Sprache Ihrer Wahl, das bestimmt, wie viele Schritte die COLLATZ-Folge für die Startwerte $1 \leq a_1 \leq 30$ jeweils benötigt, bis zum ersten Mal der Folgenwert 1 erreicht wird.

10 06.07.1910–26.09.1990
11 Siehe (LAGARIAS, 1985, S. 3).

3.1.1 Beschränktheit, Grenzwerte, Häufungspunkte

Ein wichtiger Begriff im Zusammenhang mit Folgen ist der der *Beschränktheit*. Eine Folge ist „nach oben“ bzw. „nach unten“ beschränkt, wenn es einen festen Wert gibt, der größer beziehungsweise kleiner als jedes Folgenglied ist. Diese Werte werden auch *Schranken* genannt. Falls eine Zahl n beispielsweise eine obere Schranke für eine gegebene Folge darstellt, so ist auch jede Zahl $m > n$ eine obere Schranke. Analoges gilt für untere Schranken. Die kleinste obere Schranke wird *Supremum* genannt (geschrieben sup), die größte untere Schranke ist das *Infimum*, (geschrieben inf).

Die durch die Glieder

$$a_i = \frac{1}{i} \text{ für } i \in \mathbb{N}$$

definierte Folge ist nach oben offensichtlich durch 1 beschränkt, da das größte Folgenglied $\frac{1}{1}$ ist. Was ist jedoch die untere Schranke? Diese Frage ist im vorliegenden Fall etwas schwieriger als die nach der oberen Schranke zu beantworten, da es kein kleinstes Element gibt – die Folgenglieder $\frac{1}{i}$ nehmen immer weiter ab, erreichen aber keinen festen Wert. Die Frage ist also, ob sich die Folgenglieder mit steigendem Index einem bestimmten Wert „annähern“. Einen solchen Wert bezeichnet man als *Grenzwert* oder auch *Limes*[12] (der Folge). Man sagt auch „die Folge *konvergiert* gegen“ den Grenzwert.

Im obigen Beispiel ist der Grenzwert der Folge für steigenden Index vergleichsweise leicht zu erkennen: Die Folgenglieder $\frac{1}{i}$ nähern sich immer mehr dem Wert 0 an, je größer der Index wird. Man sagt, die Folgenglieder „gehen gegen Null für i gegen unendlich“. In diesem Fall ist die untere Schranke der Folge also 0.

So anschaulich dieses Beispiel ist, so wenig hilfreich ist es in komplizierteren Fällen, für die eine rigidere Definition des Grenzwertbegriffes benötigt wird. Zunächst ist in diesem Zusammenhang die Idee des *Intervalls* von Bedeutung: Ein Intervall ist ein Bereich von Werten, der entweder durch einen kleinsten und einen größten Wert, oder aber durch die Position dieses Bereiches innerhalb einer Menge, beispielsweise $\mathbb{R}$, und seine Ausdehnung angegeben wird. Ein typisches Intervall aus den reellen Zahlen ist beispielsweise $[0,1] \subset \mathbb{R}$, das alle reellen Zahlen zwischen – jeweils einschließlich – 0 und 1 enthält. Ein solches Intervall wird *abgeschlossen* genannt, weil der kleinste und größte Wert zur Menge der Elemente des Intervalls zählen. Ein Wert x liegt also in diesem Intervall $[0,1]$, falls $0 \leq x \leq 1$ gilt.

Neben solchen abgeschlossenen Intervallen gibt es auch *offene* Intervalle, deren rechter und/oder linker Eckpunkt nicht zur Menge der im Intervall enthaltenen Werte gehören. Während eine eckige Klammer die Abgeschlossenheit eines Intervalls kennezeichnet, werden offene Intervalle meist durch runde Klammern kenntlich gemacht: $(0,1) \subset \mathbb{R}$ bezeichnet also das offene Intervall reeller Zahlen zwischen 0 und 1, wo-

12 Nach dem lateinischen Wort „limes“ für „Grenze“ oder auch „Grenzwall“.

bei die 0 und die 1 jeweils nicht zum Intervall gehören.[13] Ein Wert x liegt in diesem offenen Intervall, wenn $0 < x < 1$ gilt.

Es gibt auch Intervalle, die auf einer Seite offen und auf der anderen abgeschlossen sind: So liegt beispielsweise ein Wert x innerhalb des Intervalles $(0,1]$, wenn $0 < x \leq 1$ gilt. Umgekehrt muss $0 \leq x < 1$ gelten, wenn x in einem Intervall $[0,1)$ liegen soll.

Eine andere Möglichkeit, ein Intervall zu spezifizieren, ist folgende: Ein Intervall, das sich symmetrisch um $\pm\varepsilon$[14] um einen Punkt a herum erstreckt, kann als $(a-\varepsilon, a+\varepsilon)$ notiert werden. Ein solches Intervall wird auch *Umgebung*, genauer eine *ε-Umgebung* von a genannt, weil es sich symmetrisch zu beiden Seiten von a ausdehnt.

Mit diesen Begriffen kann man nun die Idee des Grenzwertes beziehungsweise der *Konvergenz* mathematisch exakter fassen: Ein Wert a ist Grenzwert einer Folge, wenn nur endlich viele, d. h. sozusagen „wenige", Folgenglieder außerhalb einer solchen ε-Umgebung von a liegen. Hierbei darf ε beliebig klein werden, muss aber stets positiv sein. Formal lässt sich mit den Hilfsmitteln aus den vorangegangenen Abschnitten also Folgendes schreiben:

Ein Wert $a \in \mathbb{R}$ heißt Grenzwert einer Folge mit Folgengliedern a_i, falls zu jedem $\varepsilon > 0$ ein $n \in \mathbb{N}$ existiert, so dass $|a_i - a| < \varepsilon$ für alle $i \geq n$ gilt. Noch kürzer lässt sich diese Bedingung mit Hilfe der Quantorenschreibweise formulieren: a ist dann ein Grenzwert einer Folge mit Folgengliedern a_i, falls gilt

$$\text{Zu jedem } \varepsilon > 0 \ \exists n \in \mathbb{N} \ \forall i \geq n : |a_i - a| < \varepsilon. \tag{3.1}$$

Dieser Formalismus ist umgangssprachlich auch unter der häufig etwas abfällig verwendeten Bezeichnung „Epsilontik" bekannt.[15]

Was bedeutet das nun im Falle der obigen Folge $a_i = \frac{1}{i}$? Damit ein Wert a Grenzwert dieser Folge ist,[16] muss es zu jedem beliebig kleinen ε eine natürliche Zahl geben, für die gilt, dass alle Folgenglieder, deren Index größer oder gleich diesem Wert sind, um weniger als ε von diesem Grenzwert a verschieden sind.

Die Bedingung $i \geq n$ für den Folgengliedindex bei der Definition des Grenzwertes zieht die Notation

$$a = \lim_{i \longrightarrow \infty} a_i$$

13 Mitunter findet sich auch die Notation $]0,1[$ für ein solches offenes Intervall.

14 Hierbei handelt es sich um den griechischen Buchstaben „Epsilon", der häufig im Zusammenhang mit Intervallen Verwendung findet. Von diesem Buchstaben, der mitunter auch ϵ geschrieben wird, wurde übrigens auch das Symbol der Währung „Euro", €, abgeleitet.

15 Die zentrale Bedingung $\varepsilon > 0$ ist auch der Hintergrund für den wohl kürzesten Mathematikerwitz überhaupt: „Sei $\varepsilon < 0$." Über so etwas können vermutlich nur Mathematiker lachen – Hintergrund ist, dass ε fast stets im Zusammenhang mit Grenzwertbetrachtungen verwendet wird, wo – wie schon zuvor – stets $\varepsilon > 0$ gilt.

16 Hier kann schnell 0 als Grenzwert geraten werden.

nach sich. lim steht hier für den Grenzwert, den Limes. $i \longrightarrow \infty$ wird gelesen als „für i gegen Unendlich".[17]

Liegt nun eine nach oben beschränkte Folge vor, die (streng) monoton wächst, so besitzt diese ganz anschaulich einen Grenzwert, der kleiner gleich dieser oberen Schranke ist. Umgekehrt besitzt eine (streng) monoton fallende Folge einen Grenzwert, wenn sie nach unten beschränkt ist.[18] Eine Folge, die gegen 0 konvergiert, wird auch *Nullfolge* genannt.

Beispiel 27:
Es ist der Grenzwert der durch

$$a_i = \frac{3i-1}{i+7}$$

definierten Folge für $i \longrightarrow \infty$ zu bestimmen. Hier bietet es sich zunächst an, den Bruch mit $\frac{1}{i}$ zu erweitern, so dass sich

$$\lim_{i\longrightarrow\infty} \frac{3i+1}{i+7} = \lim_{i\longrightarrow\infty} \frac{\frac{3i}{i}+\frac{1}{i}}{\frac{i}{i}+\frac{7}{i}} = \lim_{i\longrightarrow\infty} \frac{3-\frac{1}{i}}{1+\frac{7}{i}}$$

ergibt. Die Terme $\frac{1}{i}$ im Zähler und $\frac{7}{i}$ im Nenner sind für $i \longrightarrow \infty$ jedoch offensichtlich Nullfolgen, woraus 3 als Grenzwert der obigen Folge resultiert.

In der Mehrzahl der Fälle sind der Nachweis der Existenz sowie, falls er existiert, die Bestimmung des Grenzwertes einer Folge deutlich komplizierter als in diesem einfachen Fall, wie das folgende Praxisbeispiel zeigt:

Beispiel 28:
Eine ganz zentrale Rolle in der Mathematik spielt die sogenannte *Eulersche Zahl*, geschrieben e. Erstmalig wurde Jakob Bernoulli,[19] ein Spross der weit verzweigten Familie Bernoulli, die in den vergangenen mehr als drei Jahrhunderten eine schier unüberschaubare Anzahl von Mathematikern, Astronomen, Physikern, Künstlern und anderen hervorgebracht hat, auf diese Zahl aufmerksam, als er einen der archetypischen Wachstumsprozesse, nämlich die Zinseszinsrechnung, näher untersuchte.

Wird ein gegebenes Startkapital k_0 mit einem in Prozenten notierten Zinssatz z verzinst, so ergibt sich bei jährlicher Verzinsung nach einem Jahr das Kapital

$$k_1 = k_0\left(1+\frac{z}{100}\right).$$

---

17 Vorsicht: ∞ ist keine spezifische Zahl – durch dieses Symbol wird die „Idee" der Unendlichkeit, die sogenannte *potenzielle Unendlichkeit* bezeichnet, d. h. eben die Unbeschränktheit eines Wertes. Entsprechend kann eine Variable n nicht ∞ sein, sie kann nur „gegen ∞ gehen".

18 Weitere sogenannte *Konvergenzkriterien*, auf die im Folgenden nicht eingegangen wird, finden sich beispielsweise in Liedl et al. (1992).

19 06.01.1655–16.08.1705

Nach zwei Jahren, d. h. einer weiteren Verzinsung, die sich nicht nur auf das ursprüngliche Startkapital bezieht, entsteht hieraus das Kapital

$$k_2 = k_1\left(1+\frac{z}{100}\right) = k_0\left(1+\frac{z}{100}\right)^2,$$

d. h. nach i Jahren ergibt sich allgemein ein Kapital von

$$k_i = k_0\left(1+\frac{z}{100}\right)^i.$$

Soweit, so gut und so bekannt. Angenommen, ein Startkapital, das der Einfachheit halber auf $k_0 = 1$ gesetzt wird, wird ein Jahr lang zu einem Zinssatz, der ebenfalls der Einfachheit halber zu $z = 100\%$ angenommen sei, bei einer Bank angelegt. Jakob Bernoulli fragte sich nun, welches Endkapital sich ergibt, wenn die Verzinsung nicht mehr jährlich mit $z\%$, sondern beispielsweise halbjährlich, dafür aber dann mit $\frac{z}{2}\%$, dritteljährlich mit $\frac{z}{3}\%$ oder ganz allgemein jedes i-tel Jahr mit $\frac{z}{i}\%$ erfolgt. Dies lässt sich mit den obigen Voraussetzungen bezüglich k_0 und z einfach durch die Folgenglieder

$$k_i = \left(1+\frac{1}{i}\right)^i \tag{3.2}$$

ausdrücken. Besitzt diese Folge einen Grenzwert, und wenn ja, welchen?

Ein kurzes Experiment mit einem Taschenrechner ergibt für die ersten zehn Folgenglieder etwa folgende Werte: 2, 2,25, 2,370370, 2,441406, 2,48832, 2,521626, 2,546499, 2,565784, 2,581174, 2,593742, was natürlich nicht die Konvergenz zeigt, aber vielleicht doch nahelegt. Hierfür ist nun ein Beweis erforderlich. Für einen solchen muss gezeigt werden, dass die durch (3.2) definierte Folge zum einen monoton steigt und zum anderen auch beschränkt ist:

Für eine monoton wachsende Folge gilt definitionsgemäß, dass $a_i \geq a_{i-1}$, d. h. es ist zu zeigen, dass

$$\frac{a_i}{a_{i-1}} \geq 1 \tag{3.3}$$

gilt. Hierzu bietet es sich an, die beiden Folgenglieder a_i und a_{i-1} ein wenig umzuschreiben:

$$a_i = \left(1+\frac{1}{i}\right)^i = \left(\frac{i+1}{i}\right)^i \quad \text{und}$$
$$a_{i-1} = \left(1+\frac{1}{i-1}\right)^{i-1} = \left(\frac{i}{i-1}\right)^{i-1}.$$

Damit lässt sich die Bedingung (3.3) nun wie folgt schreiben:

$$\frac{a_i}{a_{i-1}} = \frac{\left(\frac{i+1}{i}\right)^i}{\left(\frac{i}{i-1}\right)^{i-1}}.$$

Durch Bilden des Kehrwertes des Nenners lässt sich die Division in eine Multiplikation umformen, was die folgende Rechnung erlaubt:

$$\begin{aligned}\frac{a_i}{a_{i-1}} &= \left(\frac{i+1}{i}\right)^i\left(\frac{i-1}{i}\right)^{i-1} = \frac{i+1}{i}\left(\frac{i+1}{i}\cdot\frac{i-1}{i}\right)^{i-1}\\ &= \frac{i+1}{i}\left(\frac{(i+1)(i-1)}{i^2}\right)^{i-1} = \frac{i+1}{i}\left(\frac{i^2-1}{i^2}\right)^{i-1}\\ &= \frac{i+1}{i}\left(1-\frac{1}{i^2}\right)^{i-1}.\end{aligned} \tag{3.4}$$

Nun kommt ein Trick: Eben jener *Jakob Bernoulli*, der die ursprüngliche Frage nach der Konvergenz der kontinuierlichen Verzinsung aufwarf, hat auch die nach ihm benannte *Bernoulli*sche Ungleichung entwickelt, die ausgesprochen praktisch ist, wenn es darum geht, Ausdrücke der obigen Art in den Griff zu bekommen. Allgemein gilt nämlich[20]

$$(1+x)^i \geq 1 + ix. \tag{3.5}$$

Praktischerweise gilt diese Ungleichung für alle Werte $x > -1$, so dass sie unter Annahme von $i > 1$ auf (3.4) angewendet werden kann, woraus sich

$$\begin{aligned}\frac{i+1}{i}\left(1-\frac{1}{i^2}\right)^{i-1} \geq \frac{i+1}{i}\left(1-\frac{i-1}{i^2}\right) &= \frac{i+1}{i} - \frac{i+1}{i}\cdot\frac{i-1}{i^2}\\ &= \frac{i+1}{i} - \frac{(i+1)(i-1)}{i^3} = \frac{i+1}{i} - \frac{i^2-1}{i^3}\\ &= \frac{i^3+i^2}{i^3} - \frac{i^2-1}{i^3} = \frac{i^3+1}{i^3} = 1 + \frac{1}{i^3}\end{aligned}$$

ergibt. Damit wurde gezeigt, dass

$$\frac{a_i}{a_{i-1}} \geq 1 + \frac{1}{i^3}$$

gilt, d. h. die Folge ist monoton steigend, da die rechte Seite größer 1 ist. Nun muss noch gezeigt werden, dass die Folge auch nach oben beschränkt ist, was zusammen mit der Monotonie die Konvergenz liefert. Die Beweisidee ist hierzu wie folgt: Es wird eine zweite Folge mit Folgengliedern b_i konstruiert, für die stets $b_i \geq a_i$ gilt. Wenn sich nun zeigen lässt, dass die Folge der b_i monoton fällt, muss die Folge der a_i einen Grenzwert besitzen, da die a_i, wie eben gezeigt wurde, monoton steigen.

Die Folgenglieder b_i werden durch

$$b_i = a_i\left(1+\frac{1}{i}\right) = \left(1+\frac{1}{i}\right)^i\left(1+\frac{1}{i}\right) = \left(1+\frac{1}{i}\right)^{i+1}$$

definiert, was $b_i \geq a_i$ garantiert. Um zu zeigen, dass die Folge der b_i monoton fallend ist, muss

$$\frac{b_{i-1}}{b_i} \geq 1$$

gezeigt werden. Ganz analog zu obigem Vorgehen werden zunächst b_i und b_{i-1} als

$$\begin{aligned} b_i &= \left(1+\frac{1}{i}\right)^{i+1} = \left(\frac{i+1}{i}\right)^{i+1} \quad \text{und}\\ b_{i-1} &= \left(1+\frac{1}{i-1}\right)^i = \left(\frac{i}{i-1}\right)^i\end{aligned}$$

formuliert, woraus sich dann mit Hilfe der Bernoullischen Ungleichung (3.5) folgende Überlegung ergibt:

$$\frac{b_{i-1}}{b_i} = \frac{\left(\frac{i}{i-1}\right)^i}{\left(\frac{i+1}{i}\right)^{i+1}} = \left(\frac{i}{i-1}\right)^i\left(\frac{i}{i+1}\right)^{i+1} = \frac{i}{i+1}\left(\frac{i}{i+1}\right)^i\left(\frac{i}{i-1}\right)^i$$

20 Der Beweis hierzu lässt sich induktiv führen.

$$= \frac{i}{i+1}\left(\frac{i^2}{(i+1)(i-1)}\right)^i = \frac{i}{i+1}\left(\frac{i^2}{i^2-1}\right)^i = \frac{i}{i+1}\left(1+\frac{1}{i^2-1}\right)^i$$
$$\geq \frac{i}{i+1}\left(1+\frac{i}{i^2-1}\right) \tag{3.6}$$

Der Term $\frac{i}{i^2-1}$ in (3.6) ist größer gleich $\frac{1}{i}$, so dass

$$\frac{i}{i+1}\left(1+\frac{i}{i^2-1}\right) \geq \frac{i}{i+1}\left(1+\frac{1}{i}\right) = \frac{i}{i+1}\cdot\frac{i+1}{i} = 1$$

gilt, womit bewiesen ist, dass die Folge der b_i monoton fallend ist. Entsprechend muss die Folge der a_i einen Grenzwert besitzen. Dieser Grenzwert wird EULERsche Zahl genannt:

$$e = \lim_{i\longrightarrow\infty}\left(1+\frac{1}{i}\right)^i.$$

e tritt in Form der hierauf beruhenden *Exponentialfunktion* e^x in allen Wachstumsprozessen (wozu auch Schrumpfungsprozesse wie der radioaktive Zerfall gehören), gleich ob in der Natur, der Wirtschaft oder anderen Gebieten, auf, es ist die *Basis* des sogenannten *natürlichen Logarithmus*,[21] usw. e ist eine reelle, transzendente Zahl, deren Näherung

$$e = 2{,}71828182845\ldots$$

lautet.[22]

Die Idee des Grenzwertes führt direkt zum nächsten wichtigen Begriff, dem des *Häufungspunktes*, der weiter unten wiederum benötigt wird, um den Grenzwertbegriff ein wenig zu verallgemeinern. Die Bedingung (3.1) für das Vorliegen eines Grenzwertes schreibt vor, dass alle Folgenglieder mit einem Index, der größer als ein $n \in \mathbb{N}$ ist, innerhalb einer ε-Umgebung um den Grenzwert a herum liegen müssen. Ein Häufungspunkt ist recht ähnlich, allerdings müssen nicht *alle* Folgenglieder ab einem bestimmten Index innerhalb eines gegebenen Intervalls liegen, sondern *nur* unendlich viele. Das mag nach Haarspalterei klingen, ist aber eine praktische Betrachungsweise, wenn es beispielsweise um Folgen geht, die keinen Grenzwert im obigen Sinne, dafür aber unendlich viele Punkte besitzen, die sich beispielsweise auf mehrere Häufungspunkte verteilen.

Die durch

$$a_i = \frac{i}{i+1}$$

---

21 Siehe Abschnitt 3.5.

22 Eine wundervolle Darstellung nicht nur von Eigenschaften der Exponentialfunktion, sondern auch der geschichtlichen Hintergründe findet sich in NAOR (1994). Eine schöne Eselsbrücke, sich die ersten Dezimalstellen von e zu merken, ist „Zweikommasieben Ibsen Ibsen" – nach dem Geburtsjahr 1828 des norwegischen Dramatikers HENRIK JOHAN IBSEN (20.03.1828–23.05.1906) – umgekehrt kann man sich mit Hilfe von e auch dessen Geburtsjahr merken, was wiederum auf langweiligen Cocktailparties von Nutzen sein kann.

definierte Folge besitzt ganz anschaulich den Grenzwert 1. Was aber ist mit der Folge

$$a_i = (-1)^i \frac{i}{i+1}? \tag{3.7}$$

Der multiplikative Term -1^i verwandelt die ursprüngliche Folge in eine alternierende Folge, die keinen Grenzwert mehr besitzt. In diesem Fall gibt es zwar keinen Grenzwert mehr, aber dafür zwei Häufungspunkte, nämlich $+1$ und -1, d. h. es liegen unendlich viele Folgenglieder in einer ε-Umgebung dieser beiden Werte. Diese beiden Häufungspunkte, die auch als Grenzwerte zweier *Teilfolgen*[23] der Folge (3.7) aufgefasst werden können, werden als *Limes superior*[24] beziehungsweise *Limes inferior*[25] bezeichnet. Bezogen auf (3.7) wird dies als

$$\limsup_{i\longrightarrow\infty} (-1)^i \frac{i}{i+1} = 1 \text{ und}$$
$$\liminf_{i\longrightarrow\infty} (-1)^i \frac{i}{i+1} = -1$$

geschrieben.[26]

Eine Aussage über die Existenz von Häufungspunkten trifft der *Satz von Bolzano-Weierstrass*, bennant nach Bernard Bolzano[27] und Karl Theodor Wilhelm Weierstrass,[28] der in einer seiner typischen Formulierungen besagt, dass jede beschränkte Folge reeller Zahlen einen größten und einen kleinsten Häufungspunkt besitzt.

Mit Hilfe des Häufungspunktbegriffes lässt sich nun der Begriff der Konvergenz auch wie folgt formulieren: Eine Folge ist konvergent, wenn sie einen eindeutig bestimmten, endlichen Häufungspunkt besitzt. Existiert kein solcher Häufungspunkt, wird die Folge *divergent* genannt. Insbesondere sind Folgen, deren Folgenglieder mit steigendem Index über alle Schranken wachsen, die also nicht beschränkt sind, divergent. In diesem Fall spricht man von *bestimmter Divergenz* gegen $+\infty$ beziehungsweise $-\infty$. Die durch $a_i = i$ definierte Folge ist also bestimmt divergent gegen $+\infty$.

Folgen, die weder konvergieren noch bestimmt divergieren, heißen *unbestimmt divergent*. Ein Beispiel hierfür ist die durch $a_i = (-1)$ definierte Folge mit den beiden Häufungspunkten $+1$ und -1.

---

23 Eine Teilfolge einer Folge besteht aus einer Teilmenge der ursprünglichen Folgenglieder. Im vorliegenden Beispiel bietet sich die Bildung zweier Teilmengen an, von denen eine alle Folgenglieder mit geradem Index und die andere alle mit ungeradem Index umfasst.

24 Nach lateinisch „superior“ für „der obere“.

25 Lateinisch „inferior“, „der untere“.

26 Anstelle von lim sup und lim inf finden sich häufig auch die Schreibweisen $\overline{\lim}$ beziehungsweise $\underline{\lim}$.

27 05.10.1781–18.12.1848

28 31.10.1815–19.02.1897

3.1.2 Arithmetische, geometrische und harmonische Folgen

Je nach Bildungsgesetz lassen sich einige Grundtypen von Folgen identifizieren: Ist beispielsweise die Differenz zweier aufeinanderfolgender Folgenglieder konstant, $a_i - a_{i-1} = x = \text{const.}$, so handelt es sich um eine *arithmetische Folge*, die stets die Form

$$a_i = a_1 + (i-1)x$$

besitzt, wobei a_1 der Startwert der Folge und x die konstante Differenz zwischen zwei Folgengliedern sind.

Hieraus ergibt sich die schöne Eigenschaft, dass jedes Glied einer arithmetischen Folge gleich dem *arithmetischen Mittel* seines Vorgängers sowie seines Nachfolgers ist. Für eine solche Folge gilt also

$$a_i = \frac{a_{i-1} + a_{i+1}}{2}$$

für $i > 1$.

Für eine sogenannte *geometrische Folge* hingegen gilt, dass anstelle der Differenz zweier aufeinanderfolgender Folgenglieder deren Quotient konstant ist:

$$\frac{a_i}{a_{i-1}} = x = \text{const.}$$

Hieraus ergibt sich das allgemeine Bildungsgesetz

$$a_i = a_1 x^{i-1}$$

einer geometrischen Reihe mit dem Startwert a_1. Jedes Folgenglied ist hierbei das *geometrische Mittel* seiner beiden direkten Nachbarglieder

$$a_i = \sqrt{a_{i-1} a_{i+1}}$$

für $i > 1$.

Zu guter Letzt sind noch *harmonische Folgen* wie

$$a_i = \frac{1}{i}$$

zu nennen, die bereits zuvor als Beispiel verwendet wurde. Für $i > 1$ ist jedes Folgenglied a_i gleich dem *harmonischen Mittel* seiner beiden Nachbarglieder:

$$a_i = \frac{2}{\frac{1}{a_{i-1}} + \frac{1}{a_{i+1}}}.$$

i An dieser Stelle bietet es sich an, einige Worte zu den eben genannten Mittelwerten zu verlieren, die zu den am häufigsten gebrauchten zählen. In der Regel wird der Mittelwert einer Menge von n Werten x_i durch einen Querstrich der Form $\overline{x}$ kenntlich gemacht. Ohne weitere Angabe handelt es sich hierbei in der Regel um das sogenannte *arithmetische Mittel*

$$\overline{x} = \frac{\sum_{i=1}^{n} x_i}{n},$$

das oft auch nur als *Mittelwert* bezeichnet wird.

Im Zusammenhang mit Wachstumsprozessen, wie der bereits behandelten Verzinsung eines Grundkapitals wird häufig das *geometrische Mittel*

$$\overline{x}_{\text{geom}} = \sqrt[n]{\prod_{i=1}^{n} x_i}$$

eingesetzt,[29] wenn sich beispielsweise bei einem nicht-konstanten Zinssatz die Frage nach dem mittleren Zinssatz stellt. Angenommen, ein Grundkapital k_0 wird im ersten Jahr mit 6,25%, im zweiten Jahr mit 5,5% und im dritten Jahr mit 4% verzinst, dann liefert das geometrische Mittel dieser drei Zinssätze den durchschnittlichen Zins, der bei einer Verzinsung über drei Jahre hinweg den gleichen Kapitelzuwachs generiert hätte.

Weiterhin existiert das *harmonische Mittel*

$$\overline{x}_{\text{harm}} = \frac{n}{\sum_{i=1}^{n} \frac{1}{x_i}}, \tag{3.8}$$

das zum Einsatz gelangt, wenn die x_i *verhältnisskaliert* sind. Wenn zu den x_i Zusatzinformationen y_i existieren, nimmt (3.8) die Form

$$\overline{x}_{\text{harm}} = \frac{\sum_{i=1}^{n} y_i}{\sum_{i=1}^{n} \frac{y_i}{x_i}} \tag{3.9}$$

an, was beispielsweise im Fall eines Fahrzeuges, das unterschiedlich lange Teilstrecken mit unterschiedlicher, aber jeweils konstanter Geschwindigkeit zurücklegt, deutlich wird: Angenommen, drei Teilstrecken der Längen 10 km, 20 km und 5 km werden jeweils mit konstanten Geschwindigkeiten von 60 $\frac{\text{km}}{\text{h}}$, 100 $\frac{\text{km}}{\text{h}}$ und 50 $\frac{\text{km}}{\text{h}}$ durchfahren,[30] dann ergibt sich mit (3.9) die Durchschnittsgeschwindigkeit $\overline{x}_{\text{harm}}$ zu

$$\overline{x}_{\text{harm}} = \frac{10\text{ km} + 20\text{ km} + 5\text{ km}}{\frac{10\text{ km}}{60\frac{\text{km}}{\text{h}}} + \frac{20\text{ km}}{100\frac{\text{km}}{\text{h}}} + \frac{5\text{ km}}{50\frac{\text{km}}{\text{h}}}} \approx 53{,}57\,\frac{\text{km}}{\text{h}}.$$

29 Allgemein gilt übrigens $\overline{x}_{\text{geom}} \leq \overline{x}$.

30 An dieser Stelle ist die Bemerkung angebracht, dass Geschwindigkeiten selbstverständlich stets in Form einer Strecke-pro-Zeit-Einheit angegeben werden, d. h. beispielsweise in „Kilometer pro Stunde" ($\frac{\text{km}}{\text{h}}$) oder in „Meter pro Sekunde" ($\frac{\text{m}}{\text{s}}$). Die häufig gebrauchte Bezeichnung „Stundenkilometer" ist alles, nur kein Geschwindigkeitsmaß!

Diese drei grundlegenden Mittelwertbegriffe wurden von OTTO HÖLDER[31] in Form des nach ihm benannten *HÖLDER-Mittels*[32] durch

$$H_p(x_1,\ldots,x_n) = \left(\frac{1}{n}\sum_{i=1}^{n} x_i^p\right)^{\frac{1}{p}} \tag{3.10}$$

verallgemeinert. Mit Hilfe des Parameters $p \in \mathbb{R}, p \neq 0$ lassen sich (unter anderem) das arithmetische ($p = 1$), das geometrische (Grenzwert für $p \longrightarrow 0$) und das harmonische Mittel ($p = -1$) durch (3.10) ausdrücken. Weiterhin gilt beispielsweise

$$\lim_{p \longrightarrow \infty} H_p(x_1,\ldots,x_n) = \max(x_1,\ldots,x_n) \text{ und}$$

$$\lim_{p \longrightarrow -\infty} H_p(x_1,\ldots,x_n) = \min(x_1,\ldots,x_n).$$

Abschweifung: FIBONACCI-Folge

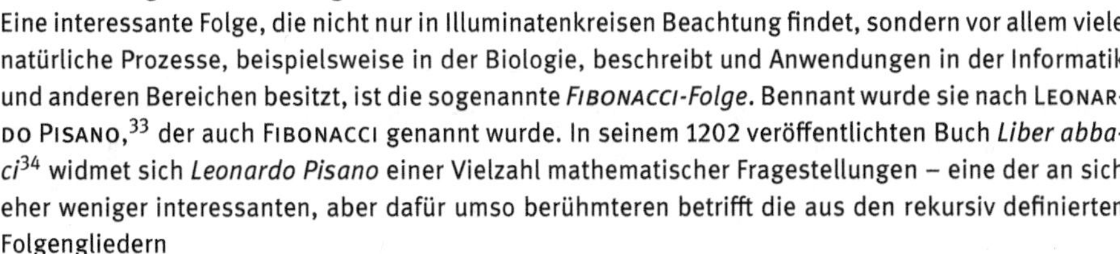

Eine interessante Folge, die nicht nur in Illuminatenkreisen Beachtung findet, sondern vor allem viele natürliche Prozesse, beispielsweise in der Biologie, beschreibt und Anwendungen in der Informatik und anderen Bereichen besitzt, ist die sogenannte *FIBONACCI-Folge*. Bennant wurde sie nach LEONARDO PISANO,[33] der auch FIBONACCI genannt wurde. In seinem 1202 veröffentlichten Buch *Liber abbaci*[34] widmet sich *Leonardo Pisano* einer Vielzahl mathematischer Fragestellungen – eine der an sich eher weniger interessanten, aber dafür umso berühmteren betrifft die aus den rekursiv definierten Folgengliedern

$$a_i = \begin{cases} 1 & \text{falls } i < 3, \\ a_{i-1} + a_{i-2} & \text{sonst} \end{cases}$$

bestehende Folge.

Diese Folge beginnt also mit den beiden Folgengliedern $a_1 = 1$ und $a_2 = 1$.[35] Alle weiteren Folgenglieder sind die Summe ihrer beiden jeweiligen Vorgänger, so dass sich die ersten Folgenglieder zu $1, 1, 2, 3, 5, 8, 13, 21, 34, 55, 89, 144, \ldots$ ergeben.

Wohl keine andere Folge hat eine derartige Berühmtheit in der Popkultur erlangt wie diese, und das, obwohl sie ursprünglich das Resultat von Überlegungen zum Vermehrungsverhalten von Kaninchen war.

Die Folgenglieder dieser Folge haben eine Reihe interessanter Eigenschaften, die hier jedoch nur am Rande erwähnt werden sollen. Mit die Bemerkenswerteste hierunter ist, dass der Quotient zweier

---

31 22.12.1859–29.08.1937

32 Etwas unglücklich auch *Potenzmittel* genannt.

33 Ca. 1170–1240

34 In LÜNEBURG (1993) findet sich eine ausgesprochen lesenswerte Darstellung des *Liber Abbaci* aus heutiger Sicht.

35 Ursprünglich waren die beiden ersten Folgenglieder als $a_1 = 1$ und $a_2 = 2$ gesetzt. Heute finden sich auch die Startwerte $a_1 = 0$ und $a_2 = 1$, was jedoch beides keinen Effekt auf das Verhalten der Folge an sich hat.

aufeinanderfolgender Folgenglieder gegen den *Goldenen Schnitt*[36] konvergiert, d. h. es gilt

$$\lim_{i\longrightarrow\infty} \frac{a_i}{a_{i-1}} = \Phi \approx 1.618\ldots$$

Glieder dieser Folge finden sich auch an vielen Stellen in der Natur – betrachtet man beispielsweise eine Sonnenblume, so fällt auf, dass die Samen in einer Blüte spiralförmig angeordnet sind. Die Anzahl der einzelnen nach rechts beziehungsweise links verlaufenden Spiralarme entspricht häufig zwei aufeinanderfolgenden Folgengliedern. Auch in Tannenzapfen etc. finden sich solche Muster.

In der Lehre dient diese Folge oft als Paradebeispiel einer rekursiv definierten Folge, wobei in der Informatik darüber hinaus anschaulich klargemacht werden kann, dass rekursive Implementationen iterativen Verfahren hinsichtlich ihrer Laufzeit oft stark unterlegen sind.

Abschweifung: Die logistische Gleichung und das Chaos

Um 1845 herum befasste sich der belgische Mathematiker Pierre-François Verhulst[37] mit der Untersuchung des Wachstums von Populationen in biologischen Systemen. Die Modellierung desselben als einfache geometrische Folge der Form

$$a_{i+1} = va_i$$

ist offensichtlich zu stark vereinfacht, da hier nur eine Vermehrungsrate v, nicht jedoch beschränkende Faktoren, wie sie vor allem aus einem begrenzten Nahrungsangebot resultieren, berücksichtigt werden. Dies leistet die von Verhulst entwickelte *logistische Gleichung*, die zusätzlich zur Vermehrungsrate v einen weiteren Parameter h einführt, mit dessen Hilfe das Schrumpfen einer Population aufgrund von Hunger, bedingt durch Nahrungsmangel oder andere beschränkte Ressourcen, modelliert werden kann. In ihrer ausführlichen Gestalt hat diese Gleichung die Form

$$a_{i+1} = va_i h(\text{const.} - a_i), \tag{3.11}$$

wobei die Konstante die Beschränktheit des Nahrungsmittelangebotes etc. repräsentiert. Hier wirken also zwei Effekte: va_i ist der reine Effekt des Wachstums der Population durch Vermehrung, $h(\text{const.} - a_i)$ ist die Schrumpfung der Population, die umso stärker ist, je näher ihre Größe a_i an der Konstanten liegt, d. h. je mehr sich die Population den durch ihre Umwelt auferlegten Beschränkungen annähert.

Um die Untersuchung des Verhaltens der durch (3.11) beschriebenen Folge zu erleichtern, wird sie meist in die Form

$$a_{i+1} = ra_i(1 - a_i) \tag{3.12}$$

gebracht, wobei die beiden Parameter v und h in r zusammengefasst sind, während a_i die normierte Populationsgröße beschreibt, die im Intervall $[0,1]$ liegt.

Das Verhalten der durch (3.12) definierten Folge hängt im Wesentlichen von der Wahl des Parameters r ab. Abbildung 3.1 zeigt den zeitlichen Verlauf der Größen vierer verschiedener Populationen, die durch die Parameter $r = 1{,}5$, $r = 2{,}5$, $r = 3$ und $r = 3{,}5$ gekennzeichnet sind. Im ersten Fall wächst die Population zu Beginn stark an, um dann auf einem konstanten Wert zu verharren. Im Fall $r = 2.5$ ist das Wachstum zu Beginn deutlich größer, es gibt ein kurzes „Überschwingen" der Populationsgröße, die jedoch auch in diesem Fall nach dieser kurzen Episode konstant bleibt.

---

36 Der Goldene Schnitt bezeichnet das Teilungsverhältnis zweier unterschiedlich langer Strecken zueinander. Hierbei ist das Verhältnis der Summe dieser Strecken zur längeren Strecke gleich dem Verhältnis der längeren Strecke zur kürzeren. Ein solches Verhältnis wird (angeblich) als besonders ästhetisch wahrgenommen.

37 28.10.1804–15.02.1849

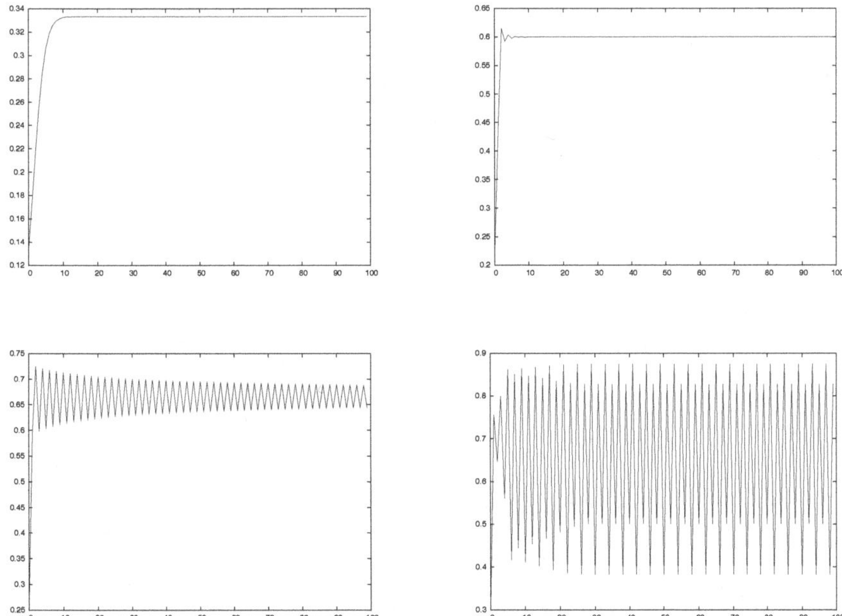

Abb. 3.1. Verhalten der logistischen Gleichung (3.12) für $r = 1{,}5$, $r = 2{,}5$, $r = 3$ und $r = 3.5$

Für $r = 3$ ist der Effekt des Überschwingens deutlich ausgeprägter, wie der links unten in Abbildung 3.1 dargestellte Graph zeigt, aber auch hier strebt die Populationsgröße einem stabilen Wert zu. Ganz anders verhält sich das System jedoch für $r = 3{,}5$, wie rechts unten in dieser Abbildung zu sehen ist. Nach einem kurzen Einschwingvorgang bildet die Folge vier Häufungspunkte aus – es tritt keine Stabilisierung mehr ein, d. h. die Populationsgröße ist starken, aber regelmäßigen Schwankungen unterworfen.

Faszinierend ist das Verhalten von (3.12) für Parameter $r > 3{,}57$ – ab hier verhalten sich die Folgenglieder *chaotisch*, d. h. ihre Abfolge „erscheint" unvorhersagbar. Natürlich sind die Folgenglieder nicht wirklich unvorhersagbar, da sie durch eine Gleichung beschrieben werden.[38] Entsprechend wird besser der Begriff des *deterministischen Chaos* verwendet, der diese beiden Eigenschaften zum Ausdruck bringt. Ein typisches Kennzeichen für solche chaotischen Systeme ist ihre extreme Empfindlichkeit bezüglich ihrer Parameter: Bereits kleinste Änderungen in einem Folgenglied können einige Iterationen später immense Auswirkungen besitzen.[39] Interessant ist die Feststellung, dass das

38 Dies gilt nur für solche mathematischen Systeme. Viele physikalische Systeme, beispielsweise Doppelpendel, tropfende Wasserhähne etc. zeigen ebenfalls chaotisches Verhalten, das jedoch aufgrund der nicht exakt bestimmbaren Anfangswerte und Parameter nicht vorhersagbar ist.

39 Hiervon leitet sich auch der fast sprichwörtliche *Schmetterlingseffekt* ab, der versinnbildlichen soll, dass bereits der extrem kleine Einfluss, den ein Schmetterlingsflügelschlag auf die Atmosphäre hat, einen makroskopischen Effekt wie einen Wirbelsturm nach sich ziehen kann.

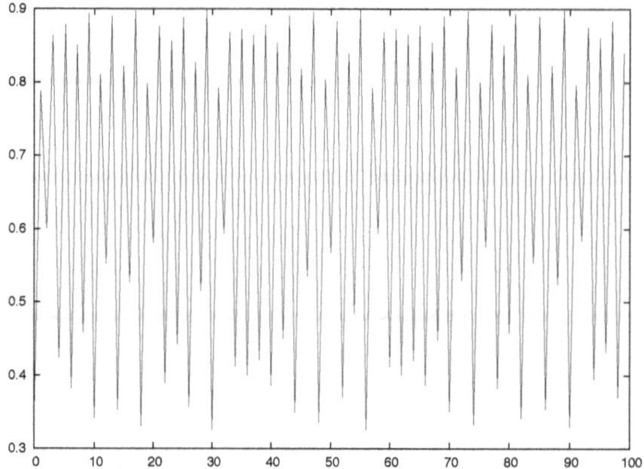

Abb. 3.2. Verhalten der logistischen Gleichung (3.12) für $r = 3{,}6$

Verhalten chaotischer Systeme oft dennoch „makroskopische" Muster aufweist, die beispielsweise durch sogenannte *Attraktoren* beschrieben werden können, was jedoch über den Rahmen dieser Abschweifung weit hinausgeht.[40]

Abbildung 3.2 zeigt das Verhalten der durch (3.12) mit $r = 3{,}6$ definierten Folgenglieder. Hier ist keine Regelmäßigkeit mehr zu erkennen – das System verhält sich chaotisch.

Die logistische Gleichung ist eines der einfachsten Systeme, das chaotisches Verhalten zeigt. Mit ihrer Hilfe (und vor allem der auf ihr beruhenden *logistischen Funktion*, bei der es sich um eine sogenannte *Differentialgleichung* (siehe 3.8) handelt) lässt sich beispielsweise auch das Eindringen von Produkten eines Unternehmens in einen Markt sowie deren Lebenszyklus beschreiben.[41]

3.2 Reihen

Eng verwandt mit Folgen sind *Reihen*, die aus Folgen durch Summation entstehen. Angenommen, a_i seien die Glieder einer Folge, so kann man Summen der Form

$$s_n = \sum_{i=1}^{i} a_i \tag{3.13}$$

bilden, d. h. $s_1 = a_1, s_2 = a_1 + a_2, s_3 = a_1 + a_2 + a_3$ usf. Diese s_n werden *Partialsummen* der Folge mit den Folgengliedern a_i genannt. Reihen spielen nicht nur in der Mathe-

40 Nähere Informationen hierzu finden sich beispielsweise in Strogatz (2014), (Lebl, 2014, S. 327 ff.) und Argyris et al. (2010).

41 Siehe beispielsweise (Fischer, 2001, S. 70 f.) oder auch (Morrison, 2008, S. 100 ff.).

matik, wo eine Vielzahl von Konstanten etc. mit ihrer Hilfe definiert werden, sondern auch in der Technik eine zentrale Rolle, da mit ihrer Hilfe beispielsweise näherungsweise *integriert*[42] werden kann. Angenommen, die Geschwindigkeit eines Autos wird einmal pro Sekunde erfasst – man spricht von einem einsekündigen *Abtast-* oder auch *Sampling-Intervall*, so ergibt sich eine Folge a_i von Messwerten. Um aus diesen die gefahrene Strecke näherungsweise zu bestimmen, wird dann sekündlich eine neue Partialsumme $s_t = \sum_{i=1}^{t} a_i$ bestimmt, die auf der Vorgängerpartialsumme sowie dem zwischenzeitlich erfassten neuen Messwert beruht.[43]

In der Mathematik sind *unendliche* Reihen von besonderem Interesse, wobei sich allerdings sofort die Frage stellt, wie eine unendliche Partialsumme bestimmt werden soll, da es das Unendliche als Wert nicht gibt. Analog zu den Betrachtungen bei Grenzwerten wird hierbei eine Folge aus Partialsummen gebildet, d. h. anstatt einer Reihe der Form

$$\sum_{i=1}^{\infty} a_i$$

wird die Folge (s_n) der Partialsummen (3.13) betrachtet. Falls die Folge dieser s_n gegen einen Grenzwert konvergiert, d. h., falls

$$s = \lim_{n \longrightarrow \infty} \sum_{i=1}^{n} a_i$$

existiert, so sagt man „die Reihe konvergiert gegen *s*" oder auch „*s* ist die Summe der Reihe". Besitzt eine Reihe keinen eindeutig bestimmten, endlichen Häufungspunkt, heißt sie – analog zum Fall bei Folgen – divergent, wobei auch hier zwischen bestimmter und unbestimmter Divergenz unterschieden werden muss. Ein Beispiel für eine unbestimmt divergente Reihe ist

$$\sum_{n=1}^{\infty} -1^n,$$

deren Partialsummenfolgenglieder wechselweise die Werte -1 und 0 annehmen.

42 Mehr dazu in Abschnitt 3.7.3.

43 Hierbei entsteht natürlich ein unter Umständen nicht zu vernachlässigender Fehler, der in einem ersten Schritt durch kürzere Abtastintervalle verringert werden kann. Weiterhin könnten die Geschwindigkeitsmesswerte *geglättet* werden. Ebenfalls könnten Zwischenwerte zwischen zwei Abtastintervallen *interpoliert* werden etc.

3.2.1 Konvergenzkriterien

Wann konvergiert nun eine Reihe? Die Konvergenz der einzelnen Reihenterme ist hierfür nicht ausreichend, wie das folgende einfache Beispiel zeigt:

Beispiel 29:
Betrachtet wird die Reihe der Form

$$1+\frac{1}{2}+\frac{1}{3}+\frac{1}{4}+\frac{1}{5}+\frac{1}{6}+\frac{1}{7}+\frac{1}{8}+\frac{1}{9}+\cdots+\frac{1}{n}.$$

Auf den ersten Blick ließe sich vermuten, dass diese Reihe konvergent ist, da ihre Glieder die Form $\frac{1}{n}$ mit $n \in \mathbb{N}$ besitzen, so dass die aus diesen Reihentermen bestehende Folge selbst zunächst konvergiert, da

$$\lim_{n\longrightarrow\infty}\frac{1}{n}=0$$

gilt.

Ersetzt man nun die Summanden der obigen Reihe in geeigneter Weise durch kleinere Terme, so lassen sich diese in Gruppen zusammenfassen: Wird beispielsweise der Summand $\frac{1}{3}$ durch $\frac{1}{4}$ ersetzt, so verringert sich der Wert der Reihe entsprechend, dafür können jedoch die beiden nun nebeneinander stehenden Werte $\frac{1}{4}$ und $\frac{1}{4}$ ohne Weiteres zu $\frac{1}{2}$ zusammengefasst werden. Entsprechend werden nun die Summanden $\frac{1}{5}$, $\frac{1}{6}$ und $\frac{1}{7}$ jeweils durch $\frac{1}{8}$ erserzt, was den Wert der Summe weiter verkleinert, aber wieder den Vorteil mit sich bringt, dass nun vier Summanden der Form $\frac{1}{8}$ zu erneut zu $\frac{1}{2}$ zusammengefasst werden können.

Auf diese Art und Weise werden immer mehr Summanden durch jeweils kleinere Ausdrücke der Form $\frac{1}{2^i}$ ersetzt mit dem Ziel, Teilsummen mit Wert $\frac{1}{2}$ zu bilden. Letztlich ergibt sich für diese neue Reihe, die sicherlich kleiner als die zugrunde liegende Reihe ist, eine Folge von Partialsummen s'_n über konstante Summanden mit dem Wert $\frac{1}{2}$:

$$s'_n=1+\frac{1}{2}+\underbrace{\frac{1}{4}+\frac{1}{4}}_{\frac{1}{2}}+\underbrace{\frac{1}{8}+\frac{1}{8}+\frac{1}{8}+\frac{1}{8}}_{\frac{1}{2}}+\underbrace{\frac{1}{16}+\cdots+\frac{1}{16}}_{\frac{1}{2}}+\ldots$$

Diese Summe ist sicherlich divergent. Da sie jedoch kleiner als die ursprüngliche Reihe ist, muss auch jene divergent sein.[44]

Die Divergenz dieser Reihe lässt sich auch mit Hilfe eines Widerspruchsbeweises zeigen:[45] Die Ausgangsidee ist hierbei, jeden Term der Form $\frac{1}{i}$ als Summe $\frac{1}{2i}$ zu schreiben, d. h.

$$\begin{aligned}1+\frac{1}{2}+\frac{1}{3}+\frac{1}{4}+\frac{1}{5}+\frac{1}{6}+\ldots &= \left(\frac{1}{2}+\frac{1}{2}\right)+\left(\frac{1}{4}+\frac{1}{4}\right)+\left(\frac{1}{6}+\frac{1}{6}\right)+\ldots\\ &< \left(1+\frac{1}{2}\right)+\left(\frac{1}{3}+\frac{1}{4}\right)+\left(\frac{1}{5}+\frac{1}{6}\right)+\ldots\end{aligned}$$

Wäre die Reihe konvergent, handelte es sich hierbei um einen Widerspruch, da auf der linken und rechten Seite des „<" die gleiche Reihe steht. Entsprechend kann die Reihe nicht konvergent sein.

---

44 Dieser Beweis geht auf Nikolaus von Oresme (<1330 – 11.07.1382) zurück.

45 Siehe (Havil, 2007, S. 33 f.).

Aus der Konvergenz der aus den Reihengliedern bestehenden Folge kann also keinesfalls auf die Konvergenz der Reihe geschlossen werden. Umgekehrt gilt allerdings, dass aus der Konvergenz einer Reihe folgt, dass die Reihenterme a_n gegen 0 konvergieren, in diesem Fall gilt also

$$\lim_{n \longrightarrow \infty} a_n = 0.$$

Auf AUGUSTIN-LOUIS CAUCHY[46] geht das sogenannte *CAUCHY-Kriterium* zurück, mit dem die Konvergenz einer Reihe gezeigt werden kann. Die Grundidee hierbei ist, die Differenz zweier Partialsummen mit $n \geq m$ und $n, m \in \mathbb{N}$ zu betrachten:[47]

$$\left| \sum_{i=m+1}^{n} a_i \right| = \left| \sum_{i=1}^{n} a_i - \sum_{i=1}^{m} a_i \right| \tag{3.14}$$

Genau dann, wenn diese Differenz für wachsende m und n mit obiger Bedingung eine besondere Folge – eine sogenannte *CAUCHY-Folge* – darstellt, so konvergiert die zugrunde liegende Reihe $\sum_{i=0}^{\infty} a_i$.

Was ist nun eine CAUCHY-Folge? Anschaulich gesprochen ist eine Folge von Gliedern a_i eine CAUCHY-Folge, wenn für ein beliebiges $\varepsilon > 0, \varepsilon \in \mathbb{R}$ ein $N \in \mathbb{N}$ existiert, für das

$$|a_n - a_m| < \varepsilon$$

mit $n, m \geq N$ gilt.[48] Setzt man nun anstelle von $|a_n - a_m|$ den Ausdruck (3.14) ein, so ergibt sich das CAUCHY-Kriterium für die Konvergenz einer Reihe:

Eine Reihe $\sum_{i=1}^{\infty} a_i$ konvergiert genau dann, wenn zu jedem $\varepsilon > 0, \varepsilon \in \mathbb{R}$ ein $N \in \mathbb{N}$ existiert, so dass

$$\left| \sum_{i=m+1}^{n} a_i \right| < \varepsilon$$

mit $n \geq m \geq \mathbb{N}$ gilt.[49]

Beispiel 30:
Es soll mit Hilfe des CAUCHY-Kriteriums gezeigt werden, dass die Reihe

$$\sum_{i=1}^{\infty} \frac{1}{i^2} \tag{3.15}$$

konvergiert. Hierfür wird zunächst die Partialsummendifferenz

$$\left| \sum_{i=m+1}^{n} \frac{1}{i^2} \right| \tag{3.16}$$

46 21.08.1789–23.05.1857

47 Hierbei heben sich die a_i für $1 \leq i \leq m$ auf.

48 Dies ist auch ein Kriterium für die Konvergenz der Folge der a_i.

49 Diese Aussage gilt, wie die Formulierung „genau dann, wenn" zeigt, in beiden Richtungen.

betrachtet: Es gilt sicherlich

$$\left|\sum_{i=m+1}^{n}\frac{1}{i^2}\right| < \left|\sum_{i=m+1}^{n}\frac{1}{i(i-1)}\right|,$$

da der Nenner des rechten Bruches kleiner als der auf der linken Seite ist. Der Trick hierbei ist, dass $\frac{1}{i(i-1)}$ als $\frac{1}{i-1} - \frac{1}{i}$ geschrieben werden kann, so dass sich

$$\left|\sum_{i=m+1}^{n}\frac{1}{i(i-1)}\right| = \left|\sum_{i=m+1}^{n}\left(\frac{1}{i-1} - \frac{1}{i}\right)\right|$$

ergibt. Die Summe auf der rechten Seite hat nun eine praktische Eigenschaft, die sich zeigt, wenn man einige ihrer Glieder explizit notiert:

$$\sum_{i=m+1}^{n}\left(\frac{1}{i-1} - \frac{1}{i}\right) = \left(\frac{1}{m} - \frac{1}{m+1}\right) + \left(\frac{1}{m+1} - \frac{1}{m+2}\right) + \left(\frac{1}{m+2} - \frac{1}{m+3}\right) + \dots + \left(\frac{1}{n-1} - \frac{1}{n}\right)$$

Hier heben sich jeweils die rechts und links neben dem Pluszeichen stehenden Elemente auf, so dass nur das erste und das letzte Element übrigbleiben. Eine solche Summe wird als *Teleskopsumme* bezeichnet, da sie wie ein altmodisches Teleskop „zusammengeschoben" werden kann und nur noch Anfangs- und Endterm übrig bleiben. In diesem konkreten Fall gilt also

$$\sum_{i=m+1}^{n}\left(\frac{1}{i-1} - \frac{1}{i}\right) = \frac{1}{m} - \frac{1}{n},$$

was sicherlich kleiner als $\frac{1}{m}$ ist, da nach Voraussetzung $n \ge m$ gilt.

Für ein beliebiges $\varepsilon > 0$ ist also

$$\left|\sum_{i=m+1}^{n}\frac{1}{i^2}\right| < \varepsilon$$

für $n \ge m \ge N$ mit $N > \frac{1}{\varepsilon}$ erfüllt. Damit ist gezeigt, dass es sich bei (3.16) um eine CAUCHY-Folge handelt, woraus folgt, dass die Reihe (3.15) konvergiert.

Es gibt noch eine Reihe weiterer Konvergenzkriterien, wie das sogenannte *Majoranten-*, das *Quotienten-*, das *Wurzel-*, das *LEIBNIZ-Kriterium* etc., von denen jedoch nur das erste exemplarisch dargestellt wird.

Die Idee des Majorantenkriteriums ist recht anschaulich: Angenommen, es sind eine konvergente Reihe

$$\sum_{i=1}^{\infty} a_i \tag{3.17}$$

mit $a_i \in \mathbb{R}^+$ sowie eine Folge mit Folgengliedern $b_i \in \mathbb{R}$ gegeben. Wenn für „fast alle"[50] $i \in \mathbb{N}$ die Aussage $|b_i| \le a_i$ erfüllt ist, so konvergiert die auf den b_i beruhende Reihe

$$\sum_{i=1}^{\infty} |b_i|, \tag{3.18}$$

da sie, ganz anschaulich gesprochen, wegen der Absolutbeträge größer als 0 ist, aber nach oben durch die Reihe (3.17) beschränkt wird.

---

50 Die Formulierung, dass etwas für *fast alle…* gilt, besagt übrigens, dass es nur endlich viele Ausnahmen gibt. In diesem Fall gibt es also nur endlich viele Indices i, für die $|b_i| > a_i$ gilt.

Eine konvergente Reihe der Form (3.18) heisst *absolut konvergent*. Wenn eine solche Reihe konvergiert (man sagt auch *absolut konvergiert*) so konvergiert auch die zugrunde liegende Reihe

$$\sum_{i=1}^{\infty} b_i,$$

da sie nicht größer als die absolute Reihe sein kann.

3.2.2 Arithmetische, geometrische und harmonische Reihen

Auf Basis arithmetischer, geometrischer und harmonischer Folgen lassen sich direkt durch Bildung der entsprechenden Partialsummen *arithmetische, geometrische* und *harmonische Reihen* bilden.

Eine arithmetische Reihe basiert also auf einer arithmetischen Folge mit Folgengliedern der Form

$$a_i = a_1 + (i-1)x. \tag{3.19}$$

Da die Differenz zwischen zwei aufeinanderfolgenden Gliedern einer solchen Folge konstant ist, lässt sich die hierauf beruhende Folge von Partialsummen

$$s_n = \sum_{i=1}^{n} a_i = \sum_{i=1}^{n} a_1 + (i-1)x$$

als Folge von Summen aus *Differenzen höherer Ordnung* auffassen. Dies ist ausgesprochen praktisch, da hiermit eine essenzielle Klasse von Funktionen, sogenannte *Polynome*[51] mit Hilfe solcher Summen sehr effizient ausgewertet werden können,[52] wie folgendes Beispiel zeigt:

Beispiel 31:
Grundlage der folgenden Betrachtung ist eine Folge der Form (3.19) mit $a_1 = 1$ und $x = 2$, d. h. die Folge der ungeraden Zahlen.[53] Hieraus werden nun die Partialsummen

$$s_n = \sum_{i-1}^{n} a_i$$

gebildet. Die Werte dieser Partialsummen sind $1, 4, 9, 16, 25, 36, \ldots$, also gerade die Quadrate der natürlichen Zahlen. Diese Reihe erzeugt also die Funktion $f(n) = n^2$ ausschließlich auf Basis von Additionen, was bei Berechnungen einen echten Vorteil darstellt, da Multiplikationen deutlich zeitaufwendiger als Additionen sind, was ihre Ausführung auf einem Computer betrifft. Abbildung 3.3 zeigt die Entstehung dieser Partialsummen in Form eines sogenannten *Differenzenschemas*.

Wird von den in der ersten Zeile dargestellten Partialsummenwerten $1, 4, 9, 16, 25, 36$ ausgegangen, so ergeben sich die in der zweiten Zeile dargestellten Differenzen erster Stufe $3, 5, 7, 9, 11$. Die

---

51 Mehr dazu findet sich in Abschnitt 3.4.

52 Auch in Zeiten, in denen bereits ein preiswerter Laptop mehr Rechenleistung als Hochleistungsrechner der 1980er Jahre zur Verfügung stellt, ist Effizienz ein zentrales Thema, da viele praktische

s_n	1		4		9		16		25		36
		↘ ↙		↘ ↙		↘ ↙		↘ ↙		↘ ↙	
$a_n = s_{n+1} - s_n$		3		5		7		9		11	
			↘ ↙		↘ ↙		↘ ↙		↘ ↙		
$a_{n+1} - a_n$			2		2		2		2		

Abb. 3.3. Differenzenschema

unterste Zeile enthält nun die *Differenzen zweiter Ordnung*, die konstant 2 sind. Die Partialsummenfolge der ersten Zeile wird entsprechend auch *arithmetische Folge zweiter Ordnung* genannt.

Im 19. und frühen 20. Jahrhundert wurden sogenannte *Differenzmaschinen* gebaut, die auf Basis solcher Differenzen höherer Stufe Polynome auswerten konnten, indem ausgehend von einer konstanten Differenz höherer Stufe in mehreren Stufen Partialsummen gebildet wurden. Mit Hilfe solcher Verfahren wurden heute längst vergessene Hilfsmittel wie beispielsweise *Logarithmentafeln* und andere Tafelwerke erstellt, die in allen Bereichen der Technik, Natur-, Ingenieurwisschaften sowie des täglichen Lebens von zentraler Bedeutung waren. Im Jahre 1823 begann CHARLES BABBAGE[54] mit der Entwicklung der ersten solchen Differenzenmaschine.[55] Abbildung 3.4 zeigt eine zeitgenössische Darstellung eines Teils dieser ersten Differenzenmaschine.

Auf Basis geometrischer Reihen mit Folgengliedern der Gestalt $a_i = a_1 x^{i-1}$ lassen sich analog zu Obigem geometrische Reihen mit Partialsummen der Form

$$s_n = \sum_{i=1}^{n} a_1 x^{i-1}$$

bilden. Geometrische Folgen ergeben sich beispielsweise bei der Verzinsung von Guthaben, wenn dieses durch regelmäßige Einzahlungen erhöht wird. Wird ein Startkapital k_0 jährlich mit p Prozent verzinst, so ergibt sich nach Ablauf von n Jahren ein Kapital $k_n = k_0 \left(1 + \frac{p}{100}\right)$, wie schon in Beispiel 28 betrachtet wurde. Wird das Kapital nun in jedem Jahr durch weitere Einzahlung um einen weiteren Betrag k_0 erhöht, so ergibt sich der nach n Jahren entstandene Betrag s_n in Form der Reihe[56]

$$s_n = \sum_{i=1}^{n} k_0 \left(1 + \frac{p}{100}\right)^i = k_0 \sum_{i=1}^{n} \left(1 + \frac{p}{100}\right)^i.$$

Probleme dazu tendieren, stets mehr Rechenleistung zu benötigen, als die jeweils vorhandenen Rechner bieten.

53 Diese Folge kann ihrerseits als Folge von Partialsummen $a_n = 1 + \sum_{i=2}^{n} 2$ über die konstante Folge 2 mit Startwert 1 aufgefasst werden.

54 26.12.1791–18.10.1871

55 Siehe SWADE (2001) – dort werden nicht nur die historischen Hintergründe dieser Entwicklung beleuchtet, sondern auch die Geschichte des Baus einer solchen Differenzmaschine in den 1990er Jahren auf der Basis von BABBAGES Plänen beschrieben.

56 In der Praxis sind die Verhältnisse meist nicht so einfach, da meist weder die Verzinsung noch die regelmäßig eingezahlten Beträge k_0 über lange Zeiträume konstant sind.

Abb. 3.4. Zeichnung eines Teils der *Difference Engine* von Charles Babbage (siehe (N. N., 1864, S. 34))

Der konstante Faktor k_0 kann aufgrund der Distributivität bezüglich Addition und Multiplikation aus der Summe selbst herausgezogen werden.

Die *harmonische Reihe*, die bereits in Beispiel 29 verwendet wurde, ergibt sich durch Summation über die Glieder der harmonischen Folge, ihre Partialsummen besitzen also die Form

$$s_n = \sum_{i=1}^{n} \frac{1}{i}. \tag{3.20}$$

Wie im vorangegangenen Abschnitt gezeigt wurde, ist diese Reihe divergent, obwohl die Folge der Partialsummen konvergent ist.

Neben diesen drei Grundtypen von Reihen existiert eine Vielzahl weiterer Reihen, die große Bedeutung nicht nur für die Mathematik als solche,[57] sondern auch in der praktischen Anwendung haben. Beispiele hierfür sind sogenannte *Potenzreihen* und *Taylor-Reihen*,[58] die für die Approximation von Funktionen um einen gewünschten

---

57 In der Mathematik werden unter anderem viele Konstanten über Reihen definiert, so ist beispielsweise die aus Beispiel 28 bekannte Eulersche Zahl $e = 1 + \frac{1}{1!} + \frac{1}{2!} + \frac{1}{3!} + \cdots = \sum_{i=1}^{\infty} \frac{1}{i!}$.

58 Benannt nach Brook Taylor (18.08.1685–29.12.1731), siehe Abschnitt 3.9.5.

Punkt herum von großer Bedeutung sind.[59] Von immenser Bedeutung ist die nach JEAN BAPTISTE JOSEPH FOURIER[60] benannte *FOURIER-Reihe*, mit der periodische Funktionen durch Reihen aus sin- und cos-Funktionen dargestellt werden können.[61] FOURIER-Reihen spielen eine zentrale Rolle in allen Bereichen der Technik und Naturwissenschaft, bei der Ton- und Bildver- beziehungsweise -bearbeitung einschließlich Kompression und Dekompression, in der Nachrichten- und Netzwerktechnik etc.

3.3 Funktionen

Funktionen wurden bereits in den vorangegangenen Abschnitten wiederholt verwendet – in der Analysis werden meist Funktionen mit $\mathbb{R}$ beziehungweise Teilmengen hiervon als *Definitions-* und *Wertebereich*[62] betrachtet, d. h. $f : \mathbb{R} \longrightarrow \mathbb{R}$. Auch hier sind die bekannten Begriffe der Injektivität, Surjektivität und Bijektivität von zentraler Bedeutung.

3.3.1 Wertetabellen und Funktionsgraphen

Mit Hilfe von Funktionen lassen sich, ganz allgemein gesprochen, Beziehungen zwischen Variablen darstellen. Entsprechend werden die Argumente der Funktion auch *unabhängige Variablen* genannt, da sie – im Rahmen des Definitionsbereiches – frei gewählt werden können. Werte, die in der Funktion selbst benötigt werden, aber nicht frei wählbar sind, heißen *Parameter*. Das Resultat einer Funktion für einen gegebenen Satz aus unabhängigen Variablen und Parametern wird entsprechend *abhängige Variable* genannt, da es vollständig durch die Werte der unabhängigen Variablen und Parameter bestimmt wird. Da in der Regel ganz allgemein das „Verhalten" solcher Funktionen von Interesse ist, wird die Funktion häufig grafisch in Form eines *Funktionsgraphen* in einem (meist kartesischen) Koordinatensystem dargestellt, mit dem

---

59 Oftmals sind Funktionen, die in der Praxis benötigt werden, ausgesprochen kompliziert oder zeitaufwendig – auch mit Computerhilfe – auszuwerten. In solchen Fällen ist es hilfreich, die fragliche Funktion durch einen einfacheren Ausdruck anzunähern, sofern die Näherung für den jeweiligen Anwendungsfall hinreichend genau ist.

60 21.03.1768–16.05.1830

61 ... jedenfalls unter bestimmten Voraussetzungen, Siehe Abschnitt 3.9.6.

62 Da in der Analysis $\mathbb{R}$ und verwandte Mengen eine zentrale Rolle spielen, bietet sich die Verwendung der Begriffe Definitions- und Wertebereich anstelle von Definitions- und Wertemenge an, da es sich hier nicht mehr um aus diskreten Elementen bestehende, abzählbare Mengen handelt.

Tab. 3.1. Wertetabelle der Funktion $f(x) = \sqrt{x}$

x	0	1	2	3	4	5	6	7	8	9	10	11	12	13	14	15	16
$f(x)$	0	1	1,41	1,73	2	2,23	2,44	2,64	2,82	3	3,16	3,31	3,46	3,6	3,74	3,87	4

man sich im wahrsten Wortsinne ein „Bild“ vom Verhalten einer Funktion machen kann.[63]

Beispiel 32:

i

Wie sieht der Funktionsgraph der Funktion $f(x) = \sqrt{x}$ aus? Hierzu ist zunächst zu klären, was Definitions- und Wertebereich der Funktion sind. Da hier keine Funktionen auf den komplexen Zahlen betrachtet werden, ist der Definitionsbereich $\mathbb{R}^+$, woraus sich entsprechend auch $\mathbb{R}^+$ als Wertebereich der Funktion ergibt.

Ein (zweidimensionales) kartesisches Koordinatensystem besteht aus vier sogenannten *Quadranten*, die jeweils von einem Achsenpaar eingeschlossen werden. Diese Quadranten werden, beginnend mit dem rechten oberen Quadranten, von 1 bis 4 gegen den Uhrzeigersinn durchnummeriert.

Um den Funktionsgraphen der Wurzelfunktion zu zeichnen, ist gemäß der obigen Betrachtung zu Definitions- und Wertebereich der erste Quadrant ausreichend. Um schnell per Hand einen solchen Graphen zu zeichnen, bietet es sich an, zunächst eine (mehr oder weniger kleine) Wertetabelle anzulegen, aus der die Zuordnung von Funktionsargumenten x zu Funktionswerten $f(x)$ hervorgeht:

Meist wird man eine solche Tabelle heutzutage mit Hilfe eines Taschenrechners beziehungsweise eines Computers erstellen – entsprechend sind die eingetragenen Funktionswerte in der Regel nur *Näherungen*, d. h. Werte, die, beispielsweise allein durch die Gleitkommadarstellung im Rechner, den wirklichen Funktionswert lediglich annähern.[64]

Die Tabelle 3.1 ist nun die Grundlage für den in Abbildung 3.5 dargestellten Funktionsgraphen – die sechzehn Funktionswerte der Tabelle wurden an die entsprechenden Positionen innerhalb des Koordinatensystems eingezeichnet und miteinander verbunden.

Essenziell ist bei einem solchen Vorgehen die Wahl der Funktionsargumente x für die Erstellung einer solchen Tabelle. Je nachdem, welche Funktion dargestellt werden soll, kann eine ungünstige, d. h. ungeschickte Wahl einen falschen Eindruck entstehen lassen. Soll beispielsweise ein grober Funktionsgraph der Sinusfunktion gezeichnet werden, wäre die Wahl von -4π, -3π, -2π, $-\pi, 0, \pi, 2\pi, 3\pi, 4\pi$ eine schlechte Wahl, da die Sinusfunktion von diesen Argumenten stets das Resultat 0 liefert.[65]

Darüber hinaus müssen die x-Werte in der Tabelle keinesfalls zwingend *äquidistant* sein, die Werte müssen also nicht in gleichem Abstand aufeinander folgen.

---

63 Unter `http://www.printfreegraphpaper.com` (Stand 05.11.2014) können verschiedenartige Vordrucke für die Darstellung von Funktionen erstellt werden, was mitunter ausgesprochen praktisch ist.

64 Viele moderne Taschenrechner können auch direkt Funktionsgraphen zeichnen, was zwar praktisch ist, einen aber zumindest um ein kleines Erfolgserlebnis bringt. Übrigens bietet auch `http://www.google.de` einen Funktionsplotter an, der, falls gerade nichts anderes greifbar ist, ausgesprochen nützlich sein kann. Die Funktion muss lediglich in das Suchbegriffsfeld eingegeben werden, z. B. `1/x+x`. Im Lieferumfang von Max OS X findet sich übrigens unter `Applications/Utilities/Grapher` ein leistungsfähiges Funktionsplotsystem, das auch dreidimensionale Darstellung etc. unterstützt.

65 Siehe Abschnitt 3.6.

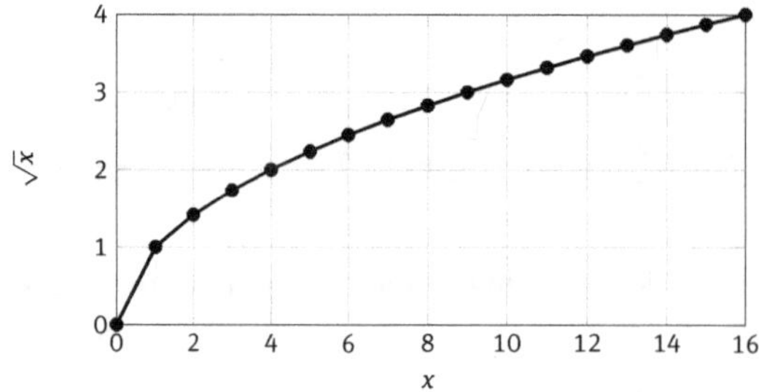

Abb. 3.5. Funktionsgraph der Funktion $f(x) = \sqrt{x}$ für $0 \leq x \leq 16$

Wie wählt man „gute" x-Werte für die Erstellung einer solchen Wertetabelle? Dafür gibt es keine einfache allgemeine Regel – ideal ist es, wenn man bereits eine grobe Vorstellung davon besitzt, wie sich die Funktion verhält, d. h. welche Stellen sozusagen „interessant" sind und entsprechend enger beeinander liegende x-Werte zur Betrachtung verdienen. Weiterhin sind Betrachtungen aus der Differentialrechnung (siehe Abschnitt 3.7.1) ausgesprochen hilfreich, da mit ihrer Hilfe meist schnell solche interessanten Stellen wie Minima, Maxima etc. bestimmt werden können.

Trotz aller offensichtlichen Nachteile sind eine solche Wertetabelle und ein darauf beruhender Funktionsgraph oftmals praktische Hilfsmittel, um eine Vorstellung vom Verhalten einer Funktion zu bekommen. Hierbei ist jedoch, wie erwähnt, stets mit Bedacht vorzugehen, da durch eine ungünstige Wahl des dargestellten Wertebereiches ein mitunter grundfalscher Eindruck entstehen kann.

Aufgabe 27:
Es soll ein näherungsweiser Funktionsgraph der Funktion $f(x) = x^2$ gezeichnet werden. Hierbei ist die Wahl des dargestellten Bereiches für das Funktionsargument x von essenzieller Bedeutung, um das Verhalten der Funktion erkennen zu können. Wird beispielsweise der Bereich $1000 \leq x \leq 1010$ gewählt, ist die eigentliche Parabelgestalt nicht erkennbar.

3.3.2 Umkehrfunktionen, gerade und ungerade Funktionen

Wie Abbildung 3.5 anschaulich zeigt, ordnet die Funktion $f(x) = \sqrt{x}$ jedem Wert ihres Wertebereiches $\mathbb{R}^+$ ein Urbild aus dem Definitionsbereich $\mathbb{R}^+$ zu, sie ist also surjektiv. Darüber hinaus gilt $f(x_1) \neq f(x_2)\ \forall\ x_1, x_2 \in \mathbb{R}^+$, d. h. die Quadratwurzelfunktion ist auch injektiv. Zusammengenommen ist $f(x) = \sqrt{x}$ also bijektiv. Bezogen auf $\mathbb{R}^+$ kann ihr also eine Umkehrfunktion,[66] nämlich $f^{-1}(x) = x^2$, zugeordnet werden.

---

66 Siehe Abschnitt 1.3.2.

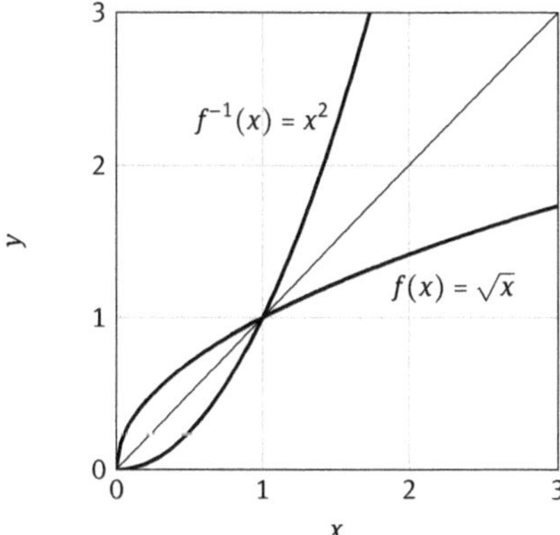

Abb. 3.6. Funktion und Umkehrfunktion

Wie verhält sich nun diese Umkehrfunktion bezüglich dieser Eigenschaften? Falls man sie bezüglich ihrer Definitionsmenge analog zu $\sqrt{x}$ ebenfalls auf $\mathbb{R}^+$ einschränkt, ist auch sie bijektiv. Ohne diese Einschränkung – schließlich ist die Definitionsmenge der Quadratfunktion $\mathbb{R}$ – ergibt sich jedoch ein anderes Bild: Die Wertemenge bleibt hierbei $\mathbb{R}^+$. Allen Werten aus $\mathbb{R}^+$ werden durch $f^{-1}(x) = x^2$ Urbilder aus $\mathbb{R}$ zugeordnet, so dass auch hier die Surjektivität erfüllt ist. Anders verhält es sich jedoch hinsichtlich der Injektivität, da das Quadrat einer negativen reellen Zahl eine positive reelle Zahl ist, d. h. für diese Funktion gilt hier $f^{-1}(x) = f^{-1}(-x)$. Jedes Element aus dem Wertebereich besitzt also zwei mögliche Urbilder, die Funktion ist entsprechend auf $\mathbb{R}$ nicht injektiv!

Da $f^{-1} \circ f = id$ gilt, lässt sich (Umkehrbarkeit etc. vorausgesetzt) die Umkehrfunktion einer Funktion auf graphischem Wege durch Spiegelung der Funktionsgraphen an der Diagonalen erzeugen, da die Diagonale durch die Funktion $\mathrm{id}(x) = x$, d. h. die Identität beschrieben wird. Abbildung 3.6 zeigt dies anhand des obigen Beispieles.

Eine Funktion, für die allgemein $f(x) = f(-x)$ gilt, wird auch als *gerade Funktion* bezeichnet. Insbesondere ist jede *konstante Funktion* $f(x) = \text{const.}$ eine gerade Funktion. Eine *ungerade Funktion* erfüllt hingegen $f(x) = -f(-x)$. Die *Nullfunktion* $f(x) = 0$ ist übrigens die einzige Funktion, die sowohl gerade als auch ungerade ist.

Aufgabe 28:

Geben Sie einige Ihnen bekannte Beispiele für gerade und ungerade Funktionen an.

3.3.3 Grenzwerte

Analog zu Folgen und Reihen ist auch bei Funktionen die Frage nach der Existenz von Grenzwerten von großer praktischer Bedeutung. Während bei Folgen und Reihen der Grenzwert bezogen auf den Index $i \in \mathbb{N}$ betrachtet wird, der gegen unendlich geht, ist bei Funktionen ein Funktionsargument aus $\mathbb{R}$ von Interesse. Für die durch die Folgenglieder $a_i = \frac{1}{i}$ definierte Folge gilt offensichtlich

$$\lim_{x \longrightarrow \infty} \frac{1}{x} = 0.$$

Was ist mit der Funktion $f(x) = \frac{1}{x}$? Hier gilt zunächst einmal

$$\lim_{x \longrightarrow \infty} \frac{1}{x} = 0,$$

was aber geschieht, wenn x gegen 0 geht? In diesem Fall divergiert die Folge, so dass auch die Funktion für $x \longrightarrow 0$ divergent ist! Der Wert $f(0)$ selbst ist übrigens nicht definiert, da die Division durch 0 nicht zulässig ist,[67] d. h. an dieser Stelle liegt eine *Definitionslücke* der Funktion $f(x) = \frac{1}{x}$ vor, woraus sich als Wertebereich für diese Funktion $\mathbb{R} \setminus \{0\}$ ergibt.

Solche Stellen einer Funktion, an denen der Funktionswert gegen ∞ oder $-\infty$ geht, heißen *Polstellen* oder oft auch kürzer *Pole*. Abbildung 3.7 zeigt ausschnittsweise den Funktionsgraphen von $f(x) = \frac{1}{x}$ – der Pol bei $x = 0$ ist deutlich zu sehen. Interessant ist aber, dass die Funktion gegen $+\infty$ divergiert, falls x sozusagen „von rechts kommend" gegen 0 geht, während sie gegen $-\infty$ divergiert, wenn x von links gegen 0 geht. Dies wird geschrieben als

$$\lim_{x \longrightarrow 0^+} \frac{1}{x} = \infty \text{ und}$$
$$\lim_{x \longrightarrow 0^-} \frac{1}{x} = -\infty,$$

wobei die Schreibweisen $x \longrightarrow 0^+$ und $x \longrightarrow 0^-$ verdeutlichen, dass sich x auf der positiven bzw. negativen Seite dem Wert 0 nähert. Entsprechend heißen $\lim_{x \longrightarrow x_0^-} f(x)$ *linksseitiger* und $\lim_{x \longrightarrow x_0^+} f(x)$ *rechtsseitiger Grenzwert*.

Das Verhalten der in Abbildung 3.7 dargestellten Funktion $f(x) = \frac{1}{x}$ hinsichtlich $x \longrightarrow \infty$ beziehungsweise $x \longrightarrow -\infty$ wird als *asymptotisch*[68] bezeichnet. Der Funktionswert nähert sich in beiden Fällen dem Wert 0 und damit der x-Achse des Koordinatensystems beliebig nahe an.

---

67 Diese Nichtzulässigkeit wird oft hinterfragt, ergibt sich aber direkt aus der Tatsache, dass es keinen „Wert" unendlich gibt, sondern die Unendlichkeit nur angenähert werden kann. $\frac{1}{x}$ wächst für $x \longrightarrow 0$ über alle Schranken, wobei der exakte Wert $x = 0$ jedoch nie erreicht werden kann, da es keinen festen Punkt im Unendlichen gibt.

68 Vom griechischen ἀςύμπτωτος für „nicht zusammenfallend".

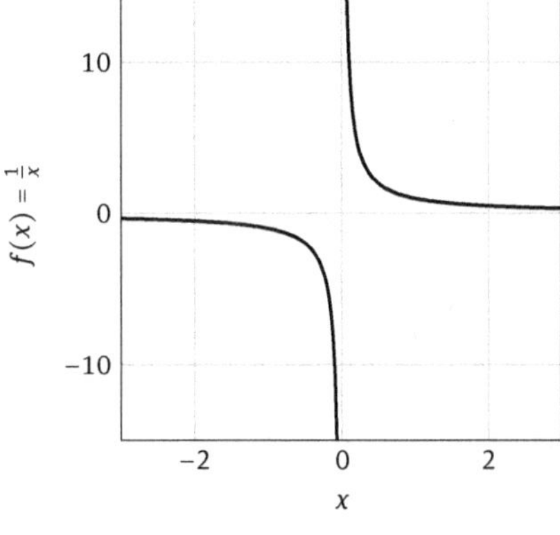

Abb. 3.7. Graph der Funktion $f(x) = \frac{1}{x}$

Aufgabe 29:
Wie sieht (näherungsweise) der Graph der Funktion $f(x) = \frac{1}{x} + x$ aus, und wie ist das asymptotische Verhalten dieser Funktion?

3.3.4 Stetigkeit

Ein essenzieller Begriff ist der der *Stetigkeit*. Anschaulich – und nicht ganz korrekt – gesprochen, kann eine *stetige Funktion* ohne Absetzen des Stiftes gezeichnet werden, d. h. der Funktionswert macht keine „Sprünge". Anders, und schon etwas mathematischer ausgedrückt, bedeutet dies, dass sich der Funktionswert für kleine Änderungen des Argumentes ebenfalls nur in geringem Maße ändert.

Die gängigste Definition der Stetigkeit kann als Erweiterung der bereits im Zusammenhang von Grenzwerten erwähnten „Epsilontik" gesehen werden: Eine Funktion $f(x) : D \longrightarrow \mathbb{R}$ – der Definitionsbereich D ist hierbei in der Regel eine Teilmenge von $\mathbb{R}$ – ist stetig in einem Punkt ξ,[69] wenn es zu jedem $\varepsilon > 0$ ein $\delta > 0$ gibt, so dass für alle x aus dem Definitionsbereich der Funktion, für die $|x - \xi| < \delta$ gilt, auch $|f(x) - f(\xi)| < \varepsilon$ gilt.

---

69 Hierbei handelt es sich um den griechischen Buchstaben „xi".

Abschweifung: Die Ballade vom armen Epsilon

Zu der Suche nach einem solchen δ für ein ε gibt es ein schönes Gedicht des Mathematikers HUBERT CREMER[70] aus CREMER (1965):

Die Matrix sang ihr Schlummerlied
Den Zeilen und Kolonnen,
Schon hält das kleine Fehlerglied
Ein süßer Traum umsponnen,
Es schnarcht die alte p-Funktion,
Und einsam weint ein bleiches,
Junges verlass'nes Epsilon
Am Rand des Sternbereiches.

Du guter Vater WEIERSTRASS,
Du Schöpfer unsrer Welt da,
Ich fleh Dich einzig an um das:
Hilf mir finden ein Delta!
Und wenn's auch noch so winzig wär
Und beinah Null am Ende,
Das klarste Sein blieb öd und leer,
wenn sich kein Delta fände.

Vergebens schluchzt die arme Zahl
Und ruft nach ihrem Retter,
Es rauscht so trostlos und trivial
Durch welke RIEMANN-Blätter;
Die Strenge hat nicht Herz noch Ohr
Für Liebesleidgefühle,
Das arme Epsilon erfror
Im eisigen Kalküle.

Unstetig ist die Weltfunktion,
Ihr werdet's nie ergründen,
Zu manchem braven Epsilon
Läßt sich kein Delta finden.

Abbildung 3.8 veranschaulicht dies: Um zu zeigen, dass eine Funktion $f(x)$ stetig in einem Punkt ξ ist, werden ein horizontaler und ein vertikaler streifenförmiger Ausschnitt betrachtet. Der horizontale Streifen, dessen Breite durch ein beliebig klein wählbares $\varepsilon > 0$ bestimmt wird, legt fest, in welchem Bereich die Funktionswerte rund um den Punkt ξ schwanken dürfen. Wenn für jeden noch so schmalen solchen Streifen ein $\delta > 0$ gefunden werden kann, welches die Breite eines senkrechten Streifens mit

70 27.12.1897–26.02.1983

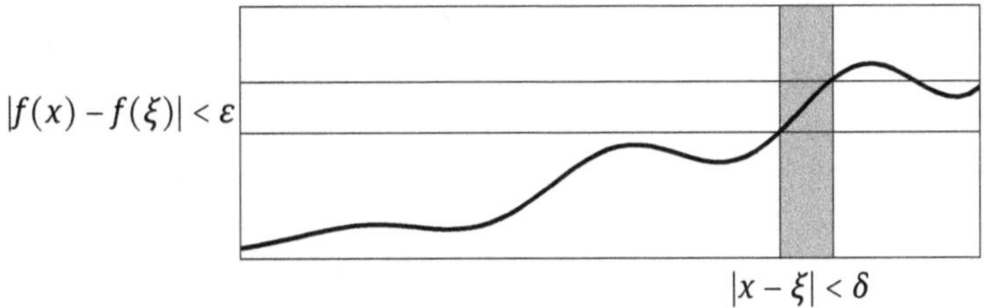

Abb. 3.8. Konzept der Stetigkeit

dem Mittelpunkt ξ festlegt, innerhalb dessen das Funktionsargument variieren kann, so ist die Funktion im Punkt ξ stetig. Diese Form der Stetigkeit wird entsprechend auch *punktweise Stetigkeit* genannt. Ist eine Funktion an jeder Stelle ihres Definitionsbereiches (punktweise) stetig, so wird sie *stetig* genannt.

Die Menge der auf einer offenen Teilmenge $D \subset \mathbb{R}$ stetigen Funktionen wird als $C^0(D)$ oder auch als $C(D)$ bezeichnet, wobei diese zweite Variante den Nachteil besitzt, mit $C^1(D)$ verwechselt werden zu können, was in Abschnitt 3.7.1 eingeführt wird.

Die punktweise Stetigkeit, bei der die Wahl von $\delta > 0$ sowohl von ε als auch von ξ abhängt, kann zur *gleichmäßigen Stetigkeit* verallgemeinert werden, indem der feste Punkt ξ fallen gelassen wird, so dass δ nur noch von ε abhängt. Eine Funktion $f : D \longrightarrow \mathbb{R}$ heißt genau dann gleichmäßig stetig, wenn für jedes beliebige $\varepsilon > 0$ ein $\delta > 0$ existiert, so dass für alle $x, \xi \in D$ gilt, dass aus $|x - \xi| < \delta$ stets $|f(x) - f(\xi)| < \varepsilon$ folgt. ξ ist also kein fester Punkt mehr, sondern irgendein Element aus dem Definitionsbereich D der Funktion. Damit ist jede gleichmäßig stetige Funktion automatisch auch punktweise stetig. Etwas hemdsärmelig formuliert, „kann sich eine gleichmäßig stetige Funktion nicht beliebig schnell ändern".

Eine alternative Betrachtungsweise der punktweisen Stetigkeit einer Funktion an der Stelle $\xi \in D$ basiert auf den links- und rechtsseitigen Grenzwerten

$$l = \lim_{x \longrightarrow \xi^-} f(x) \text{ und}$$
$$r = \lim_{x \longrightarrow \xi^+} f(x).$$

Existieren diese beiden Grenzwerte und gilt darüber hinaus $l = r = f(\xi)$, so ist die Funktion an der Stelle ξ stetig. Existieren sie und gilt nur $l = r$, so ist die Funktion an dieser Stelle zwar *unstetig*, die Unstetigkeit selbst ist aber *hebbar*, d. h. „behebbar", wenn man so möchte, indem eine Funktion $g(x)$ wie folgt definiert wird:

$$g(x) = \begin{cases} \lim\limits_{x \longrightarrow \xi^+} f(x) \text{ oder } \lim\limits_{x \longrightarrow \xi^-} f(x), & \text{falls } x = \xi \\ f(x) & \text{sonst.} \end{cases}$$

Diese Funktion verhält sich an allen Stellen ungleich ξ wie $f(x)$, ist jedoch bei ξ durch den rechts- oder auch linksseitigen Grenzwert von $f(x)$ an dieser Stelle definiert und somit stetig.[71]

Falls die links- und rechtsseitigen Grenzwerte l und r ungleich sind, so liegt ein *Sprung* der Funktion vor. Ein Beispiel für eine solche unstetige Funktion zeigt Abbildung 3.9 am Beispiel der GAUSS-Klammern, die ihr Argument auf die nächst kleinere ganze Zahl abrunden. Die Funktion $f : \mathbb{R} \longrightarrow \mathbb{Z}$ mit $f(x) = [x]$ ist offensichtlich an allen Punkten $\xi \in \mathbb{Z}$ unstetig, da hier jeweils ein Sprung vorliegt, d. h. die Änderung des Funktionswertes kann durch keine Wahl eines Intervalles um ξ herum beliebig klein gemacht werden.

3.4 Polynome

Eine wichtige Klasse von Funktionen stellen die sogenannten *Polynome*[72] dar. Bei einem Polynom vom *Grad n* handelt es sich um eine Funktion der allgemeinen Gestalt

$$p(x) = a_n x^n + a_{n-1} x^{n-1} + \cdots + a_1 x + a_0 = \sum_{i=0}^{n} a_i x^i \tag{3.21}$$

mit $a_i \in \mathbb{R}$, $a_n \neq 0$ und $n \in \mathbb{N}$. Eine solches Polynom wird auch als *ganzrationale Funktion* bezeichnet, und mitunter als $p_n(x)$ geschrieben, um seinen Grad zu betonen. Ein Polynom ist also eine Summe von Termen der allgemeinen Gestalt $a_i x^i$, wobei der Grad

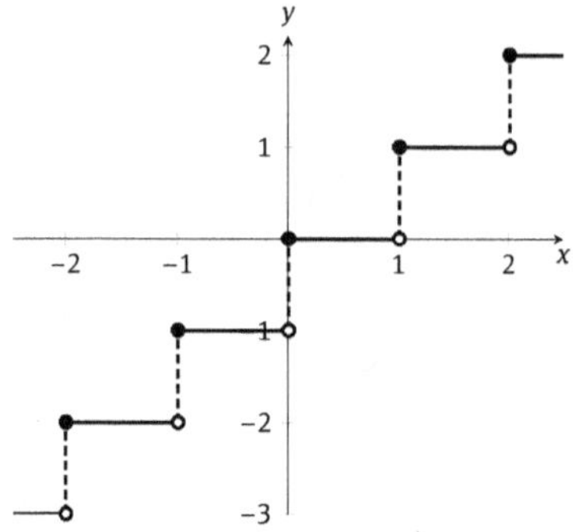

Abb. 3.9. Eine unstetige Funktion am Beispiel von $f(x) = [x]$

71 Vorsicht: die in Abbildung 3.7 näherungsweise dargestellte Funktion $f(x) = \frac{1}{x}$ ist stetig, da ihr Definitionsbereich $\mathbb{R} \setminus \{0\}$ ist! Gleiches gilt beispielsweise auch für die Tangensfunktion etc.

72 Die Bezeichnung leitet sich von den griechischen Wörtern πολύ und όνομα für „viele“ und „Name“ her und bringt zum Ausdruck, dass eine solche Funktion aus einer Vielzahl von Termen ähnlicher Struktur besteht.

des Polynoms dem höchsten auftretenden Exponenten entspricht. Die a_i sind die *Koeffizienten* des Polynoms. Der Koeffizient des Terms mit dem höchsten Exponenten, d. h. a_n im Falle eines Polynoms n-ten Grades, heißt *Leitkoeffizient.* Auch Polynome können normiert werden – ein normiertes Polynom besitzt den Leitkoeffizienten 1. Entsprechend wird der Term $a_n x^n$ eines solchen Polynoms auch als *Leitterm* bezeichnet. Eine Gleichung der Form

$$p_n(x) = 0$$

mit einem Polynom n-ten Grades heißt *algebraische Gleichung.*

Je nach Grad eines Polynoms handelt es sich um eine konstante Funktion (Grad 0), eine *lineare, quadratische, kubische* oder *quartische* Funktion (Grade 1, 2, 3 und 4). Die Funktion $f(x) = x^2$ ist also beispielsweise ein normiertes Polynom zweiten Grades, obwohl es aus lediglich einem Term besteht[73] und damit eine quadratische Funktion.

Sind zwei Polynome $p(x)$ und $q(x)$ gegeben, so heißt die Funktion

$$f(x) = \frac{p(x)}{q(x)}$$

(gebrochen) rationale Funktion. Offensichtlich ist die gebrochen rationale Funktion $f(x)$ für Werte x_i, für die $q(x_i) = 0$ gilt, nicht definiert, da die Division durch 0 nicht möglich ist. An solchen Stellen liegen offensichtlich Pole der gebrochen rationalen Funktion vor, d. h. es gilt $\lim_{x \longrightarrow x_i} f(x) = \pm\infty$. Bei den x_i handelt es sich um *Nullstellen* des Polynoms $q(x)$.[74]

Polynome sind ausgesprochen praktisch, wenn es beispielsweise darum geht, kompliziertere Funktionen oder Funktionen, die durch Messungen gegeben sind, durch eine einfachere Funktion, eben ein Polynom, anzunähern (siehe Abschnitt 3.9). Überhaupt sind Polynome sozusagen „angenehme" Objekte, da sie leicht abzuleiten und zu integrieren sind, wie sich in Abschnitt 3.7 zeigen wird.

3.4.1 Polynomdivision

Polynome lassen sich – ganz analog zur Division ganzer Zahlen – auch durcheinander dividieren, ein Vorgang, der entsprechend als *Polynomdivision* bezeichnet wird. Wird ein Polynom $p(x)$ des Grades n durch ein Polynom $q(x)$ des Grades m mit $m < n$ dividiert, so liefert dies einen Quotienten $s(x)$ sowie einen Rest $r(x)$, die beide wiederum Polynome sind, d. h. es gilt

$$p(x) = q(x)s(x) + r(x). \tag{3.22}$$

73 Solche Polynome, die aus nur einem Term bestehen, werden *Monome* genannt. Dies gilt entsprechend auch für die Terme des Ausdruckes (3.21).

74 Siehe Abschnitt 3.4.3.

$$
\begin{array}{llllll}
(3x^4 & +x^3 & -7x^2 & +5x & -3) & \div\ (2x^2\ -3x\ +1) = \frac{3}{2}x^2 + \frac{11}{4}x - \frac{1}{8} + r(x) \\
-3x^4 & +\frac{9}{2}x^3 & -\frac{3}{2}x^2 & & & \\
\hline
 & \frac{11}{2}x^3 & -\frac{17}{2}x^2 & +5x & & \\
 & -\frac{11}{2}x^3 & +\frac{33}{4}x^2 & -\frac{11}{4}x & & \\
\hline
 & & -\frac{1}{4}x^2 & +\frac{9}{4}x & -3 & \\
 & & \frac{1}{4}x^2 & -\frac{3}{8}x & +\frac{1}{8} & \\
\hline
 & & & \frac{15}{8}x & -\frac{23}{8} &
\end{array}
$$

Abb. 3.10. Division des Polynoms $p(x) = 3x^4 + x^3 - 7x^2 + 5x - 3$ durch das Polynom $q(x) = 2x^2 - 3x + 1$

Das Beispiel in Abbildung 3.10 zeigt die Division des Polynoms $p(x) = 3x^4 + x^3 - 7x^2 + 5x - 3$ durch das Polynom $q(x) = 2x^2 - 3x + 1$. Der Quotient $s(x)$ ist gleich $\frac{3}{2}x^2 + \frac{11}{4}x - \frac{1}{8}$, der Divisionsrest ist $r(x) = \frac{15}{8}x - \frac{23}{8}$, womit (3.22) erfüllt ist.

Abschweifung: CRC

Nahezu alle modernen Datenübertragungsverfahren nutzen eine Variante dieser Polynomdivision zur Erzeugung sogenannter *zyklischer Redundanzprüfsummen*. Diese werden meist kurz *CRC*, kurz für *cyclic redundancy checksum*, genannt, wobei die Bezeichnung *Checksum*, d. h. *Prüfsumme*, eigentlich irreführend ist, da die Grundlage dieses Verfahrens eben keine einfache Summenbildung, sondern vielmehr eine Polynomdivision ist.

Das im Folgenden dargestellte und bis heute genutzte Verfahren wurde von WILLIAM WESLEY PETERSON[75] entwickelt und 1961 veröffentlicht. Die Grundidee ist, die einzelnen Bits einer zu übertragenden Nachricht als Koeffizienten eines Nachrichtenpolynoms $m(x)$ aufzufassen, das entsprechend als *binäres* bzw. *dyadisches Polynom* bezeichnet wird, da seine Koeffizienten nur die Werte 0 oder 1 annehmen können.

Exemplarisch sei die Nachricht „ab“ zu übertragen, deren binäre Repräsentation in ASCII-Darstellung `01100001 01100010` ist. Hieraus ergibt sich ein Nachrichtenpolynom 14. Grades der Form

$$m(X) = x^{14} + x^{13} + x^8 + x^6 + x^5 + x.$$

An die zu übermittelnde Bitfolge wird vom Sender eine CRC-Bitfolge angehängt, mit deren Hilfe der Empfänger mit hoher Wahrscheinlichkeit eine Vielzahl möglicher Übertragungsfehler erkennen kann.[76] Hierzu wird das Nachrichtenpolynom in leicht abgewandelter Form durch ein sogenanntes *Generatorpolynom* dividert. Der sich hierbei ergebende Rest stellt die CRC-Bitfolge dar, die – zusammen mit der eigentlichen Nachricht – an den Empfänger gesandt wird.

75 22.04.1924–06.05.2009

76 Eine automatische Korrektur von Übertragungsfehlern ist nur selten nötig, sofern die Latenz des betreffenden Netzwerkes hinreichend klein ist, um fehlerhaft übertragene *Datenpakete* erneut anfordern zu können. Entsprechend beschränkt man sich in der Mehrzahl der Fälle auf die Erkennung von Übertragungsfehlern.

```
0 1 1 0 0 0 0 1 0 1 1 0 0 0 1 0 0 0 0 0 ÷ 1 0 0 1 1
  1 0 0 1 1
 ----------
    1 0 1 1
    1 0 0 1 1
   ----------
        1 0 1
        1 0 0 1 1
       ----------
            1 0 1
            1 0 0 1 1
           ----------
                1 0 0
                1 0 0 1 1
               ----------
                      1 1
                      1 0 0 1 1
                     ----------
                        1 0 0 1
                        1 0 0 1 1
                       ----------
                                1 0 0 0
```

Abb. 3.11. CRC-Beispielrechnung, Senderseite

In diesem Beispiel wird ein Generatorpolynom vierten Grades der Form

$$g(x) = x^4 + x + 1$$

verwendet, das durch Angabe seiner Koeffizienten 10011 repräsentiert wird.[77] Ist allgemein der Grad des Generatorpolynoms gleich n, so wird die zu übertragende Nachricht vor der Durchführung der Polynomdivision rechts durch n Nullbits ergänzt. Die eigentliche Division hat also die in Abbildung 3.11 gezeigte Gestalt, wobei lediglich mit den Koeffizienten gerechnet wird.

Da es sich sowohl beim Nachrichten- als auch beim Generatorpolynom um Polynome mit binären Koeffizienten handelt, sind die einzelnen Subtraktionsschritte dieser besonderen Polynomdivision ausgesprochen einfach, da die Subtraktionen ohne Überträge erfolgen und somit anstelle echter Subtraktionen Exklusivoderverknüpfungen $\oplus$ eingesetzt werden können, es handelt sich also *nicht* um eine Division zweier ganzer Zahlen in Binärdarstellung, sondern wirklich um eine Polynomdivision!

Der Divisionsrest in diesem Beispiel ist 1000. Der Sender überträgt nun nach Berechnung dieses Restes die Bitfolge 01100001 01100010 1000 an den Empfänger, die aus der *Konkatenation*, d. h. der Aneinanderreihung der ursprünglichen Nachrichtenbitfolge sowie des Divisionsrestes entsteht.

Da der Empfänger vom Sender die rechts nicht um vier Nullbits, sondern um den Divisionsrest ergänzte Nachrichtenbitfolge übermittelt bekommt, kann dort die gleiche Rechnung durchgeführt werden, an deren Ende sich kein Divisionsrest ergibt, wenn die Nachrichtenübertragung fehlerfrei verlief. Wurden hingegen bei der Übertragung Nachrichten- oder Prüfsummenbits, beispielsweise durch Rauschen, Übersprechen zwischen Leitungen, Echoeffekte etc. verfälscht, wird sich mit hoher Wahrscheinlichkeit[78] auf Empfängerseite ein Divisionsrest ungleich Null ergeben. In diesem Fall wird der

77 Dieses spezielle Generatorpolynom wird auch als *CRC-4* bezeichnet.

78 Eine ausführlichere Betrachtung der mit Hilfe dieses Verfahrens detektierbaren Fehlervariationen findet sich beispielsweise in (MÜNCHRATH, 1976, S. 56 f.).

```
0 1 1 0 0 0 0 1 0 1 1 0 0 0 1 0 1 0 0 0 ÷ 1 0 0 1 1
  1 0 0 1 1
  ---------
    1 0 1 1
    1 0 0 1 1
    ---------
        1 0 1
        1 0 0 1 1
        ---------
            1 0 1
            1 0 0 1 1
            ---------
                1 0 0
                1 0 0 1 1
                ---------
                      1 1
                      1 0 0 1 1
                      ---------
                        1 0 0 1
                        1 0 0 1 1
                        ---------
                                0 0 0 0
                                -------
```

Abb. 3.12. CRC-Beispielrechnung, Empfängerseite

Empfänger die eben empfangene, aber gestörte Bitfolge erneut vom Sender anfordern. Bei fehlerfreier Übertragung ergibt sich auf Empfängerseite das in Abbildung 3.12 darstellte Bild.

So aufwendig dieses Verfahren auf den ersten Blick aussieht, lässt es sich technisch ausgesprochen einfach mit Hilfe eines sogenannten *rückgekoppelten Schieberegisters* implementieren.[79] Typischerweise werden hierbei jedoch Generatorpolynome deutlich höheren Grades als das zuvor verwendete CRC-4-Polynom eingesetzt, da mit steigendem Grad des Generatorpolynoms quasi die „Empfindlichkeit" der Prüfsumme bezüglich Übertragungsfehlern steigt. So wird beispielsweise bei Ethernet-basierten Netzwerken das folgende Generatorpolynom 32. Grades verwendet:

$$G(x) = x^{32} + x^{26} + x^{23} + x^{22} + x^{16} + x^{12} + x^{11} + x^{10} + x^8 + x^7 + x^5 + x^4 + x^2 + x + 1.$$

3.4.2 Horner-Schema

Polynome gehören zu den am häufigsten in praktischen Anwendungen eingesetzten mathematischen Strukturen, da sich, wie in Kapitel 3.9 gezeigt wird, mit ihnen unter anderem beispielsweise andere, deutlich komplexere Funktionen approximieren und damit z. B. mit geringerem Rechenaufwand auswerten lassen. Entsprechend wichtig ist es, den Wert $p(x)$ für gegebene Werte x möglichst effizient bestimmen zu können. Ein Polynom n-ten Grades der Form

$$p(x) = a_n x^n + a_{n-1} x^{n-1} + \cdots + a_1 x + a_0 \tag{3.23}$$

---

79 Siehe Münchrath (1976).

lässt sich für gegebenes x natürlich direkt auswerten, allerdings werden hierfür nicht nur $n - 1$ Additionen benötigt, sondern es müssen auch die auftretenden Potenzen von x berechnet werden, was zu einer Vielzahl von Multiplikationen führt. Die Additionen sind quasi „harmlos“, da sie maschinell sehr effizient ausgeführt werden können. Ganz anders verhält es sich jedoch mit den Multiplikationen zur Berechnung der x^i – eine Gleitkommamultiplikation benötigt deutlich mehr Zeit als eine einfache Addition.

Bei einer solchen direkten Auswertung eines Polynoms werden zunächst $n - 1$ Multiplikationen zur Bildung von $x^2, x^3, \ldots, x^n$ benötigt. Darüber hinaus sind n weitere Multiplikationen dieser Potenzen von x mit ihren jeweiligen Koeffizienten notwendig. Alles in allem ergeben sich so $n - 1$ Additionen und $2n - 1$ Multiplikationen für die Auswertung eines einzigen Polynoms der Gestalt (3.23).

Eine wesentlich effizientere Form der Polynomauswertung wurde von William George Horner[80] entwickelt. Das Polynom (3.23) lässt sich durch Ausklammern in die Form

$$p(x) = a_0 + x\left(a_1 + x\left(a_2 + x\left(a_3 + \cdots + xa_n\right)\right)\right) \tag{3.24}$$

bringen, zu deren Auswertung nur noch n anstelle von $2n - 1$ Multiplikationen notwendig sind, was den Rechenaufwand gegenüber der direkten Herangehensweise nahezu halbiert.

Beispiel 33:
Es sei das Polynom

$$p(x) = 7x^4 - 3x^3 + 5x^2 - 9x + 1 \tag{3.25}$$

an der Stelle $x = 5$ mit Hilfe des Horner-Schemas auszuwerten. Mit (3.24) ergibt sich

$$p(x) = 1 + x(-9 + x(5 + x(-3 + 7x))),$$

zu dessen Auswertung vier Additionen und vier Multiplikationen benötigt werden, während die direkte Auswerung von (3.25) vier Additionen und sieben Multiplikationen erfordern würde.

Mit Hilfe des Horner-Schemas lassen sich übrigens auch elegant aus Ziffern bestehende Zeichenketten in Zahlen umwandeln – eine Operation, die stets durchgeführt werden muss, wenn Zahlen manuell in einen Rechner eingegeben werden oder aus Dateien als Ziffernfolgen gelesen werden. Die folgende kleine C-Funktion zeigt das Verfahren:

convert.c

```c
unsigned int convert(char *string)
{
    unsigned int value = 0;

    while (*string)
        value = 10 * value + *string++ - '0';
    return value;
}
```

convert.c

---

80 1786 (das genaue Geburtsdatum ist interessanterweise nicht bekannt) –22.09.1837

Abschweifung:
Beginnend in den späten 1950er Jahren begann KENNETH E. IVERSON[81] mit der Entwicklung einer neuen mathematischen Notation, aus der in den frühen 1960er Jahren die Programmiersprache *APL*, kurz für *A Programming Language*, entstand. Diese Programmiersprache ist nicht nur wegen ihrer unglaublich knappen und leistungsfähigen Notation hochinteressant, sondern zeichnet sich auch dadurch aus, dass arithmetische Ausdrücke konsequent von rechts nach links und nicht, wie sonst üblich, von links nach rechts ausgewertet werden. Entsprechend liefert `3 × 2 + 1` in APL das Resultat `9`, wobei das Sonderzeichen × die Multiplikationsoperation in APL repräsentiert.

So ungewohnt diese Art der Auswertung von Ausdrücken ist, bringt sie einen großen Vorteil mit sich: In der Regel können Ausdrücke mit deutlich weniger Klammern als bei traditioneller Schreibweise notiert werden, was insbesondere bei der Auswertung von Polynomen nach dem HORNER-Schema augenfällig wird: Das Polynom $ex^4 + dx^3 + cx^2 + bx + a$, das mit Hilfe des HORNER-Schemas in traditionellen Programmiersprachen als

```
a + x * (b + x * (c + x * (d + x * e)))
```

geschrieben werden kann, lässt sich in APL völlig klammerfrei als

```
a + x × b + x × c + x × d + x × e
```

notieren.[82]

Der effizienten Auswertung von Polynomen kommt in der Praxis eine derart große Bedeutung zu, dass in der *VAX*-Computerarchitektur – einer der einflussreichsten Prozessorarchitekturen der 1970er und 1980er Jahre – sogar eine spezielle Maschineninstruktion namens `POLYF` vorgesehen war, mit deren Hilfe Polynome nach dem HORNER-Schema mit einer einzigen Instruktion anstelle einer explizit programmierten Schleife ausgewertet werden können.[83] Moderne Prozessoren implementieren zwar nicht mehr solche hochspezialisierten Instruktionen, das *Horner*-Schema wird aber dennoch häufig angewandt, wenn Polynome auszuwerten sind.

3.4.3 Nullstellen

Unter einer Nullstelle eines Polynoms $p(x)$ versteht man einen Wert x_0, für den $p(x_0) = 0$ gilt. Das Auffinden von Nullstellen ist beispielsweise hilfreich, wenn es um das Zeichnen des Graphen und allgemein um das Verständnis des Verhaltens eines bestimmten Polynoms geht.

Ein Polynom 0-ten Grades, das also lediglich aus dem Koeffizienten a_0 besteht, ist nur dann Null, wenn $a_0 = 0$ gilt. Ansonsten beschreibt es eine parallel zur x-Achse verlaufende Gerade. Ein Polynom ersten Grades, d. h. ein Ausdruck der Form $p(x) = a_1x + a_0$ hat seine einzige Nullstelle bei

$$x_0 = -\frac{a_0}{a_1},$$

81 17.12.1920–19.20.2004

82 Siehe IVERSON (1981).

83 Siehe beispielsweise (SOWELL, 1987, S. 385).

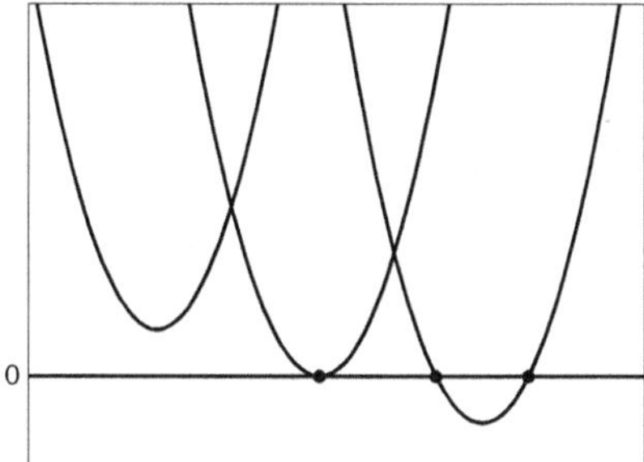

Abb. 3.13. Mögliche Lagen einer Parabel

wie sich direkt durch Auflösen der Gleichung $a_1x + a_0 = 0$ ergibt.

Interessanter ist jedoch bereits ein Polynom 2-ten Grades, ein sogenanntes *quadratisches Polynom* der allgemeinen Form

$$p(x) = a_2x^2 + a_1x + a_0. \tag{3.26}$$

Ganz anschaulich beschreibt ein solches Polynom stets etwas im Wesentlichen parabelförmiges.[84] Liegt die gesamte Parabel über der x-Achse, so besitzt ein solches Polynom gar keine Nullstelle. Berührt die Parabel die x-Achse genau in ihrem Scheitelpunkt, so existiert eine Nullstelle; liegt der Scheitelpunkt der Parabel unterhalb der x-Achse, so existieren zwei Nullstellen, wie in Abbildung 3.13 zu sehen ist.

Zur Nullstellenbestimmung lässt sich das quadratische Polynom (3.26) normieren, d. h. auf die Form

$$x^2 + px + q = 0,$$

bringen, indem durch a_2 dividiert wird, wobei entsprechend

$$p = \frac{a_1}{a_2} \text{ und } q = \frac{a_0}{a_2}$$

gilt.

Zur Bestimmung der Nullstellen eines solchen normierten quadratischen Polynoms kann die bekannte p,q-Formel verwendet werden, die wie folgt hergeleitet werden kann: Zunächst wird der Term q auf die rechte Seite der Gleichung gebracht:

$$\begin{aligned} x^2 + px + q &= 0 \\ x^2 + px &= -q. \end{aligned}$$

Dann kommt ein typischer Mathematikertrick: Auf beiden Seiten wird der Term $\left(\frac{p}{2}\right)^2$ addiert, womit sich

$$x^2 + px + \left(\frac{p}{2}\right)^2 = \left(\frac{p}{2}\right)^2 - q$$

84 Im Folgenden werden der Einfachheit halber nur nach oben geöffnete Parabeln betrachtet.

ergibt. Der Term px auf der linken Seite lässt sich nun als $2x\frac{p}{2}$ umschreiben:

$$x^2 + 2x\frac{p}{2} + \left(\frac{p}{2}\right)^2 = \left(\frac{p}{2}\right)^2 - q.$$

Damit ergibt sich auf der linken Seite ein Ausdruck, der sich mit Hilfe der *binomischen Formel*[85] $(a+b)^2 = a^2 + 2ab + b^2$ in das Quadrat eines Binoms umformen lässt:

$$\left(x + \frac{p}{2}\right)^2 = \left(\frac{p}{2}\right)^2 - q.$$

Wurzelziehen und Umstellen liefert die berühmte p,q-Formel:[86]

$$x = -\frac{p}{2} \pm \sqrt{\left(\frac{p}{2}\right)^2 - q}$$

Der Term $\left(\frac{p}{2}\right)^2 - q$ unter der Wurzel wird als *Diskriminante*[87] bezeichnet, da dieser Term bestimmt, ob das zugrunde liegende Polynom keine, eine oder zwei Nullstellen besitzt. Ist die Diskriminante negativ, so liegt die Parabel vollständig über der x-Achse, und das Polynom hat keine Nullstelle. Ist sie Null, berührt die Parabel die x-Achse in genau einem Punkt; ist sie positiv besitzt das Polynom zwei Nullstellen

$$x_1 = -\frac{p}{2} + \sqrt{\left(\frac{p}{2}\right)^2 - q} \text{ und}$$

$$x_2 = -\frac{p}{2} - \sqrt{\left(\frac{p}{2}\right)^2 - q}.$$

---

i **Beispiel 34:**
Es seien die Nullstellen des quadratischen Polynoms

$$p(x) = 2x^2 - 4x - 2$$

zu bestimmen. Nach Normieren ergeben sich $p = -2$ und $q = -1$, d. h. die Diskriminante $\left(\frac{p}{2}\right)^2 - q = 2$ ist positiv, und die beiden Nullstellen sind entsprechend gleich $x_1 = 1 + \sqrt{2}$ und $x_2 = 1 - \sqrt{2}$.

Besitzt ein Polynom $p(x)$ eine Nullstelle x_1, so lässt es sich durch einen sogenannten *Linearfaktor* der Form $x - x_1$ ohne Rest dividieren, d. h. es ist

$$\frac{p(x)}{x - x_1} = s(x),$$

85 So genannt, weil sie ein Produkt zweier *Binome* beschreibt. Ein Binom ist ein Ausdruck der Form $a + b$.

86 Das $\pm$ vor der Wurzel resultiert aus der Tatsache, dass $\sqrt{x^2} = |x|$ gilt. So wird beispielsweise die quadratische Gleichung $x^2 = 4$ sowohl durch $x = 2$ als auch durch $x = -2$ gelöst.

87 Vom lateinischen „discriminare", „unterscheiden" oder „trennen".

wobei $s(x)$ analog zu Abschnitt 3.4.1 der bei der Polynomdivision entstehende Quotient ist.

Da ein quadratisches Polynom höchsten zwei Nullstellen besitzen kann, lässt sich das normierte Polynom $x^2 - 2x - 1$ aus Beispiel 34 ohne Rest durch die beiden Linearfaktoren $x - x_1$ und $x - x_2$ dividieren, es gilt also

$$x^2 - 2x - 1 = (x - x_1)(x - x_2).$$

Lässt sich umgekehrt ein Polynom mit zunächst unbekannten Nullstellen in derartige Linearfaktoren zerlegen, so liefert jeder Linearfaktor eine Nullstelle. Tritt hierbei ein Linearfaktor der Form $x - x_i$ mehrmals auf, so handelt es sich bei x_i um eine sogenannte *mehrfache Nullstelle*, wobei der Grad der Mehrfachheit der Anzahl des Auftretens dieses Linearfaktors entspricht.

Nullstellen von kubischen und quartischen Polynomen, d. h. Polynomen der Grade 3 und 4, lassen sich mit Hilfe der bereits erwähnten wesentlich komplizierteren *Cardanischen Formeln* bestimmen. In der Praxis ist es oft schneller, eine Nullstelle x_1 zu raten und dann den Grad des Polynoms durch Polynomdivision durch den Linearfaktor $x - x_1$ um eins zu verringern.[88]

Die in Abschnitt 1.4.5 angesprochenen transzendenten Zahlen sind übrigens niemals Nullstellen eines Polynoms mit Koeffizienten $a_i \in \mathbb{Q}$.

3.5 Exponentialfunktion und Logarithmen

Eine weitere wesentliche Funktion ist die sogenannte *natürliche Exponentialfunktion*, häufig auch nur als *Exponentialfunktion* bezeichnet, die im Folgenden näher behandelt wird.

Die in Beispiel 28 eingeführte EULERsche Zahl e ist die Grundlage dieser speziellen Funktion, wobei der Namenszusatz *natürlich* daher rührt, dass die Basis e in quasi natürlicher Art und Weise an vielen Stellen in Mathematik, Naturwissenschaft und Technik auftritt. Beispielsweise lassen sich mit ihr Wachstumsprozesse aller Art beschreiben, sie spielt eine wesentliche Rolle in der Differential- und Integralrechnung etc.[89] Im Folgenden wird der Einfachheit halber nur der Begriff *Exponentialfunktion*

---

88 Interessanterweise lässt sich beweisen, dass es keine solchen geschlossenen Lösungsformeln für die Nullstellenbestimmung von Polynomen höheren Grades gibt (siehe beispielsweise STEWART (2013)). In Abschnitt 3.7.2.4 wird ein numerisches Verfahren zur Nullstellenbestimmung dargestellt, das in solchen Fällen eingesetzt werden kann.

89 In KUNZ (1961) findet sich eine sehr schöne Interpretation der Exponentialfunktion aus physikalischer Sicht. BARBOLOSI (2015) beschreibt unter anderem die Modellierung von Tumorwachstum und Metastasierung sowie mögliche Therapieansätze, die zentral auf Exponentialfunktionen beruhen.

verwendet, wenn von der Funktion

$$\exp(x) = e^x$$

die Rede ist. Eine Möglichkeit der Darstellung der Funktion $\exp(x)$ ist der aus Beispiel 28 bekannte Folgengrenzwert

$$\exp(x) = \lim_{i \longrightarrow \infty} \left(1 + \frac{x}{i}\right)^i. \tag{3.27}$$

Neben dieser Darstellung wird häufig auch die folgende Reihendarstellung für $\exp(x)$ genutzt:[90]

$$\exp(x) = \sum_{i=0}^{\infty} \frac{x^i}{i!}. \tag{3.28}$$

Hierbei bezeichnet $i!$ die sogenannte *Fakultät* der $i \in \mathbb{N}_0$, die rekursiv als

$$i! = \begin{cases} 1 & \text{falls } i = 0, \\ i \cdot (i-1)! & \text{sonst} \end{cases}$$

definiert ist. Anschaulich ist $i!$ also das Produkt aller natürlichen Zahlen kleiner gleich i, wobei $0! = 1$ gilt.[91]

Ganz anschaulich ist die in Abbildung 3.14 dargestellte Exponentialfunktion bijektiv, so dass auch ihre Umkehrfunktion, der ebenfalls in 3.14 dargestellte sogenannte *natürliche Logarithmus* existiert. Bezeichnet wird der natürliche Logarithmus mit $\ln(x)$, was sich vom lateinischen *logarithmus naturalis* herleitet. Der Definitionsbereich von $\exp(x)$ ist gleich $\mathbb{R}$, während der Wertebereich $\mathbb{R}^+ \setminus \{0\}$ ist. Entsprechend sind Definitions- und Wertebereich von $\ln(x)$ gleich $\mathbb{R}^+ \setminus \{0\}$ und $\mathbb{R}$. Sowohl die Exponentialfunktion als auch der Logarithmus sind unbeschränkt.

Da die Exponentialfunktion umgekehrt auch als Umkehrfunktion des Logarithmus angesehen werden kann, wird sie mitunter – vor allem in älteren Publikationen – auch als *Antilogarithmus* bezeichnet.

Allgemein können natürlich Exponentialfunktionen der Form $f(x) = b^x$ mit beliebiger Basis b ungleich e gebildet werden, für die entsprechend ebenfalls als Logarithmus bezeichnete Umkehrfunktionen existieren. Logarithmen zu beliebigen Basen b werden, analog zur Zahlendarstellung in Abschnitt 1.6.2, als

$$\log_b(y)$$

notiert. Offenbar hat die Funktion $\log_b(x)$ eine Nullstelle bei $x = 1$, da $b^0 = 1 \ \forall\ b \in \mathbb{R}$ gilt.

---

90 Siehe Abschnitt 3.9.5.

91 Der Wert $i!$ beschreibt beispielsweise, auf wie viele verschiedene Arten sich i Dinge anordnen lassen.

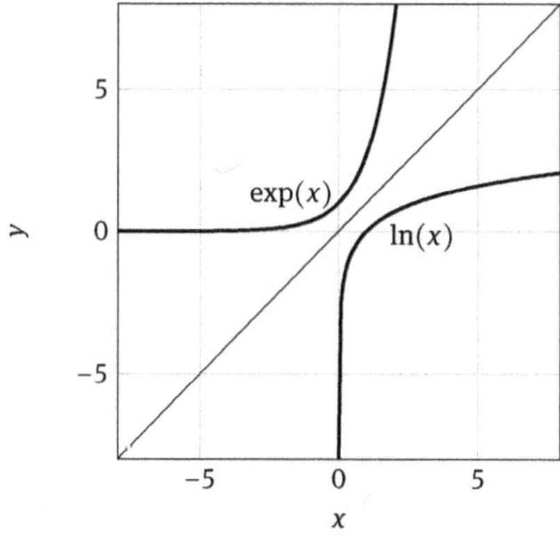

Abb. 3.14. $\exp(x)$ und $\ln(x)$

Abschweifung: 0^0

In diesem Zusammenhang stellt sich schnell die Frage, welchen Wert 0^0 besitzt. Hierzu kann man verschiedene Standpunkte einnehmen: Häufig wird 0^0 als undefiniert betrachtet. Einige Autoren weisen diesem Ausdruck jedoch den Wert 0 auf Basis der Überlegung zu, dass $0^n = 0 \forall n \in \mathbb{N}$ und sogar für $n \in \mathbb{R}$ gilt. Analog hierzu lässt sich allerdings auch argumentieren, dass $0^0 = 1$ gilt, da $x^0 = 1 \forall x \in \mathbb{R} \setminus \{0\}$.

Die pragmatischste Haltung bezüglich dieser Fragestellung vertritt vermutlich DONALD E. KNUTH in (KNUTH, 1992, S. 408),[92] der unter Hinweis auf die Binomialformel[93]

$$(x+y)^n = \sum_{i=0}^{n} \binom{n}{k} x^i y^{n-i} \tag{3.29}$$

zur Frage, ob 0^0 undefiniert sein sollte, schreibt:

> "But no, no, ten thousand times no! Anybody who wants the binomial theorem [(3.29)] to for at least one nonnegative integer n *must* believe that $0^0 = 1$, for we can plug in $x = 0$ and $y = 1$ to get 1 on the left and 0^0 on the right."

Entsprechend wird auch im vorliegenden Buch $0^0 = 1$ verwendet.

Da der Logarithmus die Umkehrfunktion der Exponentialfunktion zur Basis b ist, gilt allgemein

$$b^{\log_b(x)} = x.$$

Eine besondere Rolle kommt hierbei den speziellen Basen $b = 10$ und $b = 2$ zu. Die entsprechenden Logarithmusfunktionen werden im Falle $b = 10$ als *dekadischer*

92 Diese Quelle ist auch ganz allgemein ausgesprochen lesenswert.

93 Siehe Abschnitt 4.2.3.

oder auch *Briggsscher Logarithmus*[94] beziehungsweise im Fall $b = 2$ als *Logarithmus dualis* bezeichnet, wofür meist die Funktionsbezeichnungen $\log(x)$, manchmal auch kurz $\lg(x)$, beziehungsweise $\mathrm{ld}(x)$ verwendet werden.

So abstrakt das zunächst wirkt, spielen Logarithmen in nahezu allen Bereichen des Lebens eine zentrale Rolle. Eine der frühesten und wichtigsten Anwendungen ist die Überführung einer Multiplikation, die manuell nur mühsam und fehleranfällig durchzuführen ist, in eine geeignete Addition mit nachfolgender Potenzierung. Der bereits erwähnte Michael Stifel verwendete schon in Stifelio (1544) das Potenzgesetz $b^n b^m = b^{n+m}$ für die Lösung solcher Aufgaben: Angenommen, es seien zwei Zahlen x und y miteinander zu multiplizieren, die in der Form $x = b^n$ und $y = b^m$ dargestellt werden können, so dass n und m bekannt sind, so kann anstelle der direkten Multiplikation $x \cdot y$ einfacher $n + m$ gerechnet und danach die Potenz b^{n+m} gebildet werden.

Mit natürlichen Zahlen n und m ist das Verfahren naheliegend, wie das folgende Beispiel mit $b = 10$ anhand der Multiplikation von 100 mit 1000 zeigt: Zunächst sind $100 = 10^2$ und $1000 = 10^3$. Anstelle der direkten Multiplikation wird $10^{2+3} = 10^5$ gerechnet, was das erwartete Ergebnis 100000 liefert.

Wenn diese Idee auf Exponenten $x \in \mathbb{R}$ verallgemeinert wird, was das Verdienst John Napiers[95] ist, so lassen sich mit Hilfe von Tabellen, sogenannten *Logarithmentafeln*,[96] aus denen sowohl die Potenzen $y = b^x$ als auch umgekehrt die Logarithmen $x = \log_b(y)$ abgelesen werden können, Multiplikationen und Divisionen auf Additionen und Subtraktionen zurückführen.[97]

Beispiel 35:
Abbildung 3.15 zeigt einen Ausschnitt aus einer historischen Logarithmentafel zur Basis $b = 10$. Eine solche Tabelle enthält in der Regel die Logarithmen $\log(x)$ für Werte $1 \le x < 10$, was nicht ohne Grund an die normalisierte Mantisse einer Gleitkommazahl erinnert.

Angenommen, es sei die Rechnung $6305{,}7 \cdot 6310$ durchzuführen, so werden diese beiden Werte zunächst wie in Abschnitt 1.6.5 beschrieben normalisiert, d. h. in das Format $6{,}3057 \cdot 10^3$ und $6{,}31 \cdot 10^3$ umgewandelt. In der Tabelle finden sich nun für die Werte 6,3057 und 6,31 die zugehörigen Näherungswerte der Logarithmen $\log(6{,}3057) \approx 0{,}7997333$ und $\log(6310) \approx 0{,}8000294$.

Da der Wert 6305,7 als $6{,}3057 \cdot 10^3$ dargestellt wurde, was letztlich einer normalisierten Gleitkommazahl entspricht, und darüber hinaus $\log(10^3) = 3$ gilt, ist $\log(6305{,}7) \approx 3{,}7997333$. Die

94 Benannt nach Henry Briggs (Februar 1561–26.01.1630).

95 1550–03.04.1617, mitunter auch Neper geschrieben.

96 Die erste solche Logarithmentafel zur Basis $b = 10$ wurde von Henry Briggs im Jahre 1624 unter dem Titel *Arithmetica Logarithmica* veröffentlicht. In Roegel (2010) findet sich eine umfassende Darstellung der Verfahren, die Briggs hierbei anwandte. Ebenfalls interessant in diesem Zusammenhang ist *LOCOMAT*, kurz für *Loria Collection of Mathematical Tables*, `http://locomat.loria.fr`, Stand 05.11.2014.

97 Analog hierzu lassen sich beispielsweise auch beliebige Potenzen und damit auch Wurzeln berechnen, indem bekannte Exponenten entsprechend multipliziert beziehungsweise dividiert werden.

112

N.	0	1	2	3	4	5	6	7	8	9	P. P.
6300	799 3405	3474	3543	3612	3681	3750	3819	3888	3957	4026	
01	4095	4164	4233	4302	4370	4439	4508	4577	4646	4715	
02	4784	4853	4922	4991	5060	5129	5197	5266	5335	5404	
03	5473	5542	5611	5680	5749	5818	5886	5955	6024	6093	
04	6162	6231	6300	6369	6438	6506	6575	6644	6713	6782	
05	6851	6920	6989	7058	7126	7195	7264	7333	7402	7471	
06	7540	7609	7677	7746	7815	7884	7953	8022	8091	8159	
07	8228	8297	8366	8435	8504	8573	8641	8710	8779	8848	
08	8917	8986	9055	9123	9192	9261	9330	9399	9468	9536	
09	9605	9674	9743	9812	9881	9949	$\bar{0}018$	$\bar{0}087$	$\bar{0}156$	$\bar{0}225$	
6310	800 0294	0362	0431	0500	0569	0638	0707	0775	0844	0913	
11	0982	1051	1119	1188	1257	1326	1395	1463	1532	1601	69
12	1670	1739	1808	1876	1945	2014	2083	2152	2220	2289	1 | 6.9
13	2358	2427	2495	2564	2633	2702	2771	2839	2908	2977	2 | 13.8

Abb. 3.15. Ausschnitt aus einer Logarithmentafel von 1889 ((Vega, 1889, S. 112))

Vorkommastelle eines Logarithmus wird meist als seine *Charakteristik* bezeichnet, während die Nachkommastellen *Mantisse* genannt werden.

Die beiden Werte 3,7997333 und 3,8000294 werden nun addiert, was 7,5997627 ergibt. Die zur Mantisse 0,5997627 gehörige Zehnerpotenz wird nun wieder mit Hilfe der Logarithmentafel bestimmt. Leider liefert sie hierfür keinen genauen Wert – die beiden nächstgelegenen Werte sind 39788 und 39789, wobei der letztere näher liegt.[98] Insgesamt ergibt sich also das gesuchte Produkt von 6305,7 und 6310 näherungsweise zu $3{,}9789 \cdot 10^7$, was sehr nahe am richtigen Wert 39788967 liegt.

Aus heutiger Sicht ist kaum mehr vorstellbar, dass derartige Logarithmentafeln über Jahrhunderte hinweg unverzichtbare Rechenhilfsmittel waren, ohne welche technische Meisterleistungen vergangener Zeiten undenk- beziehungsweise zumindest unrealisierbar gewesen wären. Entsprechend wichtig war ihre weitgehende Fehlerfreiheit, was nicht nur Charles Babbage zur Entwicklung der bereits erwähnten Difference Engine veranlasste, sondern auch schön im Vorwort der Logarithmentafel (Vega, 1889, S. IX f.) zum Ausdruck gebracht wird:

> Zur Erlangung eines möglichst fehlerfreien Druckes sind vor der Stereotypie drei Probeabzüge gelesen und einer nach den fertigen Platten. Die beiden ersten Probedrucke wurden durch Vergleichung mit dem Manuscript berichtigt, der dritte dagegen durch Differenzen geprüft um gegen Schreibfehler im Manuscript gesichert zu sein. Endlich ist die letzte Decimalstelle mit Gardiner, Babbage, Callet und theilweise mit Taylor verglichen...

Das letzte große Projekt, derartige Tafelwerke manuell zu berechnen, war das *Mathematical Tables Project*, das 1938 von der *Works Progress Administration*, kurz *WPA*, als Arbeitsbeschaffungsmaßnah-

98 Bei erhöhten Genauigkeitsanforderungen müsste nun zwischen diesen Werten geeignet *interpoliert* werden – mehr hierzu findet sich in Abschnitt 3.9.

Tab. 3.2. Wahrscheinlichkeiten für die Anfangsziffern empirisch erhobener numerischer Werte

1	30,1%	4	9,7%	7	5,8%
2	17,6%	5	7,9%	8	5,1%
3	12,5%	6	6,7%	9	4,6%

me initiiert wurde. Das Projekt beschäftigte 450 menschliche „Computer"[99] und lief über einen Zeitraum von 10 Jahren, womit es sogar die WPA selbst um fünf Jahre überlebte. In dieser Zeit wurden 28 Bände mit Funktionstabellen erstellt und eine Reihe von komplexen und rechenintensiven Auftragsrechnungen durchgeführt, die beispielsweise für das *LORAN*[100]-Radionavigationssystem benötigt wurden. 16 Jahre nach der Auflösung des Mathematical Table Projects erschien das berühmte *Handbook of Mathematical Tables*, das quasi das Erbe dieses letzten großen manuellen Rechenprojektes darstellt.[101]

Abschweifung: Benfords Law

Unabhängig voneinander beobachteten *Simon Newcomb*[102] im Jahre 1881 beziehungsweise Frank Benford[103] 1938 einen interessanten Effekt anhand von Logarithmentafeln: Seiten, die Logarithmen zu Mantissen mit kleiner Anfangsziffer enthalten, waren abgegriffener als Seiten, die zu Mantissen mit hohen Anfangsziffern gehören. Geht man davon aus, dass Logarithmentafeln häufig, wenn nicht zum überwiegenden Teil zum Rechnen in Technik und Ingenieurwissenschaften gebraucht wurden, weist dies darauf hin, dass offensichtlich bei empirisch erhobenen Werten die Wahrscheinlichkeit, mit einer kleinen Ziffer zu beginnen, größer ist als die Wahrscheinlichkeit, mit einer großen Ziffer zu beginnen.

Diese Gesetzmäßigkeit wird als *Benfordsches* oder *Newcomb-Benfordsches Gesetz* bezeichnet. Tabelle 3.2 listet die Wahrscheinlichkeiten für die zehn möglichen Anfangsziffern empirisch erhobener numerischer Werte auf. Für die Wahrscheinlichkeit des Auftretens einer Anfangsziffer $z \in \{1,2,3,\dots,9\}$ gilt

$$p(z) = \log\left(1 + \frac{1}{z}\right).$$

Eine anschauliche Begründung für diese Beobachtung ist die Tatsache, dass viele natürliche Prozesse auf Wachstumsprozessen beruhen, die durch die Exponentialfunktion dargestellt werden können. Wie aus Abbildung 3.14 ersichtlich ist, bewegt sich die Exponentialfunktion vergleichsweise lange im Bereich von 1, bis sie immer schneller ansteigt. Der schnelle Anstieg macht sich im zugehöri-

99 Der Begriff *Computer* wurde im englischen Sprachraum über Jahrhunderte hinweg für rechnende Personen verwendet. Erst in der Mitte des 20. Jahrhunderts vollzog sich der Bedeutungswechsel, in dessen Folge durch diesen Begriff nurmehr rechnende Maschinen beschrieben wurden.

100 Kurz für *Long Range Navigation*.

101 Die zehnte Auflage dieses Buches (Abramowitz et al. (1972)) von 1972 ist als Scan unter `http://people.math.sfu.ca/~cbm/aands/abramowitz_and_stegun.pdf`, Stand 17.11.2014, verfügbar. Eine Beschreibung des Projektes an sich sowie seiner Auswirkungen auf das „Computerzeitalter" findet sich in Grier (1998).

102 12.03.1835–11.07.1909

103 29.05.1883–04.12.1948

gen Logarithmus in der Charakteristik bemerkbar, während Mantissen mit kleinen Anfangsziffern quasi bevorzugt werden.

Heute wird diese Beobachtung beispielsweise von Finanzämtern und Wirtschaftsprüfern genutzt, um Datenbestände, Wertpapierkurse etc. auf Plausibilität zu untersuchen, Hinweise auf Geldwäsche zu erlangen usf. Auch Wahlen werden auf dieser Basis geprüft, um Unregelmäßigkeiten schnell erkennen zu können. Dies funktioniert erstaunlich gut, da bei der Manipulation von Daten meist „gefühlsmäßig" versucht wird, gleichmäßig verteilte Werte zu „erfinden", was jedoch das BENFORDsche Gesetz verletzt. Ein prominentes Beispiel hierfür ist die iranische Präsidentschaftswahl im Jahre 2009, deren Resultate zumindst in einigen Wahlbezirken auf Fälschungen hinweisen.[104]

Aufgabe 30:
Falls Sie gerne programmieren, schreiben Sie ein Programm, das die ersten 1000 Glieder der aus einer vorangegangenen Abschweifung bekannten FIBONACCI-Folge generiert. Von diesen Folgengliedern soll dann nur jeweils die erste Ziffer betrachtet werden, um auf dieser Grundlage eine Häufigkeitenliste der Anfangsziffern zu generieren. Es wird sich zeigen, dass auch in diesem Fall das BENFORDsche Gesetz erfüllt wird.

(HWANG, 1979, S. 206 ff.) beschreibt die Anwendung einer modernen Variante von Logarithmentafeln zur Implementation von Multiplikation und Division für Digitalrechner. Hierbei werden sogenannte *Lookup-Tabellen*, kurz *LUT*s genannt, für die Bestimmung der Logarithmen von Multiplikand und Multiplikator sowie zur Bestimmung des Antilogarithmus in *ROM*s[105] abgelegt. Multiplikationen und Divisionen lassen sich dann auf jeweils zwei lesende Zugriffe auf die Logarithmen-Lookup-Tabellen, eine Addition beziehungsweise Subtraktion sowie einen abschließenden Zugriff auf die Antilogarithmus-Lookup-Tabelle zurückführen.
Die Multiplikation zweier reeller Zahlen x und y wird also in Form von

$$xy = b^{\log_b(x)} b^{\log_b(y)} = b^{\log_b(x)+\log_b(y)}$$

durchgeführt, ein Verfahren, das die Grundlage für ein heute ebenfalls fast vergessenes Recheninstrument, den sogenannten *Rechenschieber*[106] bildet.

Abschweifung: Rechenschieber
Abbildung 3.16 zeigt einen der letzten und komplexesten Rechenschieber, einen FABER-CASTELL 2/83N, der in den frühen 1970er Jahren auf den Markt gebracht wurde, dem aber durch die damals bereits verfügbaren wissenschaftlichen Taschenrechner kein Erfolg beschieden war.

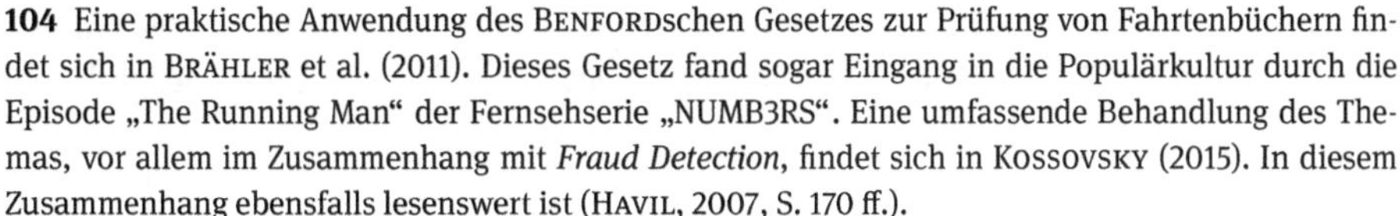

104 Eine praktische Anwendung des BENFORDschen Gesetzes zur Prüfung von Fahrtenbüchern findet sich in BRÄHLER et al. (2011). Dieses Gesetz fand sogar Eingang in die Populärkultur durch die Episode „The Running Man" der Fernsehserie „NUMB3RS". Eine umfassende Behandlung des Themas, vor allem im Zusammenhang mit *Fraud Detection*, findet sich in KOSSOVSKY (2015). In diesem Zusammenhang ebensfalls lesenswert ist (HAVIL, 2007, S. 170 ff.).

105 Kurz für *Read-Only Memory*.

106 Mitunter werden diese auch als *Rechenstäbe* bezeichnet.

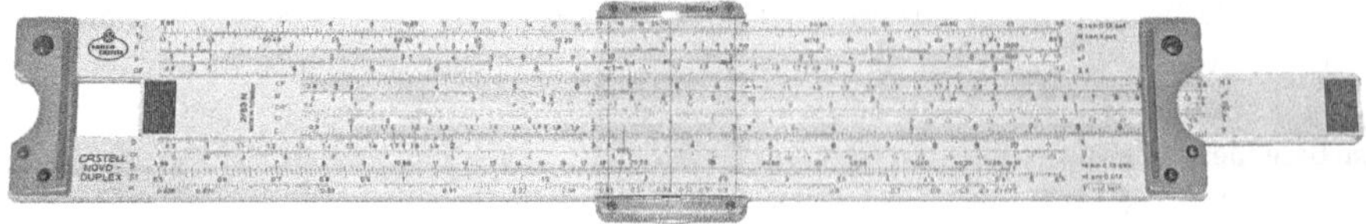

Abb. 3.16. Faber-Castell 2/83N Rechenschieber – dargestellt ist die Multiplikation $1{,}5 \cdot 2{,}5 = 3{,}75$

Die Idee eines solchen Rechenschiebers ist so einfach wie genial: Auf zwei gegeneinander verschiebbaren Elementen, *Körper* und *Zunge* genannt, sind logarithmische Unterteilungen angebracht, welche den Logarithmen der Mantissen $1 \leq m \leq 10$ entsprechen. Durch Verschieben der Zunge gegenüber dem Körper können also die Logarithmen zweier Mantissen addiert werden. Da die gesamte Unterteilung jedoch logarithmisch ist, lässt sich direkt das Multiplikations- oder Divisionsergebnis am Rechenschieber ablesen. Mit Hilfe eines auf dem Körper verschiebbar angeordneten *Läufers*, der eine Reihe senkrechter Strichmarkierungen enthält, können Ergebnisse von einer Skala auf eine andere übertragen bzw. dort abgelesen werden. Ein Rechenschieber bildet im Wesentlichen die Funktionen ab, die eine moderne Gleitkommaeinheit in einem Computer auf den Mantissen von Gleitkommazahlen ausführt. Hauptunterschied zu einer Gleitkommarecheneinheit ist, dass nur die Mantissenrechnung direkt mit Hilfe des Rechenschiebers durchgeführt werden kann, während die Exponenten im Kopf berechnet werden müssen, was aber mit ein wenig Übung keine unüberwindbaren Schwierigkeiten bereitet.

Komplexe Rechenschieber ermöglichen es, unter Zuhilfenahme logarithmischer und doppeltlogarithmischer Skalen, d. h. Skalen, der Einteilung der Funktion $\log(\log(x))$ entspricht, nicht nur Multiplikation und Division, sondern auch die Bildung beliebiger Potenzen und damit Wurzeln durchzuführen. Weitere Skalen ermöglichen die Berechnung trigonometrischer Funktionen etc.[107]

In einigen Bereichen sind Spezialrechenschieber noch heute im Gebrauch, da mit ihrer Hilfe schnell überschlägige Rechnungen durchgeführt werden können, ohne sich mit überbordender Rechengenauigkeit belasten zu müssen. Ein Beispiel hierfür ist der *E-6B Flight Computer*, mit dessen Hilfe beispielsweise Piloten die wahre Geschwindigkeit eines Flugzeuges über Grund in Abhängigkeit von Windgeschwindigkeit, Windrichtung, Kurs und anderen Parametern schnell und für die meisten praktischen Zwecke hinreichend genau bestimmen können.

Für den Logarithmus gilt

$$\log_b(xy) = \log_b(x) + \log_b(y) \text{ und}$$
$$\log_b\left(\frac{x}{y}\right) = \log_b(x) - \log_b(y)$$

d. h. der Logarithmus eines Produktes ist gleich der Summe der Logarithmen des Multiplikators und des Multiplikanden des Produktes, während sich der Quotient zweier Werte auf eine Subtraktion zurückführen lässt. Dies ist eine praktische Eigenschaft, da Wachstums- und Zerfallsprozesse schnell entweder unhandlich große oder unhand-

107 Eine schöne Darstellung der geschichtlichen Entwicklung von Rechenschiebern und verwandten Rechengeräten findet sich in Cajori (1994) und Jezierski (2000).

lich kleine Werte liefern, so dass es oftmals naheliegt, mit den Logarithmen dieser Werte statt mit den Werten selbst zu arbeiten.

Beispiel 36:

In der Netzwerktechnik ist eine zentrale Fragestellung die nach der (frequenzabhängigen) Dämpfung eines Übertragungskanals. Ein elektromagnetisches Signal, das über eine Leitung übertragen wird, erfährt eine Dämpfung, was dazu führt, dass die Größe dieses Signals, seine *Amplitude* am Ende einer solchen Übertragungsstrecke oft signifikant kleiner als am Anfang ist. Deutlich wird dies beispielsweise in der *DSL*-Technik,[108] bei der Daten mit einer hohen *Datenrate*[109] über herkömmliche Telefonleitungen übertragen werden. Da Telefonleitungen historisch für diesen Anwendungsbereich nicht ausgelegt wurden, besitzen sie ausgesprochen ungünstige Übertragungseigenschaften, was sich unter anderem in einer extremen Dämpfung des zu übertragenden Signals bemerkbar macht.

Typische Telefonleitungen dämpfen ein DSL-Signal pro 500 Meter Leitungslänge auf bis zu ca. $\frac{1}{60}$, d. h. nach 2 Kilometern wurde ein solches Signal auf weniger als ein Millionstel seiner ursprünglichen Amplitude gedämpft.

Da das Rechnen mit solchen großen bzw. kleinen Werten unpraktisch ist, hat sich in der Technik das Maß *Dezibel*, kurz *dB*, durchgesetzt, wenn es um die Verstärkung beziehungsweise Abschwächung eines Signales geht. Um eine Übertragungsstrecke, die auch verstärkende Elemente besitzen kann, hinsichtlich ihres Verstärkungs- beziehungsweise Abschwächungsverhaltens v zu beurteilen, wird der Logarithmus des Verhältnisses der am Ausgang zur Verfügung stehenden Leistung P_{aus} zur eingespeisten Leistung P_{ein} betrachtet:

$$v = \log\left(\frac{P_{\text{aus}}}{P_{\text{ein}}}\right)$$

Eine Verstärkung entspricht einem Wert $v > 0$, während eine Dämpfung durch Werte $v < 0$ repräsentiert wird. Wie die Vorsilbe *dezi* des Begriffes Dezibel andeutet, wird in der Technik der Vorfaktor 10 verwendet, d. h. die Verstärkung oder Abschwächung in dB ergibt sich zu

$$v = 10\log\left(\frac{P_{\text{aus}}}{P_{\text{ein}}}\right)[\text{dB}]. \tag{3.30}$$

Oft ist anstelle der Leistungsänderung die Änderung der Signalamplitude bei Durchlaufen einer Übertragungsstrecke von Interesse. Da (etwas vereinfacht) für die Leistung $P = UI$ gilt, wobei U die Signalspannung und I den Signalstrom bezeichnen, ergibt sich mit Hilfe des Ohmschen Gesetzes $P = \frac{U^2}{R}$, wobei R den (wiederum sehr vereinfacht als rein Ohmsch angenommenen) Widerstand der Übertragungsstrecke bezeichnet. Damit ergibt sich aus (3.30) die Verstärkung v bezüglich der Signalamplitude in dB zu

$$v = 10\log\left(\frac{P_{\text{aus}}}{P_{\text{ein}}}\right) = 10\log\left(\frac{\frac{U_{\text{aus}}^2}{R}}{\frac{U_{\text{ein}}^2}{R}}\right) = 10\log\left(\frac{U_{\text{aus}}^2}{U_{\text{ein}}^2}\right) = 20\log\left(\frac{U_{\text{aus}}}{U_{\text{ein}}}\right)[\text{dB}]. \tag{3.31}$$

Hiermit lässt sich nun einfacher die Dämpfung oder Verstärkung einer Übertragungsstrecke beschreiben: Eine Telefonleitung weise beispielsweise eine Dämpfung von 30 dB pro 500 m auf. Eine

---

108 Kurz für *Kurz für* digital subscriber line..

109 Mit Datenrate wird die pro Sekunde über einen Übertragungskanal übertragene Informationsmenge bezeichnet. Gemessen wird sie meist in *Bit-pro-Sekunde*, $\frac{\text{Bit}}{\text{s}}$.

2 km lange Strecke besteht also aus vier solchen hintereinander geschalteten 500 m langen Teilstrecken. Bei direkter Rechnung mit Dämpfungen oder Verstärkungen müssten die jener Teilstrecken miteinander multipliziert werden, um die Gesamtdämpfung/-verstärkung des Übertragsweges zu erhalten. Wird hingegen mit dem logarithmischen Maß Dezibel gerechnet, können die Dämpfungs-/Verstärkungswerte der Teilstrecken einfach addiert werden: Die 2 km lange Gesamtstrecke weist somit eine Dämpfung von $4 \cdot 30$ dB = 120 dB auf.

Eine Dämpfung von 120 dB entspricht gemäß (3.31) also einer Abschwächung der Amplitude eines Signals um den Faktor $10^{-\frac{120\text{ dB}}{20}} = 10^{-6}$.

Während das heute allgemein eingesetze Maß Dezibel auf dem dekadischen Logarithmus beruht, wurde früher der natürliche Logarithmus verwendet. Das korrespondierende Maß zur Verstärkungsbeurteilung wurde zu Ehren John Napiers als *Neper* bezeichnet, ist heute aber leider nahezu in Vergessenheit geraten.

Aufgabe 31:
Gegeben ist eine Übertragungsstrecke, die aus vier gleich langen Teilstrecken besteht, die jeweils eine Dämpfung von 45 dB aufweisen. Zwischen diesen vier Teilstrecken befinden sich insgesamt vier Verstärker, die das Signal um jeweils 37 dB verstärken.

1. Welche Gesamtdämpfung in dB weist die Strecke auf?
2. Angenommen, in die Strecke wird ein Signal mit einer Amplitude von 1,4 V eingespeist. Welche Amplitude besitzt das Signal am Ausgang der Übertragungsstrecke?

So, wie sich Multiplikation und Division mit Hilfe des Logarithmus auf die Bildung von Summen und Differenzen zurückführen lassen, kann auch die Bildung von Potenzen und Wurzeln auf Multiplikation und Division zurückgeführt werden, da

$$\log_b\left(x^y\right) = y\log_b(x) \tag{3.32}$$

gilt. Da $\frac{1}{x} = x^{-1}$ ist, folgt hieraus insbesondere auch

$$\log_b\left(\frac{1}{x}\right) = -\log_b(x).$$

Weiterhin folgt aus (3.32) auch

$$\log_b\left(\sqrt[n]{x}\right) = \log_b\left(x^{\frac{1}{n}}\right) = \frac{1}{n}\log_b(x).$$

Abschweifung: Logarithmische Darstellung
Wie das Beispiel aus der Netzwerktechnik zeigte, werden logarithmische Darstellungen gerne verwendet, um Wachstumsprozesse zu untersuchen, ohne allzu unhandliche Werte betrachten zu müssen. Diese Idee wird häufig auch bei der graphischen Darstellung von Funktionen verwendet, indem sogenanntes *Logarithmenpapier* verwendet wird, bei dem eine oder auch beide Achsen nicht linear, sondern logarithmisch unterteilt sind. Im ersten Fall handelt es sich um *einfachlogarithmisches*, im zweiten um *doppeltlogarithmisches* Papier.

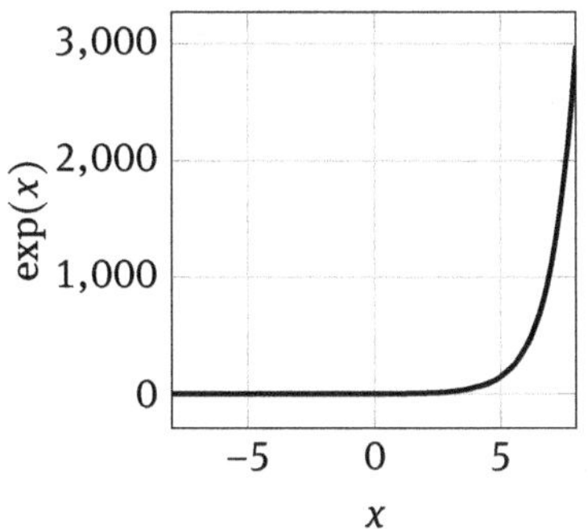

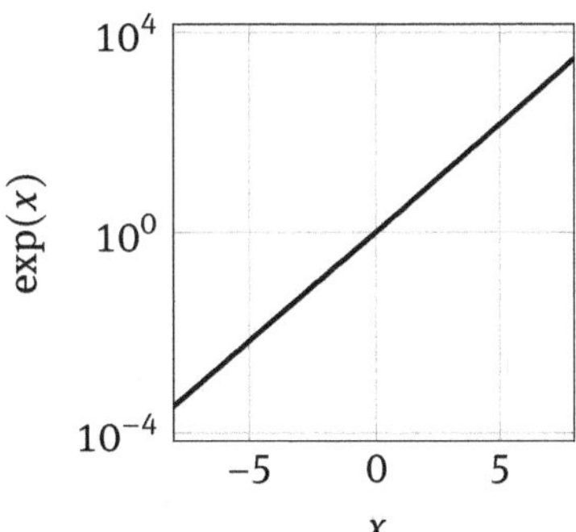

Abb. 3.17. $\exp(x)$ in linearer und in logarithmischer Darstellung

Abbildung 3.17 zeigt die Anwendung einer solchen logarithmischen Darstellung am Beispiel der Funktion $\exp(x)$. Die linke Darstellung verwendet eine lineare Skalierung sowohl der x- als auch der y-Achse – vom eigentlichen Funktionsverlauf ist aufgrund der Steilheit rechts von $x = 1$ beziehungsweise der Flachheit links davon nicht viel zu erkennen. Die rechte Darstellung zeigt die gleiche Funktion, wobei nun die y-Achse logarithmisch unterteilt ist.

Solche logarithmischen Darstellungen können stets mit Gewinn eingesetzt werden, wenn extrem schnell und/oder langsam steigende oder fallende Funktionen dargestellt werden müssen. SEYMOUR CRAY,[110] der „Vater der Supercomputerindustrie“, brachte das Verhalten von Funktionsgraphen in logarithmischer Darstellung einmal wie folgt auf den Punkt:

> “It's very hard to make curves go upwards on log paper!”[111]

In manchen Fällen benötigt man einen Logarithmus zu einer „ungewöhnlichen“ Basis u, wozu auch die Basis $u = 2$ zählt, die in der Informatik eine herausragende Rolle spielt. Da beispielsweise Taschenrechner in der Regel lediglich den dekadischen sowie den natürlichen Logarithmus implementieren, wird eine Möglichkeit benötigt, eine Basisumrechnung vorzunehmen. Dies ist erstaunlich einfach, da sich die Logarithmen eines Wertes zu unterschiedlichen Basen nur in einem konstanten Faktor unterscheiden.

Beispielsweise sei der Logarithmus eines Wertes $y = u^x$ zu berechnen, wobei u die Basis darstellt. Zur Verfügung steht jedoch nur ein Logarithmus mit einer (beispielsweise durch den Taschenrechner oder die auf einem Computer verwendete mathematische Bibliothek) festen Basis b. Damit ergibt sich zunächst nach logarithmieren beider Seiten

$$\log_b(y) = \log_b\left(u^x\right).$$

110 28.09.1925–05.10.1996

111 Vortrag auf der Supercomputing Conference 1988.

Mit Hilfe von (3.32) ergibt sich hieraus

$$\log_b(y) = x \log_b(u),$$

woraus

$$x = \frac{\log_b(y)}{\log_b(u)}$$

folgt. Dies ist aber gleich dem in der eigentlichen Aufgabenstellung benötigten Logarithmus zur Basis u, d. h. es gilt

$$\log_u(y) = \frac{log_b(y)}{\log_b(u)}.$$

Der Logarithmus zur Basis u lässt sich also durch jeden anderen verfügbaren Logarithmus, insbesondere auch $\log_{10}$ und ln darstellen, indem durch den Logarithmus der Zielbasis dividiert wird.

Aufgabe 32:

1. Wie lange, d. h. wie viele Zinsperioden dauert es, bis sich bei einem Zinssatz von 2.7 % ein Startkapitel verdoppelt hat?
2. Wie viele Bits werden benötigt, um die deutsche Staatsverschuldung von etwa 2 Billionen €[112] als vorzeichenlosen Integerwert zu repräsentieren?

Aufgabe 33:
Zeigen Sie unter Zuhilfenahme der Aussage

$$\ln(1 + x) \leq x,$$

die hier nicht bewiesen werden soll, dass die durch

$$a_i = \left(1 + \frac{1}{i}\right)^i$$

definierte Folge aus Beispiel 28 nach oben beschränkt ist.

3.6 Trigonometrische Funktionen

Das Gebiet der Vermessung beziehungsweise Berechnung von Seiten und Winkeln in Dreiecken, die sogenannte *Trigonometrie*, ist einer der ältesten Zweige der Mathematik und auch einer der fruchtbarsten. Grundfragen der Trigonometrie sind beispielsweise die Bestimmung von Seitenlängen oder Winkeln in Dreiecken, wenn nur eine

---

112 Stand Ende 2013.

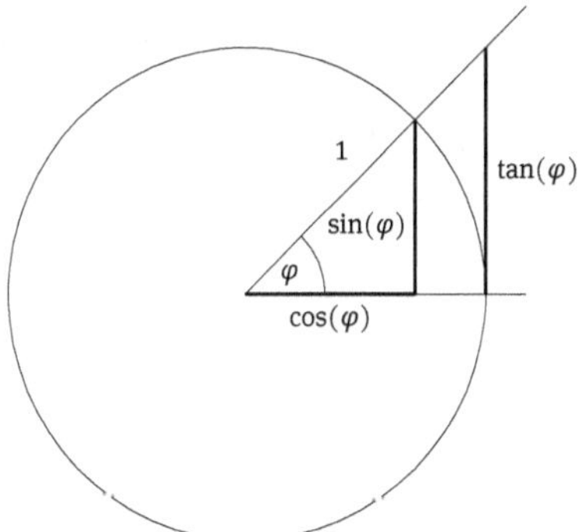

Abb. 3.18. Die Definition von $\sin(\varphi)$, $\cos(\varphi)$ und $\tan(\varphi)$ am Einheitskreis

begrenzte Anzahl von Parametern des Dreieckes bekannt sind. Die zentralen *trigonometrischen Funktionen* $\sin(\varphi)$, $\cos(\varphi)$, $\tan(\varphi)$ etc. finden heutzutage in vielen Gebieten fernab der Geometrie Anwendung. So sind sie z. B. zentraler Bestandteil moderner Signalverarbeitung, wie sie im Audio- und Videobereich eingesetzt wird, bei seismologischen Untersuchungen zur Lagerstättenerkundung, bei der Erzeugung modulierter Signale in der Netzwerktechnik (beispielsweise werden bei DSL auf rein mathematischer Grundlage bis zu 4096 „logische" Modems implementiert – etwas, das in Hardware nicht praktikabel wäre) uvm.

Abbildung 3.18 zeigt die geometrische Definition der drei grundlegenden Funktionen $\sin(\varphi)$ (Sinus), $\cos(\varphi)$ (Cosinus) sowie $\tan(\varphi)$ (Tangens) am *Einheitskreis*, d. h. einem Kreis mit dem Radius 1. Diese drei Funktionen sind hierbei wie folgt bezogen auf den Winkel φ definiert:

$$\begin{aligned}\sin(\varphi) &= \frac{\text{Gegenkathete}}{\text{Hypothenuse}},\\ \cos(\varphi) &= \frac{\text{Ankathete}}{\text{Hypothenuse}} \text{ und}\\ \tan(\varphi) &= \frac{\text{Gegenkathete}}{\text{Ankathete}} = \frac{\sin(\varphi)}{\cos(\varphi)}.\end{aligned}$$

Der Winkel φ besteht zwischen der *Hypothenuse*, d. h. der längsten Seite des rechtwinkligen Dreieckes und der *Ankathete*, der „am Winkel anliegenden" kürzeren Dreiecksseite. Als *Gegenkathete* wird die dritte, „dem Winkel gegenüberliegende" Seite bezeichnet. Im Einheitskreis ist die Hypothenuse gleich dem Radius des Kreises, d. h. gleich 1.

Winkel werden häufig in *Grad* gemessen, wobei ein sogenannte *Vollkreis* einem Winkel von 360 Grad, häufig auch kurz $360°$ geschrieben, entspricht. Ein rechter Winkel, d. h. ein Viertel des Winkels eines Vollkreises entspricht hierbei also $90°$. Im Vermessungswesen sowie beim Militär werden Winkel hingegen meist in *Gon* gemessen, wobei ein Vollkreis einem Winkel von 400 gon entspricht.[113]

In der Mathematik, entsprechend auch im Folgenden, werden Winkel jedoch meist in *Radiant*, kurz *rad* angegeben. Ein Winkel in rad ist gleich dem Quotienten aus der Länge des durch den Winkel definierten Kreisbogens und dem Radius r des Kreises. Da der Kreisumfang gleich $2\pi r$ ist, ist der Winkel eines Vollkreises gleich 2π rad.

Offentlich wiederholen sich die Werte der drei Funktionen $\sin(\varphi)$, $\cos(\varphi)$ und $\tan(\varphi)$ in regelmäßigen Abständen bezüglich ihres Funktionsargumentes φ, nämlich jedes Mal, wenn der Winkel φ einmal den Vollkreis durchlaufen hat. Solche Funktionen, für die

$$f(x) = f(x + p)$$

gilt, werden *periodisch* genannt. Hierbei bezeichnet p die *Periode* oder auch *Periodendauer*. Im Falle der drei obengenannten Funktionen ist die Periode also gleich 2π, dem Winkel des Vollkreises.[114]

Abbildung 3.19 zeigt die Graphen dieser drei Funktionen für Werte $-2\pi \leq \varphi \leq 2\pi$. Wie anhand der Definition von $\sin(\varphi)$ und $\cos(\varphi)$ leicht zu sehen ist, haben Sinus und Cosinus den gleichen Funktionsverlauf, sind bezüglich ihres Funktionsargumentes φ gegeneinander jedoch um $\frac{1}{2}\pi$ verschoben, d. h. es gilt

$$\sin(\varphi) = \cos\left(\varphi - \frac{1}{2}\pi\right).$$

Man sagt „der Cosinus ist gegenüber dem Sinus um $\frac{1}{2}\pi$ *phasenverschoben*". Die Phasenverschiebung zweier periodischer Funktionen, deren Periodendauern entweder (im einfachsten Falle) gleich oder ganzzahlige Vielfache voneinander sind, entspricht dem Abstand einander entsprechender *Nulldurchgänge*. Solche Nulldurchgänge liegen bei Funktionsargumenten vor, die einen Funktionswert gleich 0 zur Folge haben. Die Nulldurchgänge von $\sin(\varphi)$ liegen also an den Stellen $\varphi \in \{i\pi : i \in \mathbb{Z}\}$, während die von $\cos(\varphi)$ entsprechend der oben genannten Phasenverschiebung bei $\varphi \in \left\{i\pi - \frac{1}{2}\pi : i \in \mathbb{Z}\right\}$ liegen. Die Phasenverschiebung von Funktionen spielt eine wesentliche Rolle beispielsweise in der Elektrotechnik und Elektronik, wo Kapazitäten und Induktivitäten einen fließenden Strom gegenüber der momentan anliegenden Spannung hinsichtlich seiner Phase verschieben.[115]

Da die Längen der Gegen- beziehungsweise Ankathete durch den Radius des Kreises beschränkt ist und durch die Division der beiden Längen durch die Hypothenuse,

113 Mitunter werden Grad und Gon auch als *Altgrad* beziehungsweise *Neugrad* bezeichnet.

114 Die gesamte Information über das Verhalten einer periodischen Funktion ist also in einer einzigen Periode enthalten. Ist die Funktion darüber hinaus auch gerade, so genügt eine halbe Periode, um hieraus die gesamte Funktion zu konstruieren.

115 Dazu gibt es einen schönen Merkspruch: „Beim Kondensator eilt der Strom vor, bei der Induktivität kommt er zu spät."

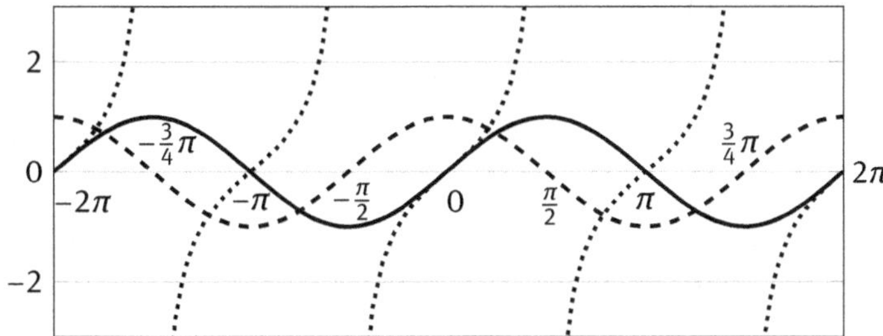

Abb. 3.19. Funktionsgraphen von $\sin(\varphi)$ (durchgezogen), $\cos(\varphi)$ (gestrichelt) und $\tan(\varphi)$ (gepunktet)

d. h. den Radius, eine Normierung stattfindet, ist der Wertebereich von $\sin(\varphi)$ und $\cos(\varphi)$ gleich dem abgeschlossenen Intervall $[0,1] \subset \mathbb{R}$. Der Definitionsbereich dieser beiden Funktionen ist gleich $\mathbb{R}$. Im Gegensatz hierzu ist der Wertebereich des Tangens nicht beschränkt. Darüber hinaus weist sein Definitionsbereich Lücken an allen Stellen auf, an welchen die Länge der Ankathete und damit $\cos(\varphi)$ gleich 0 wird. $\tan(\varphi)$ ist also nur für $\varphi \in \mathbb{R} \setminus \left\{i\pi + \frac{1}{2}\pi : i \in \mathbb{Z}\right\}$ definiert.

Mit Hilfe der Sinusfunktion lassen sich direkt sogenannte *harmonische Schwingungen* beschreiben, wie sie in der Physik und damit auch der Elektrotechnik, Elektronik, Nachrichten- und Netzwerktechnik auftreten. Der zeitliche Verlauf $y(t)$ der Amplitude einer solchen Schwingung ist durch

$$y(t) = a \sin(\omega t + \varphi_0)$$

gegeben. Hierbei repräsentieren t die Zeit, φ_0 die *Phasenlage* und ω die *Kreisfrequenz* des Signales. Die Kreisfrequenz bestimmt, wie „häufig" die harmonische Schwingung pro Zeiteinheit eine Periode von 2π durchläuft. Es gilt

$$\omega = 2\pi f, \tag{3.33}$$

wobei f die *Frequenz* des Signales ist, die – zu Ehren des Physikers HEINRICH HERTZ[116] – in $\text{Hz} = \frac{1}{\text{s}}$, d. h. Schwingungen pro Sekunde, gemessen wird.

Eine harmonische Schwingung, die in einer Sekunde 443 Perioden der Länge 2π durchläuft, was in diesem Fall der Frequenz des sogenannten *Kammertons* entspricht, auf welchen die Instrumente eines Orchesters in Deutschland und Österreich meist gestimmt werden,[117] besitzt also ein $\omega = 2\pi f \approx 2783{,}45$.

Eine Periode eines solchen Signales entspricht also einem „Umlauf" des Winkels φ um einen Vollkreis. Hierbei wurde jedoch noch keine Aussage darüber gemacht, wo dieser Umlauf beginnt. Dies ist Aufgabe des Parameters φ_0, der quasi den „Beginn"

116 22.02.1857–01.01.1894

117 Dies weicht von der auf der *Stimmtonkonferenz* im Jahre 1939 festgelegten Frequenz von 440 Hz für den Kammerton ab.

eines solchen Umlaufes festlegt. Eine harmonische Schwingung mit $\varphi_0 = 0$ entspricht also einer Sinusschwingung, während eine solche mit $\varphi_0 = \frac{1}{2}\pi$ einer Cosinusschwingung entspricht.

Abschweifung: QAM

In der Netzwerktechnik werden digitale Signale, d. h. letztlich Folgen von Bits, mit unterschiedlichen Kodierungsverfahren übertragen, wobei die Auswahl eines bestimmten Kodierungsverfahrens von den Anforderungen an die Übertragung selbst, den Gegebenheiten der Übertragungsstrecke, den zulässigen Kosten etc. abhängt. Ein heute weit verbreitetes Verfahren ist die sogenannte *quantisierte QAM*, kurz für *Quadraturamplitudenmodulation*. Im Folgenden wird einfach von QAM gesprochen, wenngleich letztlich ein quantisiertes QAM-Verfahren gemeint ist.

Eine der Hauptanforderungen an eine Übertragungstechnik ist die Erzielung möglichst hoher Datenraten über eine gegebene Übertragungsstrecke. Technisch wird zwischen der sogenannten *Baudrate*, benannt nach JEAN-MAURICE-ÉMILE BAUDOT,[118] sowie dem Maß *Bit-pro-Sekunde*, meist kurz als *bps* bezeichnet, unterschieden. Ein *Baud* kennzeichnet eine Signaländerung pro Sekunde auf der Übertragungsstrecke. Je nach verwendetem Kodierungsverfahren entspricht ein Baud nicht notwendigerweise einem Bit-pro-Sekunde. Da die Baudrate medienabhängig durch physikalische Effekte wie frequenzabhängige Dämpfung, Übersprechen, Echo, Signalverformung etc. beschränkt ist, werden nach Möglichkeit Kodierungsverfahren eingesetzt, die mit einer einzigen Signaländerung mehr als ein Bit übertragen können. Ein typisches solches Verfahren ist die QAM.

Eine naheliegende Methode, um z. B. zwei Bits mit jeder Signaländerung zu kodieren, ist die Verwendung von beispielsweise vier unterschiedlichen Signalamplituden 1, 2, 3 und 4, die übertragen werden. Ordnet man diesen Amplituden nun die Bitfolgen `00`, `01`, `10` und `11` zu, so lassen sich mit einem einzigen Statuswechsel zwei Bit übertragen. Das Verhältnis von Baudrate zu Bit-pro-Sekunde beträgt hierbei also 1 : 2. In der Praxis findet diese Technik recht schnell ein Ende, beispielsweise wäre die Verwendung von 32 unterschiedlichen Signalamplituden meist unpraktikabel, da sie auf Empfängerseite nicht mehr sicher und reproduzierbar unterschieden werden könnten.

Eine andere Methode, mehrere Bits mit einer Signaländerung zu kodieren, besteht in der Übertragung sinusförmiger Signale, die jeweils beispielsweise eine Periode 2π lang andauern, sich aber in ihrer Phasenlage unterscheiden. So könnten den vier Phasenverschiebungen 0, $\frac{1}{2}\pi$, π und $\frac{3}{2}\pi$ die vier Bitmuster `00`, `01`, `10` und `11` zugeordnet werden.

Offensichtlich beeinflussen sich die Phasenlage eines Signals und dessen Amplitude wechselseitig nicht, d. h. sie sind zueinander orthogonal, was den Gedanken nahelegt, beide Verfahren gleichzeitig zur Übertragung von Bitfolgen zur Anwendung zu bringen. Dies ist die Grundidee der QAM. Abbildung 3.20 zeigt ein hypothetisches 16-QAM-Verfahren, bei dem durch eine einzige Signaländerung 4 Bits übertragen werden.[119]

Die vier konzentrischen Kreise entsprechen vier unterschiedlichen Signalamplituden 1, 2, 3 und 4. Jeder schwarze Punkt repräsentiert eine zulässige Kombination einer solchen Signalamplitude (Nummer des Kreises, auf welchem der Punkt liegt) sowie einer aus acht möglichen Phasenlagen φ_0. Die dargestellte Konstellation umfasst 16 zulässige solche Kombinationen, obwohl eigentlich, wenn jede Kombination aus Amplitude und Phasenlage verwendet würde, 32 Kombinationen möglich wären. Der Grund hierfür ist, dass durch das Auslassen jedes zweiten Punktes die Dekodierbarkeit des empfangenen Signales verbessert wird.

118 11.09.1845–28.03.1903

119 Die Bezeichnung *16*-QAM rührt daher, dass zur Kodierung dieser 4 Bits $2^4 = 16$ verschiedene Zustände notwendig sind.

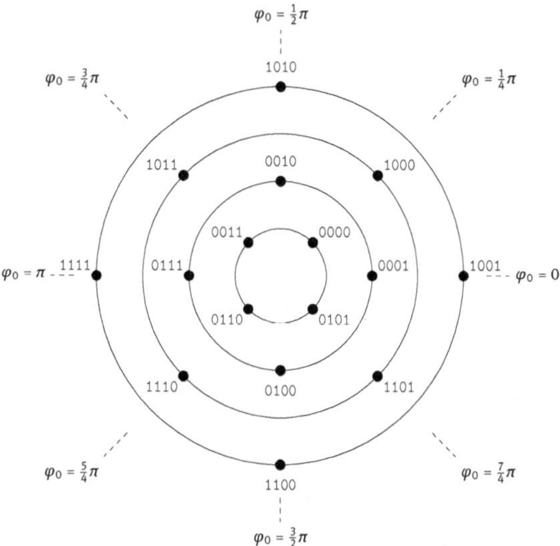

Abb. 3.20. Amplituden und Phasenverschiebungen bei einem hypothetischen 16-QAM-Verfahren

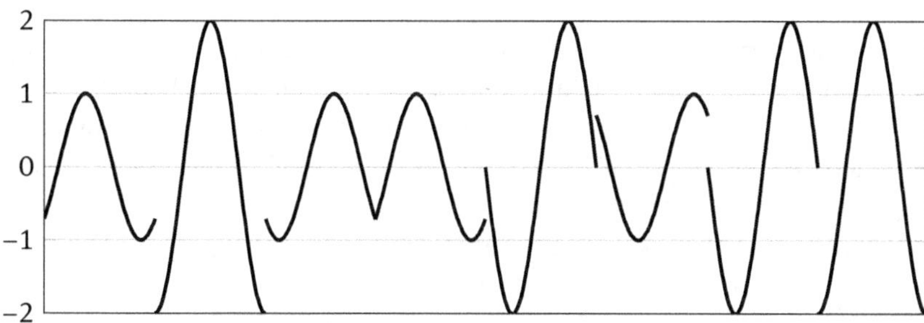

Abb. 3.21. 16-QAM codierte Bitfolge

Eine mit Hilfe dieses Verfahrens zu übertragende Bitfolge wird nun in Gruppen von jeweils vier Bits zerlegt, wobei jede solche Gruppe einen Punkt in Abbildung 3.20 spezifiziert und damit die Amplitude a sowie Phasenlage φ_0 eines kurzen Signalabschnittes definiert. Für jede derartige Bitfolge wird nun beispielsweise eine Periode der Funktion

$$f(x) = a \sin(\omega t + \varphi_0) \tag{3.34}$$

übertragen, wobei in ω die Grundfrequenz des Signales gemäß (3.33) enthalten ist.

Abbildung 3.21 zeigt ein aus acht solchen einzelnen Perioden der Form (3.34) zusammengesetztes Signal, das auf dem oben beschriebenen 16-QAM-Verfahren beruht. Jede dieser acht Perioden repräsentiert vier übertragene Bits – so besitzt die erste Periode die Amplitude $a = 1$ sowie die Phasenlage $\varphi_0 = \frac{7}{4}\pi$. Gemäß Abbildung 3.20 entspricht also die erste Periode in Bild 3.21 der Bitfolge 0101.

Dieses Kodierungsverfahren wird heutzutage beispielsweise bei *DVB*-T,[120] aber auch bei *DSL*[121] genutzt, wobei bei letzterem nicht nur auf einem einzelnen Kanal ein QAM-kodiertes Signal übertragen wird, sondern 4096 Kanäle parallel genutzt werden, wobei darüber hinaus die Parametrisierung der einzelnen QAM-Kodierungen, d. h. die Anzahl pro Kanal verwendeter Amplituden- und Phasenquantisierungsstufen, auf Basis der Leitungseigenschaften beim Aufbau der Netzwerkverbindung dynamisch festgelegt werden.

Aufgabe 34:
Welche Bitfolge codiert das in Abbildung 3.21 dargestellte 16-QAM-Signal, das entsprechend Abbildung 3.20 aufgebaut ist?

Die Sinus- und Cosinus-Funktionen sind beispielsweise über die beiden folgenden Reihen zugänglich:

$$\sin(x) = \frac{x^1}{1!} - \frac{x^3}{3!} + \frac{x^5}{5!} - \frac{x^7}{7!} + \cdots = \sum_{i=0}^{\infty}(-1)^i \frac{x^{2i+1}}{(2n+1)!} \tag{3.35}$$

$$\cos(x) = \frac{x^0}{0!} - \frac{x^2}{2!} + \frac{x^4}{4!} - \frac{x^6}{6!} + \cdots = \sum_{i=0}^{\infty}(-1)^i \frac{x^{2i}}{(2n)!} \tag{3.36}$$

Eine andere, wenngleich nur selten einsetzbare Methode zur Erzeugung einer Folge von Sinus-/Cosinuswerten besteht in der Lösung einer einfachen Differentialgleichung[122] der Form $\ddot{y} = -y$. Taschenrechner sowie viele mathematische Coprozessoren verwenden hingegen häufig eine TAYLOR-Approximation[123] (siehe Abschnitt 3.9.5) beziehungsweise das sogenannte *CORDIC*-Verfahren, kurz für *Coordinate Rotation by Digital Computer*, das von JACK E, VOLDER entwickelt und erstmalig 1959 beschrieben wurde,[124] über den Rahmen dieses Buches jedoch hinausgeht.

3.7 Infinitesimalrechnung

Häufige Fragen in allen Bereichen der Technik, Naturwissenschaft, aber auch der Wirtschaft, des Bankenwesens etc. sind beispielsweise die nach der „Steigung“ einer Funktion oder der Fläche unter einer durch eine Funktion beschriebenen Kurve.

---

120 Kurz für *Digital Video Broadcasting – Terrestrial.*

121 *Digital Subscriber Line*

122 Siehe Abschnitt 3.8.

123 In den frühen 1970er Jahren, als technisch-naturwissenschaftlich orientierte Taschenrechner zum Teil noch unerschwinglich teuer waren, wurde beispielsweise bei einfachen Taschenrechnern, die nur die vier Grundrechenarten anboten, die Verwendung des Polynoms $0{,}0727102x^5 - 0{,}6432292x^3 + 1{,}570628x$ als Näherung für $\sin(\varphi)$ empfohlen, wobei $\varphi = \frac{\text{Winkel in Grad}}{90^{\circledR}}$ galt (siehe z. B. (Minirex, 1975, S. 609)).

124 Siehe VOLDER (1959) und VOLDER (2000).

Die Steigung einer Kurve ist ein Maß für die Änderungsrate des Funktionsverlaufes – ändert sich eine beispielsweise von der Zeit t abhängige Funktion schnell, so ist auch ihre Steigung zum gegenwärtigen Zeitpunkt entsprechend groß. Das Vorzeichen der Steigung entscheidet darüber, ob der Funktionswert steigt oder fällt.

Ein einfaches Beispiel aus der Regelungstechnik mag dies verdeutlichen: Soll beispielsweise eine Raumheizung gesteuert werden, könnte man auf die einfache Idee verfallen, mit Hilfe eines Thermostaten die Heizung einzuschalten, wenn die Raumtemperatur unter einen gewissen Wert fällt und sie auszuschalten, wenn die Temperatur einen anderen Wert überschreitet. Das führt jedoch zu einer Raumtemperatur, die nicht nur ständig zwischen diesen beiden Werten hin und her schwankt, sondern diese auch jeweils unter- beziehungsweise überschreiten wird, da die Raumtemperatur auch nach dem Abschalten der Heizung noch eine Weile ansteigen wird. Ebenso wird die Raumtemperatur nach dem Einschalten der Heizung in der Regel noch ein wenig fallen, bis die Heizung diesem Trend Einhalt gebieten kann. Diesen Effekt bezeichnet man als *Überschwingen.*

Zieht man für die Regelung der Heizung jedoch zusätzlich die Änderungsrate der Raumtemperatur in Betracht, können die beiden Schaltvorgänge entsprechend früher erfolgen, wenn sozusagen „absehbar" ist, dass die Temperatur gleich die jeweilige Schaltschwelle bzw. den Sollwert erreichen wird. Hiermit kann das Überschwingen signifikant reduziert bzw. mitunter ganz unterdrückt werden, die Raumtemperatur unterliegt deutlich geringeren Änderungen durch die Heizungsregelung. Ein solches Vorgehen erfordert jedoch ein Wissen um die Änderungsrate einer Funktion beziehungsweise einer Folge von Messwerten.

Auch die Kenntnis des Flächeninhaltes unter einer durch eine Funktion gegebenen Kurve ist von großer praktischer Bedeutung, wie das folgende Beispiel zeigt: In einem Luft- oder Raumfahrzeug stehen als grundlegende Messwerte im Wesentlichen nur die Beschleunigungen entlang der drei Raumachsen zur Verfügung – eine direkte Geschwindigkeits- oder gar Ortsbestimmung ist meist nicht möglich. Wie jedoch aus der Physik bekannt ist, entspricht die Fläche unter einer Kurve, welche die Beschleunigung eines Objektes repräsentiert, der Geschwindigkeit dieses Objektes nach dem Einwirken der Beschleunigung (in der jeweiligen Raumachse). Weiterhin entspricht die Fläche unter der Kurve, die der Geschwindigkeit entspricht, dem Ort des Objektes (ebenfalls wieder bezogen auf die drei Raumachsen). D. h. durch zweifache Bestimmung der Fläche unter Kurven lässt sich aus Messungen der auf ein Luft- oder Raumfahrzeug einwirkenden Beschleunigungen die Position desselben ermitteln. Dies ist die Grundlage sogenannter *Trägheitsnavigationssysteme.*

Interessant und essenziell ist übrigens die Feststellung, dass die Bestimmung der Steigung einer Funktion auf der einen sowie die Bestimmung der Fläche unter der durch eine Funktion definierten Kurve auf der anderen Seite zueinander invers sind, d. h. die eine Operation hebt die andere gerade auf. Dies ist sozusagen das Äquivalent zur Idee der Funktion und Umkehrfunktion, jedoch auf Operationen angewandt.

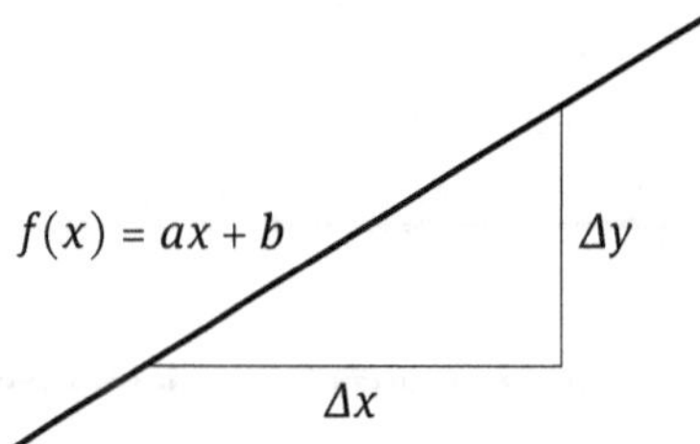

Abb. 3.22. Steigung einer Geraden

Unabhängig voneinander entwickelten GOTTFRIED WILHELM LEIBNIZ und Sir ISAAC NEWTON[125] die Grundlagen der sogenannten *Infinitesimalrechnung*, zu denen die oben genannten Operationen gehören. Der Begriff leitet sich vom lateinischen „infinitus" für „zahllos", „unzählig" oder auch „unendlich" her. Die Idee ist hierbei, die Betrachtung von Funktionen auf beliebig kleine und damit auch beliebig viele Bereiche zu verallgemeinern.

Während heute Einigkeit über die Unabhängigkeit der Arbeiten LEIBNIZ' und NEWTONS herrscht, war dies nicht immer so: Im Jahre 1699 warf NICOLAS FATIO DE DUILLIER,[126] ein fanatischer Anhänger NEWTONS, LEIBNIZ Plagiat vor, woraus ein Streit entstand, der in den Folgejahren zunehmend eskalierte und zu einer nahezu 100 Jahre dauernden Abneigung zwischen englischen und deutschen Mathematikern führte. Geradezu amüsant ist aus heutiger Sicht, dass etwa 10 Jahre nach dem ersten Plagiatsvorwurf umgekehrt LEIBNIZ zunehmend davon überzeugt war, dass NEWTON sein Werk plagiiert habe, was nicht dazu angetan war, die ohnehin erhitzten Gemüter dies- und jenseits des Ärmelkanals zu besänftigen.[127]

3.7.1 Differentialrechnung

Die zentrale Frage der *Differentialrechnung* ist die nach der Steigung einer Funktion an einem Punkt. Am einfachsten wird die Idee der Steigung an einer Geraden deutlich, wie sie in Abbildung 3.22 ausschnittsweise dargestellt ist.

Eine Gerade lässt sich allgemein durch eine Gleichung der Form

$$f(x) = ax + b$$

125 04.01.1643–20.03.1726

126 26.02.1664–12.05.1753

127 Eine umfassende Darstellung dieses Wissenschaftsstreites findet sich in HALL (1980) sowie in EDWARDS (1979), wobei der Schwerpunkt hier auf der geschichtlichen Entwicklung der Differential- und Integralrechnung liegt.

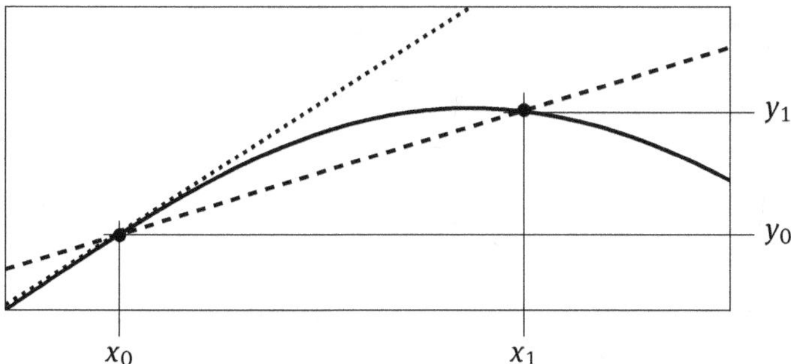

Abb. 3.23. Sekanten- und Tangentensteigung (gestrichelt bzw. gepunktet)

beschreiben, wobei ganz anschaulich a die Steigung der Geraden bestimmt, während mit Hilfe von b die Gerade als Ganzes nach oben beziehungsweise unten verschoben werden kann. Da eine solche Verschiebung keinen Einfluss auf die Steigung der Geraden hat, interessiert im Folgenden nur der Faktor a.

Der griechische Buchstabe Δ (Delta) in den beiden Ausdrücken Δx und Δy in Abbildung 3.22 bezeichnet die Differenz zweier x- bzw. y-Werte, bildlich gesprochen also deren Abstand. Δx entspricht somit der Länge der waagrechten Strecke im Bild. Angenommen, die beiden Endpunkte dieser Strecke besitzen die x-Koordinaten x_0 (links) und x_1 (rechts), so ist $\Delta x = x_1 - x_0$. Analoges gilt für Δy. Die Steigung a der Geraden $f(x)$ ist damit gleich

$$a = \frac{\Delta y}{\Delta x}.$$

Anschaulich beschreibt dies, um wie viel der Funktionsgraph steigt oder fällt, wenn auf der x-Achse eine bestimmte (kleine) Strecke durchlaufen wird. Eine waagrechte Gerade, die durch eine Funktion $f(x) = \text{const.}$ beschrieben wird, hat ganz offensichtlich die Steigung 0.

Bei einer Geraden ist es also ausgesprochen einfach, ihre Steigung zu bestimmen – darüber hinaus ist ihre Steigung natürlich konstant, da sie sonst keine Gerade wäre. Abbildung 3.23 zeigt, wie sich diese Idee der Steigung auf möglichst, wenngleich nicht ganz beliebige Funktionen verallgemeinern lässt.

Zentrales Element ist hier zunächst die gestrichelt dargestellte *Sekante.*[128] Bei einer solchen handelt es sich um eine Gerade, die durch zwei Punkte einer Kurve geht und somit durch die Lage dieser beiden Punkte definiert ist. Diese beiden Punkte sind hier (x_0,y_0) links und (x_1,y_1) rechts. Die Steigung a der Sekanten ergibt sich also zu

$$a = \frac{y_1 - y_0}{x_1 - x_0},$$

128 Vom lateinischen „secare“ für „schneiden“, „zerschneiden“.

wobei y_0 und y_1 den Funktionswerten an den Stellen x_0 und x_1 entsprechen, d. h. es ist

$$a = \frac{f(x_1) - f(x_0)}{x_1 - x_0}.$$

Mit $\Delta x = x_1 - x_0$ ergibt sich hieraus

$$a = \frac{f(x_0 + \Delta x) - f(x_0)}{\Delta x}.$$

Lässt man nun x_1 in Richtung x_0 wandern, so dass Δx zunehmend kleiner wird, entspricht dies der Bildung des Grenzwertes

$$\lim_{\Delta x \longrightarrow 0} \frac{f(x_0 + \Delta x) - f(x_0)}{\Delta x}. \tag{3.37}$$

Entsprechend nähert sich die Sekante immer mehr der sogenannten *Tangente*[129] der Funktion im Punkt (x_0, y_0) an. Eine Tangente „berührt" eine Funktion in genau einem Punkt, in welchem sie die gleiche Richtung und damit auch die gleiche Steigung wie die Funktion aufweist. Der obige Grenzwert, der *Differentialquotient* genannt wird, liefert also die Tangentensteigung an der Stelle x_0 und damit die Steigung von $f(x_0)$.

Beispiel 37:
Das folgende Beispiel verdeutlicht die Idee anhand der Funktion $f(x) = x^3$. Um ihre Steigung in einem Punkt x_0 zu bestimmen, wird der Differentialquotient (3.37) für diese Funktion bestimmt:

$$\begin{aligned}
\lim_{\Delta x \longrightarrow 0} \frac{f(x_0 + \Delta x) - f(x_0)}{\Delta x} &= \lim_{\Delta x \longrightarrow 0} \frac{(x_0 + \Delta x)^3 - x_0^3}{\Delta x} \\
&= \lim_{\Delta x \longrightarrow 0} \frac{x_0^3 + 3x_0^2 \Delta x + 3x_0 (\Delta x)^2 + (\Delta x)^3 - x_0^3}{\Delta x} \\
&= \lim_{\Delta x \longrightarrow 0} \frac{3x_0^2 \Delta x + 3x_0 (\Delta x)^2 + (\Delta x)^3}{\Delta x} \\
&= \lim_{\Delta x \longrightarrow 0} 3x_0^2 + 3x_0 \Delta x + (\Delta x)^2 \\
&= 3x_0^2.
\end{aligned}$$

Die Steigung der Funktion $f(x) = x^3$ in einem ***beliebigen*** Punkt x_0 ist also durch die Funktion $f'(x_0) = 3x_0^2$ bestimmt! Diese Funktion wird *Ableitung* oder auch genauer *erste Ableitung* von $f(x)$ „nach x" genannt. Die Bezeichnung „nach x" bringt hierbei zum Ausdruck, welche Variabe dem Differentialquotienten zugrunde gelegt wird. Die Ableitung wird, wie hier, meist kurz als $f'(x_0)$ geschrieben, gesprochen „f-Strich von x_0", wenn klar ist, nach welcher Variablen die Ableitung erfolgt.[130] Ausführlicher wird

---

129 Vom lateinischen „tangere" für „berühren".

130 Falls direkt die Ableitung eines Ausdruckes bestimmt wird, dem kein expliziter Funktionsname zugeordnet wurde, wird oft auch der abzuleitende Ausdruck in Klammern gestellt und oben rechts mit einem Strich gekennzeichnet: $(3x^3 + 2x^3 + x)'$.

oft

$$\left.\frac{\mathrm{d}f(x)}{\mathrm{d}x}\right|_{x=x_0}$$

geschrieben, wobei durch das aufrechte „d“ sowohl die Differenz- als auch die Grenzwertbildung zum Ausdruck gebracht wird.[131] Der senkrechte Strich mit dem unten rechts notierten Ausdruck $x = x_0$ gibt an, an welcher Stelle der Differentialquotient und damit die Ableitung bestimmt wird. Häufig wird diese Angabe auch weggelassen, wenn nicht ein konkreter Wert der Ableitung an einer Stelle x_0, sondern vielmehr die Gestalt der Ableitungsfunktion selbst von Interesse ist.

In vielen Bereichen der Naturwissenschaft, Technik, aber auch der Wirtschaft etc. sind Ableitungen „nach der Zeit“ von Interesse, da hier häufig das Verhalten einer Funktion bezüglich der Zeit t im Zentrum von Fragestellungen steht. Gemäß Obigem könnte eine solche Ableitung als

$$\frac{\mathrm{d}f(t)}{\mathrm{d}t}$$

notiert werden. Da jedoch gerade Ableitungen nach t von so großer Bedeutung sind, hat es sich eingebürgert, hierfür ganz kurz

$$\dot{f}(t)$$

zu schreiben (gesprochen „f-Punkt“), wobei mitunter selbst die Funktionsklammern und das Funktionsargument t fortgelassen werden, da durch diese Notation klar ist, dass es sich um eine Ableitung nach der Zeit handelt.[132]

Wie das obige Beispiel der Ableitung der Funktion $f(x) = x^3$ zeigt, ist die Ableitung einer Funktion selbst wieder eine Funktion. Falls diese stetig ist, wird die ursprüngliche Funktion $f(x)$ *stetig differenzierbar* genannt. Die Menge der auf einer offenen Teilmenge $D \subset \mathbb{R}$ (einmal) stetig differenzierbaren Funktionen wird mit $C^1(D)$ bezeichnet, was auch erklärt, warum die zuvor genannte Bezeichnung $C(D)$ anstelle von $C^0(D)$ für die auf D stetigen Funktionen missverständlich sein kann.

Damit eine Funktion an einer Stelle x_0 *differenzierbar* ist, d. h. damit ihre Ableitung und damit ihre Steigung an diesem Punkt bestimmt werden kann, muss der Grenzwert (3.37) an dieser Stelle existieren. Anschaulich bedeutet dies, dass die Tangente bei x_0 existieren muss. Ist die Funktion $f(x)$ im Punkt x_0 nicht stetig, so existiert dort auch keine Tangente, da die Funktion quasi einen Sprung macht – entsprechend kann eine Funktion an einer solchen Unstetigkeitsstelle auch nicht differenziert werden.

---

131 Schreibt man einen solchen Ausdruck $\frac{\mathrm{d}f(x)}{\mathrm{d}x}$ in der Form $\frac{\mathrm{d}}{\mathrm{d}x}f(x)$, so wird deutlich, dass es sich bei $\frac{\mathrm{d}}{\mathrm{d}x}$ um einen Operator handelt, d. h. eine Operation, die auf die Funktion $f(x)$ angewandt wird.

132 Diese Notation geht auf Sir Isaac Newton zurück.

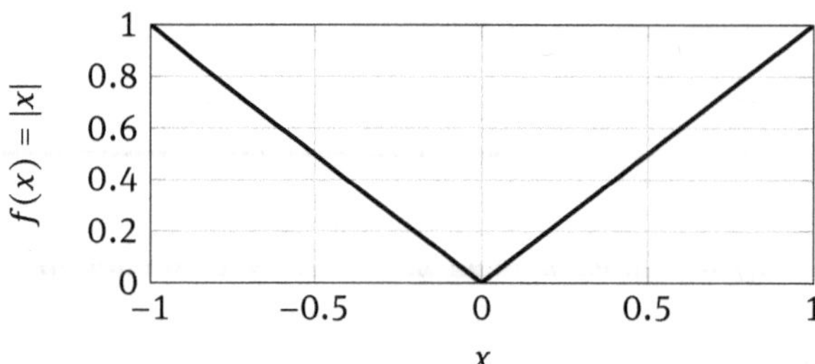

Abb. 3.24. Betragsfunktion als Beispiel einer stetigen, aber nicht überall differenzierbaren Funktion

---

Das Umgekehrte gilt jedoch *nicht*! Nur, weil eine Funktion in einem Punkt (oder auch überall) stetig ist, muss sie nicht differenzierbar sein! Das klassische Beispiel hierfür ist die in Abbildung 3.24 dargestellte Betragsfunktion $f(x) = |x|$, die in jedem Punkt $x \in \mathbb{R}$ stetig ist. Ganz anschaulich ist die Ableitung dieser Funktion gleich -1 für alle $x < 0$ und $+1 \forall\ x > 1$. Nur im Punkt $x = 0$ kann der Differentialquotient nicht gebildet werden, weil die Funktion hier einen „Knick“ aufweist, an dem die Tangente keine eindeutige Richtung besitzt. Aus der Differenzierbarkeit einer Funktion an einer Stelle x folgt die Stetigkeit dieser Funktion an diesem Punkt, aber nicht umgekehrt.

Dass der Grenzwert (3.37) der Betragsfunktion an der Stelle $x = 0$ nicht existiert, wird klar, wenn der rechts- und der linksseitige Limes

$$1 = \lim_{x \longrightarrow 0^+} \frac{|0 + \Delta x| - |0|}{\Delta x} \neq \lim_{x \longrightarrow 0^-} \frac{|0 + \Delta x| - |0|}{\Delta x} = -1$$

betrachtet werden, die nicht gleich sind. Rechts des Nullpunktes ist die Ableitung der Betragsfunktion offensichtlich $+1$, während sie links davon -1 ist. Am Nullpunkt selbst ist die Funktion nicht differenzierbar.

Aufgabe 35:
Bestimmen Sie die Ableitung der Funktion $f(x) = 5x^2$ mit Hilfe des Differentialquotienten (3.37).

3.7.1.1 Rechenregeln

Wie schon erwähnt, ist die Ableitung einer konstanten Funktion gleich 0, was anschaulich klar ist, da die hierdurch beschriebene Gerade weder steigt noch fällt. Ebenfalls anschaulich klar ist, dass die Ableitung einer Funktion, die aus zwei Summen- oder Differenztermen besteht, gleich der Summe beziehungsweise Differenz der Ableitungen dieser beiden Terme besteht, da sich die Gesamtsteigung der Funktion gerade aus dieser Summe oder Differenz ergibt. Es gilt also

$$(f(x) \pm g(x))' = f'(x) \pm g'(x),$$

was als *Summenregel* bekannt ist. Hieraus ergibt sich direkt, dass die Ableitung eines Ausdruckes der Gestalt $f(x) + \text{const.}$ gleich der Ableitung von $f(x)$ ist.

Weiterhin können konstante Faktoren vor die eigentliche Ableitung gezogen werden, d. h. es gilt

$$(\text{const.} \cdot f(x))' = \text{const.} \cdot f'(x),$$

was mitunter als *Faktorregel* bezeichnet wird.

Ebenfalls einfach abzuleiten sind Potenzen der Form $\left(x^n\right)'$, wie anhand von Beispiel 37 und Aufgabe 35 schon zu vermuten war. Hierbei gilt

$$(x^n)' = nx^{n-1}.$$

Aus diesen einfachen Rechenregeln zur Bildung von Ableitungen folgt direkt, dass Polynome, wie schon erwähnt, sozusagen „angenehme" mathematische Objekte sind, da sie zum einen stetig sind und zum anderen einfach abgeleitet werden können. Die Ableitung eines Polynoms des Grades n liefert also wieder ein Polynom, das den Grad $n - 1$ besitzt. Ein Beispiel soll dies verdeutlichen:

$$(5x^3 - 2x^2 + 7x - 3)' = 5(x^3)' - 2(x^2)' + 7x' - 3' = 15x^3 - 4x + 7.$$

Aufgabe 36:
Zeigen Sie, dass $\sin(x)' = \cos(x)$ gilt, was direkt mit Hilfe der entsprechenden Reihendarstellungen (3.35) und (3.36) möglich ist.[133]

Etwas komplizierter ist die Ableitung eines Produktes zweier Funktionen, die in diesem Zusammenhang meist als $u(x)$ und $v(x)$ bezeichnet werden. Gesucht ist also

$$(u(x_0)v(x_0))' = \lim_{\Delta x \longrightarrow 0} \frac{u(x_0 + \Delta x)v(x_0 + \Delta x) - u(x_0)v(x_0)}{\Delta x}.$$

Wird zur rechten Seite der Ausdruck

$$\frac{u(x_0)v(x_0 + \Delta x) - u(x_0)v(x_0 + \Delta x)}{\Delta x},$$

der gleich 0 ist, addiert (ein typischer Mathematikertrick), so ergibt sich für diese rechte Seite zunächst

$$\lim_{\Delta x \longrightarrow 0} \frac{u(x_0 + \Delta x)v(x_0 + \Delta x) - u(x_0)v(x_0) + \overbrace{u(x_0)v(x_0 + \Delta x) - u(x_0)v(x_0 + \Delta x)}^{=0}}{\Delta x}.$$

133 An dieser Stelle sei angemerkt, dass die Summenregel der Differentiation auch auf unendliche Reihen angewandt werden kann, sofern diese, was hier der Fall ist, konvergieren.

Hier lassen sich nun zum einen $v(x_0 + \Delta x)$ und zum anderen $u(x)$ ausklammern, so dass sich

$$\begin{aligned}(u(x_0)v(x_0))' = &\lim_{\Delta x \longrightarrow 0} \frac{u(x_0 + \Delta x) - u(x)}{\Delta x} v(x_0 + \Delta x) \\ &+ \lim_{\Delta x \longrightarrow 0} u(x) \frac{v(x_0 + \Delta x) - v(x)}{\Delta x}\end{aligned}$$

ergibt. Dies ist die sogenannte *Produktregel*:

$$(u(x)v(x))' = u'(x)v(x) + u(x)v'(x).$$

Aufgabe 37:
Wie lautet die Ableitung der Funktion $\sin(x)\cos(x)$?

Mit Hilfe der Produktregel kann nun auch die sogenannte *Quotientenregel* gezeigt werden, zumindest unter der Annahme, dass die Ableitung der folgenden Funktion $f(x)$ existiert. Hierfür sei zunächst

$$f(x) = \frac{u(x)}{v(x)},$$

woraus sich durch Multiplikation mit $v(x)$ und Ableiten

$$(f(x)v(x))' = u'(x)$$

ergibt. Die Produktregel liefert für die linke Seite dann

$$f'(x)v(x) + f(x)v'(x) = u'(x).$$

Division durch $v(x)$ und Subtraktion von $\frac{f(x)v'(x)}{v(x)}$ ergeben

$$f'(x) = \frac{u'(x)}{v(x)} - \frac{f(x)v'(x)}{v(x)}.$$

Wird der Bruch $\frac{u'(x)}{v(x)}$ mit $v(x)$ erweitert, um ihn auf den gleichen Nenner wie den rechten Bruch zu bringen, ergibt sich die Quotientenregel zu

$$\left(\frac{u(x)}{v(x)}\right)' = \frac{u'(x)v(x) - u(x)v'(x)}{v^2(x)}. \tag{3.38}$$

Aufgabe 38:
Wie lautet die Ableitung von $\left(\frac{\sin(x)}{\cos(x)}\right)'$?

In der Literatur findet sich mitunter eine Sonderform der Quotientenregel für den Fall $u(x) = 1$, die entsprechend *Reziprokregel* genannt wird und sich direkt aus (3.38) ergibt:

$$\left(\frac{1}{v(x)}\right)' = -\frac{v'(x)}{v^2(x)}.$$

Zu guter Letzt ist noch die Frage zu klären, wie die Ableitung der Komposition zweier Funktionen

$$(u(v(x))' = (u \circ v)'(x)$$

gebildet werden kann. Ganz anschaulich hängt die Steigung von $(u \circ v)(x)$ sowohl von der Steigung der *inneren Funktion* $v(x)$, die das Funktionsargument für die *äußere Funktion* $u(\cdot)$ liefert, als auch von der Steigung dieser äußeren Funktion ab. Unter der vereinfachenden Annahme, dass kein Ausdruck in einem Nenner gleich 0 wird, kann folgende Überlegung angestellt werden:

$$(u \circ v)'(x_0) = \lim_{\Delta x \longrightarrow 0} \frac{u(v(x_0 + \Delta x)) - u(v(x_0))}{\Delta x}$$

Nun wird der Zähler wie folgt erweitert:

$$\begin{aligned}(u \circ v)'(x_0) &= \lim_{\Delta x \longrightarrow 0} \frac{\left(u\left(v(x_0 + \Delta x)\right) - u\left(v(x_0)\right)\right) \overbrace{\frac{v(x_0 + \Delta x) - v(x_0)}{v(x_0 + \Delta x) - v(x_0)}}^{=1}}{\Delta x} \\ &= \lim_{\Delta x \longrightarrow 0} \frac{v(x_0 + \Delta x) - v(x_0)}{\Delta x} \cdot \lim_{\Delta x \longrightarrow 0} \frac{u(v(x_0 + \Delta x)) - u(v(x_0))}{v(x_0 + \Delta x) - v(x_0)} \\ &= v'(x_0)u'(v(x_0)).\end{aligned}$$

Dies ist die sogenannte *Kettenregel:*[134]

$$(u(v(x)))' = v'(x)u'(v(x)).$$

Aufgabe 39:
Wie lautet die Ableitung von $f(x) = \sin(\cos(x))$?

Als letzte Rechenregel sei die sogenannte *Umkehrregel* genannt, die oftmals hilfreich ist, wenn die Ableitung einer Funktion, von der die Ableitung ihrer Umkehrfunktion bekannt ist, bestimmt werden soll:

$$f'(x) = \frac{1}{(f^{-1})'(f(x))}. \tag{3.39}$$

134 Als Merkregel gilt „innere Ableitung mal äußere Ableitung“.

Für eine Funktion $y = f(x)$ und ihre als existent vorausgesetzte Umkehrfunktion $f^{-1}(y) = x$ gilt

$$f^{-1}(f(x)) = x.$$

Wird diese Gleichung nach x abgeleitet, ergibt sich mit Hilfe der Kettenregel

$$\left(f^{-1}(f(x))\right)' = f'(x)\left(f^{-1}(f(x))\right)' = 1,$$

woraus durch Auflösen nach $f'(x)$ direkt die Umkehrregel (3.39) folgt.

3.7.2 Ableitung von $\exp(x)$ und $\log_b(x)$

Wie schon mehrfach erwähnt, kommt den beiden Funktionen $\exp(x)$ und $\log_b(x)$ eine herausragende Rolle zu. Entsprechend wichtig ist es auch, ihre Ableitungen zu kennen.[135]

Zur Bestimmung der Ableitung des Logarithmus wird zunächst der Differentialquotient

$$(\log_b x_0)' = \lim_{\Delta x \longrightarrow 0} \frac{\log_b(x_0 + \Delta x) - \log_b(x_0)}{\Delta x}$$

gebildet, woraus sich mit $\log_b(x) - \log_b(y) = \log_b\left(\frac{x}{y}\right)$ direkt

$$(\log_b x_0)' = \lim_{\Delta x \longrightarrow 0} \frac{\log_b\left(\frac{x_0 + \Delta x}{x_0}\right)}{\Delta x} = \lim_{\Delta x \longrightarrow 0} \frac{1}{\Delta x} \log_b\left(1 + \frac{\Delta x}{x_0}\right)$$

ergibt. Nun kommt ein Trick: Anstelle des Grenzwertes $\Delta x \longrightarrow 0$ wird nun der Grenzwert $n \longrightarrow \infty$ betrachtet, und es wird

$$\Delta x = \frac{x_0}{n}$$

gesetzt, das für n gegen Unendlich offenbar gegen 0 geht. Hiermit lässt sich dann

$$(\log_b x_0)' = \lim_{n \longrightarrow \infty} \frac{n}{x_0} \log_b\left(1 + \frac{1}{n}\right)$$

schreiben. Mit $x \log_b(y) = log(y^x)$ ergibt sich hieraus

$$(\log_b x_0)' = \lim_{n \longrightarrow \infty} \frac{1}{x_0} \log_b\left(1 + \frac{1}{n}\right)^n = \frac{1}{x_0} \lim_{n \longrightarrow \infty} \log\left(1 + \frac{1}{n}\right)^n$$

Der Ausdruck $\left(1 + \frac{1}{n}\right)^n$ geht für $n \longrightarrow \infty$ jedoch gegen die *Euler*sche Zahl e, so dass sich letztlich

$$(\log_b x_0)' = \frac{1}{x_0} \log_b(e)$$

135 Die folgenden Überlegungen entbehren der sonst üblichen und auch nötigen mathematischen Strenge, da sie nur die grundlegenden Ideen verdeutlichen sollen.

ergibt. Dies ist die Ableitung des Logarithmus zur Basis b. Der häufige Spezialfall des natürlichen Logarithmus ist entsprechend noch einfacher, da $\ln(e) = 1$ gilt:

$$\ln(x_0)' = \frac{1}{x_0}.$$

Mit Hilfe der Umkehrregel kann nun auch die Ableitung der natürlichen Exponentialfunktion bestimmt werden, die ja gerade die Umkehrfunktion des natürlichen Logarithmus ist:

$$(\exp(x))' = \left(e^x\right)' = \frac{1}{\ln(e^x)'} = \frac{1}{\frac{1}{e^x}} = e^x = \exp(x).$$

Hier zeigt sich eine Besonderheit der natürlichen Exponentialfunktion: Sie ist gleich ihrer Ableitung, d. h. anschaulich, dass die Steigung der Funktion $f(x) = \exp(x)$ an jedem Punkt gleich dem jeweiligen Funktionswert ist.[136]

Auch über die Reihendarstellung der Exponentialfunktion lässt sich diese Aussage herleiten:

$$\begin{aligned}
(\exp(x))' &= \left(\sum_{i=0}^{\infty} \frac{x^i}{i!}\right)' \\
&= \left(\frac{x^0}{0!}\right)' + \left(\frac{x^1}{1!}\right)' + \left(\frac{x^2}{2!}\right)' + \left(\frac{x^3}{3!}\right)' + \dots \\
&= 0 + \frac{x^0}{0!} + \frac{x^1}{1!} + \frac{x^2}{2!} + \frac{x^3}{3!} + \dots \\
&= \sum_{i=0}^{\infty} \frac{x^i}{i!} \\
&= \exp(x).
\end{aligned}$$

Für beliebige Basen a gilt übrigens

$$\left(a^x\right)' = a^x \ln(a).$$

3.7.2.1 Partielle Ableitungen

Alle bisherigen Beispiele gingen von Funktionen der Form $f(x)$ mit nur einem Funktionsargument aus, bei denen implizit klar ist, nach welchem Funktionsargument die Ableitung gebildet wird. In der Praxis sind jedoch häufig Funktionen mit mehreren Argumenten anzutreffen: $f(a_1, a_2, \dots, a_n)$. Abbildung 3.25 zeigt exemplarisch den Graphen einer solchen – in diesem Fall von zwei Funktionsargumenten abhängigen – Funktion.

136 Es lässt sich zeigen, dass die natürliche Exponentialfunktion $\exp(x) = e^x$ die einzige Funktion ist, für die das gilt.

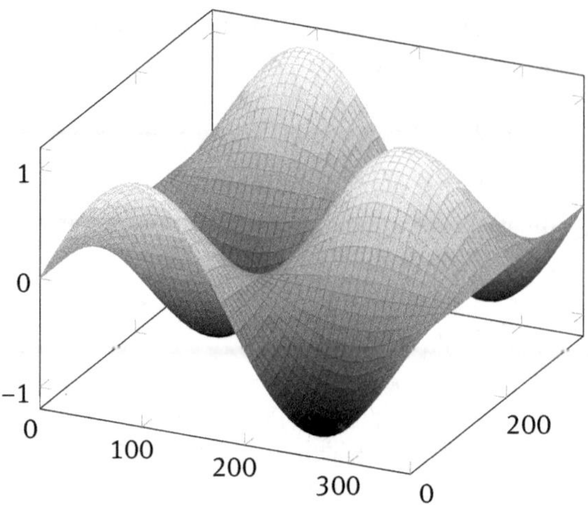

Abb. 3.25. Beispiel einer Funktion $f(x,y) = \sin(x)\cos(y)$ mit zwei Argumenten

Da diese Beispielfunktion von zwei Argumenten x und y abhängt, können auch zwei Ableitungen der Funktion – eine nach x und eine nach y – gebildet werden. Die Ableitung nach x beschreibt die Steigung des Funktionsgraphen bezogen auf die x-Achse, die Ableitung nach y beschreibt entsprechend die Steigung bezüglich y.

Allgemein muss also bei Funktionen der Form $f(a_1, a_2, \dots, a_n)$ mit mehreren Funktionsargumenten explizit angegeben werden, nach welchem Argument eine Ableitung gebildet werden soll. Solche Ableitungen heißen *partielle Ableitungen*, was darauf zurückzuführen ist, dass nur nach einem bestimmten Teil der Argumente, abgeleitet wird. Das Vorgehen hierbei entspricht der Bildung des Differentialquotienten (3.37), wobei jedoch anstelle des Buchstabens d zur Kennzeichnung der Differenz- und Limesbildung das Symbol ∂ verwendet wird. Ausgesprochen wird ∂ oft einfach als „d“, oder, wenn die Gefahr einer Verwechslung mit einem Ausdruck der Form $\mathrm{d}f(x)$ besteht, als „del“.

Der Differentialquotient hat für eine Funktion $f(a_1, a_2, \dots, a_n)$, die beispielsweise nach a_i abgeleitet werden soll, also folgende Gestalt:[137]

$$\frac{\partial f(a_1, \dots, a_n)}{\partial a_i} = \lim_{\Delta a \longrightarrow 0} \frac{f(a_1, \dots, a_i + \Delta a, a_{i+1}, \dots, a_n) - f(a_1, a_2, \dots, a_n)}{\Delta a}.$$

Die Ableitung nach einem bestimmten Funktionsargument a_i wird also genauso wie in den vorigen Beispielen vorgenommen, wobei alle anderen Funktionsargumente als konstant betrachtet werden, wie das folgende Beispiel zeigt:

137 Meist wird die Liste der Funktionsargumente auf der linken Seite der Übersichtlichkeit halber weggelassen.

Beispiel 38:
Es sei $f(x,y) = 5x^2y^3 - 7x^3y$. Gesucht ist die partielle Ableitung von $f(x,y)$ nach x:

$$\frac{\partial f}{\partial x} = 10xy^3 - 21x^2y.$$

3.7.2.2 Höhere Ableitungen

Da die Ableitung einer Funktion deren Steigung beschreibt, stellt sich schnell die Frage, wie denn die Steigung der Steigung aussehen könnte, was auf die Idee der sogenannten *höheren Ableitung* führt. Vermutlich hat jeder schon Aussagen wie „Der Anstieg der Staatsverschuldung hat sich in den letzten Jahren erhöht." gehört, was nichts anderes als eine solche höhere Ableitung beschreibt. Der Anstieg der Staatsverschuldung ist die *erste Ableitung* der Staatsverschuldung. Wenn der Anstieg der Staatsverschuldung steigt, bedeutet das nichts anderes als die Tatsache, dass die Ableitung dieses Anstiegs, die sogenannte *zweite Ableitung* der Staatsverschuldung, positiv ist.[138]

Allgemein kann unter der Voraussetzung, dass die Ableitung $f'(x)$ einer Funktion $f(x)$ im geforderten Definitionsbereich differenzierbar ist, ihre zweite Ableitung $f''(x)$ gebildet werden usf. Bis zur dritten Ableitung wird normalerweise die bekannte Strichnotation verwendet,[139] werden noch höhere Ableitungen benötigt, werden diese meist als

$$f^{(n)}$$

oder ausführlicher als

$$\frac{\mathrm{d}^n f}{\mathrm{d}x^n}$$

mit $n \in \mathbb{N}$ notiert. Soll entsprechend eine Funktion der Form $f(x,y)$ nach x und y abgeleitet werden, so wird dies als

$$\frac{\partial^2 f}{\partial x \partial y}$$

notiert. Die zweite partielle Ableitung von $f(x,y)$ nach x ist dann entsprechend

$$\frac{\partial^2 f}{\partial x^2}.$$

138 Was das für die Staatsverschuldung bedeutet, bedarf wohl keiner Erläuterung…

139 In den Natur- und Ingenieurwissenschaften werden höhere Ableitungen nach der Zeit t durch mehrfache Punkte über der Funktion gekennzeichnet. Die zweite Ableitung einer Funktion $f(t)$ ist dann $\ddot{f}(t)$ etc.

Aufgabe 40:

1. Wie lautet die Ableitung $\frac{\partial^2 f}{\partial x \partial y}$ der Funktion $f(x,y) = 5x^2y^3 - 7x^3y$ aus Beispiel 38?
2. Wie lautet die Ableitung $\frac{\partial^3 f}{\partial x^2 \partial y}$ dieser Funktion?

Allgemein wird die Menge der auf einer offenen Teilmenge $D \subset \mathbb{R}$ n-mal ($n \in \mathbb{N}$) stetig differenzierbaren Funktionen mit $C^n(D)$ bezeichnet.

3.7.2.3 Kurvendiskussion

Sobald irgendein naturwissenschaftlicher, technischer oder wirtschaftlicher Zusammenhang in Form einer oder mehrerer Funktionen dargestellt werden kann, eröffnet dies eine ganze Reihe neuer Betrachtungsweisen. Zu den wichtigsten zählt hierbei die Bestimmung sogenannter *Extremwerte*,[140] d. h. Stellen, an welchen eine Funktion ihren höchsten beziehungsweise niedrigsten Wert annimmt. Entsprechend werden solche Punkte mitunter auch als *Hoch-* bzw. *Tiefpunkte* beziehungsweise als *Maximum* und *Minimum* bezeichnet. Eine Funktion kann durchaus mehrere solcher Punkte enthalten – in diesen Fällen werden sie als *lokale* Extrema bezeichnet. Ebenfalls von Interesse ist häufig die Bestimmung sogenannter *Wendepunkte*. An einem solchen Wendepunkt ändert sich die Krümmung des Funktionsgraphen anschaulich gesprochen von einer Rechts- in eine Linkskurve beziehungweise umgekehrt.

Stellt man sich einen Hoch- oder Tiefpunkt einer stetigen Funktion vor, so ist offensichtlich, dass die erste Ableitung der Funktion an einer solchen Stelle den Wert 0 annimmt, da die Tangente hier parallel zur x-Achse verläuft. Links eines Hochpunktes steigen die Funktionswerte an, um rechts von ihm wieder geringer zu werden. Das wiederum bedeutet aber, dass die Tangentensteigung und somit die erste Ableitung der Funktion links eines Hochpunktes positiv und rechts davon negativ ist. Umgekehrt verhält es sich bei einem Tiefpunkt.

Wird nun die zweite Ableitung betrachtet, die ja die Steigung der ersten Ableitung darstellt, ergibt sich hieraus, dass die zweite Ableitung an der Stelle eines Hochpunktes negativ und an der Stelle eines Tiefpunktes positiv ist.[141]

Exemplarisch wird im Folgenden das Polynom dritten Grades

$$f(x) = \frac{1}{100}x^3 - \frac{1}{10}x^2 + \frac{1}{5}x \tag{3.40}$$

140 Häufig auch *Extremum* (Singular) bzw. *Extrema* (Plural) genannt.

141 Hierbei wird stillschweigend angenommen, dass die Funktion $f(x)$ hinreichend oft differenzierbar ist – ist dies nicht der Fall, können die im Folgenden beschriebenen Verfahren nicht eingesetzt werden.

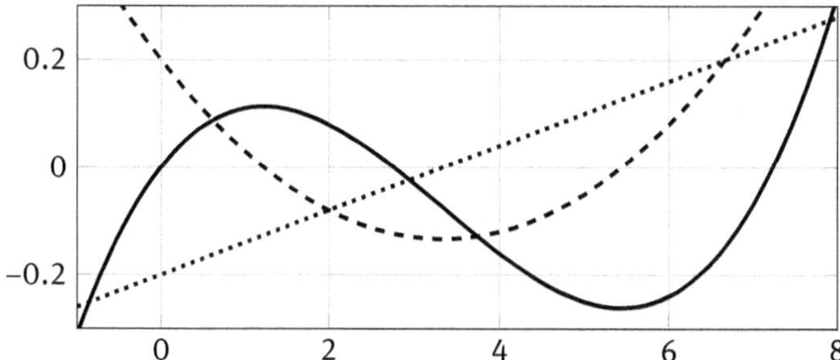

Abb. 3.26. Graphen der Funktion $f(x) = \frac{1}{100}x^3 - \frac{1}{10}x^2 + \frac{1}{5}x$ (durchgezogen) sowie ihrer ersten (gestrichelt) und zweiten (gepunktet) Ableitung

bezüglich seiner Extrema untersucht. Abbildung 3.26 zeigt den Funktionsgraphen im Bereich $-1 \leq x \leq 8$ sowie die Graphen der ersten und zweiten Ableitung im gleichen Bereich. Die Ableitungen $f'(x)$ und $f''(x)$ ergeben sich aus (3.40):

$$f'(x) = \frac{3}{100}x^2 - \frac{1}{5}x + \frac{1}{5} \text{ und} \tag{3.41}$$

$$f''(x) = \frac{3}{50}x - \frac{1}{5}. \tag{3.42}$$

Praktischerweise ist die erste Ableitung ein quadratisches Polynom, so dass für die Nullstellenbestimmung die p,q-Formel aus Abschnitt 3.4.3 angewandt werden kann. Division von (3.41) durch $\frac{3}{100}$ und Nullsetzen liefert die Gleichung

$$x^2 - \frac{20}{3}x + \frac{20}{3} = 0,$$

d. h. es gilt $p = -\frac{20}{3}$ und $q = \frac{20}{3}$. Einsetzen in die p,q-Formel liefert

$$x_{1,2} = -\frac{p}{2} \pm \sqrt{\left(\frac{p}{2}\right)^2 - q},$$

woraus sich

$$x_1 = \frac{10 + 2\sqrt{10}}{3} \approx 5{,}442 \text{ und}$$

$$x_2 = \frac{10 - 2\sqrt{10}}{3} \approx 1{,}225$$

ergeben. An diesen beiden Stellen besitzt die erste Ableitung von (3.40) also Nullstellen, d. h. die zugrunde liegende Funktion muss hier jeweils entweder einen Hoch- oder einen Tiefpunkt besitzen.

Welche Form eines Extremums bei x_1 und x_2 vorliegt, kann nun mit Hilfe der zweiten Ableitung (3.42) entschieden werden:

$$f''(x_1) = \frac{3}{50} \cdot \frac{10 + 2\sqrt{10}}{3} - \frac{1}{5} > 0 \text{ und}$$
$$f''(x_2) = \frac{3}{50} \cdot \frac{10 - 2\sqrt{10}}{3} - \frac{1}{5} < 0.$$

Die zweite Ableitung ist am Punkt x_1 also negativ, d. h. die erste Ableitung muss hier fallend sein, was aber wiederum bedeutet, dass die Funktion $f(x)$ an dieser Stelle einen Hochpunkt aufweist. Umgekehrt folgt aus $f''(x_2) < 0$, dass bei bei x_2 ein Tiefpunkt von $f(x)$ vorliegt, was durch die Funktionsgraphen in Abbildung 3.26 bestätigt wird.

Da die erste Ableitung einer Funktion deren Steigung beschreibt, und die zweite Ableitung die Steigung der ersten Ableitung repräsentiert, gibt die zweite Ableitung die „Krümmung" der zugrunde liegenden Funktion an. Ist die zweite Ableitung $f''(x)$ an einem Punkt positiv, so ist $f(x)$ an diesem Punkt nach rechts gekrümmt, ist $f''(x)$ an einem Punkt negativ, so ist $f(x)$ dort entsprechend nach links gekrümmt. Damit eine Funktion an einer Stelle x einen Wendepunkt besitzen kann, muss also für die zweite Ableitung an dieser Stelle $f''(x) = 0$ gelten.[142]

$f''(x)$ in obigem Beispiel weist bei $x_0 = \frac{10}{3}$ eine Nullstelle auf, so dass hier ein Wendepunkt von $f(x)$ vorliegen kann. Da die zweite Ableitung die Krümmung von $f(x)$ beschreibt, muss sie links und rechts eines Wendepunktes unterschiedliche Vorzeichen annehmen. Hier ist dies der Fall, da $f''(x)$ eine Gerade beschreibt, d. h. $f''(x) < 0\ \forall x < x_0$ und $f''(x) > 0\ \forall x > x_0$. Bei x_0 liegt also tatsächlich ein Wendepunkt von $f(x)$ vor, wie auch Abbildung 3.26 zeigt – die Krümmung des Funktionsgraphen von $f(x)$ geht hier von einer Rechts- in eine Linkskrümmung über.[143]

Die Bedingung unterschiedlicher Vorzeichen der zweiten Ableitung rechts und links einer Nullstelle derselben ist ein hinreichendes Kriterium für das Vorliegen eines Wendepunktes der zugrunde liegenden Funktion an dieser Stelle.

Vorausgesetzt, eine weitere Ableitung $f'''(x)$ existiert, kann dieses Kriterium auch dahingehend formuliert werden, dass ein Wendepunkt von $f(x)$ an einem Punkt x_0 vorliegt, wenn zum einen $f''(x_0) = 0$ und zum anderen $f'''(x_0) \neq 0$ gilt. Ist $f'''(x_0) > 0$, so liegt ein Übergang von einer Rechts- in eine Linkskrümmung vor. Umgekehrtes gilt für $f'''(x_0) < 0$.[144] Im vorliegenden Beispiel ist $f'''(x) = \frac{3}{50}$, was auch zeigt, dass bei $x_0 = \frac{10}{3}$ ein Übergang von einer Rechts- in eine Linkskrümmung der Funktion $f(x)$ vorliegt.

142 Hierbei handelt es sich um eine notwendige, aber *keine* hinreichende Bedingung!

143 Wäre der Vorzeichenwechsel umgekehrt, läge ein Wendepunkt vor, an dem eine Links- in eine Rechtskrümmung übergeht.

144 Falls $f'''(x_0) = 0$ gilt, kann eine Aussage über das Vorliegen eines Wendepunktes über höhere Ableitungen getroffen werde, sofern diese existieren.

Aufgabe 41:
Wo besitzt die Funktion $f(x) = 3x^3 - 5x^2 + x$ Hoch-, Tief- und Wendepunkte?

3.7.2.4 Nullstellen nichtlinearer Gleichungen

An dieser Stelle lohnt sich ein Blick auf *nichtlineare Gleichungen*, die – im Unterschied zu den in Abschnitt 2.2 behandelten linearen Abbildungen – nicht die Bedingungen

$$f(x+y) = f(x) + f(y) \text{ und}$$
$$f(ax) = af(x)$$

für geeignete x, y und a erfüllen. Solche Gleichungen treten ausgesprochen häufig auf und lassen sich analytisch oft nicht lösen, so dass meist nur auf numerische Näherungsverfahren zu ihrer Lösung zurückgegriffen werden kann. Ein typisches und einfaches Beispiel für eine nichtlineare Gleichung ist ein Polynom mit Grad $g > 1$.

Von zentraler Bedeutung ist in der Regel die Bestimmung von Nullstellen solcher nichtlinearen Gleichungen – im Falle von Polynomen mit Grad $g = 2$ lässt sich hierfür die aus Abschnitt 3.4.3 bekannte p,q-Formel einsetzen, für Polynome (deutlich) höheren Grades kommen jedoch meist nur noch Näherungsverfahren in Frage, von denen im Folgenden das nach seinen Entwicklern, Sir ISAAC NEWTON und JOSEPH RAPHSON[145] als *NEWTON-RAPHSON-Verfahren* bezeichnete iterative Verfahren exemplarisch dargestellt wird.[146] Es beruht auf einer sehr anschaulichen Idee, die in Abbildung 3.27 dargestellt ist.

Gesucht ist eine Nullstelle einer gegebenen Funktion, wobei durch (schlaues) „Raten" ein Funktionsargument bekannt ist, das „nahe" bei der gesuchten Nullstelle liegt. In der Abbildung ist dieser Wert mit x_1 bezeichnet. An dieser Stelle wird nun die Tangente der Funktion gezeichnet, deren Steigung durch die erste Ableitung der Funktion gegeben ist.

Da die Tangente eine Gerade ist und dadurch durch eine lineare Funktion der Form $ax + b$ dargestellt werden kann, lässt sich leicht ein Punkt x_2 bestimmen, an dem diese erste Tangente die x-Achse schneidet, also ihre Nullstelle besitzt. Wie man sieht, liegt dieser Punkt bei der dargestellten Funktion bereits deutlich näher an der gesuchten Nullstelle.

Entsprechend wird im nächsten Schritt die Tangente an der Funktion an der Stelle x_2 bestimmt. Deren Nullpunkt, x_3, liegt nun noch näher an der gesuchten Nullstelle usf.

145 1648–1715

146 Andere bekannte Verfahren zur Nullstellenbestimmung sind beispielsweise die auf der Halbierung von Intervallen beruhende *Bisektion*, die *Regula Falsi* und das *Sekantenverfahren*.

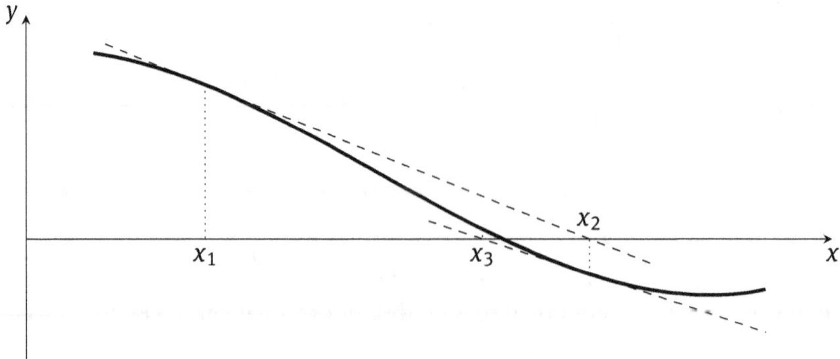

Abb. 3.27. Grundidee des NEWTON-RAPHSON-Verfahrens

Dieses Verfahren lässt sich leicht formalisieren: Die Tangente $T(x,x_i)$ der Funktion an der Stelle x_i ergibt sich zu

$$T(x,x_i) = f'(x_i)(x - x_i) + f(x_i),$$

wobei x die freie Variable darstellt, während x_i in jedem Schritt fest ist. Die Nullstelle dieser Funktion lässt sich nun leicht bestimmen: Aus $T(x,x_i) = 0$ folgt direkt die neue Nullstelle

$$x_{i+1} = x_i - \frac{f(x_i)}{f'(x_i)}. \tag{3.43}$$

Dies ist auch schon die Iterationsvorschrift des NEWTON-RAPHSON-Verfahrens, mit dessen Hilfe näherungsweise Nullstellen nichtlinearer Gleichungen bestimmt werden können.

Abschweifung: Wurzelberechnung

Eine typische Anwendung dieses Verfahrens ist beispielsweise die numerische Berechnung von Wurzeln. Angenommen, es sei die Quadratwurzel $\sqrt{a}$ mit $a \in \mathbb{R}^+$ zu bestimmen, so entspricht dies der Suche nach der Nullstelle der Funktion

$$f(x) = 1 - \frac{a}{x^2}, \tag{3.44}$$

da $\frac{a}{x^2} = 1$ ist, wenn $x = \sqrt{a}$ gilt. Die Ableitung dieser Gleichung (3.44) ist gleich

$$f'(x) = 2\frac{2}{x^3}.$$

Eingesetzt in die Iterationsvorschrift (3.43) ergibt sich hieraus

$$x_{i+1} = x_i - \frac{1 - \frac{a}{x_i^2}}{2\frac{a}{x_i^3}},$$

was sich ein wenig zu

$$x_{i+1} = \frac{3}{2}x_i - \frac{x_i^3}{2a} \tag{3.45}$$

vereinfachen lässt.

Aufgabe 42:
Berechnen Sie mit Hilfe der Iterationsvorschrift (3.45) den Wert von $\sqrt{2}$ auf 10 Dezimalstellen. Welche Bedingung kann zum gezielten Abbruch des Iterationsverfahrens genutzt werden?

Von großem Einfluss ist die Bestimmung des Startwertes x_1 der Iterationsvorschrift. Liegt dieser „nahe genug" an der gesuchten Nullstelle, so konvergiert das Verfahren ausgesprochen gut – in der Mehrzahl der Fälle verdoppelt sich die Anzahl korrekter Dezimalziffern in jedem Iterationsschritt. Anders sieht es mitunter allerdings aus, wenn der Startwert „ungünstig" gewählt wird. In diesem Fall ist keine einfache allgemein gültige Aussage über das Verhalten des Verfahrens mehr möglich – die Folge der x_i kann konvergieren, divergieren oder auch oszillieren. Entsprechend wird das NEWTON-RAPHSON-Verfahren als *lokal konvergent* bezeichnet.

Aufgabe 43:
Gesucht ist ein Iterationsverfahren auf Basis des NEWTON-RAPHSON-Verfahrens zur Berechnung der Funktion $\ln(a)$.

3.7.3 Integralrechnung

Während das Ziel der Differentialrechnung die Bestimmung der Steigung von Funktionen ist, beschäftigt sich die Integralrechnung mit der Bestimmung von Flächen unter einer Kurve oder allgemeiner auch von Flächen, die von Kurven umschlossen sind.[147] Abbildung 3.28 zeigt diesen Sachverhalt anhand einer Funktion $f(x)$, sowie einem Flächenstück, das nach unten durch die x-Achse und nach oben durch den Verlauf des Funktionsgraphen beschränkt ist. Durch a und b wird die Breite des zu bestimmenden Flächenstückes angegeben.

Repräsentiert wird dieses Flächenstück durch den Ausdruck

$$\int_a^b f(x)\,\mathrm{d}x, \tag{3.46}$$

---

147 Als Verallgemeinerung hiervon lassen sich beispielsweise im Dreidimensionalen auch Volumina von Körpern bestimmen. In der Regel ist die Integration einer Funktion deutlich anspruchsvoller als ihre Differentiation, was durch den Ausspruch „Differenzieren ist gutes Handwerk, Integrieren ist Kunst" zum Ausdruck gebracht wird.

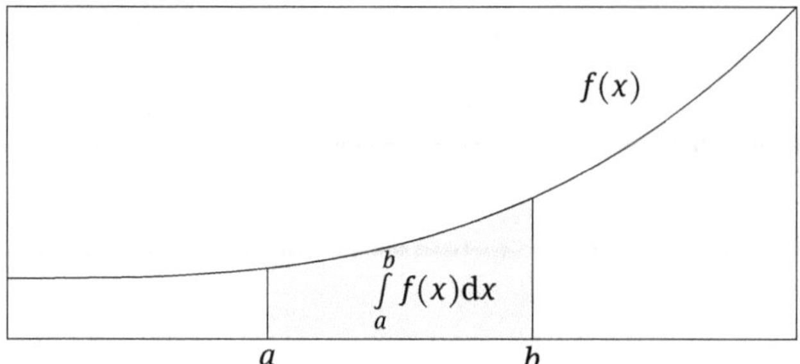

Abb. 3.28. Integral als Fläche unter einer Kurve

wobei das $\int$-Zeichen für das sogenannte Integral steht.[148] Die untere und obere *Grenze* a und b werden unter bzw. über dem Integralsymbol notiert. Gelesen wird (3.46) als „Integral von a bis b über f von x dx". Hierbei ist $f(x)$ die Funktion, unter welcher die Fläche bestimmt werden soll, während x die *Integrationsvariable* darstellt, die das abgeschlossene Intervall $[a,b]$ durchläuft und auf das jeweilige Integral beschränkt ist. Das kleine d hat hier die gleiche Bedeutung wie in der Differentialrechnung – es repräsentiert infinitesimal kleine Schritte der Integrationsvariablen. Die Funktion $f(x)$ wird hierbei auch als *Integrand* bezeichnet.

Beispiel 39:
Das folgende Beispiel zeigt eine praktische Anwendung des Integrationsbegriffes: Gegeben seien eine Funktion $f(x)$ oder auch eine Folge von Messwerten, welche die Geschwindigkeit eines Fahrzeuges repräsentieren. Die x-Achse eines kartesischen Koordinatensystems, in welches der Funktionsgraph eingezeichnet wird, repräsentiert dann entsprechend die Fahrzeit t, während der Funktionswert $y = f(t)$ der jeweils gemessenen Geschwindigkeit entspricht.

Das Integral

$$s = \int_a^b f(t)\,\mathrm{d}t$$

entspricht dann der Fläche unter dieser Kurve im Abschnitt $a \leq t \leq b$, was gleich der in diesem Zeitabschnitt zurückgelegten Strecke ist.

Abschweifung: Historische Techniken
In vielen Bereichen der Technik und Naturwissenschaft werden die Flächen unter Kurven benötigt, die sich beispielsweise aus Messwerten ergeben und früher mit Hilfe von *Schreibern*[149] auf Papierbahnen aufzeichnet wurden.

---

148 Das Zeichen selbst geht auf ein langgezogenes „S" zurück, und symbolisierte ursprünglich recht explizit eine Summenbildung, auf welche eine Integration, wie noch zu sehen sein wird, im Wesentlichen zurückgeführt werden kann.

149 Auch *Plotter* genannt.

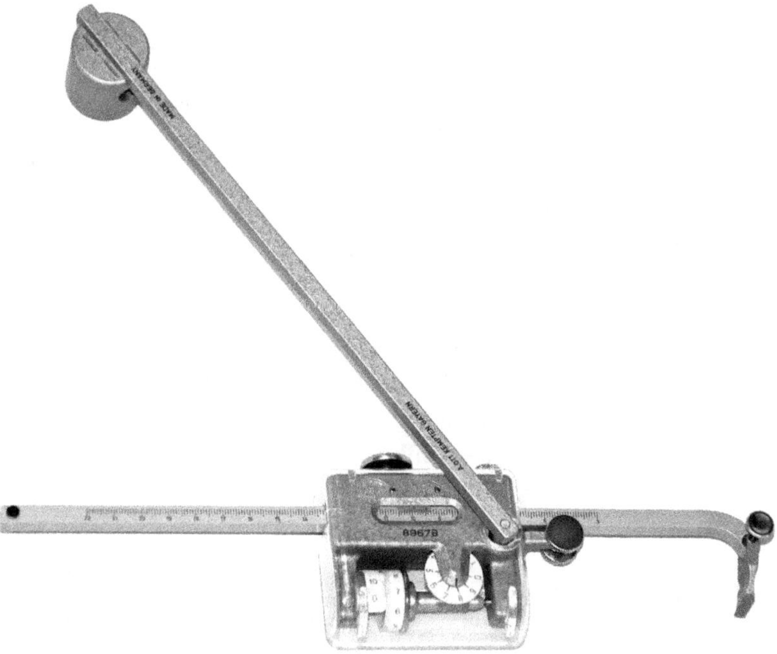

Abb. 3.29. Polarplanimeter

Erstaunlich genaue Werte für die Bestimmung einer solchen Fläche lassen sich erzielen, indem das zu bestimmende Flächenstück ausgeschnitten und dann mit einer Feinwaage gewogen wird, wobei natürlich die Dichte des verwendeten Papiers bekannt sein muss.

Ein faszinierendes Instrument, das sogenannte *Planimeter*, wurde 1814 von dem Ingenieur J. M. Herrmann entwickelt. 1854 entwickelte der Schweizer Mathematiker Jacob Amsler-Laffon[150] das sogenannte *Polarplanimeter*, das über 100 Jahre hinweg überall dort zum Einsatz kam, wo Flächeninhalte bestimmt werden mussten. Abbildung 3.29 zeigt ein solches Instrument aus der ersten Hälfte des zwanzigsten Jahrhunderts.

Eingesetzt wurden solche Instrumente z. B. im Vermessungswesen, wo Flächen auf Landkarten mit bekanntem Maßstab bestimmt werden mussten, aber auch in der Industrie, wo beispielsweise Dampfmengen auf Basis von auf Papier geplotteten Kurven bestimmt wurden etc.

Die Grundlagen der Funktion eines solchen Instrumentes gehen weit über den Rahmen dieses Buches hinaus – weiterführende Informationen finden sich beispielsweise in (Henrici, 1894, SS. 179 ff.), Meyer zur Capellen (1949) und Leise (2007). Foote et al. (2007) beschreibt den Selbstbau eines einfachen Polarplanimeters.

Die Bedienung ist hingegen ausgesprochen einfach: Das Instrument in Abbildung 3.29 besitzt oben links den sogenannten *Pol*, der aus einem Gewicht mit einer unten befestigten Nadel besteht, die in der Nähe des zu bestimmenden Flächengebietes in das Papier eingestochen wird. Mit der rechts unten sichtbaren Nadel wird nun der Rand der Fläche „abgefahren", wobei eine sichere Hand beim

150 11.11.1823–03.01.1912

Nachführen natürlich wesentlich für die Genauigkeit des Ergebnisses ist.[151] Der in der Mitte angeordnete Zählmechanismus zeigt nach dem Umfahren der zu vermessenden Fläche deren Flächeninhalt an, wobei durch Verschieben des Messwerkes auf dem hier waagrecht abgebildeten Arm ein Proportionalitätsfaktor eingestellt werden kann, so dass beispielsweise automatisch der Maßstab einer Landkarte o. ä. berücksichtigt wird.

Bei Integralen wird zwischen *bestimmten* und *unbestimmten Integralen* unterschieden:[152] Ein bestimmtes Integral liefert für eine gegebene *beschränkte Funktion*[153] zwischen den Grenzen a und b, die ein *endliches* Intervall $[a,b]$ definieren, einen Wert, der den Flächeninhalt repräsentiert. Ein unbestimmtes Integral hingegen liefert für eine Funktion eine Menge sogenannter *Stammfunktionen*, welche die durch die Funktion beschränkte Fläche beschreiben. Bemerkenswert ist, dass die Integration sozusagen die Umkehrfunktion der Differentiation ist, d. h. die erste Ableitung einer Stammfunktion $F(x)$ einer zugrunde liegenden Funktion $f(x)$, über die integriert wurde, liefert gerade die Funktion $f(x)$.[154]

3.7.3.1 Das Riemann-Integral

Die grundlegendste Form eines Integrals ist das nach Bernhard Riemann[155] benannte *Riemann-Integral*.[156] Abbildung 3.30 zeigt die heute übliche Definition dieses Integralbegriffes, die allerdings nicht auf Riemann, sondern auf Jean Gaston Darboux[157] zurückgeht.

Dargestellt ist zunächst eine Funktion $f(x)$, über die zwischen den Grenzen a und b integriert werden soll. Um den Flächeninhalt zu bestimmen, wird dieses Intervall in gleichbreite „Streifen" unterteilt. Diese Streifen sind durch die Stützstellen $x_0, x_1, \dots, x_n$ begrenzt, d. h. die Breite eines jeden Streifens ist $x_i - x_{i-1}$ für $0 < i \leq n$. Wenn diese Breite konstant ist, heißen solche Stützstellen *äquidistant*.

Die Summe der dunkelgrau dargestellten Streifen heißt *Untersumme*, da die zu ihr gehörenden Streifen stets unterhalb des Verlaufes der Funktion $f(x)$ liegen. Die hellgrauen Kästchen wiederum sind quasi die oberen Enden einer Streifengruppe, deren

---

151 Entsprechend wurden Planimeter im Volksmund auch als „Mogelkutsche" bezeichnet.

152 Bestimmte und unbestimmte Integrale werden mitunter auch als *eigentliche* und *uneigentliche Integrale* bezeichnet.

153 Etwas vereinfacht gilt für eine solche Funktion, dass ihre Funktionswerte für alle Funktionsargumente aus der jeweils betrachteten (Teilmenge der) Definitionsmenge beschränkt sind.

154 Dies ist die Aussage des sogenannten *Fundamentalsatzes der Analysis*, auf den später noch eingegangen wird.

155 17.09.1826–20.07.1866

156 Komplexere und leistungsfähigere Integralbegriffe sind beispielsweise das *Stieltjes-Integral* und das *Lebesgue-Integral*, auf die im Folgenden jedoch nicht weiter eingegangen wird.

157 14.08.1842–23.02.1917

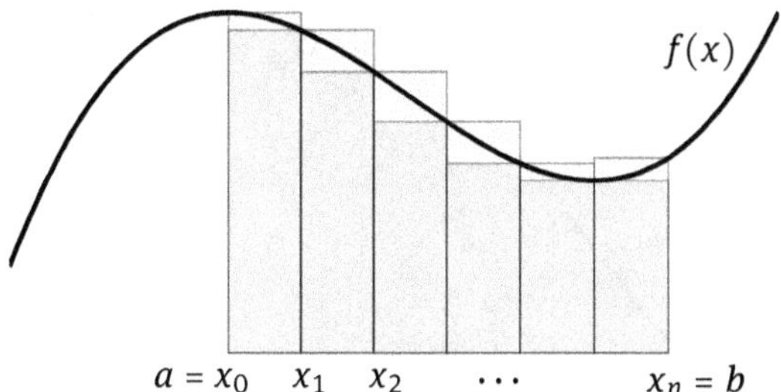

Abb. 3.30. Ober- und Untersummen

Summe *Obersumme* genannt wird. Die Höhe u_i eines solchen Streifens der Untersumme ist

$$u_i = \inf_{x_{i-1} \le x \le x_i} f(x),$$

wobei inf das Infimum, d. h. den kleinsten Funktionswert innerhalb des Intervalls $[x_{i-1}, x_i]$ beschreibt. Analog gilt für die Höhe o_i eines Obersummenstreifens

$$o_i = \sup_{x_{i-1} \le x \le x_i} f(x).$$

Durch u_i und o_i sind zwei sogenannte *Treppenfunktionen* definiert, deren Name sich daraus ergibt, dass die Funktionswerte immer sprunghaft ansteigen oder abnehmen, um dann für die Breite eines Intervalles konstant zu bleiben.

Der Flächeninhalt eines solchen Streifens ist also gleich $u_i(x_i - x_{i-1})$ beziehungsweise $o_i(x_i - x_{i-1})$. Für n Stützstellen x_i, $0 \le i \le n$, d. h. n Streifen ergibt sich damit ein unterer und ein oberer Näherungswert für die Fläche unter der Kurve, eben die Unter- beziehungsweise Obersumme:

$$U(n) = \sum_{i=1}^{n} \left((x_i - x_{i-1}) \inf_{x_{i-1} \le x \le x_i} f(x) \right)$$

$$O(n) = \sum_{i=1}^{n} \left((x_i - x_{i-1}) \sup_{x_{i-1} \le x \le x_i} f(x) \right)$$

Ist die Funktion $f(x)$ *Riemann-integrierbar*, so gilt

$$\lim_{n \longrightarrow \infty} |U(n) - O(n)| = 0.$$

Dieser Grenzwert ist das bestimmte Integral über $f(x)$, d. h. es ist

$$\int_a^b f(x)\,\mathrm{d}x = \lim_{n \longrightarrow \infty} U(n) = \lim_{n \longrightarrow \infty} O(n).$$

Hierdurch wird auch die Notation des Integrals klarer: $f(x)$ ist die Funktion, welche die Ober- und Untersumme beschränkt, während der Ausdruck dx die infinitesimal kleine Streifenbreite zum Ausdruck bringt.

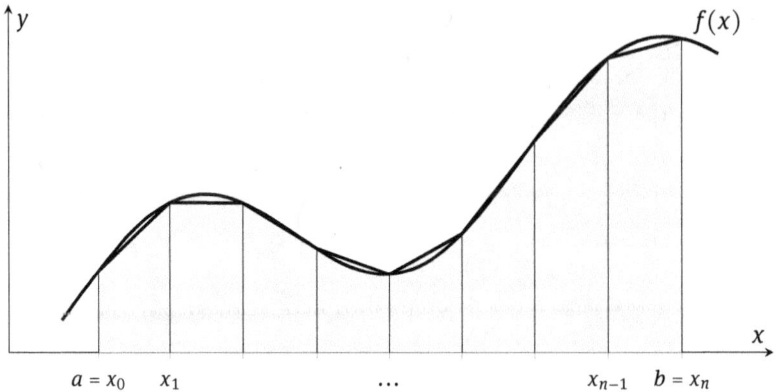

Abb. 3.31. Integration nach der Trapezregel

Eine Funktion $f(x)$ ist über einem Intervall $[a,b]$ RIEMANN-integrierbar, wenn das Intervall selbst abgeschlossen und beschränkt ist und darüber hinaus $f(x)$ *fast überall* stetig ist. Der Begriff *fast überall* bedeutet anschaulich, dass es nur „wenige" Ausnahmen von etwas geben darf, wobei „wenig" wiederum bedeutet, dass die Menge dieser Ausnahmen endlich ist.[158] Beispielsweise ist eine Funktion, die nur eine endliche Anzahl von Unstetigkeitsstellen besitzt, fast überall stetig.

Im Prinzip lässt sich ein bestimmtes Integral numerisch auf die Berechnung von Unter- oder Obersummen zurückführen,[159] wobei der hierbei gemachte Fehler meist nicht zu vernachlässigen ist, da der Abstand der Stützstellen x_i aus praktischen Gründen in der Regel nicht allzu klein gewählt werden kann. Etwas bessere Ergebnisse lassen sich mit der in Abbildung 3.31 dargestellten Methode erzielen.

Die Idee hierbei ist, die zu berechnende Fläche unter der Funktion $f(x)$ nicht in rechteckige Streifen zu unterteilen, aus denen Unter- und Obersumme gebildet werden, sondern stattdessen sogenannte *Trapeze*, genauer *rechtwinklige Trapeze* zu verwenden.[160] Die Eckpunkte eines solchen Trapezes in Abbildung (3.31) sind $(x_{i-1},0)$, $(x_i,0)$, $(x_i,f(x_i))$ und $(x_{i-1},f(x_{i-1}))$. Für den Flächeninhalt eines solchen Trapezes gilt

$$A_i = \frac{f(x_{i-1}) + f(x_i)}{2}(x_i - x_{i-1}).$$

158 Genauer kann diese Idee mit Hilfe der *Maßtheorie* ausgedrückt werden, die auch eine Grundlage der Stochastik darstellt. Trotz ihrer großen Bedeutung wird Folgenden nicht näher auf die Maßtheorie eingegangen, da sie in diesem Rahmen zumindest für ein intuitives Verständnis entbehrlich ist.

159 Unter *numerischer Integration* versteht man Algorithmen, mit deren Hilfe Integrale auf speicherprogrammierten Rechnern näherungsweise bestimmt werden können. Ebenfalls gebräuchlich hierfür ist der Ausdruck *numerische Quadratur*.

160 Ein Trapez ist ein Viereck mit zwei parallelen Seiten. Ein rechtwinkliges Trapzez besitzt zwei einander gegenüberliegende rechte Winkel. Insbesondere sind auch Rechtecke Trapeze.

Der Term $(x_i - x_{i-1})$ ist hierbei die Breite des Trapezes. Wird das Integrationsintervall $[a,b]$ in $n+1, n \in \mathbb{N}$, äquidistante Stützstellen x_i, $0 \le i \le n$, eingeteilt, so bietet es sich an,

$$\Delta x = \frac{b-a}{n}$$

zu setzen, so dass der Inhalt eines solches Trapezes gleich

$$A_i = \frac{f(x_{i-1}) + f(x_i)}{2} \Delta x$$

ist. Summiert man nun diese n Trapeze, so ergibt sich für den gesuchten Flächeninhalt die Näherung

$$\begin{aligned}\int_a^b f(x)\,\mathrm{d}x &\approx \frac{f(x_0)+f(x_1)}{2}\Delta x + \frac{f(x_1)+f(x_2)}{2}\Delta x + \cdots + \frac{f(x_{n-1})+f(x_n)}{2}\Delta x\\ &= \frac{\Delta x}{2}\left(f(x_0) + 2f(x_1) + 2f(x_2) + \cdots + 2f(x_{n-1}) + f(x_n)\right).\end{aligned}$$

Aufgabe 44:
Es ist der Wert des Integrals $\int_0^2 x^2\,\mathrm{d}x$ mit Hilfe der Trapezregel für fünf äquidistante Stützstellen zu bestimmen.

Abschweifung: Mechanische Integrierer

Vor der Entwicklung der heute dominierenden speicherprogrammierten Digitalrechner wurden zur Lösung von Problemstellungen, die in der Regel mit Hilfe sogenannter *Differentialgleichungen*, siehe Abschnitt 3.8, beschrieben wurden, die schon erwähnten Analogrechner eingesetzt, die damals meist noch *Differentialanalysator* genannt wurden. Herzstück solcher Maschinen[161] waren mechanische Integrierer, die auf sehr anschauliche Art und Weise arbeiteten.

Abbildung 3.32 zeigt einen solchen Integrierer – einen sogenannten *Reibradintegrierer*, der Bestandteil des bis 1954 in Oslo betriebenen großen Differentialanalysators war. Zentrales Element dieses Integrierers ist die auf der rechten Seite sichtbare, waagrecht angeordnete rotierende Scheibe S. Die Rotationsgeschwindigkeit dieser Scheibe entspricht dem Ausdruck $\mathrm{d}x$ während der Integration. Über dieser Scheibe ist ein Reibrad h angeordnet, das auf der Scheibe abrollt. Dieses Rad kann auf der Scheibe radial zwischen dem Mittelpunkt der Scheibe und deren Rand verschoben werden. Die jeweilige Position des Reibrades wird durch die zu integrierende Funktion $f(x)$ bestimmt.

Befindet sich das Reibrad direkt über dem Mittelpunkt der rotierenden Scheibe, so dreht es sich nicht. Je weiter es an den Scheibenrand gebracht wird, desto schneller dreht es sich, angetrieben durch die rotierende Scheibe, mit. Als Eingangswerte erhält ein solcher Integrierer also zum einen den jeweiligen Funktionswert $f(x)$ sowie das $\mathrm{d}x$ in Form einer Winkelgeschwindigkeit. Das Resultat der Integration wird durch die Rotation der durch das Reibrad h angetriebenen Achse repräsentiert.

---

161 Mehr Informationen zu diesen Maschinen und Analogrechnern im Allgemeinen finden sich in ULMANN (2010).

Abb. 3.32. Integrierer des Oslo-Differentialanalysators (siehe (Willers, 1943, S. 237))

Diese Achse kann dann beispielsweise andere Rechenelemente oder im einfachsten Fall einen Zähler antreiben, der dann das Ergebnis der Integration direkt anzeigt.[162]

3.7.3.2 Unbestimmtes Integral

Abstrakter als ein solches bestimmtes Integral ist die Idee des unbestimmten Integrals, das, wie bereits erwähnt, zu einer Funktion $f(x)$ eine Menge von Stammfunktionen liefert, deren erste Ableitung jeweils wieder $f(x)$ sein soll. Mit Hilfe der Differentiationsregeln ergibt sich hieraus sofort, dass sich zwei Stammfunktionen $F_1(x)$ und $F_2(x)$ einer integrierten Funktion $f(x)$ höchstens hinsichtlich eines additiven konstanten Terms voneinander unterscheiden können, da die Ableitung einer Konstanten 0 ist und somit $F_1'(x) = F_2'(x)$ gilt.[163] Ist also $F(x)$ eine Stammfunktion von $f(x)$, so sind auch alle Funktionen der Form $F(x) + \text{const.}$ Stammfunktionen von $f(x)$, wobei die Konstante eine beliebige reelle Zahl ist:

$$\int\limits_{x_0}^{x} f(\xi)\,\mathrm{d}\xi = F(x) + \text{const., wobei } \frac{\mathrm{d}F(x)}{\mathrm{d}x} = f(x) \text{ gilt.} \tag{3.47}$$

Ein solches Integral wird auch *Parameterintegral* genannt, da es von einem Parameter, nämlich in diesem Fall der oberen Grenze x, abhängt.

162 Eine umfassende Darstellung mechanischer mathematischer Rechenelemente findet sich beispielsweise in Svoboda (1948).

163 Stammfunktionen werden meist mit Großbuchstaben bezeichnet.

Als Beispiel sei eine Stammfunktion $F(x)$ des in Abbildung 3.26 dargestellten Polynoms

$$f(x) = \frac{1}{100}x^3 - \frac{1}{10}x^2 + \frac{1}{5}x \tag{3.48}$$

gesucht. Da die Ableitung $F'(x)$ gleich $f(x)$ sein muss, handelt es sich auch bei $F(x)$ um ein Polynom. Mit Hilfe der Differentiationsregeln findet sich schnell ein Polynom der Form

$$F(x) = \frac{1}{400}x^4 - \frac{1}{30}x^3 + \frac{1}{10}x^2 + \text{const.}, \tag{3.49}$$

für das $F'(x) = f(x)$ gilt, d. h. $F(x)$ ist eine durch die Wahl der Konstanten parametrisierte Familie von Stammfunktionen von $f(x)$.

Bislang wirkt das Ganze vermutlich etwas trocken, aber Stammfunktionen haben eine faszinierende Eigenschaft: Ist eine Stammfunktion $F(X)$ einer zu integrierenden Funktion $f(x)$ bekannt, so kann mit ihr auch der Wert des bestimmten Integrals $\int_a^b f(x)\,\mathrm{d}x$ berechnet werden! Dies ist eine zentrale Aussage des sogenannten *Fundamentalsatzes der Analysis*, die sich leicht anschaulich zeigen lässt: Setzt man in (3.47) $x_0 = a$, so gilt offensichtlich

$$F(a) = \int_a^a f(x)\,\mathrm{d}x = 0.$$

Entsprechend ist dann auch

$$F(b) = \int_a^b f(x)\,\mathrm{d}x,$$

d. h. der gesuchte Flächeninhalt unter der durch $f(x)$ im Intervall $[a,b]$ beschriebenen Kurve ist gleich $F(b) - F(a)$.

Angewandt auf das Beispielpolynom (3.48) aus Abbildung (3.26) lässt sich nun mit Hilfe der Stammfunktion[164]

$$F(x) = \frac{1}{400}x^4 - \frac{1}{30}x^3 + \frac{1}{10}x^2$$

schnell die durch das Polynom begrenzte Fläche beispielsweise im Intervall $[0,4]$ bestimmen:

$$\int_0^4 \frac{1}{100}x^3 - \frac{1}{10}x^2 + \frac{1}{5}x\,\mathrm{d}x = F(4) - F(0) = 0{,}10\overline{6}$$

Die Differenz $F(b) - F(a)$ wird übrigens häufig auch $F(x)\big|_a^b$ oder mitunter auch $[F(x)]_a^b$ geschrieben.

Nun liegt vielleicht die Frage nahe, wozu numerische Integration, die in der Praxis mit deutlich besseren Verfahren als der zuvor dargestellten Trapezregel durchgeführt wird, eigentlich notwendig ist, wenn ein bestimmtes Integral auch über eine Stamm-

164 Hier wurde die Konstante 0 gewählt.

funktion ausgewertet werden kann. Der Grund hierfür liegt darin, dass in der Praxis auftretende Funktionen häufig so komplex („eklig") sind, dass dafür keine Stammfunktion – oder nur mit extremem Aufwand – angegeben werden kann. Darüber hinaus muss für das Bestimmen einer Stammfunktion zunächst einmal eine zu integrierende Funktion vorliegen – falls diese nur als Folge von Messwerten vorliegt oder sich gar erst während der Rechnung, wie dies beispielsweise bei der numerischen Lösung von Differentialgleichungen der Fall ist, ergibt, lässt sich eine Stammfunktion nicht bestimmen.[165]

3.7.3.3 Integrationsregeln

Im Unterschied zur Differentialrechnung, wo meist mit einer Handvoll Regeln die Ableitung einer Funktion[166] mehr oder weniger mechanisch bestimmt werden kann, ist dies bei der Integration, d. h. der Bestimmung einer Stammfunktion zu einer gegebenen Funktion $f(x)$, leider nicht der Fall. Integration erfordert viel Übung und ein gerüttelt Maß an Intuition.[167] Sehr hilfreich ist zunächst einmal eine Tabelle von Stammfunktionen. Eine klassische, ausgesprochen umfangreiche Integraltafel findet sich beispielsweise in BRONSTEIN (2013).[168] Im folgenden Abschnitt werden die wichtigsten Techniken zur Integration vorgestellt.[169]

Da die Integration die Umkehroperation zur Differentiation ist, lässt sich eine einfache Regel, die Integration von Polynomen betreffend, direkt aus den zugehörigen Differentiationsregeln ableiten:

$$\int x^n \,\mathrm{d}x = \frac{1}{n+1}x^{n+1} + \text{const.}\ \forall n \in \mathbb{N}, n \neq -1 \tag{3.50}$$

Diese Formel wurde intuitiv bereits zuvor bei der Bestimmung der Stammfunktion (3.49) benutzt und ist naheliegend, da die Ableitung eines Ausdruckes der Form

$$\frac{x^{n+1}}{n+1} + \text{const.}$$

gerade x^n ergibt.

165 Mitunter lässt sich in solchen Fällen ein Polynom bestimmen, das diese Messwerte *approximiert* (siehe Abschnitt 3.9), und das integriert werden kann, indem eine Stammfunktion zu diesem speziellen Polynom angegeben wird. Letztlich läuft aber dennoch die Mehrzahl von Problemen darauf hinaus, numerisch zu integrieren.

166 Unter den üblichen Voraussetzungen bezüglich Differenzierbarkeit.

167 Es empfiehlt sich stets, eine Stammfunktion durch Differentiation kurz auf Plausibilität zu prüfen.

168 Umgangssprachlich als „Der Bronstein" bekannt.

169 In der heutigen Zeit gibt es eine Reihe von Taschenrechnern, aber auch ausgewachsene *CAS*-Programme, (kurz für *Computer Algebra System*) die nicht nur Ableitungen, sondern auch Stammfunktionen berechnen können. Ein solches System ist in der Praxis ausgesprochen hilfreich und auch ein guter Sparringspartner beim Lernen, da man damit eigene Lösungen schnell auf Korrektheit überprüfen kann.

Ebenfalls direkt aus der korrespondierenden Differentiationsregel ergibt sich

$$\int \frac{1}{x}\,\mathrm{d}x = \ln|x| + \text{const.}$$

Weiterhin gilt

$$\int f(x) + g(x)\,\mathrm{d}x = \int f(x)\,\mathrm{d}x + \int g(x)\,\mathrm{d}x,$$

d. h. das Integral über eine Summe von Termen ist gleich der Summe der Integrale über die jeweiligen Terme. Auch diese Regel wurde intuitiv bereits bei der Bestimmung der Stammfunktion (3.49) angewandt.

Konstante Terme können vor das Integral gezogen werden, d. h. mit $a = \text{const.}$ gilt

$$\int af(x)\,\mathrm{d}x = a\int f(x)\,\mathrm{d}x,$$

was anschaulich klar ist, wenn man die Integration als Grenzwertbildung über Unter- beziehungsweise Obersumme auffasst, da für die Summation $au_1 + au_2 + \cdots + au_n = a(u_1 + u_1 + \cdots + u_n)$ gilt (Distributivität). Hieraus folgt direkt

$$\int -f(x)\,\mathrm{d}x = -\int f(x)\,\mathrm{d}x,$$

da $-f(x) = -1 \cdot f(x)$ ist.

Aufgabe 45:
Gesucht ist eine Stammfunktion der Funktion $f(x) = -x^3 + \sqrt{x}$. Hierbei ist es hilfreich, die Wurzelfunktion als eine Potenzbildung aufzufassen.

Eine weitere wesentliche Integrationsregel ergibt sich aus der Umkehrung der Produktregel der Differentiation $(u(x)v(x))' = u'(x)v(x) + u(x)v'(x)$:

$$\int (u(x)v(x))'\,\mathrm{d}x = \int u'(x)v(x)\,\mathrm{d}x + \int u(x)v'(x)\,\mathrm{d}x.$$

Die linke Seite ist gleich $u(x)v(x)$, woraus sich durch Umstellen die Regel für die sogenannte *partielle Integration* ergibt

$$\int u'(x)v(x)\,\mathrm{d}x = u(x)v(x) - \int u(x)v'(x)\,\mathrm{d}x, \tag{3.51}$$

deren Anwendung das folgende Beispiel zeigt:

Beispiel 40:
Zu integrieren ist die Funktion $f(x) = x^2\ln(x)$, was als Produkt einer Ableitung $u'(x) = x^2$ sowie einer Funktion $v(x) = \ln(x)$ aufgefasst wird. Mit Hilfe von (3.50) ergibt sich hieraus zunächst die Stammfunktion $u(x) = \frac{1}{3}x^3$ zur Funktion $u'(x)$. Entsprechend ist $v'(x) = \frac{1}{x}$, so dass nun

$$u(x) = \frac{1}{3}x^3 \quad u'(x) = x^2 \text{ und}$$

$$v(x) = \ln(x) \quad v'(x) = \frac{1}{x}$$

zur Verfügung stehen. In (3.51) eingesetzt, ergibt sich

$$\begin{aligned}\int x^2 \ln(x)\,\mathrm{d}x &= \frac{1}{3}x^3\ln(x) - \int \frac{1}{3}x^3\frac{1}{x}\,\mathrm{d}x\\ &= \frac{1}{3}x^3\ln(x) - \int \frac{1}{3}x^2\,\mathrm{d}x\\ &= \frac{1}{3}x^3\ln(x) - \frac{1}{9}x^3.\end{aligned}$$

Aufgabe 46:
Gesucht ist eine Stammfunktion zur Funktion $f(x) = x\ln(x)$.

Zum Abschluss der partiellen Integration noch ein letztes Beispiel:

Beispiel 41:
Es ist die Stammfunktion zu $f(x) = \sin(x)\cos(x)$ zu bestimmen. Hierbei wird wieder $f(x)$ als $f(x) = u'(x)v(x)$ aufgefasst, woraus sich

$$\begin{aligned}u(x) &= -\cos(x) \quad & u'(x) &= \sin(x) \text{ und}\\ v(x) &= \cos(x) \quad & v'(x) &= -\sin(x)\end{aligned}$$

ergeben. Eingesetzt in (3.51) ergibt sich hieraus

$$\int \sin(x)\cos(x)\,\mathrm{d}x = -\cos^2(x) - \int \sin(x)\cos(x)\,\mathrm{d}x.$$

Auf der rechten Seite steht nun ein Integral der gleichen Form wie links des Gleichheitszeichens, jedoch mit anderem Vorzeichen, so dass man diesen Ausdruck auf beiden Seiten addieren kann, woraus sich

$$\int \sin(x)\cos(x)\,\mathrm{d}x = -\frac{1}{2}\cos^2(x)$$

ergibt.[170]

Während sich die partielle Integration aus der Produktregel der Differentiation ergibt, folgt aus der Kettenregel die *Integration durch Substitution*. Die Kettenregel besagt, dass die Ableitung einer verketteten Funktion, d. h. einer Funktion der Form $u(v(x))$ gleich $v'(x)u'(v(x))$ ist. Wird hierüber integriert[171], ergibt sich

$$\int\limits_a^b u'(v(x))v'(x)\,\mathrm{d}x = u(v(x))\Big|_a^b = u(x)\Big|_{v(a)}^{v(b)} = \int\limits_{v(a)}^{v(b)} u'(\xi)\,\mathrm{d}\xi, \tag{3.52}$$

170 Die Notation $\cos^2(x)$ entspricht übrigens dem Ausdruck $(\cos(x))^2$ und wird häufig angewandt, um Klammern zu sparen und Verwechslung mit $\cos(x^2)$ zu vermeiden.

171 Achtung – diesmal mit Integrationsgrenzen, da diese sich ändern!

die sogenannte *Subsitutionsregel*. Die Idee hierbei ist also, einen Integranden der Form $v'(x)u'(v(x))$ in einen der Form $u(\xi)$ umzuformen, wobei sich entsprechend die Integrationsgrenzen ändern, wie der entscheidende Schritt in der Mitte von (3.52) zeigt. Die Anwendung der Integration durch Substitution erfordert einige Übung, wie folgendes Beispiel zeigt:

Beispiel 42:
Gesucht ist

$$\int_a^b \cos(3x)\,\mathrm{d}x, \tag{3.53}$$

was die Substitution $v(x) = 3x = \xi$ nahelegt. Der Term $\cos(3x)$ wird nun also als ein Ausdruck der Form $u'(v(x))v'(x)$ aufgefasst. Mit $v(x) = 3x$ gilt $v'(x) = 3$, so dass das Integral (3.53) die Gestalt

$$\int_a^b \underbrace{\frac{1}{3}\cos(3x)}_{=u'(v(x))} \overbrace{3}^{=v'(x)}\,\mathrm{d}x \tag{3.54}$$

annimmt.[172] (3.53) lässt sich nun über (3.54) und mit (3.52) wie folgt umformen:

$$\begin{aligned}\int_a^b \cos(3x)\,\mathrm{d}x &= \int_a^b \frac{1}{3}\cos(3x)3\,\mathrm{d}x\\ &= \int_{v(a)=3a}^{v(b)=3b} \frac{1}{3}\cos(\xi)\,\mathrm{d}\xi\\ &= \frac{1}{3}\int_{3a}^{3b}\cos(\xi)\,\mathrm{d}\xi\\ &= \frac{1}{3}\sin(\xi)\Big|_{3a}^{3b}\\ &= \frac{1}{3}\left(\sin(3b) - \sin(3a)\right).\end{aligned}$$

Aufgabe 47:
Gesucht ist $\int_a^b \exp(3x)\,\mathrm{d}x$.

---

172 Der Faktor $\frac{1}{3}$ kompensiert hierbei die multiplikative Konstante 3, die aus dem Term $v'(x)$ resultiert.

Abschweifung: HEAVISIDES Operatorenkalkül

Der englische Mathematiker und Physiker OLIVER HEAVISIDE[173] spielte eine herausragende Rolle für die Entwicklung der mathematischen Grundlagen der Elektrotechnik und Elektronik und war aufgrund seiner Schrulligkeiten, seines mitunter sehr verschrobenen Humors sowie seiner Einstellung zur Mathematik an sich, die er als experimentelle Wissenschaft auffasste, eine der schillerndsten Persönlichkeiten seiner Zeit.[174] Darüber hinaus war er unter anderem maßgeblich an der Einführung von Vektoren, wie sie in den vorangegangenen Abschnitten dargestellt wurden, beteiligt, die sich zu seiner Zeit noch gegen die heute stark zurückgedrängten, von WILLIAM ROWAN HAMILTON[175] entwickelten und stark propagierten *Quaternionen* durchsetzen mussten. HEAVISIDES Arbeiten auf dem Gebiet der Theorie der Elektrizität sowie des Magnetismus legten den Grundstein für die heutige Elektronik und vor allem die Nachrichtentechnik (eines der vielen praktischen Resultate seiner theoretischen Arbeiten war die Erfindung des Koaxialkabels, für das *Heaviside* im Jahre 1880 das Patent erhielt). Auch die heute verwendete Form der nach JAMES CLERK MAXWELL[176] sogenannten *MAXWELLschen Gleichungen*, welche den Zusammenhang zwischen elektrischen und magnetischen Feldern sowie Ladung und Strom beschreiben, geht auf OLIVER HEAVISIDE zurück. Selbst die zu Beginn des zwanzigsten Jahrhunderts von *Albert Einstein*[177] entwickelte *spezielle Relativitätstheorie* beruht zu einem Teil auf den Arbeiten HEAVISIDES.

Unter einem *Kalkül* versteht man nun ganz allgemein ein Regelwerk, das festlegt, welche Verknüpfungen gegebener Elemente möglich sind, und wie diese Verknüpfungen durchzuführen sind. Die in Abschnitt 1.2.1 angesprochene Aussagenlogik ist ein Beispiel für einen verhältnismäßig einfachen Kalkül, der festlegt, wie Aussagen aus den Grundelementen dieser Logik aufgebaut, in Beziehung zueinander gesetzt werden können etc.

Bei Operatoren handelt es sich letztlich um (mathematische) Operationen, die auf bestimmte Objekte (Operanden), beispielsweise Skalare, Vektoren usf., angewandt werden und diese Objekte irgendeiner Transformation unterwerfen. HEAVISIDES Grundidee des von ihm entwickelten *Operatorenkalküls* war nun, die traditionelle Kluft zwischen Operatoren, die etwas „tun", und Operanden, mit denen etwas „getan wird", zu überwinden und es zu ermöglichen, mit den Operatoren selbst ebenso zu rechnen, als handelte es sich um einfache Variablen.

Anstelle der Ableitung

$$\frac{\mathrm{d}}{\mathrm{d}t}$$

führte HEAVISIDE einen Operator p ein, der zunächst einmal nur weniger Schreibarbeit zur Folge hat, da sich damit statt

$$\frac{\mathrm{d}x}{\mathrm{d}t}$$

einfacher px schreiben lässt. HEAVISIDE wagte jedoch den großen Schritt, mit p mehr oder weniger wie mit einer traditionellen Variablen zu rechnen, d. h. diesen Operator selbst als Operanden aufzufassen. Die erste Frage, die sich dann stellt, ist, was sich hinter dem auf p beruhenden Operator $\frac{1}{p}$ verbirgt. Offensichtlich ist dies gerade die Umkehroperation zu p, da $p \cdot \frac{1}{p} = 1$ gilt, wenn mit p „einfach gerechnet" wird. Damit ist aber ganz anschaulich $\frac{1}{p}$ die Integration, da diese die Umkehroperation zur Differentiation ist.

173 18.05.1850–03.02.1925

174 Sehr lesenwert sind NAHIN (2002) und MAHON (2009).

175 04.08.1805–02.09.1865

176 13.06.1831–05.11.1879

177 14.03.1879–18.04.1955

Diese Überlegungen lassen sich direkt auf ganzzahlige Potenzen von p verallgemeinern:

$$p^n = \frac{\mathrm{d}^n}{\mathrm{d}t^n} \text{ und}$$
$$p^{-n} = \frac{1}{p^n} = \int \cdots \int \ldots \mathrm{d}t.$$

Damit gilt dann direkt

$$p^{-n} \cdot 1 = \int \cdots \int 1 \, \mathrm{d}t^n = \frac{t^n}{n!}, \tag{3.55}$$

was zunächst einfach notationstechnisch praktisch ist. Die obige Frage, was $\frac{1}{p}$ bedeutet, wenn es sich bei p um einen Operator und keine einfache Variable handelt, ist noch recht naheliegend, aber was ist eigentlich die Wurzel aus einer Integrationsoperation? Wie gesagt, hier ist nicht die Frage, was die Wurzel aus dem Ergebnis eines bestimmten Integrals ist, sondern was die Wurzel aus der *Operation* ist. Rechnet man einfach hemdsärmelig mit p 'drauflos, so ergibt sich Folgendes: Zunächst einmal ist

$$\frac{1}{\sqrt{p}} = \frac{1}{p^{\frac{1}{2}}}$$

– das jedoch ähnelt stark dem Ausdruck (3.55), so dass sich für die Wurzel aus der Integrations*operation*, angewandt auf den konstanten Integranden 1 der Ausdruck

$$\frac{1}{\sqrt{p}} \cdot 1 = \frac{\sqrt{t}}{\Gamma\left(1 + \frac{1}{2}\right)}$$

ergibt. Der griechische Buchstabe Γ bezeichnet hier die sogenannte *Gammafunktion*, welche die Fakultätsfunktion auf reelle Argumente erweitert.[178]

Ohne die faszinierende Idee, mit Operatoren wie mit „normalen" Variablen einfach zu rechnen, hätte sich wohl nicht einmal die Frage gestellt, was die Wurzel aus einer Operation wie der Integration sein könnte. Interessanterweise zeigte sich, dass solche von p abgeleiteten (nicht im Sinne einer Differentiation) Operatoren eine große Bedeutung für die von HEAVISIDE entwickelten Theorien hatten, die heute unter anderem das Fundament der Netzwerktechnik bilden.[179]

3.8 Differentialgleichungen

Eine Vielzahl, um nicht zu sagen, die meisten Prozesse in Natur, Technik, Wirtschaft[180] etc. haben gemeinsam, dass sie sich durch sogenannte *Differentialgleichun-*

---

178 Für Argumente $n \in \mathbb{N}$ gilt $\Gamma(n+1) = n!$.

179 Eine umfassende Darstellung dieser Ideen findet sich beispielsweise in FOCKE (1962) sowie in TURNEY (1944).

180 Einer der außergewöhnlichsten Spezialrechner wurde übrigens zur Simulation von Wirtschaftssystemen durch den Ökonomen ALBAN WILLIAM PHILLIPS (18.11.1914–04.03.1975) entwickelt. Bei dieser Maschine, *MONIAC* – kurz für *Monetary National Income Automatic Computer* – genannt, handelte es sich um einen *hydraulischen Analogrechner*, der mit Wasser rechnete! So wurden zeitabhängige Funktionswerte beispielsweise durch fließendes Wasser repräsentiert; eine Integration führt in diesem Fall auf das Sammeln von Wasser in einem Gefäß mit anschließendem Wägevorgang etc. Dieser Rechner wurde scherzhaft auch als *Financephalograph* bezeichnet und stand Pate für den fiktionalen Computer in TERRY PRATCHETTS Fantasyroman „Making Money".

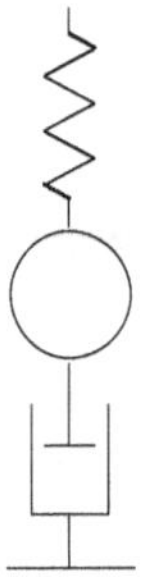

$$F_m + F_d + F_s = 0$$

$$m\ddot{y} + d\dot{y} + sy = 0$$

Abb. 3.33. Schematische Darstellung eines einfachen Masse-Feder-Dämpfer-Systems

gen, kurz *DGLs*,[181] beschreiben lassen. Eine solche Differentialgleichung zeichnet sich dadurch aus, dass in ihr nicht einfache Variablen, wie in den vorangegangenen Kapiteln, sondern Funktionen und deren Ableitungen miteinander in Beziehung gesetzt werden. So wichtig Differentialgleichungen sind (sie treten wirklich überall auf, von physikalischen Probleme bis hin zur Simulation dynamischer Systeme wie beispielsweise Wirtschaftskreisläufen etc.), so herausfordernd ist es, sie zu untersuchen. In der Mehrzahl aller Fälle kann keine geschlossene Lösung bestimmt werden, so dass numerische Näherungslösungen angewandt werden müssen.[182] Entsprechend wird im Folgenden auch nur ein einfaches Beispiel angegeben, um einen Eindruck von den grundlegenden Eigenschaften und Techniken zu vermitteln.[183]

Beispiel 43:
Im Folgenden wird ein einfaches physikalisches System, bestehend aus einer Masse, die an einer Feder hängend montiert und damit schwingungsfähig ist, sowie einem Dämpfer, der diese Schwingung mehr oder weniger langsam ausklingen lässt, betrachtet. Solche Systeme sind allgegenwärtig beispielsweise in Form von Automobilfederungen und -stoßdämpfern etc., wo sie zentrale Bedeutung für die Verkehrssicherheit eines Fahrzeuges haben – entsprechend wichtig ist ihre mathematische Behandlung, um eine für den jeweiligen Anwendungsfall geeignete Abstimmung der beteiligten Massen, Federn und Dämpfer zu bestimmen. Abbildung 3.33 zeigt schematisch ein solches Masse-Feder-Dämpfer-System.

Da in einem abgeschlossenen physikalischen System die Summe aller auftretenden Kräfte gleich 0 sein muss, müssen zunächst die Kräfte im vorliegenden System bestimmt werden. Sowohl die Masse, als auch die Feder und der Dämpfer üben Kräfte aus. Die von der schwingenden Masse ausgeübte

181 Im englischen Sprachraum werden diese als *ODE*s, kurz für *ordinary differential equations*, bezeichnet.

182 Eine der ersten wissenschaftlichen Anwendungen des IBM 701-Computers im Jahre 1952 war entsprechend auch die numerische Behandlung einer bereits in den späten 1920er Jahren aufgestellten (partiellen) Differentialgleichung, die in dem fast Vierteljahrhundert dazwischen ohne Unterstützung durch einen Digitalrechner nicht gelöst werden konnte (siehe LADD et al. (1983)).

183 Eine praxisorientierte Einführung in das Gebiet der Differentialgleichungen findet sich beispielsweise in AYRES (1999).

Kraft F_m ist gleich dem Produkt aus Masse m und der zeitabhängigen Beschleunigung $a(t)$ der Masse. Da es sich hier um ein dynamisches System handelt – die beteiligten Objekte sind nach einer initialen Auslenkung, im Falle eines Autos beispielsweise nach Durchfahren eines Schlagloches, in Bewegung –, sind alle auftretenden Positionswerte, Geschwindigkeiten und Beschleunigungen zeitabhängig, d. h. sie sind Funktionen mit der Zeit als Funktionsargument und keine einfachen Variablen!

Die zur Feder gehörende Kraft ist gleich dem Produkt der *Federkonstanten* s, welche beschreibt, wie „stark" die Feder ist, und der Dehnung $y(t)$ der Feder.[184] Das dritte Objekt, das eine Kraft ausübt, ist der Dämpfer, der hier anschaulich als Flüssigkeitsdämpfer ausgeführt ist: In einem beispielsweise ölgefüllten Behälter schwingt eine waagrecht montierte Platte. Die Kraft, die benötigt wird, um diese Platte durch die Dämpferflüssigkeit zu bewegen, wird vereinfacht als das Produkt aus einer Dämpferkonstanten d sowie der Geschwindigkeit $v(t)$ betrachtet, mit der die Platte bewegt wird.[185]

Die Position der Masse in diesem System wird im Folgenden mit $y(t)$ bezeichnet. Wie zu Beginn von Abschnitt 3.7 schon geschrieben wurde, hängen Ort eines bewegten Körpers, seine Geschwindigkeit sowie die Beschleunigung direkt über Integration bzw. Differentiation voneinander ab. Ist die zeitabhängige Beschleunigung $a(t)$ bekannt, kann durch Integration die Geschwingkeit $v(t)$ eines Objektes ermittelt werden:[186]

$$v(t) = \int_0^t a(t)\,\mathrm{d}t. \tag{3.56}$$

Eine weitere Integration liefert auf Basis der Geschwindigkeit die Position $y(t)$ des Objektes:

$$y(t) = \int_0^t v(t)\,\mathrm{d}t = \iint_0^t a(t)\,\mathrm{d}t^2. \tag{3.57}$$

Auf der rechten Seite von (3.57) steht ein sogenanntes *Doppelintegral*, das zwei aufeinanderfolgende Integrationen bezeichnet, die über das gleiche Intervall $[0,t]$ laufen.

Im vorliegenden Beispiel ist aber leider nicht Beschleunigung $a(t)$ bekannt, stattdessen lässt sich mit geringem Aufwand die Auslenkung $y(t)$ der Masse bestimmen, so dass der umgekehrte Weg beschritten werden muss, um $v(t)$ und $a(t)$ auf Basis von $y(t)$ zu bestimmen. Da die Differentiation die Umkehroperation zur Integration ist, ergeben sich

$$v(t) = \frac{\mathrm{d}y(t)}{\mathrm{d}t} \text{ und}$$
$$a(t) = \frac{\mathrm{d}v(t)}{\mathrm{d}t} = \frac{\mathrm{d}^2y(t)}{\mathrm{d}t^2}.$$

184 Das ist zugegebenermaßen vereinfacht – eine solche idealisierte Feder würde bei doppelter Dehnung die doppelte Kraft ausüben. Reale Federn verhalten sich nur innerhalb eines bestimmten Bereiches annähernd linear – werden sie über diesen hinaus gedehnt, verlieren sie ihre Federeigenschaften oder brechen.

185 Diesen Effekt kennt jeder, der einmal seine Hand beim Schwimmen schnell bzw. langsam durch Wasser bewegt hat – je schneller die Bewegung ist, desto mehr Kraft muss aufgewendet werden.

186 Im vorliegenden Fall wirken alle Kräfte etc. entlang einer einzigen Achse, d. h. das untersuchte System besitzt nur *einen Freiheitsgrad*. Reale Systeme weisen in der Regel deutlich mehr Freiheitsgrade auf, was der Gültigkeit der folgenden Überlegungen jedoch keinen Abbruch tut – lediglich die Rechnungen werden umfangreicher, weil mehrfache Integrale beziehungsweise partielle Ableitungen betrachtet werden müssen.

Anstelle der beiden expliziten Differentialquotienten wird in der Praxis, wenn es sich um Ableitungen nach der Zeit t handelt, meist die bereits erwähnte Punktnotation angewandt:

$$\frac{\mathrm{d}y(t)}{\mathrm{d}t} = \dot{y}(t) \text{ und } \frac{\mathrm{d}^2y(t)}{\mathrm{d}t^2} = \ddot{y}(t).$$

Da durch die Punkte nicht nur klar ist, ob die erste oder zweite Ableitung gemeint ist, sondern auch klar ist, dass die zentrale Variable des vorliegenden Problemes die Zeit t ist, wird diese in der Regel auch noch weggelassen, so dass nur $\dot{y}$ und $\ddot{y}$ anstelle von $\dot{y}(t)$ und $\ddot{y}(t)$ notiert wird! Gleiches gilt auch für $y(t)$, das nur als y geschrieben wird.

Mit y, das der Auslenkung der Masse aus ihrer Ruhelage entspricht, $\dot{y}$ (Geschwindigkeit) und $\ddot{y}$ (Beschleunigung) stehen nun alle zeitabhängigen Veränderlichen zur Verfügung, um die drei Kräfte des betrachteten Systems zu bestimmen:

Von der Masse ausgeübte Kraft:	$F_m = m\ddot{y}$
Vom Dämpfer ausgeübte Kraft:	$F_d = d\dot{y}$
Von der Feder ausgeübte Kraft:	$F_s = sy$

Da die Summe dieser Kräfte gleich 0 sein muss, gilt

$$F_m + F_d + F_s = m\ddot{y} + d\dot{y} + sy = 0. \tag{3.58}$$

Das ist nun eine sogenannte Differentialgleichung *zweiten Grades*, da sie eine *Funktion* $y(t)$ mit einigen ihrer Ableitungen in Beziehung setzt. Der Grad einer solchen DGL ergibt sich aus der höchsten auftretenden Ableitung – in diesem Fall $\ddot{y}$.

Gesucht ist nun eine Funktion y, welche die in (3.58) formulierten Bedingungen erfüllt. Da eine geschlossene Lösung solcher Differentialgleichungen oft schwer bis unmöglich ist, wurden zwischen dem Beginn des zwanzigsten Jahrhunderts und den 1980er Jahren meist sogenannte Analogrechner eingesetzt, die zwischenzeitlich durch numerische Methoden abgelöst wurden. Dennoch ist die Lösung einer solchen DGL mit Hilfe eines Analogrechners wunderbar anschaulich und wird deswegen im Folgenden kurz dargestellt.[187]

Zunächst wird (3.58) nach der höchsten auftretenden Ableitung aufgelöst, so dass sich

$$\ddot{y} = -\frac{d\dot{y} + sy}{m} \tag{3.59}$$

ergibt. Unter der Annahme, dass die Funktion $\ddot{y}$ bekannt ist, was zugegebenermaßen (noch) nicht stimmt, lassen sich die beiden niedrigeren Ableitungen gemäß (3.56) und (3.56) durch zwei Integrationen bestimmen. In der ersten Hälfte des zwanzigsten Jahrhunderts kamen hier vor allem (elektro-) mechanische Differentialanalysatoren zum Einsatz, die auf Integrierern wie dem in Abbildung 3.32 dargestellten, beruhten. Benötigt werden im vorliegenden Beispiel also zwei Integrierer, deren rotierende Scheiben mit gleicher und konstanter Winkelgeschwindigkeit angetrieben werden. Der erste Integrierer erhält $\ddot{y}$ als Eingangssignal und liefert $\dot{y}$, das wiederum als Eingangssignal für den zweiten Integrierer dient, der entsprechend y generiert.

Durch Multiplikation von $\dot{y}$ und y mit d beziehungsweise s sowie nachfolgende Summation und Division durch die Masse m ergeben sich hieraus jedoch alle Terme auf der rechten Seite von (3.59), was gleich $\ddot{y}$ ist, womit sich die zu Beginn dieser Überlegung als bekannt vorausgesetzte Funktion zwanglos ergibt! Diese Idee, nach der höchsten Ableitung aufzulösen, um dann durch gegebenenfalls mehrfache Integrationen alle Terme der rechten Seite einer solchen DGL zu bestimmen, aus denen

187 Dieses und andere Beispiele hierzu finden sich in ULMANN (2010).

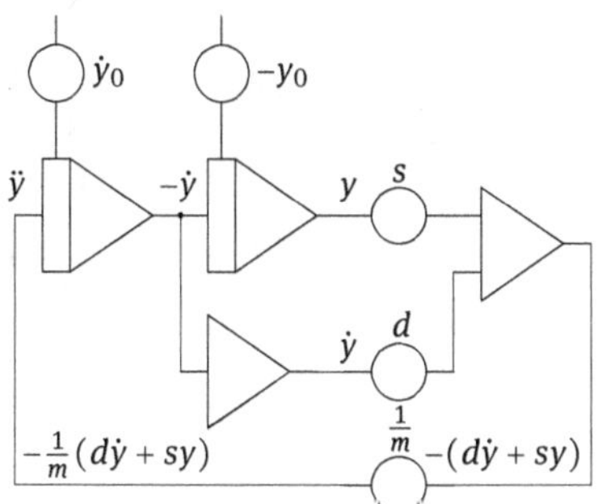

Abb. 3.34. Rechenschaltung zum Masse-Feder-Dämpfer-Problem

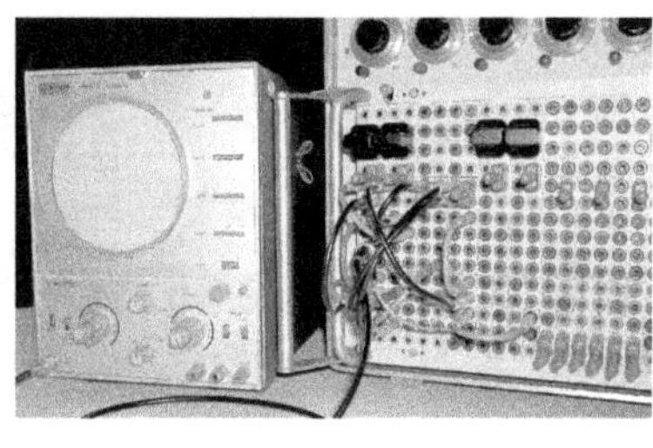

Abb. 3.35. Analogrechnerprogramm zum Mass-Feder-Dämpfer-Problem

sich die linke Seite ergibt, geht auf den bereits im Zusammenhang mit linearen Gleichungssystemen erwähnten Physiker William Thomson zurück.

Abbildung 3.34 zeigt eine sogenannte *Rechenschaltung*, d. h. eine schematische Darstellung der Verschaltung der einzelnen Rechenelemente eines Analogrechners zur Simulation eines solchen Masse-Feder-Dämpfer-Systems. Ein klassischer Analogrechner repräsentiert alle Werte eines gegebenen Problems als Spannungen, die abgeschwächt (dies sind die runden Elemente, bei denen es sich um als Spannungsteiler geschaltete Potentiometer handelt), summiert (dies sind die beiden Dreiecke ganz rechts und in der Mitte) oder auch integriert (die beiden Dreiecke links oben mit dem rechteckigen Kästchen an ihrer linken Seite) werden können.

Aus technischen Gründen nehmen Summierer und Integrierer jeweils eine Vorzeichenumkehr vor, so dass der Integrierer links oben als Eingangssignal $\ddot{y}$ erhält und an seinem Ausgang $-\dot{y}$ liefert etc. Wichtig sind noch die nach oben gezeichneten Eingänge der beiden Integrierer, bei denen es sich um *Anfangsbedingungen* handelt: Das Masse-Feder-Dämpfer-System ist, wenn sich die Masse von Beginn an in ihrer Ruhelage befindet, d. h., wenn $y = 0$ gilt, ausgesprochen langweilig, weil sich nichts bewegt. Eine solche Lösung wird meist als *triviale Lösung* bezeichnet.

Interessant wird ein solches System in der Regel erst, wenn es unter einer Anfangsbedingung betrachtet wird. Da der zweite Integrierer der dargestellten Rechenschaltung durch Integration über $-\dot{y}$ die Auslenkung y der Masse liefert, bietet es sich an, ihn mit einer solchen Anfangsbedingung $-y_0$ zu beaufschlagen, was letztlich einer Anfangsauslenkung der Masse entspricht. Wird beispielsweise die Masse zu Beginn einer Rechnung bzw. besser Simulation nach oben ausgelenkt, wird sie mit sinkender Amplitude immer wieder um ihren Ruhepunkt $y = 0$ herum schwingen, bis sie endlich zur Ruhe kommt. Eine solche Anfangsbedingung entspricht somit gerade der additiven Konstanten bei der Integration.

Abbildung 3.36 zeigt die Ergebnisse zweier mit Hilfe eines klassischen Analogrechners gemäß der dargestellten Rechenschaltung durchgeführten Simulationen. Schön zu sehen ist, wie sich bei konstanter Dämpfung d unterschiedliche Federkonstanten s auswirken. Während bei einer schwachen Feder die Masse durch den Dämpfer schnell in ihre Ruhelage gebracht wird, dauert dieser Prozess bei stärkerer Feder nicht nur länger, auch die Frequenz, mit der die Masse um ihre Ruhelage herum schwingt, steigt mit der Stärke der Feder an.

Das oben beschriebene Vorgehen kann auch heute noch genutzt werden, um ein dynamisches System, das durch eine Differentialgleichung oder mehrere *gekoppelte* DGLs beschrieben wird, durch

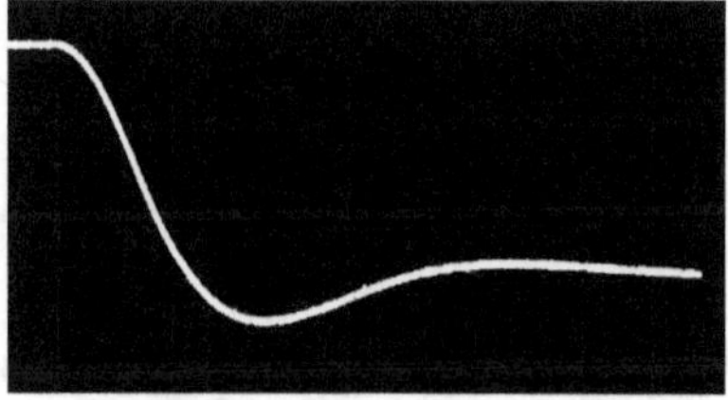

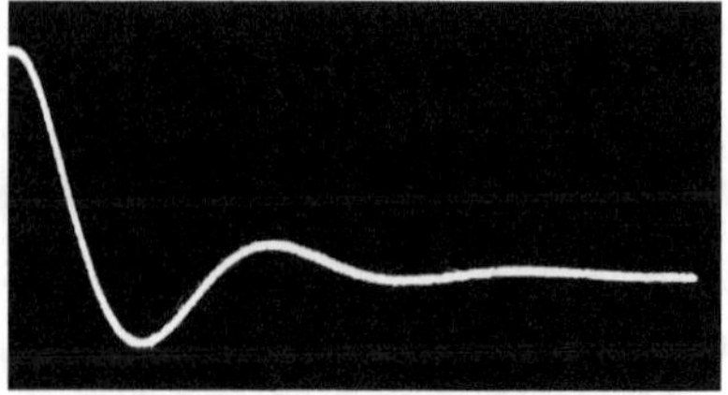

Abb. 3.36. Simulationsergebnisse für $s = 0{,}2$ und $d = 0{,}8$ beziehungsweise $s = 0{,}6$ und $d = 0{,}8$ – dargestellt ist die Auslenkung y der Masse (siehe (ULMANN, 2010, S. 157))

numerische Integration zu simulieren. Im einfachsten Fall[188] werden zunächst die Differentialquotienten als Differenzenquotienten aufgefasst, d. h. anstelle der infinitesimal kleinen Ausdrücke $\mathrm{d}y$, $\mathrm{d}t$ etc. treten kleine, aber eben nicht mehr infinitesimal kleine Differenzen Δy, Δt usf. Die beiden grundlegenden Differenzenquotienten sind nun also

$$\Delta\Delta y = \frac{\Delta y}{\Delta t} \text{ und}$$
$$\Delta y = \frac{y}{\Delta t},$$

woraus sich durch Umstellen

$$\Delta y = \Delta\Delta y \Delta t \text{ und}$$
$$y = \Delta y \Delta t$$

ergeben.[189] Auf der linken Seite dieser beiden Gleichungen stehen jeweils um eins niedriegere Differenzen als auf der Rechten, die mit den Ableitungen $\ddot{y}$ und $\dot{y}$ korrespondieren. Jede dieser Gleichungen beschreibt also im Wesentlichen einen kleinen Integrationsschritt, d. h. das Aufsummieren eines Streifens einer Untersumme. Die sich ergebenden Näherungswerte für Δy und y müssen nur noch aufsummiert werden, um die beiden Integrationen zu implementieren, wie das folgende kurze C-Programm zeigt. Abbildung 3.37 zeigt die grafische Darstellung der Ausgaben des obigen Programmes mit den willkürlich gewählten Parametern $d = 0{,}2$ und $s = 0{,}2$.

msd.c

```
#include <stdio.h>

#define STEPS 1000   /* Integrationsschritte */
#define DT    .1     /* Schrittweite        */
#define D     .2     /* Daempferkonstante */
#define S     .2     /* Federkonstanate     */
#define M     1.     /* Masse               */

```

188 In der Praxis kommen deutlich komplexere, aber dafür auch wesentlich leistungsfähigere Integrationsverfahren zum Einsatz – siehe beispielsweise PRESS et al. (2007).

189 Der Ausdruck $\Delta\Delta y$ bezeichnet hier die Differenz einer Differenz, d. h. $\Delta\Delta y = \Delta(\Delta y)$.

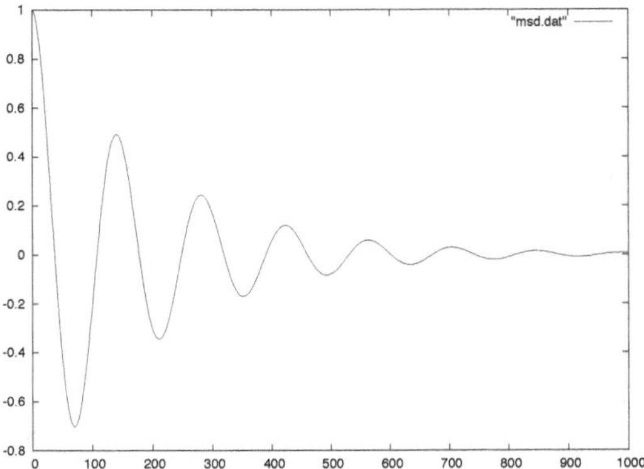

Abb. 3.37. Simulationsergebnis

```
int main()
{
    float y = 1., dy = 0., ddy = 0.; /* Anfangsauslenkung */
    int i;

    for (i = 0; i < STEPS; i++)
    {
        dy += ddy * DT;                /* Integrationsschritt */
        y  += dy  * DT;                /* Integrationsschritt */
        ddy = -(D * dy + S * y) / M;
        printf("%f\n", y);
    }

    return 0;
}
```
msd.c

Dieses Beispiel gab einen Eindruck vom Wesen einer Differentialgleichung – wichtig ist vor allem, sich stets vor Augen zu halten, dass es sich hierbei um eine Gleichung handelt, die den Zusammenhang zwischen verschiedenen Ableitungen einer oder mehrerer *Funktionen* beschreibt!

Lässt sich die einem Problem zugrunde liegende DGL n-ten Grades nach ihrer höchsten Ableitung $y^{(n)}$ auflösen, so wird sie *explizit* genannt und hat die allgemeine Form

$$y^{(n)} = f\left(t, y, \dot{y}, \ddot{y}, \ldots, y^{(n-1)}\right),$$

wobei f den Zusammenhang zwischen der freien Variablen t sowie den auftretenden Ableitungen der zugrunde liegenden Funktion y repräsentiert.

Ein weiteres Beispiel für eine sehr einfache Differentialgleichung, für die – mehr oder weniger durch Hinschauen – eine geschlossene Lösung angegeben werden kann, ist

$$\frac{d^2y(t)}{dt^2} = -y(t), \tag{3.60}$$

kurz $\ddot{y} = -y$. Gesucht ist hier also eine Funktion $y(t)$, für die gilt, dass ihre zweite Ableitung gleich ihr selbst, jedoch mit umgekehrtem Vorzeichen ist. Dies trifft auf gleich zwei bereits bekannte Funktionen, nämlich den Sinus und den Cosinus, zu:

$$\sin(\omega t)'' = -\sin(\omega t) \text{ und}$$
$$\cos(\omega t)'' = -\cos(\omega t).$$

Beide Funktionen (und sogar ihre Linearkombinationen) sind Lösungen der Differentialgleichung (3.60), was übrigens in der Computergrafik dazu genutzt werden kann, sehr schnell eine Folge von Sinus-/Cosinuswerten zu erzeugen, mit denen beispielsweise sehr effizient Kreise und Ellipsen gezeichnet werden können, indem vom Differentialquotienten (3.60) zu den beiden Differenzenquotienten

$$\Delta\Delta y = \frac{\Delta y}{\Delta\omega t} \text{ und}$$
$$\Delta y = -\frac{y}{\Delta\omega t}$$

übergegangen wird, die dann mit dem zuvor dargestellten einfachen Integrationsverfahren angenähert werden können.

Weitergehende Informationen über die Behandlung von Differentialgleichungen beziehungsweise Systemen solcher Gleichungen finden sich beispielsweise praxisorientiert in TENENBAUM et al. (1985) und LEBL (2014) beziehungsweise mit theoretischem Schwerpunkt in TRICOMI (2012). Eine Sammlung typischer Fragestellungen aus den Bereichen Wirtschaft, Gesellschaft und Entwicklung, die mit Hilfe von Differentialgleichungen näher untersucht und simuliert werden können, findet sich in BOSSEL (2004). Aus historischer und gesellschaftspolitischer Sicht faszinierend ist MEADOWS et al. (1972): In den frühen 1970er Jahren gab der *Club of Rome* eine Weltzukunftsstudie in Auftrag, deren – recht düstere – Prognosen in diesem Buch dargestellt wurden. Die technischen Hintergründe und eine detaillierte Darstellung der eingesetzten Modelle, die sämtlich auf Systemen gekoppelter, d. h. voneinander abhängiger Differentialgleichungen beruhen, werden in MEADOWS et al. (1974) beschrieben.

Von besonderer Bedeutung für nahezu alle Bereiche, in denen dynamische Systeme untersucht werden, stehen sogenannte *partielle Differentialgleichungen*, im englischen Sprachraum meist kurz *PDE*s (*partial differential equations*) genannt. Analog zu partiellen Ableitungen handelt es sich hierbei um Gleichungen, in denen Ableitungen von Funktionen nach verschiedenen freien Variablen miteinander in Beziehung gesetzt werden. Ein typisches Beispiel hierfür ist die sogenannte *Wärmeleitungsgleichung*, die im einfachsten, d. h. eindimensionalen Fall beschreibt, wie sich beispielsweise ein mit Wärmequellen und -senken verbundener Stab erwärmt. Ganz offensichtlich spielen bei der Erwärmung eines Körpers, dem beispielsweise durch eine externe

Wärmequelle Energie zugeführt wird, zwei Variablen eine Rolle, nämlich die Zeit t und der Ort x, den man innerhalb des Körpers hinsichtlich seiner sich mit der Zeit verändernden Temperatur betrachtet. Ein solcher Erwärmungsprozess lässt sich mit der partiellen Differentialgleichung

$$\frac{\partial^2 T}{\partial x^2} = k\dot{T}$$

beschreiben, wobei T hier die Temperatur repräsentiert, die sowohl von der (implizit durch den Punkt über dem T auf der rechten Seite erwähnten) Zeit t als auch von der jeweiligen Position x innerhalb des betrachteten eindimensionalen Stabes abhängt.[190] Hierbei repräsentiert k die Wärmeleitfähigkeit des betrachteten Materials.

Im Unterschied zu den zuvor betrachteten Differentialgleichungen liegen hier also zwei freie Variablen, t und x, vor. Entsprechend kann eine Näherungslösung bestimmt werden, indem für einen festen Zeitpunkt t einmal quasi „entlang" der x-Koordinate des betrachteten Stabes integriert wird, wobei x jeweils ausgehend von einem Startwert in kleinen Schritten Δx erhöht wird. Nach einem solchen Durchlauf wird analog hierzu t um einen kleinen Zeitschritt Δt erhöht usf. Werden die so erhaltenen Temperaturen in ein dreidimensionales Koordinatensystem eingetragen, wobei die x-Achse der Position im Stab entspricht, während die z-Achse gleich der Zeit ist, so ergibt sich eine Fläche, deren Höhe die Temperatur der verschiedenen Punkte im erwärmten Stab in Abhängigkeit von der Zeit angeben.

So wichtig solche partiellen Differentialgleichungen in der Praxis sind, sind sie leider sehr schwer zu behandeln und in der Mehrzahl der Fälle bleibt nur eine numerische Näherungslösung. Weiteres zu dieser Klasse von Differentialgleichungen findet sich beispielsweise in FARLOW (1993).

3.9 Interpolation und Approximation

In der Praxis sind exakte Lösungen eines Problems häufig nicht oder nur mit unvertretbarem Aufwand zu berechnen. Da zudem in Naturwissenschaft, Technik, aber auch Wirtschaftswissenschaften etc. häufig Untersuchungen auf Basis von Messdaten durchgeführt werden, widmen sich die folgenden Abschnitte grundlegenden Interpolations- beziehungsweise Approximationsverfahren.[191]

---

190 Im Rahmen der Untersuchung dieser Fragestellung entwickelte übrigens JEAN-BAPTISTE JOSEPH FOURIER die nach ihm benannte *FOURIER-Transformation* (siehe Abschnitt 3.9.6), die heute eine zentrale Rolle nicht nur bei der Kompression und Dekompression von Video- und Audiodaten spielt.

191 Auf sogenannte *Extrapolationsverfahren*, mit deren Hilfe Aussagen über das Verhalten von Funktionen außerhalb eines bekannten Bereiches getroffen werden können, wird im Folgenden nicht eingegangen. Weiterführende Informationen zu diesem Themengebiet finden sich beispielsweise in (PRESS et al., 2007, S. 110 ff.).

Durch Messung erhobene Daten liegen häufig als Dupel der Form (x,y) mit $x,y \in \mathbb{R}$ vor.[192] Diese Wertepaare lassen sich als Punkte in einem kartesischen Koordinatensystem einzeichnen und werden als *Stützpunkte* bezeichnet.[193] Die Frage ist nun, ob und wie Funktionen gefunden werden können, welche diese Datenpunkte miteinander verbinden und darüber hinaus stetig sind. Eine solche Funktion wird *Interpolationsfunktion* genannt. Mit Hilfe einer Interpolation können – unter Berücksichtigung der jeweiligen Eigenschaften der genutzten Interpolationsfunktion – auch Aussagen über Werte zwischen den gegebenen Stützstellen getroffen werden.[194]

Abschweifung: Tabellenwerke

Wie bereits in Beispiel 31 erwähnt, wurden in früheren Zeiten, d. h. im Wesentlichen vor dem Aufkommen elektronischer Rechner, numerische Berechnungen unter Zuhilfenahme von Tabellenwerken wie Logarithmentafeln, trigonometrischen Tafeln etc. durchgeführt.

Ein solches Tafelwerk ist im Grunde genommen nichts anderes als eine (sehr) große Tabelle von Funktionswerten. Obwohl einige dieser Tabellenwerke hunderte und mitunter tausende von Seiten umfassen, können sie naturgemäß nur Funktionswerte an bestimmten Stützstellen angeben. Wurde, was eher die Regel denn die Ausnahme war, ein Funktionswert für eine Berechnung benötigt, der zwischen zwei Stützstellen eines solchen Tabellenwerkes lag, musste er auf Grundlage der Funktionswerte, die den nächstgelegenen Stützstellen zur Rechten und zur Linken zugeordnet sind, durch Interpolation berechnet werden. Je nach erforderlicher Genauigkeit wurden auch mehr als zwei benachbarte Werte in die Interpolation einbezogen.

Durch die Verfügbarkeit von Taschenrechnern und Computern in unserer Zeit ist die Mühsal des Rechnens mit solchen Hilfsmitteln kaum mehr nachzuempfinden.

Obwohl beispielsweise eine einfache Polynominterpolation, wie sie in den folgenden Abschnitten dargestellt wird, die sie definierenden Stützpunkte stets trifft, heißt dies nicht zwangsläufig, dass sie zwischen diesen Punkten eine „gute" Interpolation ist. Abbildung 3.38 zeigt dies exemplarisch anhand der durch ein Polynom interpolierten Betragsfunktion. Das verwendete Interpolationspolynom verwendet neun äquidistante ganzzahlige Stützstellen im Intervall $[-4,4]$.

Wie man sieht, weichen die vom Interpolationspolynom generierten Werte zwischen den Stützstellen stark von den entsprechenden Funktionswerten ab. Generell ist bei Interpolations- und ver-

192 Hierbei handelt es sich um eine Verallgemeinerung, da Messungen prinzipbedingt keine Werte aus $\mathbb{R}$ liefern können. Mit $\mathbb{R}$ lässt sich aus mathematischer Sicht jedoch leichter arbeiten. Wenn Interpolations- und Approximationsaufgaben mit Computerhilfe gelöst werden sollen, ist also zunächst zu berücksichtigen, dass alle Rechnungen in der Regel mit Gleitkommazahlen erfolgen, was die in Abschnitt 1.6.5 genannten Schwierigkeiten mit sich bringt. Darüber hinaus muss bedacht werden, wie fein die Auflösung der vorhandenen Daten ist, d. h. wie diese *quantisiert* sind.

193 Ein solcher Stützpunkt besteht in diesem Fall aus der *Stützstelle* x und dem zugeordneten *Stützwert* y.

194 Von zentraler Bedeutung ist bei jeder Interpolation bzw. Approximation die *Güte*, beziehungsweise der *Fehler* der jeweiligen Funktion, auf die im Folgenden jedoch nicht näher eingegangen wird. Weitere Informationen finden sich beispielsweise in (Hamming, 1986, S. 236 ff.).

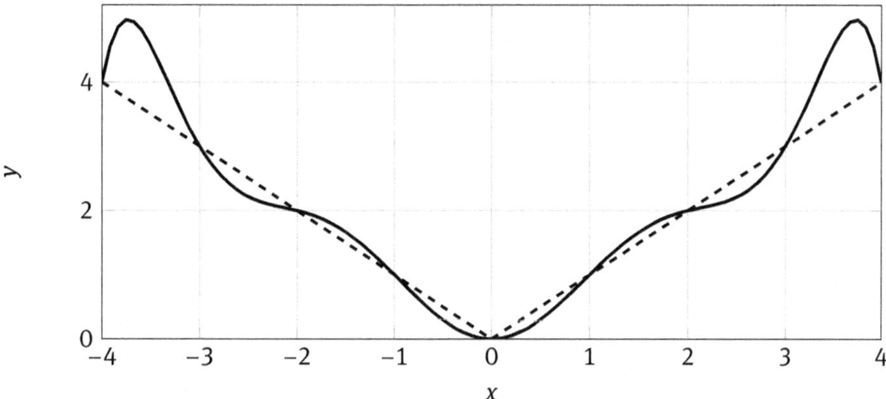

Abb. 3.38. Betragsfunktion $f(x) = |x|$ (gestrichelt) und interpolierendes Polynom $-\frac{1}{1008}x^8 + \frac{11}{360}x^6 - \frac{43}{144}x^4 + \frac{533}{420}x^2$ (durchgezogen) im Intervall $[-5,5]$

wandten Aufgaben zu berücksichtigen, wie sich die zu interpolierende Funktion verhält, bevor ein bestimmtes Verfahren angewandt wird.

Während also eine Interpolationsaufgabe ihrem Wesen nach darauf abzielt, eine gegebene Menge von Stützpunkten durch eine geeignete Funktion miteinander zu verbinden, ist das Ziel einer *Approximation*, eine möglichst einfache Funktion $g(x)$ zu finden, die entweder eine andere (meist deutlich kompliziertere) Funktion $f(x)$ oder eine Menge von Stützpunkten *approximiert*, d. h. ihnen nahe kommt, sie aber nicht notwendigerweise exakt treffen muss. Der *Fehler*,[195] den eine Interpolationsfunktion an den Stützpunkten macht, ist also 0, während das Ziel bei einer Approximationsfunktion eine Minimierung des Fehlers ist. Würde beispielsweise bei verrauschten, d. h. mit einem nicht-systematischen Fehler behafteten Daten eine Interpolation vorgenommen, so müsste diese Funktion auch das Rauschen abbilden, da ihre Funktionswerte an den Stützstellen exakt den Stützwerten entsprechen müssen. Eine Approximationsfunktion kann hingegen so gewählt werden, dass kleine Fehler in den Ursprungsdaten nur einen geringen schädlichen Einfluss auf die Approximationsfunktion haben.

Abbildung 3.39 zeigt die grundlegende Idee einer Funktionsapproximation anhand des einfachen Polynoms $p(x) = -\frac{1}{6}x^3 + x$, das in einem kleinen Bereich um den Nullpunkt herum eine recht gute Näherung für die Funktion $\sin(\varphi)$ darstellt. Zur Auswertung dieses Polynoms sind lediglich zwei Multiplikationen, eine Division so-

195 Unter Fehler wird hier die Abweichung der interpolierenden bzw. approximierenden Funktion von den vorgegebenen Stützpunkten oder der zu approximierenden Funktion verstanden.

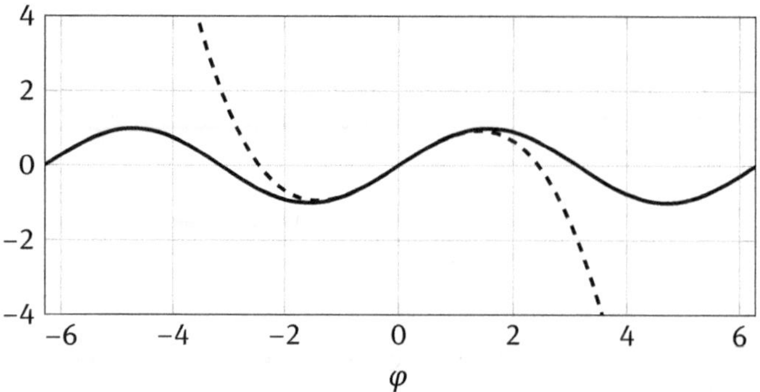

Abb. 3.39. Die Graphen der Funktionen $f(x) = \sin(x)$ (durchgezogen) und des Polynoms $p(x) = -\frac{1}{6}x^3 + x$ (gestrichelt)

wie eine Addition nötig – deutlich weniger als für eine Auswertung der Reihe (3.35) mit brauchbarer Genauigkeit.

Die Bemerkung, dass diese Approximation nur in einem gewissen Intervall um einen Punkt herum, in diesem Fall den Nullpunkt, brauchbare Resultate liefert, ist essenziell. Übertragen auf die Implementation einer Sinus-Approximation in modernen Rechnern, die häufig auf solchen Approximationspolynomen beruhen, bedeutet dies, dass das Funktionsargument des Sinus vor der Auswertung des Polynoms *reduziert* werden muss, um sicherzustellen, dass es im zulässigen Intervall liegt.[196] Diese Reduktion beruht im Falle des Sinus oder Cosinus auf deren Periodizität, d. h. der Tatsache, dass

$$\sin(2n\pi + \varphi) = \sin(\varphi)$$

mit $n \in \mathbb{N}_0$ gilt. Im Prinzip kann eine solche Reduktion durch wiederholtes Subtrahieren von 2π vom Funktionsargument erfolgen, was allerdings ausgesprochen ineffizient ist.[197] Darüber hinaus ist es erforderlich, dass die Konstante π mit möglichst hoher Genauigkeit gegeben ist, damit sich bei den Gleitkommaberechnungen zur Reduktion keine unnötigen Fehler ergeben.[198]

Die folgenden Abschnitte widmen sich nun jedoch zunächst einigen grundlegenden und einfachen Interpolationsverfahren, wobei die ersten Beispiele auf dem fol-

196 So etwas funktioniert offensichtlich nur bei periodischen Funktionen.

197 In Brisebarre et al. (2001) findet sich ein Verfahren zur Reduktion solcher Funktionsargumente.

198 Einige Intel-Prozessoren verfügen beispielsweise nur über eine 66 Bit lange Näherung für π, was den Fehler bei der Reduktion großer Argumente, die nahe bei $2n\pi$ liegen, katastrophal groß werden lässt! (Siehe `https://software.intel.com/blogs/2014/10/09/fsin-documentation-improvements-in-the-intel-64-and-ia-32-architectures-software`, Stand 19.10.2014.)

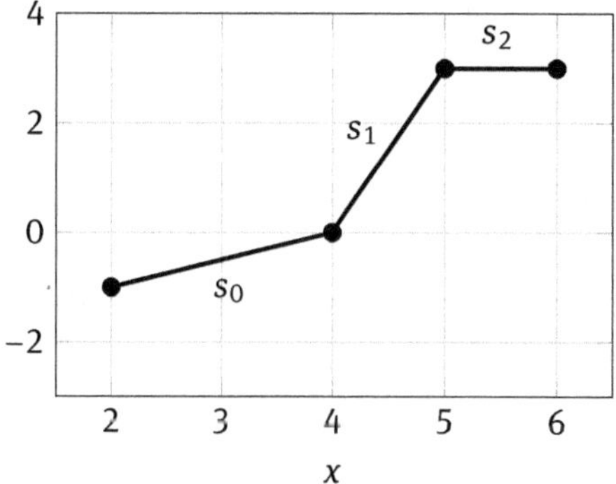

Abb. 3.40. Lineare Interpolation zwischen den Stützpunkten (3.61)

genden Satz von Stützpunkten beruhen:

$$\begin{aligned} (x_0,y_0) &= (2,-1) \\ (x_1,y_1) &= (4,0) \\ (x_2,y_2) &= (5,3) \\ (x_3,y_3) &= (6,3) \end{aligned} \tag{3.61}$$

3.9.1 Lineare Interpolation

Eines der einfachsten Interpolationsverfahren verbindet je zwei bezüglich ihrer x-Komponente benachbarte Stützwerte durch eine Strecke. Diese, auf Sir Isaac Newton zurückgehende Technik wird als *lineare Interpolation* bezeichnet, da die Funktionen, welche die einzelnen Teilstrecken beschreiben, lineare Funktionen sind. Abbildung 3.40 zeigt eine solche Interpolation.

Die Teilstrecken s_0, s_1 und s_2 werden allgemein durch Funktionen der Form

$$s_i(x) = y_i + \frac{y_{i+1} - y_i}{x_{i+1} - x_i}(x - x_i)$$

beschrieben. Anschaulich verhalten sich diese wie folgt: Wenn x gleich x_i, d. h. gleich der linken Stützstelle der Strecke ist, wird der Term $(x - x_i)$ zu Null, so dass nur y_0 wirksam ist. Je weiter sich x der rechten Stützstelle x_{i+1} annähert, desto größer wird $(x - x_i)$, bis es den Wert $x_{i+1} - x_i$ im Nenner des Bruches erreicht hat, so dass sich als Funktionswert $s(x_{i+1}) = y_i + y_{i+1} - y_i = y_{i+1}$ ergibt. Zwischen den beiden Werten x_i und x_{i+1} verläuft der Graph dieser Funktion linear, verbindet die beiden Stützpunkte (x_i,y_i) und (x_{i+1},y_{i+1}) also durch eine Strecke.

3.9.2 Lagrange-Interpolation

Diese einfache Form der Interpolation hat den Nachteil, dass an den Stützpunkten meist „Knicke" im Verlauf des Funktionsgraphen auftreten. Dies wird durch eine Interpolation mit Hilfe von Polynomen vermieden, wie sie im Folgenden dargestellt wird. Man kann zeigen[199], dass zu jeder Menge von $n+1$ Stützpunkten der Form (x_i, y_i) mit $0 \leq i \leq n$ genau ein Polynom $p(x)$ des Grades n existiert,[200] für das $p(x_i) = y_i$ gilt. Dieses Polynom besitzt als Funktionswert also für jede Stützstelle x_i gerade den gewünschten Stützwert y_i.

Auf Joseph-Louis Lagrange[201] geht die sogenannte *Lagrange-Interpolation* zurück, die auf einfach zu konstruierenden Polynomen beruht. Die Idee hierbei ist vergleichbar mit dem aus Abschnitt 2.6 bekannten Kronecker-Delta, für das $\delta_{i,j} = 1$ gilt, falls $i = j$. In allen anderen Fällen ist $\delta_{i,j} = 0$.[202]

Um zwischen gegebenen Stützpunkten zu interpolieren, wird eine ähnliche Funktion benötigt, die bestimmte Teile der Interpolationsfunktion quasi ein- und ausschaltet – je nachdem, welchen Wert das Funktionsargument x besitzt. Anstelle eines *Kronecker*-Deltas findet hier ein Ausdruck der Form $(x - x_i)$ Verwendung, der zu Null wird, wenn $x = x_i$ gilt.

Die Grundidee der Lagrange-Interpolation ist nun, Polynome der Form

$$L_i(x) = \frac{(x - x_0)\cdots(x - x_{i-1})(x - x_{i+1})(x - x_{i+2})\cdots(x - x_n)}{(x_i - x_0)\cdots(x_i - x_{i-1})(x_i - x_{i+1})(x_i - x_{i+2})\cdots(x_i - x_n)} \tag{3.62}$$

als Grundlage zu verwenden. Der Zähler von $L_i(x)$ ist also Null, wenn x gleich einem der Werte $x_0, x_1, \ldots, x_{i-1}, x_{i+1}, \ldots, x_n$ ist. Ist jedoch x ungleich diesen Werten, was auch x_i einschließt, so ist der Nenner ungleich Null. Durch den Nenner wird die Funktion normiert, so dass $L_i(x_j) = \delta_{i,j}$ gilt.

Diese Polynome $L_i(x)$ lassen sich nun in Form von Linearkombinationen zu komplexeren Polynomen der Form

$$p(x) = y_0 L_0(x) + y_1 L_1(x) + y_2 L_2(x) + \cdots + y_n L_n(x) = \sum_{i=0}^{n} y_i L_i(x) \tag{3.63}$$

zusammenfassen, welche die Eigenschaft $p(x_i) = y_i$ besitzen, da für jedes solche x_i genau einer der Terme $y_i L_i$ gleich 1 ist, während alle anderen Terme gleich Null sind.

An dieser Stelle lohnt sich ein Brückenschlag zum Begriff des Vektorraumes aus Abschnitt 2.1: Die Lagrange-Polynome $L_i(x)$ vom Grad n sind offensichtlich vonein-

199 Siehe beispielsweise (Stoer, 1989/1, S. 32 f.).

200 Die Menge aller Polynome des Grades n wird häufig mit Π_n bezeichnet.

201 25.01.1736–10.04.1813

202 Siehe (2.13).

ander linear unabhängig, da aus

$$\sum_{i=0}^{n} y_i L_i(x) = 0 \tag{3.64}$$

folgt, dass hierbei alle Koeffizienten y_i gleich 0 sein müssen.[203]

Wenn also die LAGRANGE-Polynome $L_i(x)$ voneinander linear unabhängig sind, bilden sie auch eine Basis für einen Vektorraum – den Vektorraum der Polynome vom Grad n, zu denen sich die $L_i(x)$ der Basis mit Hilfe geeigneter Koeffizienten y_i aufsummieren lassen. Diese Koeffizienten bilden dann auch die Komponenten der Vektoren dieses Vektorraumes.

Zur Veranschaulichung der Idee eines Vektorraumes von Polynomen wird im Folgenden der Vektorraum der Polynome vom Grad 4 betrachtet. Eine mögliche – und zugleich die einfachste – Basis dieses Vektorraumes sind die Polynome x^0, x, x^2, x^3, x^4, aus denen sich durch Linearkombination alle möglichen Polynome vierten Grades erzeugen lassen. Das Polynom $4x^4 - 2x^3 + x - 7$ wird durch den Koeffizientenvektor $(4, -2, 0, 1, -7)$ repräsentiert, der entsprechend Element dieses Vektorraumes ist.

LAGRANGE-Polynome der Form (3.62) besitzen nun eine Eigenschaft, die sie als Basis von Vektorräumen besonders interessant machen: Sie sind allein durch die Wahl der Stütz*stellen* x_i eines Interpolationsproblemes eindeutig definiert, während die betreffenden Stütz*werte* y_i hierbei keine Rolle spielen! Ist also beispielsweise abzusehen, dass eine Reihe von Interpolationsproblemen gelöst werden muss, die alle auf der gleichen Menge von Stützstellen beruhen, so genügt es, ein einziges Mal die benötigten $L_i(x)$ zu berechnen, um eine Vektorraumbasis zu erhalten, aus der dann die jeweils benötigten Interpolationspolynome konstruiert werden können.

Ein konkretes Interpolationsproblem auf Basis dieser Stützstellen lässt sich damit also extrem einfach lösen, indem die Linearkombination

$$\sum_{i=0}^{n} y_i L_i(x)$$

dieser Basispolynome gebildet wird, wobei die y_i den Stütz*werten* an den bekannten Stütz*stellen* entsprechen.

Für die vier Stützpunkte (3.61) ergeben sich zunächst die folgenden allgemeinen L_i:

$$L_0 = \frac{(x - x_1)(x - x_2)(x - x_3)}{(x_0 - x_1)(x_0 - x_2)(x_0 - x_3)},$$
$$L_1 = \frac{(x - x_0)(x - x_2)(x - x_3)}{(x_1 - x_0)(x_1 - x_2)(x_1 - x_3)},$$

203 Solche Koeffizienten beziehungsweise Lösungen werden meist als trivial bezeichnet. Eine nichttriviale Lösung läge vor, wenn es einen Satz von Koeffizienten y_i gäbe, die nicht alle 0 sind, aber dennoch (3.64) erfüllen.

$$L_2 = \frac{(x-x_0)(x-x_1)(x-x_3)}{(x_2-x_0)(x_2-x_1)(x_2-x_3)} \text{ und}$$
$$L_3 = \frac{(x-x_0)(x-x_1)(x-x_2)}{(x_3-x_0)(x_3-x_1)(x_3-x_2)}.$$

Einsetzen der x_i dieser Stützpunkte liefert dann die für diesen Satz von Stützwerten gültigen Polynome

$$L_0 = \frac{(x-4)(x-5)(x-6)}{(2-4)(2-5)(2-6)} = -\frac{x^3-15x^2+74x-120}{24},$$
$$L_1 = \frac{(x-2)(x-5)(x-6)}{(4-2)(4-5)(4-6)} = \frac{x^3-13x^2+52x-60}{4},$$
$$L_2 = \frac{(x-2)(x-4)(x-6)}{(5-2)(5-4)(5-6)} = -\frac{x^3-12x^2+44x-48}{3} \text{ und}$$
$$L_3 = \frac{(x-2)(x-4)(x-5)}{(6-2)(6-4)(6-5)} = \frac{x^3-11x^2+38x-40}{8}.$$

Gemäß (3.63) kann hieraus mit $y_0, \dots, y_3$ das Polynom

$$\begin{aligned} p(x) &= y_0L_0(x) + y_1L_1(x) + y_2L_2(x) + y_3L_3(x) \\ &= -L_0(x) + 3L_2(x) + 3L_3(x) \\ &= \frac{x^3-15x^2+74x-120}{24} + (x^3-12x^2+44x-48) \\ &\quad + 3\frac{x^3-11x^2+38x-40}{8} \end{aligned}$$

konstruiert werden, das sich zu

$$p(x) = -\frac{7}{12}x^3 + \frac{29}{4}x^2 - \frac{80}{3}x + 28 \tag{3.65}$$

vereinfachen lässt (was per Hand zugegebenermaßen mühselig ist). Abbildung 3.41 zeigt das Verhalten dieses LAGRANGE-Interpolationspolynoms im Bereich $1{,}5 \le x \le 6{,}5$ mit eingezeichneten Stützpunkten. Diese Form der Interpolation liefert offensichtlich eine „glattere" Funktion[204] als die einfache lineare Interpolation, allerdings neigt sie zum „Überschwingen" zwischen Stützstellen.

Aufgabe 48:
Geben Sie das LAGRANGE-Interpolationspolynom an, das zwischen den Stützpunkten $(0{,}5)$, $(2,-1)$ und $(3{,}3)$ interpoliert.

---

204 Eine Definition des Begriffs der Glattheit findet sich in Abschnitt 3.9.5.

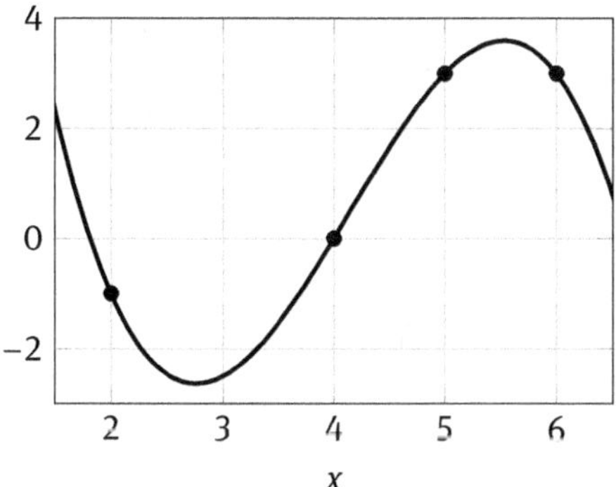

Abb. 3.41. LAGRANGE-Interpolation zwischen den Stützpunkten (3.61)

3.9.3 NEVILLE-Interpolation

Auf ERIC HAROLD NEVILLE[205] geht ein anderes Verfahren zur Bestimmung eines Interpolationspolynoms zurück, das auf eine rekursive Berechnungsvorschrift führt und entsprechend einfach und direkt mit Hilfe eines Computers berechnet werden kann. Die Grundidee besteht darin, ausgehend von Interpolationspolynomen nullten Grades, die jeweils einen einzigen Stützpunkt interpolieren, Polynome ersten Grades aufzubauen, die bereits zwei Stützpunkte in Betracht ziehen. Auf Basis dieser Polynome ersten Grades werden Polynome zweiten Grades berechnet, die dann drei Stützpunkte berücksichtigen usf. Dieses Prinzip lässt sich wie folgt darstellen, wobei $p_i(x)$ ein Polynom nullten Grades beschreibt, das den i-ten Stützpunkt interpoliert, entsprechend sind $p_{i,j}(x)$, $p_{i,j,k}$ etc. Polynome ersten, zweiten usf. Grades.

$$\begin{array}{ccccccc}
p_0(x) & & & & \\
 & p_{0,1}(x) & & & \\
p_1(x) & & p_{0,1,2}(x) & & \\
 & p_{1,2}(x) & & p_{0,1,2,3}(x) \\
p_2(x) & & p_{1,2,3}(x) & & \\
 & p_{2,3}(x) & & & \\
p_3(x) & & \ddots & & \\
\vdots & & & &
\end{array}$$

Die Rekursionsformel, mit der jeweils zwei Polynome $n-1$-ten Grades zu einem Polynom n-ten Grades zusammengefasst werden, hat hierbei folgende Form:

$$p_{i,\dots,j} = \frac{(x-x_j)p_{i,\dots,j-1}(x) + (x_i - x)p_{i+1,\dots,j}(x)}{x_i - x_j} \tag{3.66}$$

205 01.01.1889-22.08.1961

Unter Verwendung der vier Stützpunkte (3.61), auf denen bereits das vorangegangene Beispiel beruhte, ergeben sich zunächst die vier Polynome nullten Grades, die jeweils einen dieser Stützpunkte interpolieren:

$$\begin{aligned} p_0(x) &= -1, \\ p_1(x) &= 0, \\ p_2(x) &= 3 \text{ und} \\ p_3(x) &= 3. \end{aligned}$$

Durch Einsetzen in (3.66) lassen sich hieraus drei Polynome ersten Grades bestimmen, welche die Stützpunktgruppen $0,1$, $1,2$ und $2,3$ interpolieren:

$$\begin{aligned} p_{0,1}(x) &= \frac{(x-x_1)p_0(x)+(x_0-x)p_1(x)}{x_0-x_1} = \frac{-(x-4)}{-2} = \frac{x-4}{2} \\ p_{1,2}(x) &= \frac{(x-x_2)p_1(x)+(x_1-x)p_2(x)}{x_1-x_2} = 3x-12 \\ p_{2,3}(x) &= \frac{(x-x_3)p_2(x)+(x_2-x)p_3(x)}{x_2-x_3} = 3 \end{aligned}$$

Erneutes Einsetzen dieser Polynome ersten Grades in (3.66) liefert zwei Polynome dritten Grades, durch welche die Stützpunktgruppen $0,1,2$ beziehungsweise $1,2,3$ interpoliert werden:

$$\begin{aligned} p_{0,1,2}(x) &= \frac{(x-x_2)p_{0,1}(x)+(x_0-x)p_{1,2}(x)}{x_0-x_2} = \frac{5x^2-27x+28}{6} \\ p_{1,2,3}(x) &= \frac{(x-x_3)p_{1,2}(x)+(x_1-x)p_{2,3}(x)}{x_1-x_3} = -\frac{3x^2-33x+84}{2} \end{aligned}$$

Eine letzte Anwendung von (3.66) liefert dann das gesuchte Interpolationspolynom dritten Grades, das alle vier Stützpunkte interpoliert:

$$p_{0,1,2,3}(x) = \frac{(x-x_3)p_{0,1,2}(x)+(x_0-x)p_{1,2,3}(x)}{x_0-x_3} = -\frac{7x^3}{12} + \frac{29x^2}{4} - \frac{80x}{3} + 28.$$

Wie zu erwarten war (Eindeutigkeit), hat dieses Polynom die gleiche Gestalt wie (3.65) bei der LAGRANGE-Interpolation.[206] Im Unterschied zur Darstellung als Linearkombination entsprechender *Lagrange*-Polynome gibt es hier jedoch keine von den Stützwerten unabhängige Basis.

---

206 Wird dieses Polynom numerisch an den gegebenen Stützstellen ausgewertet, so ergeben sich die Werte $p_{0,1,2,3}(2) = -1$, $p_{0,1,2,3}(4) = -1{,}4210854715202\mathrm{E}{-}14$, $p_{0,1,2,3}(5) = 2.99999999999999$ und $p_{0,1,2,3} = 3$.

Aufgabe 49:
Vollziehen Sie die Berechnungsschritte zur Bestimmung von $p_{0,1,2,3}(x)$ manuell nach.[207]

3.9.4 Spline-Interpolation

Klassische Polynominterpolation hat häufig das Problem, dass die resultierenden Funktionen zum Überschwingen neigen und sich nicht „natürlich", d. h. etwa so, wie man beispielsweise per Hand „glatt" eine Menge von Stützpunkten verbinden würde, verhalten. In vielen Anwendungen – beispielsweise dem Karosseriebau – ist aber genau dies eine wesentliche Anforderung: Wie lassen sich gegebene Stützpunkte durch eine „glatte" Kurve verbinden, deren Krümmungsverlauf bei minimaler Gesamtkrümmung stetig ist, und die keine plötzlichen Änderungen des Krümmungsradius aufweist?

Im Schiffbau werden bereits seit Jahrhunderten sogenannte *Straklatten* eingesetzt, um solche glatten Kurven zu erzeugen, die zwischen vorgegebenen Stützpunkten interpolieren, um beispielsweise die Form des Schiffsrumpfes oder anderer gebogener Teile zu modellieren. Bei diesen Straklatten handelt es sich um biegsame Holzleisten, die an fest vorgegebenen Punkten eingespannt, d. h. z. B. durch Nägel befestigt werden.[208] Die Holzlatte ist bestrebt, ihre sogenannte *Biegeenergie* zu minimieren, was zu einem als „natürlich" empfundenen Kurvenverlauf führt.[209]

Eine mit Hilfe einer solchen Straklatte ermittelte Interpolationskurve weist ganz anschaulich einen stetigen Krümmungsverlauf auf, was beispielsweise bei der Bearbeitung von Werkstücken mit Fräsen etc. eine Grundvoraussetzung ist, um zu verhindern, dass sich ein Werkzeug festfrisst. (Johnson, 1962, S. 21-71 f.) beschreibt einen elektromechanischen Interpolator, der von der *NACA*,[210] der Vorgängerorganisation der *NASA*,[211] entwickelt wurde: Zentrales Element dieses Interpolators war anstelle einer Holzlatte ein flexibler Stahlstreifen, der – gesteuert durch Servomotoren – an vier fest vorgegebenen Stützstellen ausgelenkt werden konnte. Die gewünschten Stützwerte wurden mit dreistelliger Genauigkeit automatisch von Lochkarten abgelesen. Mit

207 Das Verfahren ist manuell, wie sich zeigt, etwas mühsam.

208 Entsprechend wird eine solche Straklatte mitunter auch als *Biegestab* bezeichnet.

209 Hierbei handelt es sich übrigens um eine Problemlösung auf Basis einer *direkten Analogie*, d. h. unter Verwendung eines physikalischen Modells, dessen Natur hier jener des zugrunde liegenden Problems entspricht. Andere typische und bekannte Analogien sind beispielsweise Seifenblasen, die zur Erzeugung von Minimalflächen genutzt werden können etc. (siehe beispielsweise (Ulmann, 2010, S. 8 ff.)).

210 Kurz für *National Advisory Committee for Aeronautics*.

211 Kurz für *National Aeronautics and Space Adminstration*.

Abb. 3.42. Burmester-Schablonen und ein Kurvenlineal

Hilfe eines Messfühlers wurde dann der Stahlstreifen abgetastet, was die gesuchte Interpolation zu den eingestellten Stützpunkten lieferte. Die abgetasteten Positionen dienten dann als Sollwerte zur Steuerung einer Fräse.

Abbildung 3.42 zeigt einige Zeichenwerkzeuge, mit deren Hilfe Kurven erzeugt werden können, die im Wesentlichen den oben genannten Anforderungen entsprechen. In der Mitte ist ein sogenanntes *Kurvenlineal* zu sehen, das in einer Ebene gebogen werden kann und somit stets flach aufliegt. Darum herum angeordnet finden sich drei nach Ludwig Burmester[212] benannte *Burmester*-Schablonen, mit deren Hilfe gegebene Stützpunkte grafisch angenähert werden können. Mathematisch gesehen, beruhen diese Schablonen auf sogenannten *Splines*, wie sie im Folgenden etwas näher dargestellt werden.

Ein sogenannter *Spline* ist eine Kurve mit minimaler Gesamtkrümmung, die keine plötzlichen Krümmungsänderungen aufweist und aus Teilkurven zusammengesetzt ist, die jeweils durch Polynome gleichen Grades beschrieben werden. Entsprechend handelt es sich bei einem Spline um eine sogenannte *stückweise polynomiale* Kurve. Die Teilkurven werden häufig durch Polynome dritten Grades beschrieben – in diesem Fall spricht man von einem *kubischen Spline*.

Ein solcher Spline interpoliert stetig und glatt zwischen einer Menge von $n+1$ Stützpunkten (x_i, y_i), $0 \leq i \leq n$, wofür n Teilkurven, d. h. n Polynome der Form

$$p_i = a_{i,3}(x - x_i)^3 + a_{i,2}(x - x_i)^3 + a_{i,1}(x - x_i) + a_{i,0} \tag{3.67}$$

benötigt werden, wobei $0 \leq i < n$ die Nummer des Polynoms und der damit beschriebenen Teilkurve bezeichnet, wie Abbildung 3.43 zeigt. Die $a_{i,j}$ sind hierbei die Koeffizienten des i-ten Polynoms.

212 05.05.1840–20.04.1927

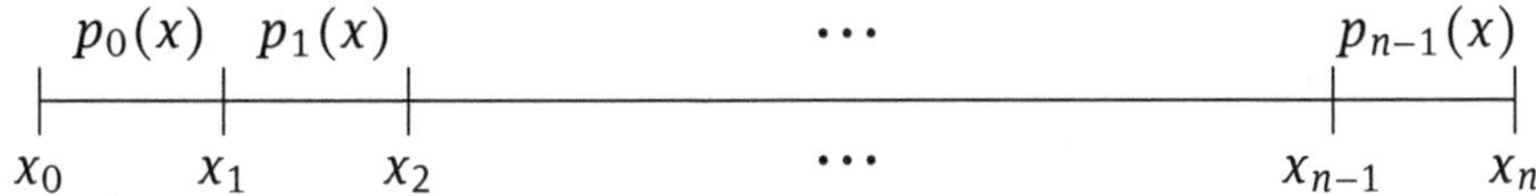

Abb. 3.43. In Teilintervallen interpolierende Polynome $p_i(x)$

Für jedes dieser Polynome gilt zunächst mit $0 \leq i < n$

$$\begin{aligned} p_i(x_i) &= y_i \text{ und} \\ p_i(x_{i+1}) &= y_{i+1}, \end{aligned} \tag{3.68}$$

damit die Stützstellen „getroffen" werden. Hieraus ergibt sich auch direkt, dass der jeweilige Endpunkt einer solchen Teilkurve gleich dem Startpunkt seiner Nachfolgerteilkurve ist:

$$p_i(x_{i+1}) = p_{i+1}(x_{i+1}) \text{ für } 0 \leq i < n-1. \tag{3.69}$$

Ein Spline $s : [x_0, x_n] \longrightarrow \mathbb{R}$ besitzt als zusammengesetzte Kurve nun die Form

$$s(x) = \begin{cases} p_0(x) & \text{falls } x_0 \leq x < x_1 \\ p_1(x) & \text{falls } x_1 \leq x < x_2 \\ \dots & \dots \\ p_{n-1}(x) & \text{falls } x_{n-1} < x \leq x_n \end{cases}$$

Damit die Teilkurven $p_i(x)$ naht- und knicklos ineinander übergehen, genügt die End- und Anfangspunktbedingung (3.69) nicht. Hierfür müssen auch die ersten und zweiten Ableitungen der jeweils rechten und linken Teilkurve an den Stützstellen gleich sein. Anderenfalls läge eine plötzliche Veränderung des Krümmungsradius der resultierenden zusammengesetzten Kurve vor. Es muss also gelten

$$\left.\begin{aligned} p_i'(x_{i+1}) &= p_{i+1}'(x_{i+1}) \\ p_i''(x_{i+1}) &= p_{i+1}''(x_{i+1}) \end{aligned}\right\} \text{ für } 0 \leq i < n. \tag{3.70}$$

Was ist aber mit der ersten beziehungsweise zweiten Ableitung der beiden Polynome, welche das erste respektive letzte Teilintervall beschreiben, am linken bzw. rechten Rand des Gesamtintervalls? Im Wesentlichen gibt es hierfür drei verschiedene Ansätze:

1. Die zweite Ableitung wird mit 0 vorgegeben, d. h. es gilt $p_0''(x_0) = 0 = p_{n-1}(x_n)$. Dieser Fall wird als *freier Rand* beziehungsweise *natürlicher Spline* bezeichnet.
2. Alternativ kann der Rand auch *eingespannt* sein. In diesem Fall sind die beiden ersten Ableitungen $p_0'(x_0)$ und $p_{n-1}'(x_n)$ vorgegeben.
3. Im letzten, als *periodisch* bezeichneten, Fall gilt $p_0'(x_0) = p_{n-1}'(x_n)$ und $p_0''(x_0) = p_{n-1}''(x_n)$.

Gesucht werden im vorliegenden Fall also n Polynome der Form (3.67), die jeweils zwischen Teilintervallen $[x_i, x_{i+1}]$ interpolieren und zusammen $4n$ zu bestimmende Koeffizienten enthalten. Diesen $4n$ Unbekannten stehen $2n$ Bedingungen durch die Anforderung (3.68), $2n - 2$ Bedingungen durch (3.70) sowie 2 Bedingungen durch eine der der obigen Randbedingungen gegenüber, so dass die Aufgabenstellung lösbar ist.

Aus diesen Voraussetzungen lässt sich mit *viel* Arbeit ein lineares Gleichungssystem aufstellen, dessen Lösungsvektor die Grundlage für die Berechnung der Koeffizienten der einzelnen Polynome $p_i(x)$ bildet. Sowohl die Herleitung dieses Verfahrens als auch seine praktische Durchführung würden den Rahmen hier sprengen, so dass auf (Hamming, 1986, S. 350 f.), wo sich eine ausgesprochen elegante Herleitung findet, sowie auf (Stoer, 1989/1, S. 120 ff.) und (Press et al., 2007, S. 81 ff.) verwiesen sei. Im Folgenden wird lediglich ein anschauliches Beispiel gezeigt:

Der Satz von Stützpunkten

$$((0,0), (1,1), (2,1), (3,0), (4,2), (5,1)) \tag{3.71}$$

soll einmal mit Hilfe eines traditionellen Interpolationspolynoms und einmal mit Hilfe eines kubischen Splines interpoliert werden. Gemäß den vorigen Abschnitten lässt sich (mit einigem manuellen Rechenaufwand) zunächst das klassische Interpolationspolynom

$$p(x) = -\frac{7}{60}x^5 + \frac{4}{3}x^4 - \frac{61}{12}x^3 + \frac{43}{6}x^2 - \frac{23}{10}x \tag{3.72}$$

bestimmen. Der aus fünf kubischen Polynomen zusammengesetzte Spline, auf dessen Herleitung im Folgenden nicht eingegangen wird, hat folgende Gestalt:

$$s(x) = -\begin{cases} \dfrac{26x^3 - 235x}{209} & \text{falls } x \leq 1 \\ \dfrac{79x^3 - 159x^2 - 76x - 53}{209} & \text{falls } 1 \leq x < 2 \\ \dfrac{-342x^3 + 2367x^2 - 5128x + 3315}{209} & \text{falls } 2 \leq x < 3 \\ \dfrac{453x^3 - 4788x^2 + 16337x - 18150}{209} & \text{falls } 3 \leq x < 4 \\ \dfrac{-216x^3 + 3240x^2 - 15775x + 24666}{209} & \text{falls } 4 \leq x \end{cases} \tag{3.73}$$

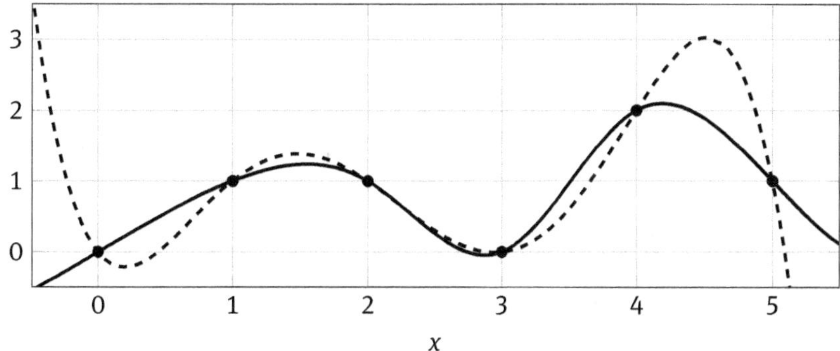

Abb. 3.44. Interpolation der Stützpunkte (3.71) durch ein Polynom (gestrichelt) sowie durch kubische Splines (durchgezogen)

Das Verhalten beider Interpolationstechniken ist in Abbildung 3.44 dargestellt. Auf den ersten Blick verhält sich der Spline „natürlicher" und weist nicht so starkes Überschwingen auf wie das Interpolationspolynom (3.72).[213]

Aufgabe 50:
Zeigen Sie, dass die fünf kubischen Splines in (3.73) „nahtlos" ineinander übergehen, d. h. dass an den Stellen $x \in \{1,2,3,4\}$ die Werte der jeweils aneinandergrenzenden Polynome, ihrer ersten sowie ihrer zweiten Ableitungen übereinstimmen.

Anwendung finden Splines in der Computergrafik,[214] im *CAD*-Bereich,[215] im Automobil-/Schiff-/Flugzeugbau und allgemein allen Bereichen, in denen beispielsweise komplex geformte Bauelemente mathematisch einfach und exakt beschrieben werden müssen.[216]

213 Das Überschwingen klassischer Interpolationspolynome ist ein Problem, da es nicht mit steigender Entfernung zur problematischen x-Koordinate, welche das Überschwingen auslöste, abklingt. Splines verhalten sich diesbezüglich wesentlich gutmütiger.

214 In der Computergrafik werden vermehrt sogenannte *NURBS*, kurz für *Non-Uniform Rational B-Spline*, eingesetzt, die Verallgemeinerungen der nach Pierre Étienne Bézier (01.09.1910–25.11.1999) benannten *Bézier-Splines* darstellen. Bézier arbeitete an mathematischen Modellen für den Karosserieentwurf und -bau bei Renault.

215 Kurz für *Computer Aided Design*.

216 Nicht zuletzt durch die heute zunehmend verteiltere Fertigung gewinnt dieser Punkt zunehmend an Bedeutung. Entgegen vielen anderslautenden Behauptungen spielen Splines im Straßenbau übrigens keine Rolle (siehe beispielsweise Lambert et al. (2005)) – hier kommen vielmehr sogenannte *Klothoiden* zum Einsatz (siehe beispielsweise Osterloh (1965)). Solche Kurven sind dadurch gekennzeichnet, dass ihre Krümmung an jeder Stelle proportional zur Länge der Kurve bis zu dieser Stelle ist.

Bemerkt werden sollte noch, dass es – ähnlich wie bei LAGRANGE-Polynomen – möglich ist, eine Basis für Splines aufzustellen, wobei konkrete Interpolationsaufgaben dann im Wesentlichen auf geeignete Linearkombinationen dieser Basisfunktionen zurückgeführt werden. Diese Basisfunktionen werden *B-Splines*[217] genannt.

3.9.5 TAYLOR-Approximation

Wie bereits mehrfach erwähnt, stellt sich in der Praxis häufig das Problem, Funktionswerte $f(x)$ einer komplizierten, d. h. meist nur mit hohem Rechenaufwand auszuwertenden Funktion zu bestimmen. Gesucht ist in solchen Fällen eine deutlich einfachere Funktion $g(x)$, die eine möglichst gute Approximation, d. h. eine Näherungsfunktion der eigentlichen Funktion $f(x)$ darstellt.

Solche Approximationsfunktionen $g(x)$ nähern eine Funktion $f(x)$ in der Regel nur auf einem bestimmten Intervall $[a,b]$ an, dessen Mittelpunkt als *Entwicklungspunkt*, oft auch *Entwicklungsstelle* bezeichnet wird. Für Funktionsargumente $x \in [a,b]$ übersteigt dann der Fehler einen bestimmten Wert nicht, während $g(x)$ für Werte von x außerhalb dieses Intervalls mitunter schlicht unbrauchbar ist.

Bereits im frühen 18. Jahrhundert entwickelte der britische Mathematiker BROOK TAYLOR[218] ein Verfahren, das solche Approximationsfunktionen in Form spezieller Reihen, sogenannten TAYLOR-Reihen, zu bestimmen gestattet. Die Grundidee hierbei ist folgende: Um einen Entwicklungspunkt x_0 herum kann eine gegebene Funktion $f(x)$ zunächst durch eine Gerade, d. h. durch eine lineare Funktion der Form $g_1(x) = a_1x + a_0$ approximiert werden, deren Steigung gleich der Tangentensteigung der Funktion $f(x_0)$ an diesem Punkt ist.[219] Die Steigung dieser als erste und einfachste Approximation verwendeten Geraden ist also gleich $f'(x_0)$. Was noch fehlt, ist die vertikale Lage dieser Geraden, die jedoch gerade $f(x_0)$ ist, da die Gerade am Punkt x_0 durch $f(x_0)$ laufen soll. Hieraus ergibt sich also folgende erste Approximationsfunktion:

$$g_1(x) = f(x_0) + f'(x_0)(x - x_0).$$

Klar ist, dass eine solche Gerade nur in einem bestimmten Intervall um x_0 herum eine für eine gegebene Anwendung brauchbare Approximation ist, falls $f(x)$ nicht selbst eine lineare Funktion ist, wobei dann jedoch die Bestimmung einer Approximationsfunktion unnötig wäre. Für obiges $g(x)$ gilt offensichtlich im Entwicklungspunkt

$$g_1(x_0) = f(x_0) \text{ und}$$
$$g_1'(x_0) = f'(x_0).$$

217 Kurz für *Basis-Spline*.

218 18.08.1685–29.12.1731

219 Der Index 1 bei $g_1(x)$ soll anzeigen, dass es sich um ein Polynom ersten Grades handelt.

Würden auch höhere Ableitungen der Approximationsfunktion und $f(x)$ übereinstimmen, wäre die Approximation besser, da die „Form" der Funktion $f(x)$ besser berücksichtigt würde. In einem nächsten Schritt bietet es sich folglich an, neben dem Funktionswert $f(x_0)$ sowie der ersten Ableitung $f'(x_0)$ der zu approximierenden Funktion auch deren zweite Ableitung in Betracht zu ziehen. Es wird also ein Ausdruck der Form

$$g_2(x) = a_2x^2 + a_1x + a_0 = a_2x^2 + g_1(x)$$

betrachtet, wobei nun zusätzlich

$$g_2''(x_0) = 2a_2 = f''(x_0).$$

gelten soll. Hieraus ergibt sich $a_2 = \frac{1}{2}f''(x_0)$ und somit

$$g_2(x) = f(x_0) + f'(x_0)(x - x_0) + \frac{1}{2}f''(x_0)(x - x_0)^2$$

als verbesserte Approximationsfunktion.

Aufgabe 51:
Zeigen Sie, dass für diese Approximationsfunktion $g_2(x)$ wirklich die drei Bedingungen

$$g_2(x_0) = f(x_0),$$
$$g_2'(x_0) = f'(x_0) \text{ und}$$
$$g_2''(x_0) = f''(x_0)$$

erfüllt sind.

Dieses Vorgehen lässt sich nun auf beliebig viele höhere Ableitungen ausdehnen, woraus sich die sogenannte TAYLOR-Reihe

$$T_nf(x) = \sum_{i=0}^{n} \frac{1}{i!}f^{(i)}(x_0)(x - x_0)^i = \tag{3.74}$$
$$f(x_0) + f'(x_0)(x - x_0) + \frac{1}{2}f''(x_0)(x - x_0)^2 + \cdots + \frac{1}{n!}f^{(n)}(x_0)(x - x_0)^n$$

ergibt. Die Notation $T_nf(x)$ macht hierbei den Grad n des resultierenden TAYLOR-Polynoms, sowie die approximierte Funktion $f(x)$ deutlich. Voraussetzung hierfür ist, dass $f(x)$ hinreichend oft differenzierbar ist. Im Idealfall handelt es sich bei $f(x)$ um eine *glatte Funktion*, worunter eine beliebig oft differenzierbare Funktion verstanden wird, d. h. es gilt $f \in C^\infty$ auf einem geeigneten Intervall.

Die Werte der Ableitungen $f^{(i)}(x_0)$ müssen, da sie ja nur am Entwicklungspunkt x_0 benötigt werden, nur einmal beim Aufstellen der jeweiligen TAYLOR-Reihe berechnet werden. Zur Auswertung einer durch eine solche Reihe dargestellten Funktion muss in der Folge nur noch das resultierende Polynom am gesuchten Punkt x ausgewertet werden, wofür sich beispielsweise das HORNER-Schema anbietet.

$T_n f(x)$ unterscheidet sich von der zugrunde liegenden Funktion $f(x)$ durch ein sogenanntes *Restglied* $R_n(x)$ das den Fehler der Approximation angibt, d. h. es gilt $R_n(x) = f(x) - T_n f(x)$ und damit

$$f(x) = \sum_{i=0}^{n} \frac{1}{i!} f^{(i)}(x_0)(x - x_0)^i + R_n(x).$$

Geht $n \longrightarrow \infty$, so verschwindet das Restglied, d. h.

$$\lim_{n \longrightarrow \infty} R_n = 0,$$

was aber für praktische Anwendungen nicht allzu hilfreich ist.[220]

Entsprechend stellt sich die Frage nach der allgemeinen Gestalt des Restgliedes, um hiermit zumindest eine Fehlerabschätzung zu ermöglichen. Allgemein gilt für das Restglied[221]

$$R_n = \frac{1}{n!} \int_{x_0}^{x} (x - \xi)^n f^{(n+1)}(\xi)\, d\xi. \tag{3.75}$$

Beispiel 44:
Im folgenden Beispiel werden ein TAYLOR-Polynom sechsten Grades sowie das zugehörige Restglied zur Approximation der Funktion $f(x) = \cos^2(x)$ mit dem Entwicklungspunkt $x_0 = 0$ bestimmt.

Benötigt werden also zunächst die ersten sechs Ableitungen von $f(x)$, deren Berechnung eine gute Fingerübung in Differentialrechnung ist:

$$\begin{aligned}
f^{(1)}(x) &= -2\sin(x)\cos(x)\\
f^{(2)}(x) &= 2\sin^2(x) - 2\cos^2(x)\\
f^{(3)}(x) &= 8\sin(x)\cos(x)\\
f^{(4)}(x) &= 8\cos^2(x) - 8\sin^2(x)\\
f^{(5)}(x) &= -32\cos(x)\sin(x)\\
f^{(6)}(x) &= 32\sin^2(x) - 32\cos^2(x)
\end{aligned}$$

Am Entwicklungspunkt $x_0 = 0$ gilt damit

$$\begin{aligned}
f^{(0)}(x_0) &= \cos^2(0) = 1\\
f^{(1)}(x_0) &= -2\sin(0)\cos(0) = 0\\
f^{(2)}(x_0) &= 2\sin^2(0) - 2\cos^2(x) = -2
\end{aligned}$$

---

220 Die unendliche Reihe $\sum_{i=0}^{n} \frac{1}{i!} f^{(i)}(0)x^i$, die der TAYLOR-Reihe um den Entwicklungspunkt $x_0 = 0$ mit $n \longrightarrow \infty$ entspricht, wird nach dem britischen Mathematiker COLIN MACLAURIN (Feb. 1698–14.06.1746) MACLAURIN-Reihe genannt. Die Reihenentwicklung (3.35) der Sinusfunktion ist ein Beispiel für eine solche MACLAURIN-Reihe.

221 Auf einen Beweis wird im Folgenden verzichtet.

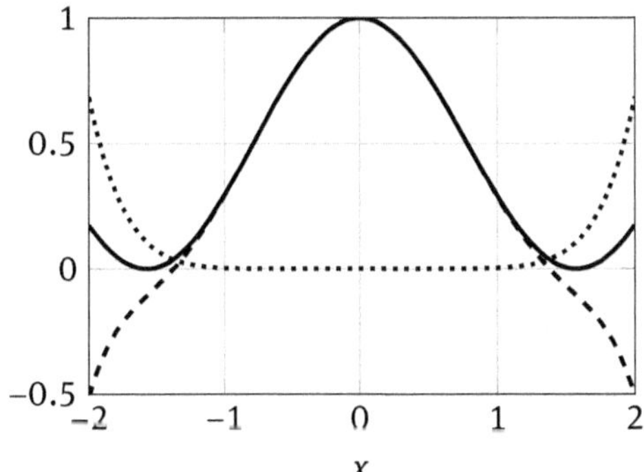

Abb. 3.45. $f(x) = \cos^2(x)$ (durchgezogen), TAYLOR-Polynom $T_6f(x)$ sechsten Grades (gestrichelt) um den Entwicklungspunkt $x_0 = 0$ und Restglied $R_6(x)$ (gepunktet)

$$\begin{aligned}
f^{(3)}(x_0) &= 8\sin(0)\cos(0) = 0\\
f^{(4)}(x_0) &= 8\cos^2(x) - 8\sin^2(x) = 8\\
f^{(5)}(x_0) &= -32\cos(0)\sin(0) = 0\\
f^{(6)}(x_0) &= 32\sin^2(0) - 32\cos^2(0) = -32
\end{aligned}$$

Einsetzen in (3.74) liefert

$$T_6f(x) = 1 - x^2 + \frac{1}{3}x^4 - \frac{2}{45}x^6.$$

Die Bestimmung des Restgliedes $R_6(x)$ erfordert nun noch die siebte Ableitung der zu approximierenden Funktion,

$$f^{(7)}(x) = 128\sin(x)\cos(x),$$

woraus sich gemäß (3.75)

$$R_6(x) = \frac{128}{720}\int_0^x (x-\xi)^6 \sin(\xi)\cos(\xi)\,\mathrm{d}\xi$$

ergibt.[222]

Abbildung 3.45 zeigt einen Ausschnitt rund um den Entwicklungspunkt $x_0 = 0$ der zu approximierenden Funktion $f(x) = \cos^2(x)$ sowie des zugehörigen TAYLOR-Polynoms $T_6f(x)$. Ganz anschaulich ist $T_6f(x)$ in einem gewissen Intervall um x_0 herum eine sehr gute Näherung für $f(x)$, während der Fehler jenseits der Intervallgrenzen sehr schnell stark anwächst.

---

222 Eine Stammfunktion für dieses Integral lässt sich zwar bestimmen, ist aber ausgesprochen aufwendig, so dass an dieser Stelle darauf verzichtet wird.

In Fällen, in denen das Restglied gemäß (3.75) zu „unhandlich" ist, bietet sich die Verwendung der folgenden, auf LAGRANGE zurückgehenden Formel an:

$$R_n(x) = f(x) - \sum_{i=0}^{n} \frac{1}{i!} f^{(i)}(x_0)(x - x_0)^i = \frac{1}{(n+1)!} f^{(n+1)}(\xi)(x - x_0)^{n+1}. \tag{3.76}$$

Hierbei ist ξ ein Punkt im Intervall $[x_0, x]$. Zur Bestimmung einer oberen Schranke für den Fehler einer TAYLOR-Approximation muss lediglich das ξ bestimmt werden, für das $R_n(x)$ sein Maximum annimmt, was den Bogen zurück zur Kuvendiskussion schlägt.

Bezogen auf obiges Beispiel mit $f(x) = \cos^2(x)$ und $x_0 = 0$ ergibt sich entsprechend der Ausdruck

$$R_6(x) = \frac{128}{7!} \sin(\xi) \cos(\xi) x^7 \tag{3.77}$$

für die LAGRANGE-Form des Restgliedes. Der Term $\sin(\xi)\cos(\xi)$ nimmt für $\xi = \frac{\pi}{4} + 2n\pi$ mit $n \in \mathbb{N}_0$ seinen Maximalwert $\frac{1}{2}$ an. Falls nun die Reihenentwicklung $T_6 f(x)$ im Intervall $-2 \leq x \leq 2$ verwendet werden soll, ergibt sich damit aus (3.77) als obere Schranke für den Fehler $\frac{512}{315} \approx 1{,}6254$.

Aufgabe 52:
Gesucht sind $T_6 f(x)$ sowie $R_6(x)$ in der Form (3.75) mit $f(x) = e^x$ und dem Entwicklungspunkt $x_0 = 0$.

Abschweifung: LANDAU-Symbole
An dieser Stelle bietet es sich an, die nach dem Mathematiker *Edmund Landau*[223] benannten LANDAU-Symbole einzuführen,[224] die nicht nur in der Mathematik, sondern auch (und vor allem) in der Informatik eine zentrale Rolle spielen, wenn es um die Angabe oberer (mitunter auch unterer) Schranken für Berechnungsaufwände oder Fehler geht. Die Grundidee ist hierbei, die *Ordnung* für die Anzahl von Rechenschritten zur Lösung eines Problems oder die Ordnung eines Fehlers anzugeben, was durch den Buchstaben $\mathcal{O}$ zum Ausdruck gebracht wird.[225]

Man sagt, eine Funktion $f(x)$ ist von der Ordnung $\mathcal{O}(g(x))$, geschrieben

$$f(x) = \mathcal{O}(g(x)),$$

wenn

$$\limsup_{x \longrightarrow x_0} \left| \frac{f(x)}{g(x)} \right| = \text{const.}, \tag{3.78}$$

---

223 14.02.1877–19.02.1938

224 Erstmals verwendet wurde diese Notationsform bereits vor LANDAU von PAUL BACHMANN (22.06.1837–31.03.1920), dessen Name leider dennoch nur als Randnotiz wie hier mit diesen Symbolen verbunden wird.

225 Mitunter wird auch einfach der Buchstabe O verwendet – im englischen Sprachraum spricht man entsprechend von der „big-O notation", im Deutschen von der „Gross-O-Notation".

wobei die Konstante endlich ist.[226] Anschaulich gesprochen, bedeutet dies, dass $g(x)$ zuzüglich einer beliebigen multiplikativen Konstante eine obere Schranke für $f(x)$ ist, wobei die Konstante an sich uninteressant ist.

Zwei kleine Beispiele mögen diese Idee verdeutlichen: Für die Funktion $f(x) = 7x^2$ gilt offensichtlich $f(x) = \mathcal{O}(g(x))$ mit $g(x) = x^2$, da (3.78) mit der Konstanten 7 erfüllt ist. Umgekehrt gilt dies für $f(x) = x^4$ und gleiches $g(x)$ nicht, da es keine Konstante c gibt, für die $n^4 \leq cn^2$ gilt, wie leicht zu sehen ist, wenn auf beiden Seiten durch n^2 dividiert wird.

Bezogen auf TAYLOR-Restglieder kann nun die Ordnung des Fehlers mit Hilfe dieser Notationsform angegeben werden, ohne einen exakten Wert, der meist ohnehin nur von untergeordnetem Interesse ist, berechnen zu müssen. Für das obige Restglied (3.77) gilt also, dass es von der Ordnung $\mathcal{O}(x^7)$ ist – die anderen Terme können in einer Konstanten zusammengefasst werden.

Neben dem Symbol $\mathcal{O}$ gibt es eine Reihe weiterer LANDAU-Symbole, die sich darin unterscheiden, um welche Art von Schranke es sich handelt. Im einzelnen handelt es sich neben $\mathcal{O}(g(x))$ um die folgenden Symbole:

$$f(x) = o(g(x)) \text{ wenn } \lim_{x \longrightarrow a} \left|\frac{f(x)}{g(x)}\right| = 0$$

$$f(x) = \Theta(g(x)) \text{ wenn } 0 \leq \lim_{x \longrightarrow a} \inf \left|\frac{f(x)}{g(x)}\right| \leq \lim_{x \longrightarrow a} \sup \left|\frac{f(x)}{g(x)}\right| < \infty$$

$$f(x) = \Omega(g(x)) \text{ wenn } \lim_{x \longrightarrow a} \sup \left|\frac{f(x)}{g(x)}\right| > 0$$

$$f(x) = \omega(g(x)) \text{ wenn } \lim_{x \longrightarrow a} \sup \left|\frac{f(x)}{g(x)}\right| = \infty$$

$o(g(x))$ und $\mathcal{O}(g(x))$ repräsentieren also untere Schranken, während $\Theta(g(x))$ eine asymptotisch *scharfe* Schranke ist. In der Mehrzahl der Fälle ist es schlecht, wenn nur ein $\Omega(g(x))$ oder $\omega(g(x))$ angegeben werden kann, da es sich hierbei um untere Schranken handelt, d. h. in solchen Fällen verhält sich die Funktion $f(x)$ sozusagen nie besser als $\Omega(g(x))$ beziehungsweise $\omega(g(x))$.

In der Informatik und insbesondere in der Kryptographie werden diese LANDAU-Symbole zur Abschätzung des Berechnungsaufwandes bei einem vorgegebenen Algorithmus genutzt. Entsprechend spricht man hier von der sogenannten *Laufzeitkomplexität*, deren Ordnung bestimmt wird. Dies darf nicht mit dem bekannten *Benchmarking* verwechselt werden, wo konkrete Laufzeiten von Programmen unter bestimmten Rahmenbedingungen gemessen werden. Bei der Bestimmung der Ordnung der Laufzeitkomplexität spielt die später eingesetzte Hardware ebensowenig eine Rolle wie konkrete Messwerte, vielmehr ist von interesse, in welchem Maße sich die Laufzeit eines Algorithmus verändert, wenn sich beispielsweise die Menge der zu verarbeitenden Eingabedaten ändert.

Da Datenvolumina durch natürliche Zahlen beschrieben werden können, kommen in diesen beiden Fachgebieten meist etwas abweichende Definitionen der obigen LANDAU-Symbole zum Einsatz. Die wichtigste Definition – die von $\mathcal{O}(g(x))$ – lautet dann wie folgt: Eine Funktion $f(n)$ ist von der Ordnung $\mathcal{O}(g(n))$ für $n \in \mathbb{N}$, wenn es eine Konstante $c > 0$, $c \in \mathbb{R}$ und ein $n_0 \in \mathbb{N}$ gibt, so dass für alle $n > n_0$ die Bedingung $f(n) < cg(n)$ erfüllt ist.

Anschaulich bedeutet dies, dass die Laufzeit eines Algorithmus, die durch eine (meist zu komplizierte) Funktion $f(n)$ beschrieben wird, wobei n beispielsweise das Eingabedatenvolumen repräsen-

226 Eigentlich müsste es aufgrund der Konstanten $f(x) \in \mathcal{O}(g(x))$ heißen – im Folgenden wird jedoch stets einfach $f(x) = \mathcal{O}(g(x))$ geschrieben werden.

tiert, durch eine (meist deutlich einfachere) Funktion $g(x)$ zuzüglich einer beliebigen Konstanten c nach oben beschränkt wird, wenn n nur hinreichend groß ist.[227]

Soll beispielsweise eine (lineare) Liste unsortierter Daten nach einem bestimmten Element durchsucht werden, so muss im schlimmsten Fall jedes einzelne Element mit dem gesuchten Wert verglichen werden. Die exakte Laufzeit hängt nun von der praktischen Implementation des Algorithmus, der zugrunde liegenden Hardware sowie von der Datenmenge ab, wird also von vielen Faktoren beeinflusst. Wesentlich interessanter als eine absolute Laufzeit ist aber die Frage, wie sich die Laufzeit verändern wird, wenn sich die zu durchsuchende Datenmenge beispielsweise verzehnfacht.

Hierfür eignet sich die $\mathcal{O}$-Notation. In diesem Beispiel gilt nämlich für einen einfachen Algorithmus, der jedes Element einer solchen Liste mit dem gesuchten vergleichen muss, dass die Laufzeitkomplexität gleich $\mathcal{O}(n)$ ist, d. h. die Laufzeit hängt linear von der Anzahl zu durchsuchender Daten ab.

Sollen nun diese Daten beispielsweise sortiert werden, ergibt sich schnell ein grundlegend anderes Bild. Sehr einfache (und schlechte) Sortierverfahren wie der bekannte *Bubblesort* besitzen eine Laufzeitkomplexität von $\mathcal{O}(n^2)$, d. h. ganz unabhängig davon, auf welcher Maschine das Verfahren implementiert wird, lässt sich sagen, dass die Laufzeit quadratisch von der Menge der zu sortierenden Daten abhängt, woraus mit einem Blick folgt, dass dieses Verfahren zumindest für große Datenbestände in aller Regel unbrauchbar ist. Bessere Sortierverfahren, wie beispielsweise *Quicksort* oder *Mergesort* weisen eine Laufzeitkomplexität von $\mathcal{O}(n \log(n))$.[228] Anschaulich bedeutet dies, dass der Laufzeitbedarf dieser Verfahren deutlich langsamer als beispielsweise quadratisch mit der zu verarbeitenden Datenmenge ansteigt, so dass diese Verfahren auch für sehr große Datenbestände praktikabel sind.[229]

Während offensichtlich in den meisten Bereichen der Informatik die Kenntnis oberer Schranken für die zur Ausführung eines Algorithmus benötigte Zeit (oder den hierfür benötigten Speicherplatz) von Interesse ist, um seine Brauchbarkeit beurteilen zu können, sind in der Kryptographie oft auch untere Schranken, d. h. Ω oder ω, gefragt, da es hier – zumindest aus der Sicht der verschlüsselnden Partei – darum geht, sicherzustellen, dass eine unbefugte Entschlüsselung sicher länger dauert bzw. mehr Ressourcen benötigt als durch eine solche untere Schranke angegeben.

Lässt sich beispielsweise zeigen, dass ein gegebenes Verfahren zu seiner Ausführung mehr Speicherkapazität in Bit erfordert, als das Universum an Teilchen enthält,[230] so kann ein solcher Algorithmus getrost als unausführbar betrachtet werden. Gleiches gilt, wenn sich beispielsweise zeigen lässt, dass so viele Elementaroperationen ausgeführt werden müssten, dass der hierfür erfor-

---

227 Diese letzte Bedingung impliziert also, dass es sich erst ab einem bestimmten Punkt um eine verallgemeinerte Schranke handelt.

228 Dies gilt für Quicksort nur im sogenannten *average case*, d. h. dem durchschnittlichen Fall, was hier jedoch zu weit führt.

229 Ein lange Zeit fast in Vergessenheit geratenes Sortierverfahren, der sogenannte *Radixsort*, weist sogar noch ein besseres Laufzeitverhalten von $\mathcal{O}(kn)$ auf, wobei n das Datenvolumen und k die Länge des Schlüssels, nach dem sortiert werden soll, repräsentieren. Die Grundidee ist hierbei interessant und beruht auf den Überlegungen aus Abschnitt 1.6, indem die Zeichen des Sortierschlüsselfeldes als Zahl zu einer entsprechend großen Basis, beispielsweise 36, 128 oder 256 etc., aufgefasst werden.

230 Schätzungen gehen davon aus, dass das Universum aus etwa 10^{80} Teilchen besteht.

derliche Energiebedarf beispielsweise die gesamte während der Lebensdauer der Sonne freigesetzte Energiemenge übersteigt etc.[231]

Der folgende Abschnitt befasst sich nun abschließend mit der Interpolation von Funktionen durch Summen trigonometrischer Funktionen, was in der modernen Signalverarbeitung, d. h. vor allem im Audio- und Videobereich von grundlegender Bedeutung ist.

3.9.6 Trigonometrische Interpolation

Zu Beginn dieses Abschnittes bietet sich eine Abschweifung zum Gehör und der dort stattfindenden Signalverarbeitung an:

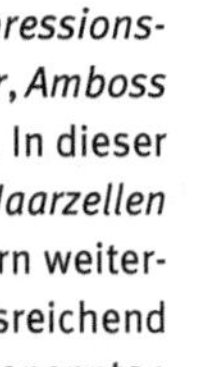

Abschweifung: Das Gehör
Ein Geräusch, das man hört, teilt sich dem Ohr durch Luftdruckschwankungen, d. h. *Kompressionswellen* mit. Durch diese wird das Trommelfell in Schwingungen versetzt, die über als *Hammer*, *Amboss* und *Steigbügel* bezeichnete *Gehörknöchelchen* auf die *Gehörschnecke* übertragen werden. In dieser schneckenförmigen, flüssigkeitsgefüllten Struktur[232] befinden sich winzige Härchen, die *Haarzellen* entspringen und bei Bewegung einen Impuls erzeugen, der über den *Hörnerv* an das Gehirn weitergeleitet wird. Die Haarzellen alleine sind für das Entstehen eines Höreindruckes nicht ausreichend – vielmehr besitzt das gesamte Innenohrsystem – zu dem auch aktive Teile wie die sogenannten *äußeren Haarzellen* gehören, die dank *Motorproteinen* zu einer eintreffende Schallwellen verstärkenden Eigenbewegung fähig sind (der sogenannte *cochleärer Verstärker*) – ausgesprochen komplexe schwingungsmechanische Eigenschaften, ohne welche die gewohnten Hörleistungen nicht möglich wären.

Dieses erstaunliche System vollbringt eine bemerkenswerte Leistung: Jedes Härchen ist nur für Frequenzen innerhalb eines vergleichsweise schmalen Bereiches empfindlich. Dies hat zur Folge, dass ein Geräusch automatisch in eine Menge von Teilsignalen zerlegt wird, aus denen es sich zu-

---

231 In diesem Zusammenhang bietet sich noch eine kleine Abschweifung innerhalb einer Abschweifung an: Der Wert 10^{100} (d. h. eine 1, gefolgt von 100 Nullen und mithin etwa 10^{20} mal größer als die Anzahl Teilchen im Universum) wird als *Googol* bezeichnet (woraus sich auch der Name der Suchmaschine *Google* herleitet). Noch deutlich größer ist ein *Googolplex* (der Sitz von Google heißt übrigens *Googleplex*), das den Wert $10^{10^{100}}$ bezeichnet. Diese Zahl ist so groß, dass alle Teilchen im Universum nicht ausreichen würden, um sie auch nur im Binärformat darzustellen, wenn pro Teilchen ein Bit gespeichert werden könnte!

232 Die Tatsache, dass die Gehörschnecke flüssigkeitsgefüllt ist, ist der Grund für das Vorhandensein der mechanischen Konstruktion aus Trommelfell, Hammer, Amboss und Steigbügel, die quasi als *Impedanzwandler* zwischen den Medien Luft und Flüssigkeit arbeitet. Die Notwendigkeit einer solchen Impedanzwandlung kann jeder nachvollziehen, der einmal unter Wasser erlebt hat, wie schwach Geräusche, die oberhalb der Wasseroberfläche erzeugt werden, wahrgenommen werden können, obwohl Wasser an sich ein wesentlich besseres Medium für die Schallübertragung als Luft darstellt. Der Grund hierfür ist, dass nur wenig Schallenergie von der Luft direkt in das Medium Wasser einkoppelt. Dieses Problem wird im Ohr durch das beschriebene mechanische Bindeglied vermieden.

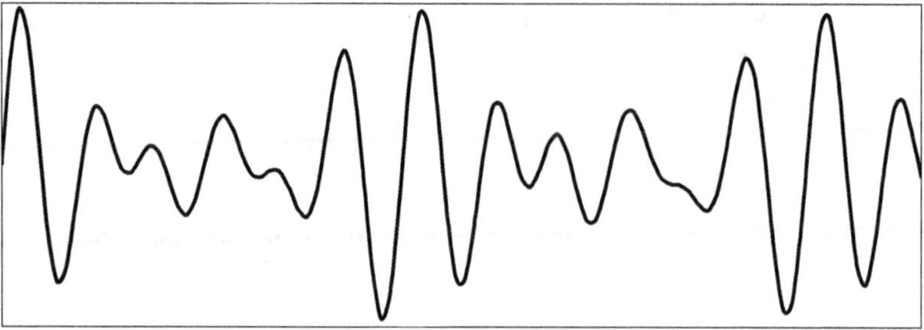

Abb. 3.46. Verlauf der Luftdruckschwankungen, ausgelöst durch einen C-Dur-Dreiklang

sammensetzt. Hört man beispielsweise einen C-Dur-Akkord, der sich aus den Tönen C, E und G mit den Frequenzen 261,63 Hz, 329,63 Hz und 392 Hz[233] zusammensetzt, so erledigt das mechanische System des Ohres die Aufspaltung des gehörten Signales in diese drei Komponenten.[234] Das Gehirn erhält über den Hörnerv dann Informationen über die Amplituden der einzelnen Frequenzkomponenten des Gehörten.

Etwas abstrakter betrachtet, vollzieht das Ohr eine Transformation eines Signales aus dem Zeitbereich in den Frequenzbereich: Die als Kompressionswellen durch das Medium Luft übertragenen Schallwellen stellen ein Signal im Zeitbereich dar – misst man den Luftdruck an einer bestimmten Stelle mit Hilfe eines geeigneten Instrumentes, beispielsweise eines Mikrophons, so erhält man einen bezogen auf die Zeit veränderlichen Wert, d. h. ein Schallsignal kann als Funktion $f(t)$ aufgefasst werden. Dieses Signal besteht in der Regel aus der Summe einer Vielzahl einfacher sinusförmiger Signale unterschiedlicher Frequenzen – selbst in dem einfachen Fall, dass nur ein einzelner Ton auf einem Instrument gespielt wird, handelt es sich nicht um eine einzige Frequenz, sondern um ein Frequenzgemisch, das in seiner Summe den Charakter des jeweils gespielten Tones ausmacht. Dass verschiedene Instrumente wie Geige, Klavier, Flöte etc. akustisch auseinandergehalten werden können, beruht hierauf. Die Daten über Amplitude und Frequenz der einzelnen Töne, in welche ein solches Signal $f(t)$ durch das Ohr aufgespalten wird, enthalten die gleiche Information wie das ursprüngliche Signal, sind aber keine Funktion der Zeit mehr, sondern vielmehr eine Funktion der Frequenz, da für jede Frequenz Amplitudeninformationen übertragen werden.

Abbildung 3.46 zeigt den Verlauf der Funktion $f(t)$, die den Schalleindruck des oben erwähnten C-Dur-Dreiklanges unter der etwas vereinfachenden Anhahme beschreibt, dass jeder Grundton eine reine Sinusschwingung, wie in Abbildung 3.47 gezeigt, darstellt. Das mechanische System des Ohrs transformiert nun diese von der Zeit abhängige Funktion $f(t)$ nun in den Frequenzbereich, indem das Signal in diese drei Grundkomponenten aufgespalten wird. An das Gehirn wird nurmehr gemeldet, dass drei Frequenzen von eben 261,63 Hz, 329,63 Hz und 392 Hz mit bestimmten Amplituden wahrgenommen wurden.

Das mechanische System des Ohres entspricht, technisch gesprochen, einer sogenannten *Filterbank*, d. h. einer Menge von Filtern, von denen jedes nur für eine bestimmte Frequenz „durchlässig" ist. Werden alle Filter einer solchen Filterbank mit dem gleichen Eingangssignal beaufschlagt, so findet sich an den jeweiligen Filterausgängen ein Signal, das die Amplitude der Signalkomponente be-

233 Bezogen auf einen Kammerton von 440 Hz.

234 Menschen mit sogenanntem *absoluten Gehör* sind sogar in der Lage, die gehörten Teiltöne direkt zu identifizieren, wozu in erster Linie ein hervorragendes Gedächtnis für Tonhöhen notwendig ist.

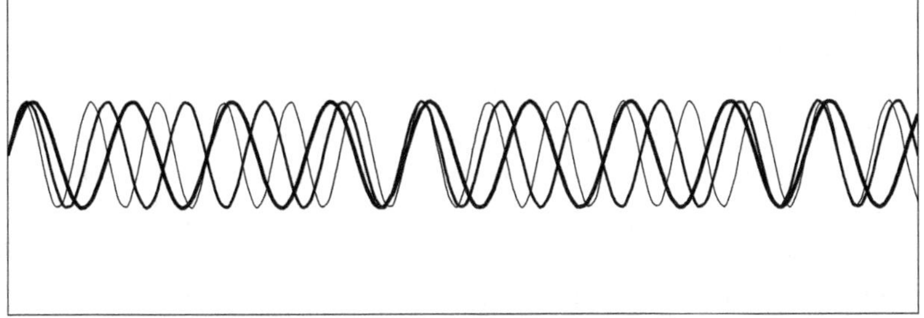

Abb. 3.47. Einzelkomponenten des C Dur-Dreiklanges mit korrekten Amplituden

schreibt, deren Frequenz gerade der Frequenz dieses speziellen Filters entspricht. Abbildung 3.48 zeigt dies schematisch.[235]

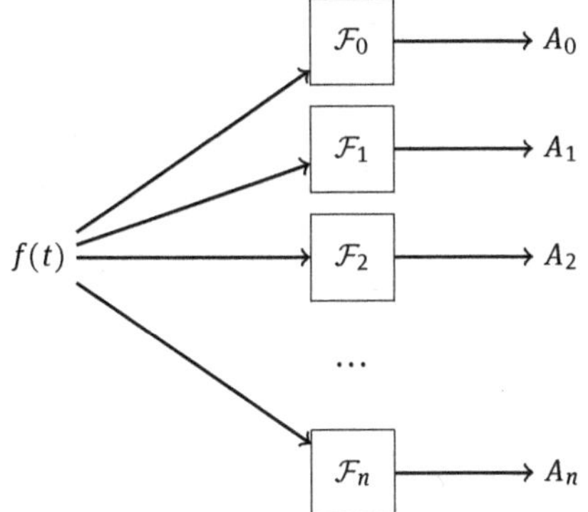

Abb. 3.48. Filterbank, bestehend aus n Filtern $\mathcal{F}_i$ zur Transformation eines Eingangssignales $f(t)$ aus dem Zeit- in den Frequenzbereich – der Ausgang eines jeden Filters $\mathcal{F}_i$ ist die Amplitude A_i der von ihm detektierten Komponente

---

Das mathematische Äquivalent zu einer solchen Zerlegung eines Signales $f(t)$ durch eine (im Falle des Gehörs letztlich mechanische) Filterbank in seine Komponenten

235 Mit steigendem Alter, aber auch beschleunigt durch Überlastung durch zu große Lautstärken, fallen Filter der mechanischen Filterbank des Ohres aus, wobei zuerst Filter zerstört werden, die hohen Frequenzen zugeordnet sind. Dies ist der Grund, warum mit steigendem Alter ein immer kleinerer Frequenzbereich hörbar ist, wobei der Bandbreitenverlust vor allem im Bereich hoher Frequenzen auftritt. Während junge Menschen meist noch Frequenzen bis zu etwa 20,000 Hz (entsprechend 20k Hz, wobei das „k“ für „Kilo“, d. h. den Faktor 10^3 steht) wahrnehmen können, ist diese obere Grenzfrequenz bereits im Alter von etwa 50 Jahren auf unter 12k Hz gesunken. Der Grund hierfür liegt darin begründet, dass die Härchen, die zur Wahrnehmung hoher Frequenzen dienen, am Eingang der Gehörschnecke liegen, während die für die Verarbeitung niedriger Frequenzen zuständigen Härchen an deren Ende angeordnet sind. Je näher sich ein solcher Sensor jedoch am Anfang der Schnecke befindet, desto stärker wird er belastet, und desto eher fällt er aus.

ist die nach Jean Baptiste Joseph Fourier benannte *Fourier-Analyse*,[236] deren Gegenstück, mit dessen Hilfe ein komplexes Signal aus einzelnen Komponenten aufgebaut werden kann, entsprechend als *Fourier-Synthese* bezeichnet wird. Der im Ohr stattfindende Prozess lässt sich also durch eine Fourier-Analyse beschreiben, während das Anschlagen eines Akkords beziehungsweise auch nur eines einzelnen Tones beispielsweise auf einem Klavier umgekehrt einer Fourier-Synthese entspricht, da die von den schwingenden Saiten erzeugten Luftdruckschwankungen bereits Überlagerungen einfacher harmonischer Terme sind.[237]

Im Jahr 1807 reichte *Fourier* eine Arbeit ein, in der er sich mit dem Problem der Wärmeleitung beschäftigte, das auch eine partielle Differentialgleichung führt.[238] In dieser Arbeit verwendete er eine Darstellung von Funktionen $f(t)$ als Reihe trigonometrischer Funktionen der Form

$$f(t) = \frac{a_0}{2} + \sum_{n=1}^{\infty} a_n \cos\left(\frac{n\pi t}{L}\right) + \sum_{n=1}^{\infty} b_n \sin\left(\frac{n\pi t}{L}\right). \tag{3.79}$$

Hierbei ist $f(t)$ eine periodische Funktion mit Periode $p = 2L$.[239] Die Koeffizienten a_n und b_n werden als Fourier-Koeffizienten bezeichnet. Die Reihe selbst wird Fourier-Reihe genannt.[240]

Der C-Dur-Dreiklang aus der vorangegangenen Abschweifung besteht beispielsweise aus lediglich drei Summentermen der Gestalt

$$b_n \sin\left(\frac{n\pi t}{L}\right),$$

von denen jeder einen der drei Töne, aus denen sich der Akkord zusammensetzt, repräsentiert, wobei die Amplitude aller drei Töne gleich 1 ist.

Die Aufgabe der Fourier-Analyse ist nun die Bestimmung der Fourier-Koeffizienten a_0, a_n und b_n ($n \in \mathbb{N}$) bei gegebener Funktion $f(t)$. Diese Koeffizienten beschreiben, aus welchen harmonischen Grundsignalen, repräsentiert durch die sin- und cos-Terme in Gleichung (3.79), mit welcher Amplitude sich $f(t)$ zusammensetzt.

---

236 Häufig auch als Fourier-Transformation bezeichnet.

237 Noch näher an einer expliziten Fourier-Synthese sind Synthesizer und Orgeln. Bei letzteren lässt sich eine extreme Spanne unterschiedlicher Klänge erreichen, indem durch das sogenannte *Registrieren* gesteuert wird, welche Pfeifen bei Betätigung einer einzelnen Taste der Klaviatur aktiviert werden. Die Überlagerung der von den einzelnen Pfeifen erzeugten Klänge erzeugt dann den Gesamtklang unter dieser speziellen Registereinstellung.

238 Diese Arbeit wurde zunächst jedoch nicht angenommen – eine schöne Darstellung der historischen Hintergründe sowie überhaupt des gesamten Gebietes der sogenannten *harmonischen Analyse* findet sich in Breitenbach (2015).

239 Im häufigsten Fall gilt $L = \pi$, was diese Notationsform auch motiviert.

240 Das wirklich Bemerkenswerte hieran ist, dass eine beliebige periodische Funktion in Form einer solchen Reihe dargestellt werden kann!

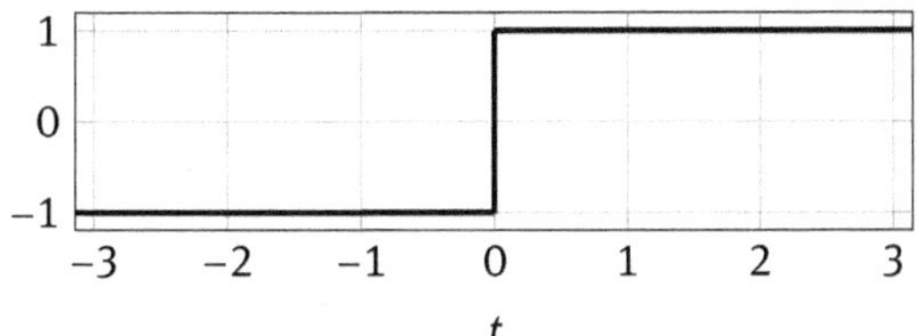

Abb. 3.49. Rechtecksignal mit Periodenlänge 2π im Intervall $[-\pi,\pi]$

Hieraus kann ein sogenanntes *Frequenzpektrum*, oft auch einfach *Spektrum* genannt, berechnet werden.[241]

Die Koeffizienten bei gegebenem $f(t)$ berechnen sich hierbei wie folgt:[242]

$$a_0 = \frac{1}{L}\int_{-L}^{L} f(t)\,\mathrm{d}t$$

$$a_n = \frac{1}{L}\int_{-L}^{L} f(t)\cos\left(\frac{n\pi t}{L}\right)\mathrm{d}t,\ \text{mit}\ n \in \mathbb{N} \tag{3.80}$$

$$b_n = \frac{1}{L}\int_{-L}^{L} f(t)\sin\left(\frac{n\pi t}{L}\right)\mathrm{d}t,\ \text{mit}\ n \in \mathbb{N} \tag{3.81}$$

Im Gegensatz zur TAYLOR-Approximation, für die das Wissen um das Verhalten einer Funktion an einem bestimmten Entwicklungspunkt x_0 ausreicht, erfordert eine Interpolation einer Funktion als FOURIER-Reihe Information über das Verhalten der zu approximierenden (periodischen) Funktion auf dem gesamten betrachteten Intervall!

Ein Beispiel aus der Nachrichtentechnik mag das Vorgehen bei der FOURIER-Analyse verdeutlichen: Gegeben sei ein periodisches Rechtecksignal $f(t)$ mit $L = \pi$, wie es beispielsweise als Taktsignal bei einer Datenübertragung auftritt. Abbildung 3.49 zeigt eine Periode dieses Signales.[243]

---

241 In der Optik kann ein solches Spektrum mit Hilfe eines Prismas beziehungsweise eines sogenannten *Gitter*s erzeugt werden, das Interferenzeffekte nutzt, um ein optisches Eingangssignal, d. h. ein Frequenzgemisch in seine Grundfrequenzen aufzuspalten.

242 Die mathematischen Hintergründe, die über den Rahmen dieses Buches weit hinausgehen, finden sich beispielsweise in (TOLSTOV, 1976, S. 147 ff.), BREITENBACH (2015), SMITH (1977) und anderen. SNEDDON (1995) beschreibt darüber hinaus eine Vielzahl typischer Anwendungsbereiche, wie Schwingungsanalyse, Wärmeleitung, Abbremsung von Neutronen, hydrodynamische Probleme uvm. Die Gleichungen (3.80) und (3.81) beschreiben übrigens die sogenannte *Korrelation* zwischen den Funktionen $f(t)$ und $\cos\left(\frac{n\pi t}{L}\right)$ sowie zwischen $f(t)$ und $\sin\left(\frac{n\pi t}{L}\right)$ – siehe hierzu auch Kapitel 4.6.

243 Die vertikale senkrechte Strecke bei $t = 0$ dient nur der besseren Anschaulichkeit – die Funktion ist inhärent unstetig an allen Stellen t, die Vielfache von π sind!

Aus diesem $f(t)$ ergibt sich direkt

$$a_0 = \frac{1}{\pi} \int_{-\pi}^{\pi} f(t)\,\mathrm{d}t = 0,$$

was auch der Anschauung entspricht, da das Signal symmetrisch um die x-Achse verläuft, aus nachrichtentechnischer Sicht also keinen *Gleichspannungsanteil* besitzt, der mathematisch als Mittelwert der Funktionswerte über eine Periode beschrieben werden kann und somit einen konstanten Term darstellt.

Ebenfalls anschaulich klar ist, dass das Signal keinerlei cos-Terme besitzt, da $f(t)$ und der Cosinus beides ungerade Funktionen sind, so dass $a_n = 0 \; \forall n \in \mathbb{N}$ gilt.

Die Koeffizienten b_n lassen sich nun direkt gemäß (3.81) bestimmen:

$$\begin{aligned} b_n &= \frac{1}{\pi} \int_{-\pi}^{\pi} f(t) \sin\left(\frac{n\pi t}{\pi}\right) \mathrm{d}t \\ &= \frac{1}{\pi} \int_{-\pi}^{\pi} f(t) \sin(nt)\,\mathrm{d}t \\ &= \frac{1}{\pi} \left(\int_{0}^{\pi} \sin(nt)\,\mathrm{d}t - \int_{-\pi}^{0} \sin(nt)\,\mathrm{d}t \right) \\ &= \frac{1}{\pi} \left(-\frac{\cos(nt)}{n}\bigg|_0^{\pi} + \frac{\cos(nt)}{n}\bigg|_{-\pi}^{0} \right) \\ &= \frac{1}{\pi} \left(-\frac{\cos(n\pi)}{n} + \frac{\cos(0)}{n} + \frac{\cos(0)}{n} - \frac{\cos(-n\pi)}{n} \right) \\ &= \frac{1}{\pi} \left(\frac{2 - 2\cos(n\pi)}{n} \right) \\ &= \frac{2}{n\pi} (1 - \cos(n\pi)) \end{aligned} \tag{3.82}$$

Für die Cosinus-Funktion gilt jedoch

$$\cos(n\pi) = \begin{cases} 1, & \text{falls } n \text{ gerade,} \\ -1 & \text{sonst.} \end{cases}$$

Hiermit ergeben sich aus (3.82) die gesuchten Koeffizienten b_n zu

$$b_n = \frac{4}{n\pi} \begin{cases} 0, & \text{falls } n \text{ gerade,} \\ 1 & \text{sonst.} \end{cases}$$

Ein Rechtecksignal $f(t)$ mit Periode 2π besitzt also folgende Darstellung als unendliche trigonometrische Reihe gemäß (3.79):

$$f(t) = \frac{4}{\pi} \sum_{n=1,3,5,7,\ldots}^{\infty} \frac{1}{n} \sin(nt) \tag{3.83}$$

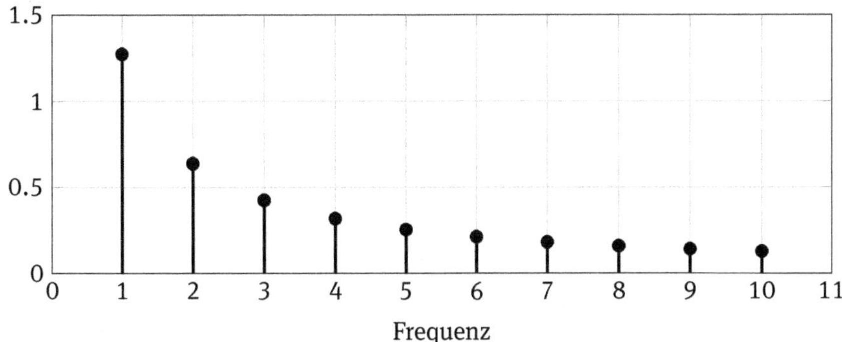

Abb. 3.50. Frequenzspektrum eines Rechtecksignales bis zur zehnfachen Grundfrequenz

Abbildung 3.50 zeigt das Frequenzspektrum dieses Rechtecksignals von der Grundfrequenz bis zum Zehnfachen dieser Frequenz.

In der (technischen) Realität ist also ganz anschaulich ein perfektes Rechtecksignal nicht möglich, da zu seiner Darstellung – ganz gleich, welche Grundfrequenz es besitzt – unendlich viele Sinus-Terme erforderlich wären, aber jeder Übertragungskanal, wie bereits in Abschnitt 3.5 erwähnt, prinzipbedingt eine frequenzabhängige Dämpfung aufweist, wodurch in der Regel Amplituden von Signalkomponenten mit steigender Frequenz zunehmend stärker gedämpft werden.

Das Fehlen höherfrequenter Signalanteile macht sich gerade bei einem Rechtecksignal durch mehr oder weniger kleine Überschwinger sowie eine verringerte Steilheit des Signalübergangs von einem Pegel zum anderen bemerkbar. Abbildung 3.51 zeigt die Synthese eines angenäherten Rechtecksignals, das lediglich aus den ersten Termen der unendlichen Reihe (3.83) zusammengesetzt ist. Es ist zwar zu erkennen, dass es sich näherungsweise um ein Rechtecksignal handelt, die Übergänge zwischen $+1$ und -1 sind jedoch weit davon entfernt, „sprunghaft" zu erfolgen. Auch ist ein nicht zu vernachlässigendes Überschwingen rechts und links der Stützstellen $x = i\pi, i \in \mathbb{Z}$ zu beobachten.

Dies lässt sich aus technischer Perspektive nun folgendermaßen deuten: Angenommen, ein Rechtecksignal mit einer Grundfrequenz von 10^6 Hz[244] wird in eine Übertragungsstrecke, die eine obere Grenzfrequenz von $5 \cdot 10^6$ Hz aufweist, eingespeist, so wird das am Ausgang erhaltene Signal etwa die in Abbildung 3.51 durchgezogen dargestellte Form besitzen.

Um ein gegebenes Rechtecksignal also möglichst verzerrungsfrei zu übertragen, sollte die Übertragungsstrecke also eine weit über die Grundfrequenz dieses

244 Analog zur Vorsilbe „Kilo…", die den Multiplikator 10^3 kennzeichnet, wird in solchen Fällen meist die Vorsilbe „Mega…" verwendet, die dem Faktor 10^6 entspricht. Das vorliegende Signal besitzt also eine Grundfrequenz von 1 MHz.

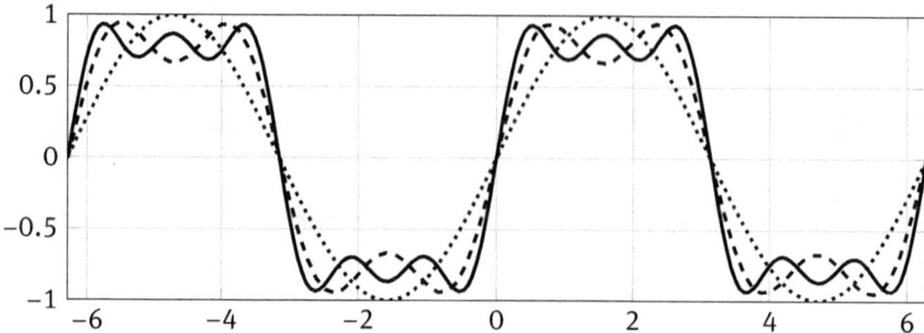

Abb. 3.51. Approximation eines Rechtecksignals durch $sin(x)$ (gepunktet), $\sin(x) + \frac{1}{3}\sin(3x)$ (gestrichelt) und $\sin(x) + \frac{1}{3}\sin(3x) + \frac{1}{5}\sin(5x)$ (durchgezogen)

Rechtecksignales hinausgehende obere Grenzfrequenz besitzen. Unter anderem aus diesem Grund ist man bestrebt, in der Datenübertragung Signale zu verwenden, die möglichst wenige hochfrequente Signalbestandteile aufweisen. In dieser Hinsicht entsprechend „gutmütig" sind beispielsweise die bereits behandelten QAM-Signale, die aus Abschnitten amplituden- und phasenmodulierter harmonischer Schwingungen bestehen.

Abschweifung: Harmonische Synthesizer und Analysatoren

Bereits im Jahre 1873 stellte übrigens Sir WILLIAM THOMSON einen harmonischen Synthesizer, d. h. ein mechanisches Rechengerät, mit dem *endliche* Reihen der Form

$$f(t) = \frac{a_0}{2} + \sum_{n=0}^{m} a_n \cos\left(\frac{n\pi t}{L}\right) + \sum_{n=0}^{m} b_n \sin\left(\frac{n\pi t}{L}\right).$$

ausgewertet werden konnten, fertig. Anwendungsgebiet dieses Rechners war die Vorhersage von Gezeiten – eine Aufgabe von hoher kommerzieller Bedeutung für die Schifffahrt, vor allem in einer Zeit, in der Segelschiffe dominierend waren. Die Gezeiten werden durch Störungen im Schwerefeld der Erde erzeugt, die auf die Rotation der Erde um ihre Achse, die Rotation der Erde um die Sonne, die Rotation des Mondes um die Erde, die Präzession des Mondperigäums, die Präzession der Ebene des Mondorbits und andere Faktoren zurückzuführen sind.

Man ahnt es schon – solche Einflüsse lassen sich jeweils durch harmonische Ausdrücke darstellen, deren Summe eine Funktion liefert, die die Gezeiten an einem bestimmten Ort zu bestimmten Zeiten vorherzusagen erlaubt. Die in Abbildung 3.52 schematisch dargestellte Maschine ermöglichte die Summation zehn einzelner harmonischer Terme – spätere Gezeitenrechner zogen deutlich mehr Terme in Betracht; die 1910 fertiggestellte *United States Coast and Geodetic tide-predicting machine No. 2* erlaubte beispielsweise die Summation von 37 harmonischen Termen für eine deutlich verbesserte Vorhersagegenauigkeit, eine bis 1968 in Hamburg genutzte mechanische Gezeitenrechenanlage berücksichtigte sogar 62 Terme.

Angetrieben wird der Gezeitenrechner in Abbildung 3.52 durch die waagrecht verlaufende Welle unten, auf der eine Reihe von Getrieben angeordnet ist, von denen jedes durch einen Exzenter einen harmonischen Term der Form $\sin\left(\frac{n\pi t}{L}\right)$ beziehungsweise $\cos\left(\frac{n\pi t}{L}\right)$ erzeugt. Die zeitabhängigen Funktionswerte dieser Terme werden durch die y-Position der in der oberen Hälfte sichtbaren Rollen dargestellt, die von den Exzentern bewegt werden. Um alle diese Rollen ist ein Stahlband geschlungen, das

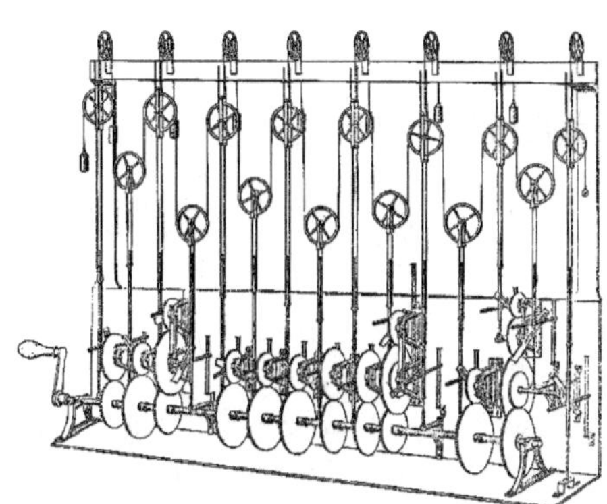

Abb. 3.52. Funktionsprinzip des THOMSONschen Gezeitenrechners (nach THOMSON (1911), um 1873)

Abb. 3.53. Harmonischer Analysator nach MICHELSON und STRATTON (siehe (MICHELSON et al., 1898, S. 13))

die Summationsoperation durchführt und entweder einen Anzeige- oder einen Schreibmechanismus antreibt.

Etwa 20 Jahre später entwickelten ALBERT ABRAHAM MICHELSON[245] und SAMUEL WESLEY STRATTON[246] einen mechanischen *Harmonic Analyzer*, der im Unterschied zu THOMSONS Gezeitenrechner eingesetzt werden konnte, um umgekehrt bei gegebener Funktion $f(t)$ die FOURIER-Koeffizienten a_0, a_n und b_n mit $n \in \mathbb{N}$ zu bestimmen.[247]

Dieses Gerät ist in Abbildung 3.53 dargestellt. Auch hier treibt eine zentrale, waagrecht liegende Welle eine Reihe von Zahnrädern mit steigendem Umfang – entsprechend den zu generierenden Frequenzen – an, die ebenfalls über Exzenter harmonische Terme erzeugen. Im Unterschied zu den Gezeitenrechnern wird jedoch kein Stahlband zur Summenbildung verwendet, vielmehr kommt hier ein Federmechanismus zum Einsatz, der besser bezüglich der Anzahl möglicher Terme skaliert. Die dargestellte Maschine berücksichtigt bereits 80 Terme, geplant war sogar ein Rechner, der Reihen mit 1000 harmonischen Termen bilden konnte, der jedoch nicht mehr verwirklicht wurde.

Anwendung finden FOURIER-Analyse und -Synthese[248] in nahezu allen Bereichen des heutigen Lebens. Beginnend bei der Verarbeitung von Audio- und Videodaten, die beispielsweise mit Hilfe solcher Verfahren komprimiert, dekomprimiert und nachbe-

245 19.12.1852–09.05.1931

246 18.07.1861–18.10.1931

247 Der Harmonic Analyzer konnte überdies auch FOURIER-Synthesen durchführen. Eine großartige Darstellung dieser Maschine mit einer kurzen Einführung in das Gebiet der harmonischen Analyse findet sich in HAMMACK et al. (2014). Die Originalarbeit findet sich unter MICHELSON et al. (1898).

248 Sowie modernere Formen, die auf sogenannten *Wavelets* beruhen, siehe MALLAT (2001).

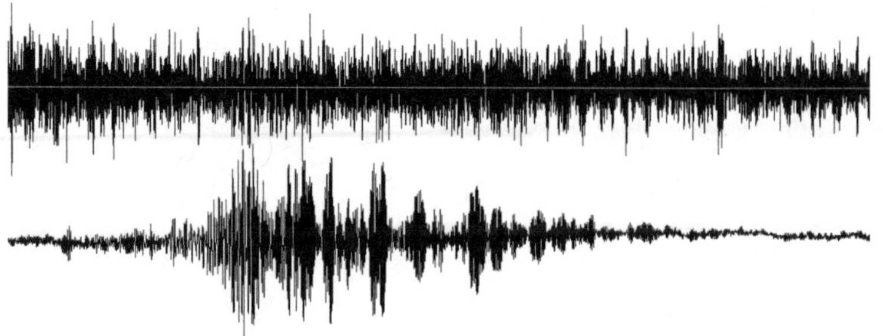

Abb. 3.54. Filterung seismischer Messdaten

arbeitet werden, über die Netzwerktechnik, wo beispielsweise komplexe zu übertragende Signalformen mit rein mathematischen Mitteln auf sogenannten *digitalen Signalprozessoren* erzeugt werden, bis hin zur Analyse von Vibrationen beispielsweise im Fahrzeugbau, der Lagerstättenkunde – hier in der Auswertung von Seismogrammen – uvm.[249]

Gerade der Möglichkeit, Daten mit Hilfe einer FOURIER-Analyse vom Zeit- in den Frequenzbereich zu transformieren, d. h. ein Frequenzspektrum aus diesen Daten abzuleiten, dies dann geeignet anzupassen, um in der Folge wieder Daten aus dem modifizierten Spektrum durch eine FOURIER-Synthese erzeugen zu können, kommt eine immense Bedeutung zu. Abbildung 3.54 zeigt hierzu ein Beispiel aus der Seismologie: In der oberen Hälfte sind die ungefilterten Rohdaten dargestellt, die am 20. Januar 2003 gemessen wurden. Das verwendete Messinstrument besitzt eine vergleichweise hohe Bandbreite von etwa 0,05 Hz bis 5 Hz. Wie man sieht, sieht man auf der ersten Blick nichts Bemerkenswertes in diesen Daten.

Aus diesen Daten wurde nun mit Hilfe einer FOURIER-Analyse das Frequenzspektrum abgeleitet, das die gleichen Informationen wie die Rohdaten enthält, jedoch kein zeitlich abhängiges Signal darstellt, sondern zu jeder auftretenden Frequenz deren jeweilige Amplitude angibt. Diese Amplituden wurden nun einer Filterung unterworfen, indem die Amplituden aller Frequenzen über 0,06 Hz auf 0 gesetzt wurden. Das solcherart modifizierte Frequenzspektrum wurde dann mit Hilfe einer FOURIER-Synthese wieder in ein zeitabhängiges Signal verwandelt, das in der unteren Hälfte von Abbildung 3.54 dargestellt ist.

---

249 In der Praxis wird ein als *Fast FOURIER-Transform*, kurz *FFT*, bezeichnetes Verfahren eingesetzt, das deutlich weniger Rechenaufwand benötigt als die direkte Auswertung von (3.80) und (3.81). Obwohl dieses Verfahren in seinen Grundzügen auf CARL FRIEDRICH GAUSS zurückgeht, der bereits 1805 ein solches Verfahren entwickelte, das bei der Bahnbestimmung von Asteroiden eingesetzt wurde, wird der Algorithmus heute meist mit JAMES W. COOLEY (1926–) und JOHN WILDER TUKEY (16.06.1915–26.07.2000) in Verbindung gebracht, da diese 1965 das heute als FFT bezeichnete Verfahren erstmalig für den Einsatz auf speicherprogrammierten Digitalrechnern beschrieben (siehe COOLEY et al. (1965)).

Nun ist deutlich ein seismisches Ereignis zu erkennen – konkret handelt es sich hierbei um ein Beben der Stärke 7,3 auf der *Momenten-Magnituden-Skala*[250] auf den Salomonen, das in einer Entfernung von ca. 14800 km gemessen wurde. Dieses Signal war unter höherfrequentem Rauschen verborgen, das aus einer Vielzahl von Quellen auf dem Signalweg stammte. Erst das Herausfiltern eines schmalen Frequenzbereiches erlaubte es, dieses Signal zu identifizieren.

Mit einem ähnlichen Vorgehen, bei dem ebenfalls (zu) hohe Frequenzbereiche mit Hilfe eines dem obigen Verfahren ähnlichen Vorgehens entfernt werden, lässt sich beispielsweise das Volumen von Audiodaten verringern. Auch Bilder lassen sich so komprimieren – beispielsweise arbeitet das bekannte *JPEG*[251]-Verfahren mit Hilfe einer sogenannten *diskreten Cosinustransformation*, die ähnlich einer FOURIER-Transformation ein Signal aus dem Zeit- bzw. bei Bildern dem *Ortsbereich* in den Frequenzbereich transformiert. Dieses transformierte Signal kann dann beispielsweise in seiner Auflösung durch geeignete Diskretisierung oder das Fortlassen hochfrequenter Anteile modifiziert werden, worunter zwar die Auflösung des Bildes leidet, was aber zu einer signifikanten Verringerung des Datenvolumens führt. Mit steigendem Kompressionsgrad sinkt die Detailtreue des Bildes, was unter anderem zu den bekannten blockförmigen Artefakten bei hoch komprimierten JPEG-Bildern führt. Auch *MPEG*[252] und *mp3* beruhen auf FOURIER-Transformationen und verwandten Techniken.

Interessant ist auch der Einsatz der FOURIER-Analyse zur Erkennung von Angriffen auf Netzwerksysteme, die auf einer drastisch erhöhten Netzwerklast beruhen, wie es beispielsweise bei sogenannten *Denial-of-Service-* oder *Distribued-Denial-of-Service*-Attacken der Fall ist. Unterwirft man die über die Zeit betrachtete Netzwerklast in Form eines Messwertes der Form $\frac{\text{Pakete}}{\text{s}}$ einer FOURIER-Transformation, so zeichnen sich rasche Lastwechsel durch hohe Frequenzen im Spektrum aus, die für eine automatische Angriffserkennung genutzt werden können.[253]

250 Bei dieser handelt es sich um logarithmisches Maß für die „Stärke" eines Erdbebens.

251 Kurz für *Joint Photographic Experts Group*.

252 Kurz für *Moving Picture Experts Group*.

253 Siehe beispielsweise TARTAKOVSKY (2014).

4 Stochastik und Statistik

So leistungsfähig und schön die Methoden der reinen Mathematik an sich sind, reichen sie alleine dennoch nicht aus, wenn es beispielsweise darum geht, Schlüsse aus prinzipbedingt fehlerbehafteten Messdaten zu ziehen, Entscheidungen unter Abwägung von Risiken zu treffen etc. Dies ist die Domäne der *Stochastik*, deren Name sich vom griechischen στοχαστικὴ τέχνη, der „Kunst des Vermutens“, herleitet.[1]

Unter diesem Begriff werden gemeinhin die Teilgebiete der *Wahrscheinlichkeitsrechnung* und der *Statistik* zusammengefasst. Die Wahrscheinlichkeitsrechnung befasst sich mit der Untersuchung und Modellierung zufälliger Vorgänge, worunter Vorgänge verstanden werden, deren Eintreten oder Verlauf nicht rein kausal beschreibbar ist. Aufgabe der Statistik wiederum ist es, auf der Basis von empirisch erhobenen Daten Modelle und Theorien für die den Beobachtungen zugrunde liegenden Prozesse herzuleiten.

Zufällige Prozesse sind in der Natur allgegenwärtig und waren zu allen Zeiten prägend für die Menschheit und sei es nur in Form von Glücksspielen.[2] Ein berühmtes Beispiel für die Abschätzung von Wahrscheinlichkeiten und das Fällen einer Entscheidung auf dieser Basis ist die nach BLAISE PASCAL[3] benannte *PASCALsche Wette*, in der PASCAL darlegt, dass es sinnvoller sei, an einen Gott zu glauben, als dies nicht zu tun. Die Überlegung hierbei ist, dass man sich der Existenz Gottes zwar nicht sicher sein kann, im Falle des Nichtglaubens bei existentem Gott jedoch die Verdammnis sicher ist, während im Falle des Glaubens bei nicht existentem Gott nichts verloren ist.[4] Letztlich ergeben sich vier Kombinationen aus Glauben und Unglauben auf der einen sowie Existenz beziehungsweise Nichtexistenz eines Gottes auf der anderen Seite, die in Tabelle 4.1 dargestellt sind und bewertet und gegeneinander abgewogen werden müssen.

Einer der Anstöße, die zur Beschäftigung PASCALs mit einer mathematischen Behandlung von zufälligen Vorgängen führten, war ein Zusammentreffen mit ANTOINE GOMBAUD,[5] genannt *Chevalier de Méré*, einem Adligen, der heute wohl als spielsüchtig

1 Diese Kunst des Vermutens scheint übrigens universell zu sein. FONTANARI et al. (2014) weisen beispielsweise durch Untersuchungen an indigenen Völkern nach, dass ein gewisses Verständnis bezüglich Fragen der Wahrscheinlichkeitsrechnung angeboren zu sein scheint.

2 Typisch für die Menschheit ist die Eigen- oder eher Leidenschaft, zu spielen, die zur Bezeichnung des Menschen als *homo ludens* durch den Kulturhistoriker JOHAN HUIZINGA (07.12.1871–01.02.1945) führte. JOHANN CHRISTOPH FRIEDRICH VON SCHILLER (10.11.1759–09.05.1805) charakterisierte dieses innige Verhältnis zwischen Mensch und Spiel, das letztlich einen der Hauptauslöser für die Entwicklung der Stochastik lieferte, beispielsweise wie folgt: *„Der Mensch spielt nur, wo er in voller Bedeutung des Wortes Mensch ist, und er ist nur da ganz Mensch, wo er spielt.“* (Siehe (SCHILLER, 1795, 15. Brief).)

3 19.06.1623–19.08.1662

4 Siehe PASCAL (2013).

5 1607–29.12.1684

Tab. 4.1. Mögliche Kombinationen bei der PASCALschen Wette

	Es existiert ein Gott	Es existiert kein Gott
Glauben	Ewiges Leben	Egal
Unglauben	Verdammnis	Egal

bezeichnet würde, im Jahr 1654.[6] PASCAL gelang es nicht nur, das gestellte Problem zu lösen,[7] noch bedeutender war, dass dies einen Briefwechsel zwischen ihm und PIERRE DE FERMAT initiierte, der als Beginn der modernen Wahrscheinlichkeitsrechnung angesehen wird.[8] Hintergrund dieses brieflichen Austausches war die Frage, wie der Einsatz bei einem Spiel gerecht zwischen den beteiligten Parteien aufgeteilt werden kann, wenn das Spiel durch äußere Umstände vorzeitig unterbrochen wurde. VOGELSANG bemerkt hierzu sehr schön:[9]

> Diese Entwicklung ist beispielhaft: Aus der Erforschung einer belanglosen Kuriosität wurde ein System, dessen Auswirkung sich niemand entziehen kann.[10]

4.1 Einige grundlegende Begriffe

Ein ganz zentraler Begriff der Stochastik ist der des *Zufalls*, der intuitiv dahingehend aufgefasst werden kann, dass ein *Ereignis*[11] ohne erkennbare Ursache eintritt, was

---

6 Spiele sind ein ausgesprochen wichtiger Aspekt des Lebens – nicht zuletzt, da sich viele Fragen von alltäglicher Bedeutung auf sie zurückführen lassen. Eine schöne Einführung in die sogenannte *Spieltheorie* findet sich beispielsweise in VOGELSANG (1963). Mitunter ist auch schnödes finanzielles Interesse an einem Glückspiel Auslöser für mathematisch und technisch interessante Entwicklungen. Beispielsweise entwickelten EDWARD OAKLEY THORP (14.08.1932–) und CLAUDE ELWOOD SHANNON (30.04.1916–24.02.2001) gemeinsam den wohl ersten tragbaren (analogen) Computer, der 1961 – zum Teil sogar erfolgreich – eingesetzt wurde, um beim Roulette-Spiel einen Vorteil zu erringen (siehe THORP (1998)). Dieser kleine Computer kann mit Fug und Recht als Vorläufer der heutigen *wearable computer* angesehen werden.

7 Siehe beispielsweise (ACZEL, 2002, S. 37 ff.).

8 Eine umfangreiche Sammlung berühmter und historischer Aufgaben der Stochastik findet sich in HALLER et al. (2013). Interessant ist in diesem Zusammenhang die Bemerkung, dass sich bereits in der Mitte des 16. Jahrhunderts – und damit etwa 100 Jahre vor PASCAL – GEROLAMO CARDANO mit den mathematischen Grundlagen von Glücksspielen befasst hat. Leider wurde sein Werk *De Ludo Aleae* erst 1663, lange nach seinem Tod, veröffentlicht. Eine interessante Untersuchung dieser Schrift findet sich in BELLHOUSE (2005).

9 Eine Beobachtung, die nichts an Aktualität hinsichtlich des eigentlich nötigen Stellenwertes von Grundlagenforschung in Politik und Bevölkerung eingebüßt hat.

10 Siehe (VOGELSANG, 1963, S. 30).

11 Solche Ereignisse werden oft auch als *Ergebnisse* bezeichnet.

auch den Fall einschließt, dass – wie beispielsweise beim Würfeln – die grundsätzlichen Einflussfaktoren bekannt sind, aber beispielsweise prinzipbedingt nicht mit hinreichender Genauigkeit bestimmt werden können, um Voraussagen über das zukünftige Verhalten eines Systems zu erlauben. Zufall impliziert unter anderem, dass bei gleicher (beobachtbarer) Ausgangslage eines Systems durchaus unterschiedliche Ereignisse beobachtet werden können, worauf beispielsweise klassische Glücksspiele wie Würfelspiele, Roulette etc. beruhen.

Abschweifung: Zufall

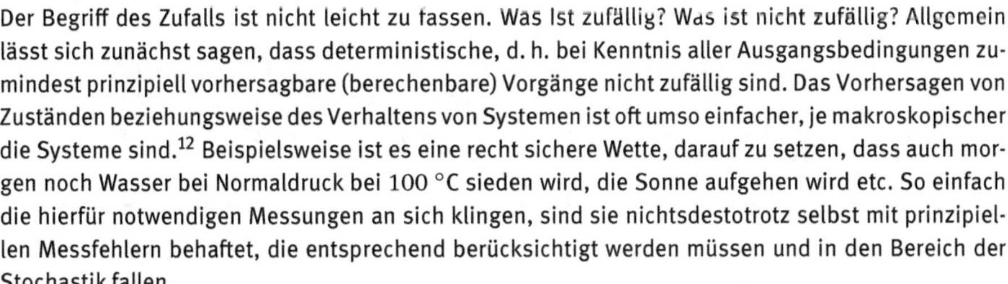

Der Begriff des Zufalls ist nicht leicht zu fassen. Was ist zufällig? Was ist nicht zufällig? Allgemein lässt sich zunächst sagen, dass deterministische, d. h. bei Kenntnis aller Ausgangsbedingungen zumindest prinzipiell vorhersagbare (berechenbare) Vorgänge nicht zufällig sind. Das Vorhersagen von Zuständen beziehungsweise des Verhaltens von Systemen ist oft umso einfacher, je makroskopischer die Systeme sind.[12] Beispielsweise ist es eine recht sichere Wette, darauf zu setzen, dass auch morgen noch Wasser bei Normaldruck bei 100 °C sieden wird, die Sonne aufgehen wird etc. So einfach die hierfür notwendigen Messungen an sich klingen, sind sie nichtsdestotrotz selbst mit prinzipiellen Messfehlern behaftet, die entsprechend berücksichtigt werden müssen und in den Bereich der Stochastik fallen.

Noch schwerer wird es jedoch bereits bei etwas augenscheinlich Einfachem, wie dem Werfen eines Würfels: Im Prinzip, so könnte man argumentieren, ist auch das Verhalten des Würfels rein deterministisch, so dass es – bei hinreichend genauer Kenntnis aller Anfangsbedingungen (Lage des Würfels, Massenverteilung im Würfel, Geschwindigkeit, Impuls, Drehimpuls usw.) – theoretisch möglich sein müsste, den Ausgang eines Wurfes vorauszuberechnen. Dass dies in der Praxis dennoch nicht möglich ist, hat im Wesentlichen zwei Gründe: Zunächst einmal ist es unmöglich, alle benötigten Anfangsbedingungen des Experimentes „genau" zu bestimmen, so dass diese immer mit einem gewissen, prinzipbedingten Fehler behaftet sein werden. Hierzu kommt eine weitere Eigenschaft, die bereits in Abschnitt 3.1.2 beschrieben wurde: Es handelt sich um ein chaotisches System, d. h. um ein System, das extrem empfindlich auf bereits kleinste Änderungen von Parametern reagiert, was die Auswirkungen auch kleinster Messfehler in extremem Maße verstärken kann.

Dennoch lässt sich im Rahmen eines streng deterministischen Weltbildes ein solches System zumindest prinzipiell mathematisch erfassen. Auf dieser Basis prägte *Pierre-Simon Laplace*[13] den Begriff des *LAPLACEschen Dämons*, womit die Idee bezeichnet wird, dass letztlich alles im Universum vorherberechenbar sei, wenn nur die Anfangsbedingungen vollständig bekannt wären.

Ganz gleich, ob man diese Vorstellung als beruhigend oder beunruhigend empfindet, funktioniert ein solcher Dämon aus einer Reihe von Gründen prinzipbedingt nicht: Zunächst einmal macht ihm die *nichtlineare Dynamik* einer Vielzahl physikalischer Systeme, die zu chaotischem Verhalten führt, einen Strich durch die Rechnung – der Würfelwurf war ein Beispiel hierfür.[14] Weiterhin ist durch die *Relativitätstheorie* ausgeschlossen, zu einem bestimmten Zeitpunkt die gesamte Information über den Zustand des Universums zu besitzen, da sich auch Information nicht mit einer höheren Geschwindigkeit als der des Lichts ausbreiten kann. Auf der allerkleinsten Ebene wirkt zudem die von WERNER

---

12 Für Systeme wie das Weltklima gilt diese Bemerkung offensichtlich nicht.

13 28.03.1749–05.03.1827

14 Hierbei handelt es sich um dynamische Systeme, die durch nichtlineare Funktionen beschrieben werden. Siehe beispielsweise (VOGEL, 1999, S. 963 ff.).

HEISENBERG[15] entdeckte *Unschärferelation*, die eine gleichzeitige Bestimmung von Ort und Impuls eines Teilchens ausschließt, was es wiederum prinzipiell unmöglich macht, alle Anfangsbedingungen eines Systems mit beliebiger Genauigkeit zu bestimmen...

Während in vielen Anwendungsgebieten der Einfluss eines zufälligen Moments eher unerwünscht ist, stellt die Erzeugung „guten" Zufalls, wie er beispielsweise in der Kryptographie für sogenannte *One Time Pads*, aber auch in der numerischen Mathematik für die bereits in Abschnitt 3.1 erwähnten Monte-Carlo-Verfahren benötigt wird, ein ausgesprochen kompliziertes Unterfangen dar. Geradezu liebenswert mutet hierbei beispielsweise die Verwendung ikosaedrischer, d. h. zwanzigflächiger Würfel, deren Seiten zweimal die Werte 0 bis 9 enthielten, an, die von der *Japanese Standards Association* im 20. Jahrhundert für die Erzeugung dreistelliger *Zufallszahlen* verwendet wurden. Spätere Verfahren nutzten hierzu physikalische wie radioaktive Zerfälle oder das zufällige Zünden von Glimmlampen etc.

Solchermaßen erzeugte Zufallszahlen wurden über Jahrzehnte hinweg in Form von Tabellenwerken herausgegeben – den Höhepunkt hierbeit stellt vermutlich das 1955 von der *RAND Corporation* veröffentlichte Buch *A Million Random Digits with 100,000 Normal Deviates* dar, das seit 2001 in einer Neuauflage erhältlich ist.[16]

Ein Ereignis ω ist nun ein Element aus einer durch das beobachtete System festgelegten *Ereignismenge*[17] Ω und tritt mit einer bestimmten *Wahrscheinlichkeit* ein. Ein klassischer Spielwürfel ist beispielsweise durch die Ereignismenge $\Omega = \{1,2,3,4,5,6\}$ charakterisiert. Erfahrungsgemäß steht zu erwarten, dass bei „vielen" Würfen mit einem ungezinkten Würfel die Anzahl des Auftretens eines jeden der sechs möglichen Ereignisse etwa einem Sechstel der Anzahl der Würfe entsprechen wird. Die Wahrscheinlichkeit für das Auftreten eines Ereignisses $\omega \in \Omega$ wird durch $P(\omega)$ bezeichnet.[18]

Etwas präziser als in obigem Würfelbeispiel lässt sich die Wahrscheinlichkeit $P(\omega)$ für das Eintreffen eines Ereignisses $\omega \in \Omega$ durch

$$P(\omega) = \lim_{n \longrightarrow \infty} \frac{n_\omega}{n}$$

15 05.12.1901–01.02.1976

16 Siehe RAND (2001). Eine Beschreibung der hierbei verwendeten Zufallsquelle findet sich in BROWN (1949).

17 Diese Menge muss nicht notwendigerweise minimal sein – in vielen Fällen wird die mathematische Betrachtung eines Systems durch eine „angenehm" gewählte Menge Ω deutlich vereinfacht. Angenommen, Ω repräsentiere die Dauer eines beobachteten industriellen Prozesses, so kann man bedenkenlos davon ausgehen, dass diese nach oben beschränkt ist – unendlich langsame industrielle Prozesse treten sicherlich nicht auf. Dennoch wird in solchen Fällen häufig beispielsweise $\Omega = \mathbb{R}$ gesetzt, um ohne komplizierte Einschränkungen mit den Techniken der Analysis etc. darauf operieren zu können.

18 Nach dem englischen Wort *probability*. Eigentlich muss bei Wahrscheinlichkeiten zwischen der theoretischen sowie der praktischen Wahrscheinlichkeit eines betrachteten Systems unterschieden werden: Während die theoretische Wahrscheinlichkeit für das Eintreten des Ereignisses „die Augenzahl ist 1" bei einem Würfel gleich $\frac{1}{6}$ ist, kann die praktische Wahrscheinlichkeit hiervon abweichen, da kein Würfel perfekt ist oder es sich vielleicht um einen gezinkten Würfel handelt.

fassen, wobei n die Anzahl der Beobachtungen bezeichnet, während n_ω die Anzahl des Eintretens des Ereignisses ω repräsentiert. Es gilt stets

$$0 \leq P(\omega) \leq 1,$$

wobei eine Wahrscheinlichkeit von 0 den Fall beschreibt, dass ein bestimmtes Ereignis niemals eintritt, während einem Ereignis, das stets eintrifft, eine Wahrscheinlichkeit von 1 zugeordnet ist.[19] Offenbar gilt $P(\varnothing) = 0$, da *kein* Ereignis nicht eintreten kann (sonst wäre auch das Nichteintreten ein Ereignis).

Ganz anschaulich ist darüber hinaus klar, dass die Summe der den einzelnen Elementen ω der Ereignismenge Ω zugeordneten Wahrscheinlichkeiten stets gleich 1 sein muss, da irgendeines der Ereignisse auf jeden Fall eintreten muss, d. h. es gilt

$$\sum_{\omega \in \Omega} P(\omega) = 1. \tag{4.1}$$

Hierbei wird die Summe über die $P(\omega)$ gebildet, indem die Variable ω alle Elemente der Menge Ω „durchläuft". Diese Gleichung (4.1) wird häufig kürzer als $P(\Omega) = 1$ geschrieben.

Der nächste grundlegende Begriff ist der des *Zufallsexperimentes*: Hierunter wird ein Vorgang verstanden, der hinreichend präzise beschrieben und durchgeführt werden kann, dass er sich – zumindest prinzipiell – beliebig oft wiederholen lässt, wobei der Ausgang dieses Experimentes, das beobachtete Ereignis oder Ergebnis, von einem zufälligen Element abhängt. Eine Größe, die durch einen zufälligen Prozess bestimmt und mit Hilfe eines solchen Zufallsexperimentes ermittelt wird, heißt entsprechend *Zufallsvariable*.[20] Etwas abstrakter gesprochen, ordnet eine solche Zufallsvariable den Ereignissen eines Zufallsexperimentes Größen zu.

Traditionell werden Zufallsvariablen durch Großbuchstaben repräsentiert. Angenommen, ein Gewinn hängt vom Ergebnis eines Wurfes mit einem sechsseitigen Würfel ab, wobei eine gerade Augenanzahl einem Gewinn entspricht, dann bildet eine Zufallsvariable X von ω auf die Menge $\{0,1\}$ ab, wobei eine 1 dem Gewinnfall entspricht, es gilt also die Funktionsvorschrift

$$X(\omega) = \begin{cases} 0 & \text{falls } \omega \in \{1,3,5\}, \\ 1 & \text{falls } \omega \in \{2,4,6\}. \end{cases}$$

19 Im täglichen Leben werden Wahrscheinlichkeiten oft in Prozent (vom lateinischen „pro centum", „für hundert") ausgedrückt. Um eine Wahrscheinlichkeit $0 \leq p \leq 1$ in Prozent umzurechnen, ist sie mit 100 zu multiplizieren. $p = 0{,}12$ entspricht also einem Wert von 12%. In der Versicherungsmathematik findet neben Prozenten und Promillen noch das sogenannte *Micromort* Anwendung, das einer Wahrscheinlichkeit von einem Millionstel entspricht, dass der Tod eintritt. Verschiedene Sportarten können so beispielsweise in Gefahrenklassen entsprechend dem jeweils mit ihnen verknüpften Micromortwert eingeteilt werden. Geht man von einer durchschnittlichen Lebenserwartung von 83,1 Jahren (Japan, 2012) aus, so ergeben sich $\frac{1}{83{,}1 \cdot 365{,}25 \text{ Tage}} \approx 33$ Micromort pro Tag.

20 Die in Abschnitt 3.1 erwähnten Zufallszahlen sind ein Beispiel für eine solche Zufallsvariable.

Von einer Zufallsvariablen X ist ihre sogenannte *Realisierung*, d. h. der Wert der Variablen nach einem Experiment zu unterscheiden. Angenommen, in obigem Beispiel wird zweimal gewürfelt, wobei beim ersten Wurf eine gerade und beim zweiten eine ungerade Augenzahl geworfen wurde, dann werden diese beiden Ausgänge des Experimentes durch die beiden Realisierungen $x_1 = 1$ und $x_2 = 0$ bezeichnet.

In den 1930er Jahren wurde die Stochastik durch den russischen Mathematiker ANDREJ NIKOLAJEWITSCH KOLMOGOROW[21] auf eine axiomatische Basis gestellt, wozu er den zentralen Begriff des *Wahrscheinlichkeitsraumes* einführte. Im Zusammenhang mit Wahrscheinlichkeiten geht es stets – ganz abstrakt – um das Messen von etwas, wozu ein *Maß* benötigt wird, dessen Anwendung wiederum einen *Maßraum* voraussetzt, so dass ein Wahrscheinlichkeitsraum ein spezieller Maßraum ist.

Bezeichnet wird dieser Maßraum durch (Ω, Σ, P). Hierbei ist, wie schon zuvor, Ω die zugrunde liegende Ereignismenge, Σ repräsentiert eine sogenannte *σ-Algebra*[22] und P ist das verwendete Maß, in diesem Fall das *Wahrscheinlichkeitsmaß*.

Um etwas, in diesem Falle Wahrscheinlichkeiten, „messen" zu können, muss klar sein, welcher Definitionsbereich solchen Messungen zugrunde liegt. Dies ist die Aufgabe der σ-Algebra. Eine solche σ-Algebra ist zunächst eine Menge von Teilmengen von Ω. Sie enthält stets die Grundmenge, d. h. in diesem Fall die Menge Ω und ist bezüglich der Mengenoperationen Komplementbildung und der Bildung von abzählbaren Vereinigungen *abgeschlossen*. Dies bedeutet, dass die σ-Algebra neben Ω auch alle möglichen Komplemente sowie alle möglichen abzählbaren Vereinigungen enthält, d. h. es gelten

$$A \in \Sigma \Longrightarrow \overline{A} \in \Sigma$$

und

$$\bigcup_{i=1}^{n} A_i \in \Sigma \text{ mit } A_i \in \Sigma \text{ für } 1 \leq i \leq n.$$

Die einfachste, d. h. kleinste solche σ-Algebra über einer Grundmenge Ω ist offensichtlich

$$\Sigma = \{\Omega, \varnothing\}. \tag{4.2}$$

Da, wie oben geschrieben, stets $\Omega \in \Sigma$ gilt, muss auch das Komplement von Ω in Σ enthalten sein. Dieses Komplement ist aber gerade die leere Menge $\varnothing$. Mit diesen beiden Mengen enthält dieses Σ aber auch alle abzählbaren Vereinigungen, da $\Omega \cup \varnothing = \Omega$ gilt.

Ganz allgemein gilt

$$\Sigma \subseteq \mathcal{P}(\Omega),$$

wobei $\mathcal{P}(\Omega)$ die größtmögliche σ-Algebra über der Grundmenge Ω ist.[23]

---

21 Андре́й Никола́евич Колмого́ров

22 Gesprochen „Sigma-Algebra".

23 Vorsicht: $\mathcal{P}(\Omega)$ ist die Potenzmenge von Ω, *nicht* die Wahrscheinlichkeit, wie durch die andere Schriftart zum Ausdruck gebracht wird!

Das Wahrscheinlichkeitsmaß P wird nun auf die Elemente von Σ angewandt, es gilt also

$$P : \Sigma \longrightarrow [0,1].$$

In der Regel ist also eine Menge Σ der Gestalt (4.2) eher unbrauchbar, weil sie nur zwei Mengen, nämlich die aller Ereignisse und die leere Menge enthält, für die, wie schon erwähnt, $P(\emptyset) = 0$ und $P(\Omega) = 1$ gilt. Da Σ zu jedem Element A auch dessen Komplement $\overline{A}$ enthält und entweder A oder dessen Komplement als Ereignis eines Zufallsexperimentes eintritt, gilt wegen $A \cup \overline{A} = \Omega$ ganz anschaulich

$$P\left(A \cup \overline{A}\right) = 1.$$

Ein kleines Beispiel verdeutlicht das Zusammenspiel von Ω, Σ und P: Angenommen, es wird eine Münze geworfen, wobei nur „Kopf" oder „Zahl" auftreten können,[24] so gilt zunächst

$$\Omega = \{\text{Kopf, Zahl}\}.$$

Dies ist die Grundmenge dieses Systems, auf der nun die σ-Algebra Σ beruht:

$$\Sigma = \{\emptyset, \{\text{Kopf}\}, \{\text{Zahl}\}, \{\text{Kopf, Zahl}\}\}$$

Dies ist das vollständige *Ereignissystem*, wie eine σ-Algebra im Zusammenhang mit einem Wahrscheinlichkeitsraum mitunter auch genannt wird.

Für eine „faire" Münze, d. h. eine Münze, die keine Präferenz für eine der beiden Seiten zeigt, gilt dann[25]

$P(\emptyset)$	=	0	Das leere Ereignis kann gar nicht auftreten.
$P(\{\text{Kopf}\})$	=	$\frac{1}{2}$	„Kopf" tritt in der Hälfte der Fälle auf.[26]
$P(\{\text{Zahl}\})$	=	$\frac{1}{2}$	„Zahl" tritt in der Hälfte der Fälle auf.
$P(\{\text{Kopf, Zahl}\})$	=	1	„Kopf" oder „Zahl" treten immer auf.

Wenn es sich, wie hier, um eine diskrete Menge von Ereignissen handelt – d. h. nur um endlich oder abzählbar unendlich viele Ereignisse, tritt an die Stelle des stetigen Wahrscheinlichkeitsmaßes die diskrete *Wahrscheinlichkeitsfunktion* $\rho(x_i)$,[27] die

---

24 Es ist also ausgeschlossen, dass die Münze nach dem Wurf auf ihrem Rand stehenbleibt, was zwar extrem selten ist, in der Praxis aber dennoch auftritt.

25 Anstelle der Notation $P(\{\text{Kopf, Zahl}\})$ findet sich oft kürzer auch einfach $P(\text{Kopf, Zahl})$, was zwar nicht wirklich korrekt, aber ebenfalls verständlich ist.

26 Reale Münzen verhalten sich nicht ganz so hübsch – Experimente von Buffon und Pearson, bei denen 4040 beziehungsweise 24000 Münzwürfe durchgeführt wurden, lieferten $P(\text{Kopf}) = 0{,}5069$ beziehungsweise $P(\text{Kopf}) = 0{,}5005$ (siehe (Lehn et al., 1992, S. 27)). Während seiner deutschen Kriegsgefangenschaft in Dänemark führte auch der britische Mathematiker John E. Kerrich ähnliche Experimente mit tausenden von Münzwürfen etc. durch, die in Kerrich (1946) beschrieben sind (siehe auch (Bulmer, 1967, S. 24f.)).

27 Gesprochen „Rho von x_i". Es wird übrigens nicht stets sauber zwischen $\rho(\dots)$ und $P(\dots)$ unterschieden.

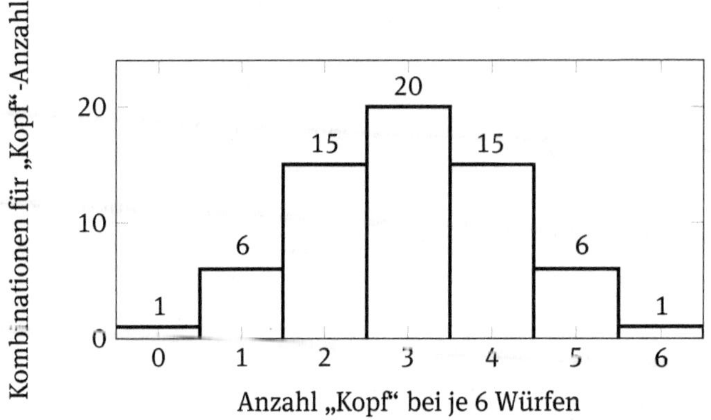

Abb. 4.1. Häufigkeiten des Auftretens von $0 \leq n \leq 6$-mal „Kopf" bei sechsmaligem Werfen einer fairen Münze

jeder möglichen Realisierung x_i der Zufallsvariablen X eines Zufallsexperiments eine Wahrscheinlichkeit p_i zuordnet. Hierbei ist

$$\rho(x_i) = P(X = x_i).$$

Das folgende Beispiel zeigt eine solche Wahrscheinlichkeitsfunktion:

Beispiel 45:
Ein Zufallsexperiment bestehe darin, eine faire Münze sechsmal zu werfen, wobei als Ergebnis des Experimentes betrachtet wird, wie oft in einer solchen Wurfreihe „Kopf" auftrat. Für die Realisationen x_i der Zufallsvariable X dieses Experimentes, wobei i die verschiedenen Ereignisse repräsentiert, gilt also $x_i \in \{0,1,2,3,4,5,6\}$, da bei sechs Würfen 0 bis 6 mal „Kopf" auftreten kann.

Die Frage ist nun, wie groß die Wahrscheinlichkeiten dafür sind, dass genau einmal, zweimal, ..., sechsmal „Kopf" auftritt. Gesucht sind also $P(\{\text{keinmal Kopf}\})$, $P(\{\text{einmal Kopf}\})$, ..., $P(\{\text{sechs mal Kopf}\})$, kurz $P(X = 0), P(X = 1), \ldots, P(X = 6)$.

Da die Münze fair ist, gilt zunächst $P(\text{Kopf}) = P(\text{Zahl}) = \frac{1}{2}$ für jeden der sechs einzelnen Würfe innerhalb eines solchen Zufallsexperimentes, d. h. alle $2^6 = 64$ möglichen Reihenfolgen und Kombinationen von „Kopf" beziehungsweise „Zahl" sind gleich wahrscheinlich. Offenbar gibt es aber nur eine einzige Kombination, in der kein einziges Mal „Kopf" auftritt, ebenso, wie es nur eine Kombination gibt, in der sechsmal „Kopf" geworfen wird. Hingegen gibt es bereits sechs verschiedene Kombinationen, die ein einziges Mal „Kopf" und fünfmal „Zahl" liefern.

Insgesamt ergeben sich die in Abbildung 4.1 dargestellten Werte für die Häufigkeiten des Auftretens von 0, 1,2,3,4,5 beziehungsweise 6 mal „Kopf". Die Häufigkeiten der sieben möglichen Ereignisse sind offensichtlich symmetrisch, da man „Anzahl von Kopf bei sechs Würfen" auch als „6 – Anzahl von Zahl" auffassen kann. Ebenso ist anschaulich klar, dass das Ereignis „kein mal Kopf" seltener als „einmal Kopf" auftritt, das wiederum seltener als „zweimal Kopf" auftritt usf.

Da bei sechs Münzwürfen $2^6 = 64$ mögliche Kombinationen von Ereignissen möglich sind, ergeben sich die folgenden Werte der Wahrscheinlichkeitsfunktion $\rho(x_i)$, $1 \leq i \leq 7$ für die sieben möglichen Häufigkeiten x_i von „Kopf":

$$\rho(x_1) = \rho(x_7) = \frac{1}{64}$$
$$\rho(x_2) = \rho(x_6) = \frac{6}{64} = \frac{3}{32}$$
$$\rho(x_3) = \rho(x_5) = \frac{15}{64}$$
$$\rho(x_4) = \frac{20}{64} = \frac{5}{16}$$

Aufgabe 53:
Gegeben sei ein Zufallsexperiment, bei dem zweimal mit einem sechsseitigen, nicht gezinkten Würfel gewürfelt wird, wobei die Summe der gewürfelten Augen das jeweilige Ereignis darstellt. X besitzt also elf verschiedene Realisierungen $x_1 = 2, x_2 = 3, x_3 = 4, \dots, x_{11} = 12$. Geben Sie die Wahrscheinlichkeiten für jede dieser Realisierungen (und damit die Wahrscheinlichkeitsfunktion $\rho(x_i)$ für dieses Experiment) an.

Offenbar muss allgemein bei n möglichen Realisierungen[28] analog zu (4.1)

$$\sum_{i=1}^{n} \rho(x_i) = 1 \tag{4.3}$$

gelten, da irgendein Ereignis bei der Durchführung eines Zufallsexperimentes auf jeden Fall eintreten wird. Die Wahrscheinlichkeitsfunktion ρ definiert übrigens eine sogenannte *Wahrscheinlichkeitsverteilung*, kurz auch einfach *Verteilung* genannt.

Bei der in Abbildung 4.1 dargestellten Verteilung handelt es sich offensichtlich um eine *diskrete Verteilung*, da der betrachtete Wertebereich eine endliche Menge ist. Ist der Wertebereich hingegen überabzählbar, d. h. insbesondere gleich $\mathbb{R}$, so handelt es sich um eine sogenannte *stetige Verteilung*, und aus allen Summen werden Integrale etc.

Summiert man die von $\rho(x_i)$ gelieferten Wahrscheinlichkeiten schrittweise auf, so ergibt sich die sogenannte *kumulative Verteilungsfunktion* $F(x)$, die meist nur kurz *Verteilungsfunktion* genannt wird:[29]

$$F(x) = P(X \le x) = \sum_{x_i \le x} \rho(x_i)$$

---

28 Das lässt sich auch auf abzählbar unendlich viele Realisierungen erweitern, was im Folgenden jedoch nicht betrachtet wird.

29 In einigen Lehrbüchern wird anstelle von $x_i \le x$ auch $x_i < x$ verwendet.

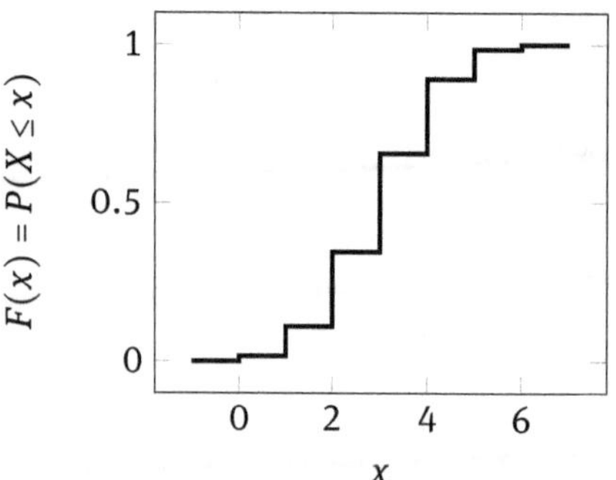

Abb. 4.2. Kumulative Verteilungsfunktion zu Beispiel 45

$F(X)$ ist offensichtlich monoton wachsend, da $0 \leq \rho(x_i) \leq 1$ gilt. Weiterhin ist $F(x)$ aufgrund von (4.3) nach oben durch 1 beschränkt. Weiterhin ist $F(X)$ *rechtsseitig stetig.*[30]

Im Falle einer stetigen Verteilung wird die Summation durch eine Integration ersetzt, so dass in diesem Fall

$$F(x) = \int_{-\infty}^{x} f(t)\,\mathrm{d}t \tag{4.4}$$

gilt.[31] Ist $F(x)$ differenzierbar, so gilt $f(x) = F'(x)$, was auch die Bezeichnung der beiden Funktionen als $f(x)$ beziehungsweise $F(x)$ motiviert.

Abbildung (4.2) zeigt die Verteilungsfunktion zu Beispiel 45. Einer solchen Kurve lässt sich direkt entnehmen, wie groß die Wahrscheinlichkeit für das Auftreten unterschiedlich großer Gruppen von Ereignissen eines Zufallsexperimentes ist. In diesem Beispiel kann direkt abgelesen werden, dass die Wahrscheinlichkeit für das Eintreten des Ereignisses, dass keinmal „Kopf" aufrtitt, etwa 1,5% beträgt. Die Wahrscheinlichkeit, dass entweder kein- oder einmal „Kopf" auftritt, ist bereits fast 11%, kein-, ein- oder zweimal „Kopf" tritt bereits in über 34% der Fälle auf usf.

---

30 Rechts- und linksseitige Stetigkeit entsprechen der Idee des rechts- beziehungsweise linksseitigen Grenzwertes einer Funktion, nur eben bezogen auf ihre Stetigkeit.

31 Ein stetiger Wahrscheinlichkeitsraum kann beliebige Gestalt besitzen – die hier gewählten Integrationsgrenzen $-\infty$ und ∞ repräsentieren den einfachen eindimensionalen Fall.

4.2 Verteilung, Erwartungswert, Varianz, Standardabweichung

Ein zufälliger Prozess wird durch die ihm zugrunde liegende Verteilung charakterisiert – im Folgenden werden einige wesentliche Verteilungen, die in der Praxis herausragende Bedeutung besitzen, exemplarisch dargestellt.[32]

4.2.1 Gleichverteilung

Die einfachste Verteilung ist die sogenannte *Gleichverteilung*. Bei dieser treten im diskreten Fall alle Ereignisse mit der gleichen Wahrscheinlichkeit ein, wie dies etwa bei Würfen mit fairen Münzen oder Würfeln der Fall ist. Allgemein ist also die Wahrscheinlichkeit für das Eintreten eines Ereignisses aus einer Menge A von Ereignissen gleich der Mächtigkeit dieser Ereignismenge, dividiert durch die Mächtigkeit der zugrunde liegenden Menge Ω:

$$P(A) = \frac{|A|}{|\Omega|}$$

Im Falle eines als fair angenommenen sechsseitigen Würfels sind also die Wahrscheinlichkeiten für das Eintreten der sechs verschiedenen Augenanzahlen jeweils gleich $\frac{1}{6}$. Die Wahrscheinlichkeit, eine gerade Augenzahl zu würfeln, ist gleich $\frac{1}{2}$, was auch die Wahrscheinlichkeit ist, eine ungerade Augenzahl zu würfeln usf.

Falls die Grundmenge überabzählbar unendlich und damit nicht mehr diskret sondern stetig ist, tritt an die Stelle der Mächtigkeit der Mengen A und Ω eine *Maßfunktion* – konkret wird hier das nach Henri Léon Lebesgue[33] sogenannte *Lebesgue-Maß* $\lambda^n(\dots)$ verwendet, wobei n die Dimension des Maßraumes darstellt. Entsprechend spricht man in diesem Fall bei der Gleichverteilung von einer konstanten *Dichte*.[34]

Beruht eine ermittelte Verteilung auf Messungen, so ist anschaulich klar, dass möglichst viele Messungen durchgeführt werden sollten, da bei wenigen Messwerten der Einfluss zufälliger Prozesse das Resultat stark verfälschen kann. Um einen gezinkten Würfel als solchen möglichst sicher erkennen zu können, ist ein einzelner Wurf sicherlich nicht ausreichend. Auch zwei Würfe haben kaum Aussagekraft. Je nachdem, wie stark beziehungsweise schwach sich die Manipulation des Würfels auf die mit ihm erwürfelten Ergebnisse auswirkt, können hunderte und tausende von Messwerten $x_i \in \{1,2,3,4,5,6\}$ erforderlich sein, um einen Hinweis darauf zu erhalten, dass es sich tatsächlich nicht um einen fairen Würfel handelt. Bei einem fairen Würfel ist zu erwarten, dass das *arithmetische Mittel*,[35] das gleich der Summe der beobachteten

32 Dies soll jedoch keinesfalls den Eindruck erwecken, hier nicht genannte Verteilungen seien weniger wichtig.

33 28.06.1875–26.07.1941

34 Der griechische Buchstabe λ wird „Lambda“ gesprochen.

35 Siehe Abschnitt 3.1.2.

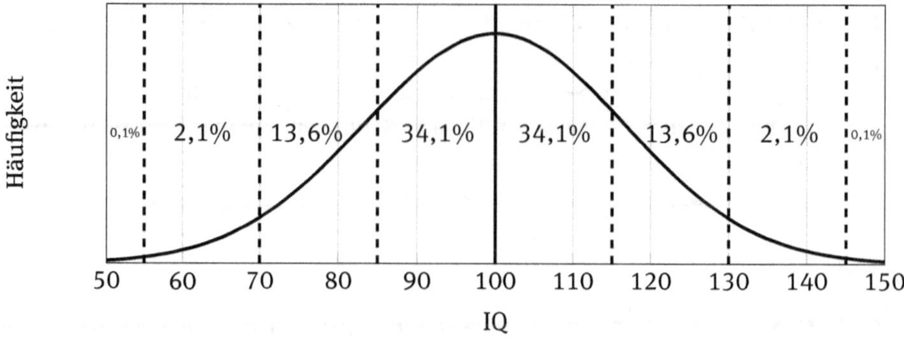

Abb. 4.3. Wahrscheinlichkeitsdichte normalverteilter IQ-Werte

Augenzahlen, dividiert durch die Anzahl der Würfe ist, „nahe" an 3,5 liegt:

$$\frac{\sum_{i=1}^{n} x_i}{n} \approx 3{,}5$$

Während bei wenigen Beobachtungen zufällige Prozesse diesen Mittelwert mitunter immens verfälschen können, treten solche Effekte mit wachsender *Stichprobengröße* zunehmend in den Hintergrund. Mathematisch schlägt sich diese Beobachtung in den *Gesetzen der großen Zahlen* nieder.[36]

4.2.2 Normalverteilung

Eine Vielzahl natürlicher Prozesse liefert Messdaten, die nicht wie Würfel und Münzen einer Gleichverteilung gehorchen, sondern *normalverteilt* sind. Diese besonders wesentliche Verteilung wird oft auch als *Gauss-Verteilung* bezeichnet. Ein Beispiel hierfür zeigt Abbildung 4.3:[37] Dargestellt ist die Verteilung gemessener IQ-Werte.[38] Formal betrachtet handelt es sich hierbei um die Dichtefunktion $f_X(x)$ einer Normalverteilung bezüglich einer Zufallsvariablen X.

Ganz offensichtlich sind solche Messwerte – anstelle von IQ-Werten ließen sich auch Körpergrößen von Menschen, das Gewicht von Hauskatzen etc. anführen – nicht

---

36 Siehe beispielsweise (Lehn et al., 1992, S. 86 ff.).

37 Aufgrund der speziellen Form dieser Kurve wird sie auch oft *Gausssche Glockenkurve* oder auch nur *Glockenkurve* genannt. Sie zierte übrigens vor der Einführung des Euro den deutschen 10-DM-Schein.

38 Über Sinn oder Unsinn von Intelligenztests und ihren Resultaten lässt sich trefflich streiten, was im Folgenden jedoch vermieden werden soll. Sicher kann man jedoch annehmen, dass „Intelligenz" nichts ist, das sich durch einen einfachen Skalar ausdrücken lässt, aber das steht auf einem anderen Blatt. Ebenso sicher kann man jedoch sein, dass ein IQ-Wert eine Aussage darüber trifft, wie gut man IQ-Tests lösen kann.

gleichverteilt. Am Beispiel von Körpergrößen lässt sich das anschaulich beschreiben: Der gegenwärtig kleinste lebende ausgewachsene Mensch misst lediglich 54,6 cm, während der größte 2,51 m groß ist. Wären solche Größen gleichverteilt, wäre es ebenso wahrscheinlich, sehr klein, wie sehr groß zu sein. Die Erfahrung lehrt allerdings, dass dies nicht so ist. Es gibt so etwas wie eine „Durchschnittsgröße" und einen „Durchschnitts-IQ", d. h. Werte, die besonders häufig auftreten, während Abweichungen nach oben und unten mit zunehmender Entfernung von diesem Durchschnittswert entsprechend unwahrscheinlicher werden, was durch die Prozentangaben in der Abbildung dargestellt wird. So weisen zum Beispiel etwa je 13,6% der Bevölkerung einen IQ zwischen 70 und 85 beziehungsweise einen zwischen 115 und 130 auf etc.

Anhand von Abbildung 4.3 lassen sich nun eine Reihe weiterer grundlegender Begriffe einführen. Wie man anhand des IQ-Beispieles sieht, ist ein gemessener IQ von 100 der wahrscheinlichste Fall. Dieser Wert wird als *Erwartungswert* bezeichnet und durch $\mathrm{E}(X)$ beziehungsweise auch durch μ dargestellt. Dies ist der Wert, den die zugrunde liegende Zufallsvariable im Mittel annimmt. Ist X integrierbar, so gilt $\mathrm{E}(|X|) < \infty$. Im Falle einer diskreten Zufallsvariablen X mit n Realisierungen x_i ist

$$\mathrm{E}(X) = \sum_{i=1}^{n} x_i p(x_i). \tag{4.5}$$

Im stetigen Fall muss wieder die Summation durch eine Integration ersetzt werden, so dass

$$\mathrm{E}(X) = \int_{-\infty}^{\infty} x f(x)\,\mathrm{d}x \tag{4.6}$$

mit der Dichtefunktion $f(x)$ gilt.

Aufgabe 54:
Welchen Erwartungswert hat ein fairer sechsseitiger Würfel?

Beispiel 46:
Auf NIKOLAUS I. BERNOULLI[39] und DANIEL BERNOULLI,[40] zwei weitere Mitglieder der berühmten Familie BERNOULLI, geht das sogenannte *Sankt-Petersburg-Paradoxon* zurück, das ein schönes Beispiel für einen nicht endlichen Erwartungswert darstellt.

Hierbei handelt es sich um ein hypothetisches Glücksspiel, bei dem so lange eine faire Münze geworfen wird, bis zum ersten Mal das Ereignis „Kopf" eintritt. Die Anzahl der hierfür nötigen Würfe wird mit n bezeichnet. Der an den Spieler ausgeschüttete Gewinn beträgt 2^{n-1}. Die zentrale Frage ist, was man als Spieler für die Teilnahme an diesem Spiel initial bezahlen sollte.

Dies hängt offensichtlich vom Erwartungswert ab – je höher der Erwartungswert ist, desto höher wird auch der Einsatz sein, so dass die Frage eigentlich die nach dem Wert von $\mathrm{E}(X)$ unter den obigen

---

39 20.10.1687–29.11.1759
40 08.02.1700–17.03.1782

Voraussetzungen ist. Hierzu müssen zunächst die Wahrscheinlichkeiten $\rho(x_i)$ bestimmt werden, um dann (4.5) anwenden zu können. Die Wahrscheinlichkeit, dass beim ersten Wurf das Ereignis „Kopf" eintrifft, ist bei einer fairen Münze offenbar gleich $\rho(x_1) = \frac{1}{2}$. Die Wahrscheinlichkeit dafür, dass erst beim zweiten Wurf „Kopf" erscheint, ist gleich der Wahrscheinlichkeit, dass beim ersten Wurf *nicht* „Kopf" geworfen wurde, multipliziert mit der Wahrscheinlichkeit, im zweiten Wurf „Kopf" zu erzielen,[41] d. h. es gilt $\rho(x_2) = \frac{1}{4}$. Allgemein ist $\rho(x_i) = 2^{-i}$. Zusammen mit dem Gewinn 2^{i-1} im i-ten Schritt ergibt sich hieraus durch Einsetzen in (4.5)

$$\begin{aligned} \mathrm{E}(X) &= \sum_{i=1}^{\infty} 2^{-i} 2^{i-1} \\ &= \sum_{i=1}^{\infty} \frac{1}{2} = \infty, \end{aligned}$$

d. h. der Erwartungswert dieses Glücksspiels ist unendlich! Entsprechend müsste eigentlich auch der Einsatz unendlich groß sein. Abgesehen davon, dass es sicherlich nicht „vernünftig" wäre (ohne die schiere Unmöglichkeit zu berücksichtigen), einen unendlich hohen Geldbetrag für die Teilnahme zu setzen, ist auch die Wahrscheinlichkeit, einen niedrigen Betrag zu gewinnen, höher als die, einen hohen Betrag nach Hause nehmen zu dürfen, da ja $\rho(x_i) = 2^{-i}$ gilt, was das eigentliche Paradoxon ist.

Ein weiterer wichtiger Begriff ist der des *Quantils*. Ein solches Quantil, das durch einen Wert $q \in \mathbb{R}$ charakterisiert wird, unterteilt die von einer Zufallsvariablen angenommenen Werte in solche, die kleiner bzw. größer als q sind.[42] Hieraus leitet sich auch die Bezeichnung eines Quantils als *Lagemaß* ab, da hierbei nicht ein absoluter Wert, sondern die „Lage" eines Wertes in einer (sortierten) Menge von Interesse ist. Allgemein spricht man von einem *q-Quantil*.

Ein besonderes Quantil ist das $\frac{1}{2}$-Quantil, der sogenannte *Median*, der häufig als $\tilde{x}$ notiert wird. Bei diesem handelt es sich um den Wert der betrachteten Variablen, der die Verteilung in zwei gleich große Teile unterteilt. Bezogen auf Abbildung 4.3 stellt also der IQ 100 den Median dar, da rechts und links von ihm gleich viele Ausprägungen der Zufallsvariablen liegen.[43] Im Falle einer ungeraden Anzahl aufsteigend sortierter Werte x_i mit $1 \le i \le n$ ist der Median gerade der Wert $x_{\frac{n-1}{2}}$. Was aber ist der Median, wenn n gerade ist? In diesem Fall wird das arithmetische Mittel der beiden den Median sozusagen „umschließenden" Werte $x_{\frac{n}{2}}$ und $x_{\frac{n+2}{2}}$ gebildet, die als *Unter-* beziehungsweise *Obermedian* bezeichnet werden.

Analog zum Begriff des Medians, der die Grundmenge in zwei gleichgroße Bereiche unterteilt, spricht man bei einer Unterteilung in drei, vier, fünf, zehn oder einhundert gleichgroße Bereiche von *Terzilen*, *Quartilen*, *Quintilen*, *Dezilen* beziehungsweise *Perzentilen*. Die letztgenannten werden auch als *Prozentränge* bezeichnet und häufig

---

41 Mehr hierzu später.

42 Häufig findet sich statt der Bezeichnung q auch der Buchstabe p, was allerdings leicht zu Verwirrung führt.

43 Im Falle einer *symmetrischen Verteilung* wie dieser ist der Median gleich dem arithmetischen Mittel. Auf unsymmetrische Verteilungen wird in Abschnitt 4.3 eingegangen.

für die Einordnung eines Individuums in Testergebnisse o. ä. benutzt. Erreicht beispielsweise ein Student in einer Prüfung das zehnte Perzentil, so bedeutet dies, dass 90% der Prüflinge in der Prüfung schlechter abschnitten.

Die in Abbildung 4.3 dargestellte Dichtefunktion ist augenscheinlich symmetrisch bezüglich des Erwartungswertes $\mathrm{E}(X) = 100$, d. h. es gilt

$$f_X(\mathrm{E}(X) + x) = f_X(\mathrm{E}(X) - x).$$

Wird die auf $f_X(x)$ beruhende Verteilungsfunktion $F_X(x)$ betrachtet, die sich aus $f_X(x)$ durch Integration ergibt, so nimmt die obige Symmetriebedingung die Gestalt

$$F_X(\mathrm{E}(X) - x) = 1 - F_X(\mathrm{E}(X) + x)$$

an.[44]

Der nächste interessante Punkt ist die Frage, wie weit die Werte einer Zufallsvariablen X von ihrem Erwartungswert $\mathrm{E}(X)$ abweichen. Dies wird durch die sogenannte *Varianz* beschrieben, die mit $\mathrm{Var}(X)$ bezeichnet wird. Die Varianz ist definiert als

$$\mathrm{Var}(X) = \mathrm{E}\left((X - \mathrm{E}(X))^2\right), \tag{4.7}$$

woraus sich im diskreten Fall mit (4.5)

$$\mathrm{Var}(X) = \sum_{i=1}^{n} (x_i - \mathrm{E}(X))^2 \rho(x_i) \tag{4.8}$$

beziehungsweise im stetigen Fall mit (4.6)

$$\mathrm{Var}(X) = \int_{-\infty}^{\infty} (x - \mathrm{E}(X))^2 f(x)\,\mathrm{d}x$$

ergibt, wobei $f(x)$ die entsprechende Wahrscheinlichkeitsdichtefunktion ist. Die Varianz ist offenbar selbst ein Erwartungswert, nämlich der für die quadratische Abweichung einer Zufallsvariablen von ihrem Erwartungswert.

Abschweifung: Warum quadratisch?

Warum wird hier eigentlich ein quadratischer Term $(X - E(X))^2$ als Argument für den Erwartungswert in (4.7) verwendet? Wäre $X - E(X)$ alleine nicht ausreichend, wenn es um die Frage geht, wie stark Werte um den Erwartungswert $E(X)$ herum streuen?

Angenommen, das beobachtete System besitzt eine symmetrische Wahrscheinlichkeitsdichtefunktion um 0 herum – zum Beispiel eine Normalverteilung, deren Erwartungswert 0 ist – dann würden

44 Falls eine Verteilung beziehungsweise Dichtefunktion nicht symmetrisch ist, wird sie *schief* genannt, wobei entsprechend von *rechts-* beziehungsweise *linksschief* (alternativ finden sich mitunter auch die Begriffe *links-* beziehungsweise *rechtssteil*) gesprochen wird, um die Form der Abweichung von der Symmetrie zu beschreiben (siehe Abschnitt 4.3). Im Folgenden wird von einer symmetrischen Verteilung ausgegangen.

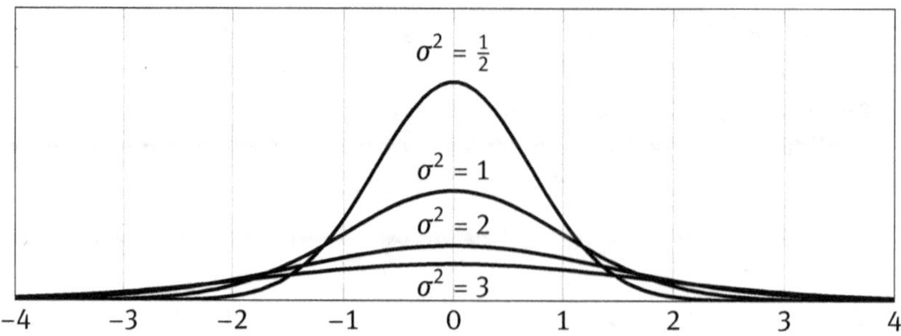

Abb. 4.4. Dichtefunktionen der Normalverteilung für $\mathrm{Var}(X) = \frac{1}{2}$, $\mathrm{Var}(X) = 1$, $\mathrm{Var}(X) = 2$ und $\mathrm{Var}(X) = 3$ mit $\mathrm{E}(X) = 0$

sich die symmetrisch um 0 herum liegenden Werte von X bei einer Formel der Form $E\,(X - \mathrm{E}(X))$ im Wesentlichen auslöschen. Es entstünde gegebenenfalls der falsche Eindruck einer nahe bei Null liegenden Varianz.

Durch Verwenden eines quadratischen Terms $(X - \mathrm{E}(X))^2$ wird dieses Problem behoben, da Abweichungen, die links von 0 liegen, nun nicht mehr Abweichungen, die rechts von 0 liegen, kompensieren können, da der quadratische Term stets ein positives Vorzeichen besitzt.

Abbildung 4.4 zeigt die Auswirkungen unterschiedlicher Varianzen: Je kleiner $\mathrm{Var}(X)$ ist, desto näher liegen die Werte der Zufallsvariablen X um den Erwartungswert $\mathrm{E}(X)$ herum verteilt. Die zugrunde liegende Funktion hat die Gestalt

$$f(x) = \frac{1}{\sqrt{2\pi\mathrm{Var}(X)}} \exp\left(-\frac{1}{2}\left(\frac{x - \mathrm{E}(X)}{\sqrt{\mathrm{Var}(X)}}\right)^2\right) \tag{4.9}$$

und wird oft auch *Gauss-Kurve* genannt.[45] Die hierdurch definierte Normalverteilung wird meist als $\mathcal{N}(\mu,\sigma^2)$ bezeichnet, wobei wie zuvor $\mu = \mathrm{E}(X)$ und $\sigma^2 = \mathrm{Var}(X)$ gilt.

Auf Basis der Varianz $\mathrm{Var}(X)$ ist nun die von Sir Francis Galton[46] eingeführte *Standardabweichung*

$$\sigma = \sqrt{\mathrm{Var}(X)}$$

definiert.[47] Sie ist ein Maß für die *Streuung* der Werte der Zufallsvariablen X um den Erwartungswert $\mathrm{E}(X)$. Für eine Normalverteilung gemäß (4.9) gilt, dass sich etwa 68,27% der Realisierungen der Zufallsvariablen X im zwei Standardabweichungen

---

45 Interessant ist die Feststellung, dass die Fourier-Transformation einer solchen Gauss-Kurve wieder eine Gauss-Kurve ergibt. Die Gauss-Kurve ist also ein Fixpunkt bezüglich der Fourier-Transformation.

46 16.02.1822–17.01.1911

47 Mitunter findet sich die etwas bessere Schreibweise $\sigma_X = \sqrt{\mathrm{Var}(X)}$, wobei im Grunde genommen eher $\sigma(X) = \sqrt{\mathrm{Var}(X)}$ konsequent wäre.

breiten Intervall $\mathrm{E}(X) \pm \sigma$ befinden. Bezogen auf Abbildung 4.3 bedeutet dies also, dass 68,27% der Bevölkerung einen IQ-Messwert zwischen 85 und 115 besitzen, wobei die Standardabweichung hier 15 beträgt. Betrachtet man das 4σ breite Intervall $\mathrm{E}(X) \pm 2\sigma$, das IQ-Werte von 70 bis 130 umfasst, so befinden sich bereits 95,45% der Realisierungen von X in diesem Bereich, 99,73% liegen im Intervall $\mathrm{E}(X) \pm 3\sigma$...[48]

Konkret berechnen sich diese Intervalle wie folgt: Aus Gleichung (4.9) ergibt sich mit (4.4) und $\sigma = 1, \mu = 0$ die Verteilungsfunktion

$$F(z) = \frac{1}{\sqrt{2\pi}} \int_{-\infty}^{z} e^{-\frac{1}{2}z^2}\,\mathrm{d}z,$$

aus der die Wahrscheinlichkeit $p(z)$ berechnet werden kann, mit der die Realisierungen der Zufallsvariablen X innerhalb des Intervalles $\mathrm{E}(X) \pm z\sigma$ liegen.[49] Diese Wahrscheinlichkeit ist gleich

$$p(z) = 2F(z) - 1.$$

Mit Hilfe einer numerischen Integration findet sich für $z = 1$ beispielsweise der bereits zuvor genannte (Näherungs-)Wert 68,27% für die Wahrscheinlichkeit, dass die Realisierung von X in einem Intervall der Breite σ um den Erwartungswert herum liegt.

Aufgabe 55:
Welche Varianz sowie Standardabweichung besitzt ein fairer sechsseitiger Würfel?

Abschweifung: Zeitmessung, Satellitennavigation etc.
In vielen Bereichen der heutigen Technik werden Frequenzen mit extrem hoher Konstanz benötigt, von denen beispielsweise Zeitinformationen abgeleitet werden, die unter anderem für Ortungsverfahren wie *GPS* (kurz für *Global Positioning System*) von ausschlaggebender Bedeutung sind. Hierbei besteht oft die Notwendigkeit, Zeitintervalle mit einer Auflösung bestimmen zu können, die deutlich unter einer *Nanosekunde*, d. h. 10^{-9} s, liegt. Hierfür befinden sich beispielsweise an Bord der GPS-Satelliten *Caesium-Atomuhren*, die nur von wenigen anderen Verfahren hinsichtlich ihrer Ganggenauigkeit und anderer Parameter übertroffen werden. Auch in der Telekommunikationstechnik sind Signalquellen, die extreme Anforderungen hinsichtlich ihrer Ganggenauigkeit und anderer Parameter, wie beispielsweise dem sogenannten *Phasenrauschen*, erfüllen, von essenzieller Bedeutung.

Entsprechend naheliegend scheint im Zusammenhang mit solchen Signalquellen die Frage nach der Varianz der jeweiligen Ausgangsfrequenz zu sein, um eine Art Gütemaß für einen *Oszillator*, d. h. ein schwingungsfähiges System zu erhalten. Hierbei zeigt sich jedoch schnell, dass Oszillatoren im Allgemeinen einer Vielzahl störender Effekte unterliegen. Dies hat zur Folge, dass eine einfache skalare Angabe wie die einer Standardabweichung nicht ausreichend ist, um das Verhalten eines solchen

---

48 Die bereits erwähnte Marilyn vos Savant verfügt mit 228 über den höchsten bislang gemessenen IQ, der über acht Standardabweichungen vom Mittelwert 100 entfernt liegt – ein extrem unwahrscheinlicher, aber eben nicht unmöglicher Fall. (Andere Tests ergaben Werte von 167, 186 und 218, die nicht minder beeindruckend sind.)

49 Zum diesem Integral lässt sich keine Stammfunktion angeben, so dass nur numerische Methoden zu seiner Berechnung angewandt werden können.

Oszillators aussagekräftig zu beschreiben. Ein Hauptproblem hierbei ist, dass die unterschiedlichen Störeinflüsse Fehler auf unterschiedlichen Zeitskalen zur Folge haben. Manche Effekte, z. B. die Alterung eines Oszillators, oder auch die Temperaturdrift, wirken sich erst über recht große Zeitspannen hinweg aus, während andere Fehler erzeugen, die sich über große Zeitintervalle herausmitteln etc.

In solchen Fällen kommt anstelle der einfachen Varianz die nach David W. Allan[50] benannte *Allan-Varianz* zum Einsatz, die Aussagen über die Effekte der verschiedenen, auf einen Oszillator einwirkenden Fehlerquellen auf unterschiedlichen Zeitskalen erlaubt.[51]

4.2.3 Binomialverteilung

Eine weitere wichtige Verteilung lässt sich mit Hilfe einer auf den bereits erwähnten Francis Galton zurückgehenden Vorrichtung, dem sogenannten *Galton-Brett*, [52] wie es in Abbildung 4.5 dargestellt ist, veranschaulichen: In der Mitte oben befindet sich ein Vorratsbehälter, aus dem Kugeln herausfallen. Unterhalb der Austrittsöffnung befindet sich eine Störung in Form eines kleinen, meist dreieckigen oder runden Stiftes, die zur Folge hat, dass eine Kugel mit gleicher Wahrscheinlichkeit von $p = q = \frac{1}{2}$ nach rechts bzw. nach links um das Hindernis abgelenkt wird. Unterhalb dieses einen Hindernisses befinden sich nun zwei Hindernisse gleicher Gestalt in einer Reihe, unter denen drei, dann vier etc. Hindernisse in einer Reihe angeordnet sind.

Da eine Kugel an jedem Hindernis nur einen von zwei möglichen Wegen einschlagen kann, spricht man von einer *Null-Eins-Verteilung*, die auch *Bernoulli-Verteilung* genannt wird. Ist einem der beiden möglichen Ereignisse die Wahrscheinlichkeit p zugeordnet, so ergibt sich für das andere Ereignis automatisch die Wahrscheinlichkeit $q = 1 - p$, da stets $p + q = 1$ gelten muss. Ein solcher Vorgang wird auch als *Bernoulli-Experiment* bezeichnet.

Unterhalb dieses „Hindernisparcours" befindet sich eine Reihe von Fächern, in denen die herabgefallenen Kugeln gesammelt werden. Diese Vorrichtung kann beispielsweise zur Verdeutlichung eines durch Rauschen gestörten Messvorganges genutzt werden. Der unverfälschte „Messwert" ist die x-Position der Auslassöffnung des Vorratsbehälters am Kopf des Galton-Brettes. Das Ergebnis einer „Messung" ist die x-Position, an welcher eine der Kugeln unten austritt. Durch die Fächer findet eine Akkumulation dieser Messwerte statt.

Wie verteilen sich die Kugeln nach dem Durchlaufen der Stiftplatte auf diese Fächer? Die nullte, d. h. oberste Reihe von Hindernissen, die nur einen einzigen Stift enthält, hat zur Folge, dass eine Kugel zwei verschiedene Wege einschlagen kann – rechts bzw. links um den Stift herum. Die nächste Reihe enthält bereits zwei Stifte, so

---

50 25.09.1936–

51 Siehe beispielsweise Rubiola (2010) für weiterführende Informationen zu diesem Themenkomplex.

52 Erstmalig erwähnt wurde es in (Galton, 1889, S. 63 ff.).

Abb. 4.5. Galton-Brett (Bild von Klaus-Dieter Keller, mit freundlicher Genehmigung)

dass es drei Wege gibt, rechts und links um den linken bzw. rechts und links um den rechten Stift herum, so dass sich die Wahrscheinlichkeiten $\frac{1}{4}$, $\frac{1}{2}$ und $\frac{1}{4}$ für die drei möglichen Wege, die eine Kugel in dieser zweiten Reihe von Hindernissen nehmen kann, ergeben. Abbildung 4.6 zeigt diese Überlegung für sechs Reihen von Stiften.

Ganz anschaulich ergibt sich eine Verteilung, die auf den ersten Blick der Normalverteilung ähnelt – je näher (bezogen auf die x-Achse) ein Auffangbehälter an der Einwurfstelle gelegen ist, desto größer ist die Wahrscheinlichkeit, dass eine Kugel ihn erreicht. Eine Kugel, die genauso oft nach links wie nach rechts von den Stiften des Galton-Brettes abgelenkt wird, wird nach Durchlaufen des Brettes in der Mitte herauskommen. Überwiegt eine Richtung (rechts/links) bei den Abprallvorgängen, wird die Kugel entsprechend mehr oder weniger stark zu einer Seite hin abgelenkt.

Betrachtet man Abbildung 4.6, so fällt auf, dass im Nenner der Wahrscheinlichkeit für einen bestimmten Weg durch das Galton-Brett stets eine Zweierpotenz steht. Was aber ist mit den Zählern? Da die Summe der Wahrscheinlichkeiten in einer gegebenen Reihe, deren Nummer mit n bezeichnet werde, stets 1 betragen muss, müssen

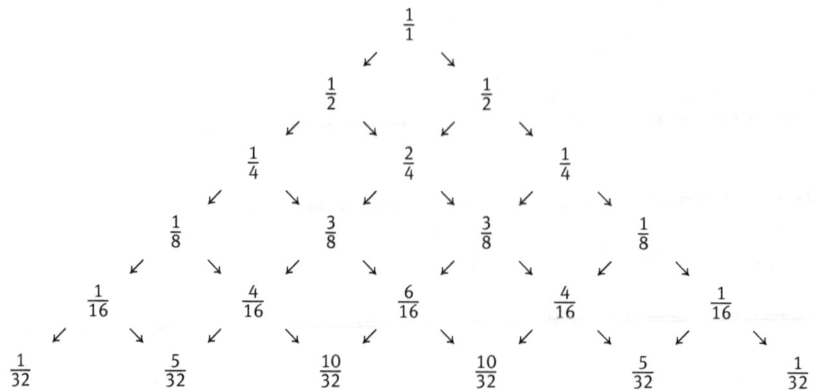

Abb. 4.6. Wahrscheinlichkeiten für den Weg einer Kugel innerhalb eines GALTON-Brettes mit fünf Reihen von Hindernissen

$$
\begin{array}{ccccccccccccccccc}
 & & & & & & & & 1 & & & & & & & & \\
 & & & & & & & 1 & & 1 & & & & & & & \\
 & & & & & & 1 & & 2 & & 1 & & & & & & \\
 & & & & & 1 & & 3 & & 3 & & 1 & & & & & \\
 & & & & 1 & & 4 & & 6 & & 4 & & 1 & & & & \\
 & & & 1 & & 5 & & 10 & & 10 & & 5 & & 1 & & & \\
 & & 1 & & 6 & & 15 & & 20 & & 15 & & 6 & & 1 & & \\
 & 1 & & 7 & & 21 & & 35 & & 35 & & 21 & & 7 & & 1 & \\
\iddots & \vdots & & \vdots & & \vdots & & \vdots & & \vdots & & \vdots & & \vdots & & \vdots & \ddots
\end{array}
$$

Abb. 4.7. PASCALsches Dreieck

die Zähler der ungekürzten Brüche dieser Reihe – dem Nenner entsprechend – die Summe 2^n ergeben. Wie aus Abbildung 4.6 hervorgeht, ist der Zähler an einer Stelle in der Reihe n gleich der Summe der beiden Zähler der übergeordneten Reihe $n - 1$. Betrachtet man nur die Zähler, ergibt sich das bekannte, nach BLAISE PASCAL benannte *PASCALsche Dreieck*, das in Abbildung 4.7 dargestellt ist.

Die diagonalen Seiten des Dreiecks sind jeweils mit 1 belegt, während sich die Werte im Inneren einfach durch die Addition der beiden diagonal über der gesuchten Zahl stehenden Werte ergeben. Diese Werte sind gerade die sogenannten *Binomialkoeffizienten*, die anschaulich betrachtet angeben, auf wie viele Arten k Dinge aus einer Menge von n Dingen (hierbei muss natürlich $k \leq n$ gelten) ausgewählt werden können. Notiert werden Binomialkoeffizienten als $\binom{n}{k}$, was meist als „n über k" oder „k aus n" gesprochen wird. Es gilt

$$\binom{n}{k} = \frac{n!}{k!(n-k)!}, \tag{4.10}$$

wobei das Ausrufungszeichen die bereits in Abschnitt 3.5 verwendete Fakultät darstellt.

Angenommen, es sollen k Elemente aus einer n-elementigen Menge ausgewählt werden, wobei $k \leq n$ gilt, so lässt sich folgende Überlegung anstellen: Für die Wahl des ersten Elementes gibt es n Möglichkeiten, für die Wahl des zweiten Elementes nur noch $n-1$ Möglichkeiten, da die n-elementige Grundmenge bei jedem Auswahlschritt um das ausgewählte Element verkleinert wird usf. Insgesamt gibt es also

$$\begin{aligned} n(n-1)(n-2)\cdots(n-k+1) &= \frac{n(n-1)(n-2)\cdots(n-k+1)(n-k)\cdots 2\cdot 1}{(n-k)(n-k-1)(n-k-2)\cdots 2\cdot 1} \\ &= \frac{n!}{(n-k)!} \end{aligned} \tag{4.11}$$

Möglichkeiten, k Elemente aus der Grundmenge auszuwählen, was schon stark in Richtung von Gleichung (4.10) geht. Wurden nun k Elemente ausgewählt, können sich diese noch in einer beliebigen Reihenfolge befinden – gefragt war jedoch nur nach der Anzahl von Möglichkeiten, k aus n Elementen auswählen zu können, nicht aber, auf wie viele Arten sich k aus n Elementen auswählen und anordnen lassen.

Auf wie viele Arten lassen sich allgemein k Elemente anordnen, d. h. *permutieren*? Angenommen, es liegt eine Menge von k Elementen vor, so gibt es k Möglichkeiten, ein erstes Element aus dieser Menge auszuwählen, $k-1$ Möglichkeiten für das zweite usf. Insgesamt gibt es offenbar $k!$ Möglichkeiten, k Elemente in eine Reihenfolge zu bringen, so dass der Ausdruck (4.11) noch durch $k!$ dividiert werden muss, woraus sich direkt (4.10) ergibt.

Die Einsen in der linken Diagonalen des PASCALschen Dreiecks entsprechen nun der Anzahl von Möglichkeiten, 0 Elemente aus einer Grundmenge mit n Elementen auswählen zu können, wobei n der von oben gezählten Reihe des Dreiecks entspricht.[53] Entsprechend repräsentieren die Einsen in der rechten Diagonalen die Anzahl Möglichkeiten, n aus n Elementen auszuwählen. Allgemein ist das k-te Element in der n-ten Reihe des PASCALschen Dreicks gleich $\binom{n}{k}$. Der Wert 20 in der Mitte der vorletzten Reihe des PASCALschen Dreiecks in Abbildung 4.7 entspricht also dem Binomialkoeffizienten $\binom{6}{3}$ und gibt an, auf wie viele Arten drei Elemente aus einer sechselementigen Grundmenge ausgewählt werden können.[54]

Abschweifung: Binome

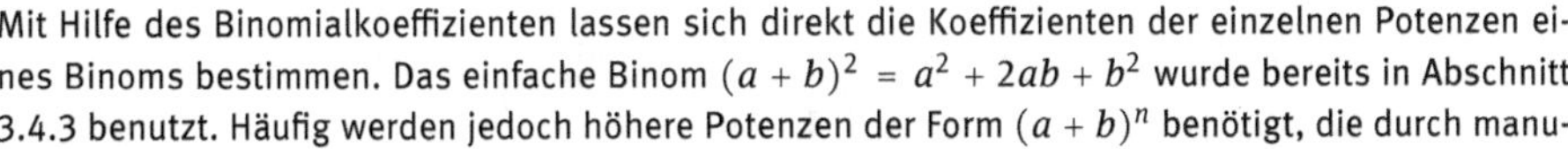

Mit Hilfe des Binomialkoeffizienten lassen sich direkt die Koeffizienten der einzelnen Potenzen eines Binoms bestimmen. Das einfache Binom $(a+b)^2 = a^2 + 2ab + b^2$ wurde bereits in Abschnitt 3.4.3 benutzt. Häufig werden jedoch höhere Potenzen der Form $(a+b)^n$ benötigt, die durch manu-

53 Hier wird ausnahmsweise mit der Zählung bei 1 begonnen.

54 Beim bekannten Lotto-Spiel „6 aus 49" gibt es entsprechend $\binom{49}{6} = 13983816$ Möglichkeiten, sechs Zahlen aus einer Grundmenge von 49 Werten auszuwählen. Die Wahrscheinlichkeit, „sechs Richtige" zu ziehen, ist also $\frac{1}{13983816} \approx 7{,}15 \cdot 10^{-8}$.

elles Ausmultiplizieren nur mühsam und fehlerträchtig bestimmt werden können. Deutlich einfacher gelingt dies durch folgende Beziehung:

$$\begin{aligned}(a+b)^n &= \binom{n}{0}a^n + \binom{n}{1}a^{n-1}b + \binom{n}{2}a^{n-2}b^2 + \dots + \binom{n}{n-1}ab^{n-1} + \binom{n}{n}b^n \\ &= \sum_{i=0}^{n}\binom{n}{i}a^{n-i}b^i \end{aligned} \tag{4.12}$$

Aufgabe 56:
Bestimmen Sie die „ausgeklammerte" Form des Binoms $(a+b)^7$ mit Hilfe von Binomialkoeffizienten gemäß (4.12).

Betrachtet man das ausschnittsweise in Abbildung 4.7 dargestellte PASCALsche Dreieck, so fällt auf, dass die in ihm enthaltenen Werte symmetrisch bezüglich der Mittelsenkrechten sind,[55] d. h. es gilt

$$\binom{n}{k} = \binom{n}{n-k}.$$

Aufgabe 57:
Beweisen Sie dies.

Die Verteilung, die durch das GALTON-Brett veranschaulicht wird, wird als *Binomialverteilung* bezeichnet. Bemerkenswert ist die Feststellung, dass sie für $n \longrightarrow \infty$, wobei n in diesem Fall die Anzahl der Kugeln des betrachteten GALTON-Brettes bezeichnet, gegen die bereits bekannte Normalverteilung konvergiert. Diese Aussage folgt aus dem sogenannten *zentralen Grenzwertsatz*.[56]

Die Binomialverteilung liefert nun die Wahrscheinlichkeit dafür, dass bei n BERNOULLI-Experimenten, die jeweils voneinander unabhängig sind und eine Eintrittswahrscheinlichkeit von p haben, genau k erfolgreiche Versuchsausgänge beobachtet werden können. Beschrieben wird eine solche Binomialverteilung durch die Wahrscheinlichkeitsfunktion

$$B(k,n,p) = \binom{n}{k}p^k(1-p)^{n-k}. \tag{4.13}$$

Abbildung 4.8 veranschaulicht das anhand zweier Binomialverteilungen mit $n = 50$ und $p = 0{,}1$ (hellgrau) bzw. $p = 0{,}7$ (dunkelgrau). Die Höhe der Balken entspricht der Wahrscheinlichkeit von genau k erfolgreichen Versuchsausgängen bei n Versuchen.

55 Dies ist anschaulich klar: Es gibt beispielsweise genauso viele Möglichkeiten, zwei Dinge aus sechs Dingen auszuwählen, wie zwei Dinge *nicht* aus sechs Dingen auszuwählen.

56 Siehe beispielsweise EICHELSBACHER (2014).

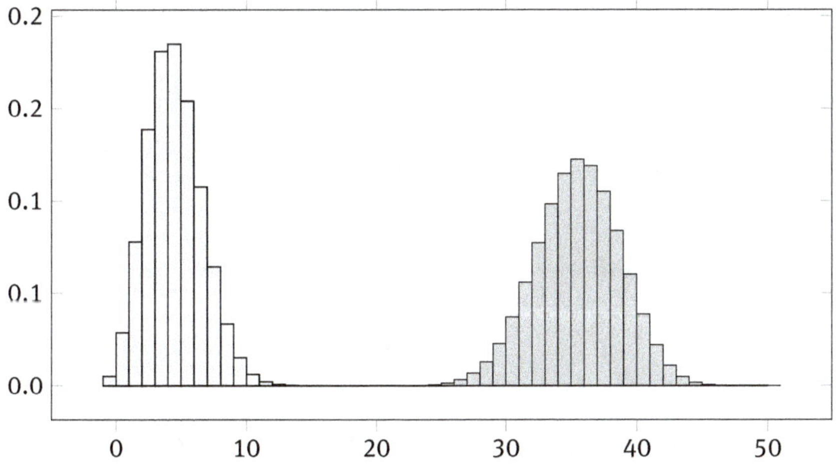

Abb. 4.8. Binomialverteilungen für $n = 50$ und $p = 0{,}1$ (hellgrau) beziehungsweise $p = 0{,}7$ (dunkelgrau)

Die zugehörige Verteilungsfunktion ergibt sich direkt aus der Wahrscheinlichkeitsfunktion (4.13) und hat die Gestalt

$$F_X(x) = \sum_{k=0}^{[x]} \binom{n}{k} p^k (1-p)^{n-k},$$

wobei die eckigen Klammern GAUSS-Klammern sind, d. h. die größte ganze Zahl liefern, die kleiner gleich x ist. Der Erwartungswert der Binomialverteilung ist (ohne Herleitung)

$$\mathrm{E}(X) = np,$$

die Varianz ist gleich

$$\mathrm{Var}(X) = np(1-p).$$

Abschweifung: Radioaktiver Zerfall 

Ein typisches Phänomen, das sich mit Hilfe der Binomialverteilung modellieren lässt, ist der *radioaktive Zerfall*: Die meisten chemischen Elemente treten in Form verschiedener sogenannter *Isotope* auf, die sich durch die Anzahl der Neutronen im Atomkern voneinander unterscheiden. Viele Isotope sind nicht stabil – Atomkerne solcher Isotope zerfallen mit einer gewissen Wahrscheinlichkeit p. Typisch für jedes Isotop ist seine sogenannte *Halbwertszeit*, unter der die Zeitspanne verstanden wird, innerhalb derer die Hälfte der Atomkerne der ursprünglich betrachteten Gesamtheit zu anderen Kernen zerfallen sind. Wird mit $N(t) \in \mathbb{N}$ die Menge von Atomen des jeweiligen Isotops zum Zeitpunkt t beschrieben, so gilt

$$\frac{\mathrm{d}N(t)}{\mathrm{d}t} = -\lambda N(t), \tag{4.14}$$

was den Bogen zurück zur Differentialrechnung spannt. λ wird in diesem Zusammenhang als *Zerfallskonstante* bezeichnet und beschreibt, wie schnell die Menge des Isotops durch Zerfall abnimmt.

Bei Gleichung (4.14) handelt es sich um eine Differentialgleichung, da in ihr eine Funktion $N(t)$ sowie eine Ableitung dieser Funktion auftreten. Die allgemeine Lösung dieser Differentialgleichung ist

$$N(t) = N(0)e^{-\lambda t}. \tag{4.15}$$

$N(0)$ bezeichnet hierbei die Anzahl von Atomen des betreffenden Isotops zum Zeitpunkt $t = 0$.[57]

Die Wahrscheinlichkeit, dass ein einzelner Atomkern innerhalb eines Beobachtungszeitintervalls der Länge t zerfällt, ist gleich

$$p(t) = 1 - e^{-\lambda t}.$$

Mit Hilfe der Wahrscheinlichkeitsfunktion (4.13) der Binomialverteilung lassen sich nun die Wahrscheinlichkeiten dafür bestimmen, dass innerhalb eines solchen Intervalles t von n gegebenen Kernen eines bestimmten Isotops genau k Kerne zerfallen:

$$B(k,n,p) = \binom{n}{k}\left(1 - e^{-\lambda t}\right)^k e^{-\lambda t(n-k)}$$

Das Problem hierbei ist, dass gerade bei radioaktiven Zerfällen n meist sehr groß ist – ein *Mol* einer Substanz enthält ja bereits etwa $6{,}022 \cdot 10^{23}$ Atome bzw. Moleküle. Dies macht jedoch die Berechnung der Binomialkoeffizienten $\binom{n}{k}$ kompliziert. In solchen Fällen, in denen zudem p sehr klein ist, kann jedoch die im folgenden Abschnitt behandelte und einfacher zu handhabende Poisson-Verteilung als Näherung für die Binomialverteilung verwendet werden.

Aufgabe 58:
Zeigen Sie als kleine Auffrischung der Ableitungsregeln, dass Gleichung (4.15) tatsächlich die Differentialgleichung (4.14) löst.

4.2.4 Poissonverteilung

Betrachtet man die Wahrscheinlichkeitsfunktion

$$B(k,n,p) = \binom{n}{k}p^k(1-p)^{n-k}$$

der Binomialverteilung und nutzt den Erwartungswert $\mathrm{E}(X) = np$, der im Folgenden mit λ bezeichnet wird, zur Bestimmung von p (d. h. es gilt $p = \frac{\lambda}{n}$), so ergibt sich durch Einsetzen zunächst

$$\begin{aligned} B(k,n,p) &= \binom{n}{k}\frac{\lambda^k}{n^k}\left(1 - \frac{\lambda}{n}\right)^{n-k} \\ &= \frac{n!}{(n-k)!k!}\frac{\lambda^k}{n^k}\left(1 - \frac{\lambda}{n}\right)^{n-k}. \end{aligned}$$

57 Häufig wird eine solche Anfangsbedingung auch als N_0 notiert.

Durch geschicktes Umsortieren einiger Terme ergibt sich hieraus

$$\begin{aligned} B(k,n,p) &= \frac{n!}{(n-k)!n^k}\frac{\lambda^k}{k!}\left(1-\frac{\lambda}{n}\right)^{n-k} \\ &= \frac{n!}{(n-k)!n^k}\frac{\lambda^k}{k!}\left(1-\frac{\lambda}{n}\right)^{n}\left(1-\frac{\lambda}{n}\right)^{-k}. \end{aligned} \tag{4.16}$$

Für den ersten Term in (4.16) gilt[58]

$$\lim_{n\longrightarrow\infty}\frac{n!}{(n-k)!n^k} = 1.$$

Für den letzten Term in (4.16) gilt entsprechend

$$\lim_{n\longrightarrow\infty}\left(1-\frac{\lambda}{n}\right)^{-k} = 1,$$

da der Term innerhalb der Klammer für $n \longrightarrow \infty$ gegen 1 konvergiert. Insgesamt ergibt sich also

$$\lim_{n\longrightarrow\infty} B(k,n,p) = \lim_{n\longrightarrow\infty}\frac{\lambda^k}{k!}\left(1-\frac{\lambda}{n}\right)^{n}.$$

Der rechte Term dieser Gleichung ist aber schon aus Abschnitt 3.5, Gleichung (3.27), bekannt – er konvergiert für $n \longrightarrow \infty$ gegen $e^{-\lambda}$, so dass sich als Ergebnis dieser ganzen Grenzwertbetrachtung

$$\lim_{n\longrightarrow\infty} B(k,n,p) = \frac{\lambda^k}{k!}e^{-\lambda} \tag{4.17}$$

ergibt. Dies ist die Wahrscheinlichkeitsfunktion, gegen welche die Wahrscheinlichkeitsfunktion der Binomialverteilung für $n \longrightarrow \infty$ und kleine p mit $\lambda = np$ konvergiert.

Die hierdurch beschriebene, sehr häufig in Technik und Naturwissenschaft benötigte Verteilung wird nach Siméon Denis Poisson[59] als *Poisson-Verteilung* bezeichnet. In diesem Zusammenhang wird die Wahrscheinlichkeitsfunktion (4.17) als

$$P_\lambda(k) = \frac{\lambda^k}{k!}e^{-\lambda},$$

geschrieben, wobei k die Anzahl der „erfolgreichen" Bernoulli-Experimente im betrachteten Intervall darstellt und λ gleich dem Erwartungswert der Verteilung ist.

58 Ohne Beweis, aber anschaulich, da $\frac{n!}{(n-k)!} = n(n-1)(n-2)\cdots(n-k+1)$ gilt, was $\approx n^k$ ist.

59 21.06.1781–25.04.1840

Abschweifung: ALOHAnet

Computernetzwerke sind aus dem heutigen Leben nicht mehr wegzudenken – vor allem drahtlose Netzwerksysteme, meist als *WiFi* beziehungsweise *WLAN* bezeichnet, haben in fast jeden Haushalt Einzug gehalten. Bemerkenswert ist die Tatsache, dass bereits 1971 an der Universität Hawaii eines der ersten solchen drahtlosen Netzwerke, *ALOHAnet* genannt, in Betrieb genommen wurde.[60]

Nahezu alle Computernetzwerke bestehen aus einer Menge von n Teilnehmerrechnern, die voneinander unabhängig Daten übertragen, was den Gedanken nahelegt, das Verhalten eines solchen Netzwerkes mit Hilfe der Binomial- oder besser der Poisson-Verteilung zu untersuchen.

Die n Stationen des ALOHAnet besaßen jeweils entsprechende Sende- und Empfangsvorrichtungen, mit deren Hilfe sie in der Lage waren, Datenpakete per Funk zu übertragen. Sendet mehr als eine Station gleichzeitig, kommt es zu einer sogenannten *Kollision*, bei der sich die Signale der beiden Datenpakete überlagern und stören, so dass eine fehlerfreie Übertragung nicht mehr möglich ist.

Entsprechend stellt sich schnell die Frage, welche Gestalt das Verhältnis von Nutzdatenrate und Netzwerklast besitzt, da die Wahrscheinlichkeit von Kollisionen mit der Anzahl an Stationen im Netzwerk steigt, so dass ab einem gewissen Punkt die Kollisionen überwiegen und ein großer Teil der Netzwerkbandbreite für die wiederholte Übertragung von Datenpaketen genutzt werden muss, die aufgrund von Kollisionen zuvor nicht korrekt übertragen werden konnten. Im Extremfall, d. h. sehr vieler sendewilliger Stationen, wird das gesamte Netzwerk unbenutzbar, da ständig Kollisionen auftreten.

Angenommen, alle zu übertragenden Datenpakete sind von gleicher Länge, so benötigen sie auch alle die gleiche Zeitspanne t zur vollständigen Übertragung. Damit keine Kollision mit einem Paket, das ab einem Zeitpunkt t_0 gesendet wird, auftritt, darf unter dieser Voraussetzung in einem Zeitintervall der Länge $2t$ keine andere Übertragung begonnen werden, wie folgende Überlegung zeigt:

Angenommen, ein weiteres Paket wird im Zeitintervall $[t_0, t_0 + t)$ gesendet, so kollidiert es direkt mit dem betrachteten Paket. Allerdings darf auch in dem vor dem Zeitpunkt t_0 liegenden Zeitintervall $[t_0 - t, t_0)$ kein Paketversand begonnen werden, da sonst das „Ende" dieses Paketes mit dem hier betrachteten Paket kollidieren würde.

Im Folgenden wird nun ein Netzwerk aus n voneinander unabhängig agierenden Rechnern betrachtet, die Daten jeweils in Paketen konstanter Länge übertragen, deren Übertragung eine Zeitspanne t erfordert. Die Wahrscheinlichkeit dafür, dass ein System in einem Zeitintervall der Länge t eine Übertragung beginnt, wird mit p bezeichnet. Damit ergibt sich die durchschnittliche Paketanzahl pro Zeitintervall zu $\lambda = np$. Mit Hilfe der Poisson-Verteilung kann nun die Wahrscheinlichkeit dafür bestimmt werden, dass innerhalb eines solchen Zeitintervalls k Übertragungen stattfinden:

$$P(k) = \frac{\lambda^k}{k!} e^{-\lambda}$$

Interessanter ist aber gemäß obiger Überlegung zur Kollision von Paketen eigentlich die Frage, wie groß die Wahrscheinlichkeit ist, dass in einem $2t$ langen Zeitintervall *keine* Pakete übertragen werden. In diesem Fall ist $\lambda = 2np$ und es ergibt sich

$$P(0) = \frac{\lambda^0}{0!} e^{-\lambda} = e^{-\lambda} = e^{-2np}. \tag{4.18}$$

Dies ist also die Wahrscheinlichkeit, dass keine Kollision bei einer Übertragung entsteht.[61]

60 Siehe Abramson (1985) für eine Darstellung der Entwicklungsgeschichte dieses bahnbrechenden Netzwerkes.

61 Wie bereits erwähnt, gilt $0! = 1$.

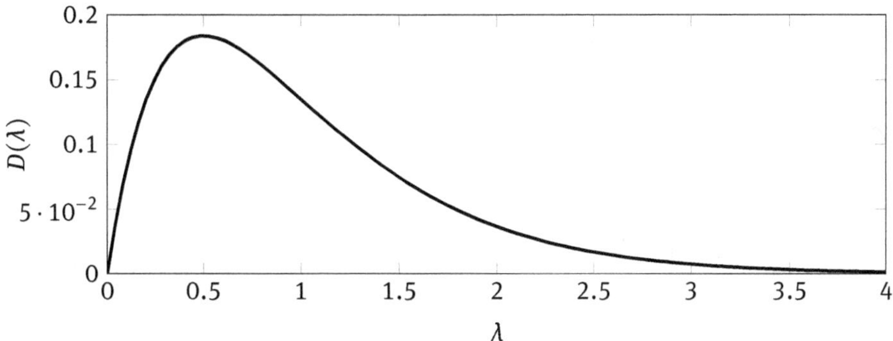

Abb. 4.9. Durchsatz des klassischen ALOHAnets

In einem Zeitintervall der Länge t finden, wie oben erwähnt, np Übertragungsversuche statt, von denen jeder mit der Wahrscheinlichkeit (4.18) ohne Kollision durchgeführt werden kann. Daraus ergibt sich der *Durchsatz* D des klassischen ALOHAnets zu

$$D(\lambda) = \lambda e^{-2\lambda} = npe^{-2np}. \tag{4.19}$$

Abbildung 4.9 zeigt den Graph dieser Funktion: Auf der x-Achse ist die durchschnittliche Paketanzahl pro Zeitintervall, $\lambda = np$, abgetragen, die y-Achse entspricht D.

Offensichtlich besitzt diese Funktion ein Maximum bei etwa 0,18, d. h. der mit einem klassischen ALOHAnet erreichbare maximale Durchsatz liegt bei nur etwa 18%! Wo aber genau liegt dieses Maximum? Hierzu wird die Nullstelle der ersten Ableitung von $D(\lambda)$ benötigt:[62]

$$\frac{\mathrm{d}D(\lambda)}{\mathrm{d}\lambda} = e^{-2\lambda} - 2\lambda e^{-2\lambda} = D'(\lambda)$$

Einsetzen von $\lambda = \frac{1}{2}$ ergibt

$$D'(\frac{1}{2}) = e^{-1} - e^{-1} = 0.$$

Hier liegt also eine Nullstelle der ersten Ableitung vor. Bei $\lambda = \frac{1}{2}$ nimmt $D(\lambda)$ also sein Maximum an. Einsetzen dieses λ in (4.19) liefert $D(\frac{1}{2}) \approx 18{,}4\%$ für den maximalen Durchsatz.

Dieser Wert ist erschreckend gering – ein Netzwerk, dessen Kapazität im besten Fall nur zu etwa 18,4% ausgenutzt werden kann, da bei einer höheren Paketanzahl pro Zeiteinheit die Kollisionswahrscheinlichkeit quasi „überhand" nimmt, ist nicht wirklich praktikabel.

Eine deutliche Verbesserung lässt sich erzielen, indem gefordert wird, dass sendebereite Stationen eines solchen Netzwerkes nur noch zu diskreten Zeitpunkten, die Vielfache einer Paketlänge t sind, mit einer Übertragung beginnen können, wozu diese Stationen allerdings miteinander synchronisiert werden bzw. über eine gemeinsame Zeitbasis verfügen müssen. Da Übertragungen nur noch in bestimmten „Zeitschlitzen" beginnen können, wird diese Variante des ALOHAnets als *slotted ALOHAnet* bezeichnet.

Diese Änderung hat zur Folge, dass für eine kollisionsfreie Übertragung eines Paketes nicht mehr ein Zeitintervall der Länge $2t$ von konkurrierenden Übertragungen frei bleiben muss, da Kollisionen

62 Auf die Bestimmung und Verwendung der zweiten Ableitung kann verzichtet werden, da anhand des Funktionsgraphen in Abbildung 4.9 klar ist, dass es sich um ein Maximum handelt.

mehrerer Pakete entweder gleich zu Beginn einer Übertragung oder gar nicht auftreten können. Entsprechend entfällt der Faktor 2 im Exponenten von Gleichung (4.18), so dass sich für den Durchsatz eines solchen slotted ALOHAnets

$$D_{\text{slotted}}(\lambda) = \lambda e^{-\lambda}$$

ergibt, dessen erste Ableitung gleich

$$\frac{\mathrm{d}D_{\text{slotted}(\lambda)}}{\mathrm{d}\lambda} = e^{-\lambda} - \lambda e^{-\lambda}$$

ist. Diese Funktion wird für $\lambda = 1$ zu Null, so dass hier das Maximum der Funktion $D_{\text{slotted}}(\lambda)$ vorliegt, das gleich dem Doppelten des Maximaldurchsatzes eines klassischen ALOHAnets, d. h. etwa 37% ist.

Durch diese an sich einfache Einschränkung des Sendebeginns von Paketen auf feste, äquidistante Zeitpunkte lässt sich also der maximale Durchsatz eines solchen Funknetzwerkes verdoppeln!

Der Erwartungswert im Falle einer POISSON-Verteilung ist, wie zu Beginn dieses Abschnitts eingeführt wurde, gleich λ. Bemerkenswerterweise gilt für die POISSON-Verteilung auch, dass $\operatorname{Var}(X) = \lambda$ ist. Erwartungswert und Varianz sind hier also gleich!

4.3 Momente von Verteilungen

Im Zusammenhang mit Wahrscheinlichkeitsfunktionen verschiedener Verteilungen sind Fragen nach ihrer Symmetrie bzw. Asymmetrie oder ihrer Flach- beziehungsweise Steilheit von Interesse. Beispielsweise sind die in Abbildung 4.8 dargestellten beiden Binomialverteilungen nicht symmetrisch. Abbildung 4.10 zeigt exemplarisch eine rechtsschiefe, eine symmetrische und eine linksschiefe Verteilung.[63] Diese anschaulichen Begriffe lassen sich mathematisch durch die Einführung sogenannter *Momente* beschreiben.

Ganz allgemein ist das k-te Moment für eine diskrete Zufallsgröße x_i durch

$$m_k(r) = \sum_{i=1}^{n} (x_i - r)^k \rho(x_i) \tag{4.20}$$

definiert. Im kontinuierlichen Fall ergibt sich entsprechend die Gestalt

$$m_k(r) = \int_{-\infty}^{\infty} (x_i - r)^k f(x)\mathrm{d}x,$$

wobei $f(x)$ wieder die Wahrscheinlichkeitsdichte repräsentiert.

Gilt hierbei $r = \mathrm{E}(X)$, so spricht man von einem *zentralen Moment*, ist $r = 0$, wird das Moment als *Moment um Null* bezeichnet. Für das erste zentrale Moment (einer

63 Rechtsschief wird häufig auch als *linkssteil*, linksschief entsprechend als *rechtssteil* bezeichnet.

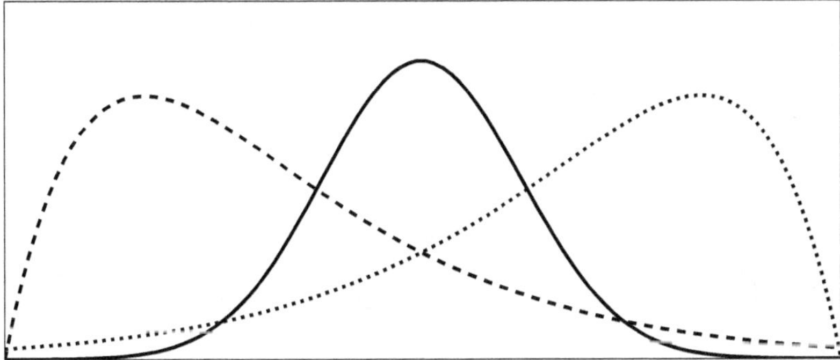

Abb. 4.10. Eine rechtsschiefe (linkssteile – gestrichelt), eine symmetrische (durchgezogen) und eine linksschiefe (rechtssteile – gepunktet) Verteilung

diskreten Zufallsgröße) gilt also

$$\begin{aligned} m_1\left(\mathrm{E}(X)\right) &= \sum_{i=1}^{n} (x_i - \mathrm{E}(X))\, p(x_i) \\ &= \mathrm{E}\left(X - \mathrm{E}(X)\right) \\ &= 0, \end{aligned}$$

was an sich eher uninteressant ist. Betrachtet man jedoch nicht das erste zentrale Moment, sondern das erste Moment um Null, so zeigt sich, dass dieses gleich dem Mittelwert der Zufallsgröße ist. Das zweite zentrale Moment entspricht direkt der Varianz (4.8). Diese beiden ersten Momente bringen also nichts wirklich Neues mit sich.

Interessanter ist nun das dritte zentrale Moment $m_3\left(\mathrm{E}(X)\right)$, das, normiert auf die dritte Potenz der Standardabweichung $\sigma(X)$, als *Schiefe* beziehungsweise *Skewness* bezeichnet wird:

$$v(X) = \frac{m_3(\mathrm{E}(X))}{\sigma_X^3} = \frac{\sum\limits_{i=1}^{n} (x_i - \mathrm{E}(X))^3\, p(x_i)}{\sigma_X^3} \tag{4.21}$$

Ist $v(X) < 0$, so ist die zugrunde liegende Verteilung linksschief beziehungsweise rechtssteil, bei $v(X) > 0$ handelt es sich entsprechend um eine rechtsschiefe, d. h. linkssteile Verteilung. Im Fall $v(X) = 0$ ist die Verteilung symmetrisch.[64]

Bei einer symmetrischen Verteilung sind das arithmetische Mittel und der Median gleich – anders sieht es bei unsymmetrischen Verteilungen aus, die in der Praxis ausgesprochen häufig auftreten. Da der Median eine Menge von Werten in zwei gleichgroße Abschnitte unterteilt, wird er von „Ausreißern“, d. h. extremen Werten nur wenig beeinflusst, während das arithmetische Mittel auf solche Ausreißer ausgesprochen

64 Beispielsweise ist die Binomialverteilung nur für $p = 0$, $p = \frac{1}{2}$ und $p = 1$ symmetrisch.

empfindlich reagiert. Dies ist weder ein Vorteil des Medians noch ein Nachteil des arithmetischen Mittels – während das letztgenannte solche Ausreißer deutlich macht, kann die Verwendung des Medians extreme Werte verschleiern. Je nach Anwendung kann das eine oder andere Maß angebrachter sein.[65]

Beispiel 47:

Angenommen, eine sehr unrealistische, aus 18 einfachen Seeleuten und einem Kapitän bestehende Piratenmannschaft hat bei ihren Raubzügen 10^6 Silbermünzen erbeutet, von denen der Kapitän 820000 behält, während die 18 verbleibenden Piraten jeweils 10000 Münzen erhalten, dann ist das *durchschnittliche Vermögen* der 19 Piraten gleich

$$\overline{x} = \frac{10^6}{19} \approx 52631{,}58.$$

Dieser Wert ist offensichtlich durch den sehr viel größeren Anteil des Kapitäns an der Beute stark verzerrt. Ein besseres Maß wäre in diesem Fall vermutlich das *mittlere Vermögen*, d. h. der Median $\tilde{x}$, der in diesem Fall gleich 10000 ist, was die Vermögenssituation der Piraten in gewissem Sinne besser beschreibt, da die Mehrheit von ihnen nur über 10000 Silbermünzen verfügt.

Abschweifung: *Lorenz-Kurve* und Gini-Koeffizient

Offensichtlich wurde die Beute unter den 19 Piraten des obigen Beispiels ausgesprochen ungleichmäßig verteilt – ein Phänomen, das in der Realität beispielsweise bei der Verteilung von Einkommen etc. auftritt. Ein einfaches Mittel zur Visualisierung solcher Ungleichverteilungen stellt die nach Max Otto Lorenz[66] benannte *Lorenz-Kurve* dar. Die Grundidee wird anhand von Abbildung 4.11 deutlich: Die x-Achse des Koordinatensystems ist in Anteile von *Merkmalsträgern*, in diesem Fall einkommenssteuerpflichtige Personen unterteilt. Die y-Achse repräsentiert entsprechend Anteile einer *Merkmalssumme* – hier Einkünfte.

Bei einer perfekten Gleichverteilung der Einkommen würden x Prozent der Einkommensteuerpflichtigen x Prozent der Einkünfte erwirtschaften. In diesem Fall ergäbe sich eine Diagonale zwischen den Punkten $(0{,}0)$ und $(1{,}1)$ beziehungsweise $(100\%, 100\%)$. Je stärker jedoch die Kurve „durchhängt", desto ausgeprägter ist die beobachtete Ungleichverteilung.[67] In der Regel ist die Lorenz-Kurve stückweise linear, d. h. aus einzelnen Streckenabschnitten zusammengesetzt.[68]

Anhand von Abbildung 4.11 lässt sich direkt ablesen, dass beispielsweise 60% der Einkommenssteuerpflichtigen lediglich knapp 30% der Einkünfte generieren. Selbst 90% der Merkmalsträger erzielen nur etwa 64% der Einkünfte.

So anschaulich die Lorenz-Kurve die Abweichung einer Verteilung von einer Gleichverteilung auch darstellt, wird in vielen Fällen, in denen es lediglich um ein Maß für Gleich- beziehungsweise Ungleichverteilung geht, der nach Corrado Gini[69] benannte *Gini-Koeffizient* verwendet, der – ganz anschaulich – ein Maß für die Fläche zwischen der Diagonalen und einer gegebenen Lorenz-Kurve ist: Je stärker die Kurve „durchhängt", desto größer ist der fragliche Flächeninhalt, der entsprechend als

65 Umgekehrt ist ein großer Unterschied zwischen Median und arithmetischem Mittel ein Hinweis auf eine schiefe zugrunde liegende Verteilung.

66 19.09.1876-01.07.1959

67 Offensichtlich kann die Lorenz-Kurve nicht oberhalb der Diagonalen verlaufen.

68 In einem solchen Fall spricht man von einem *Polygonzug*.

69 23.05.1884-13.03.1965

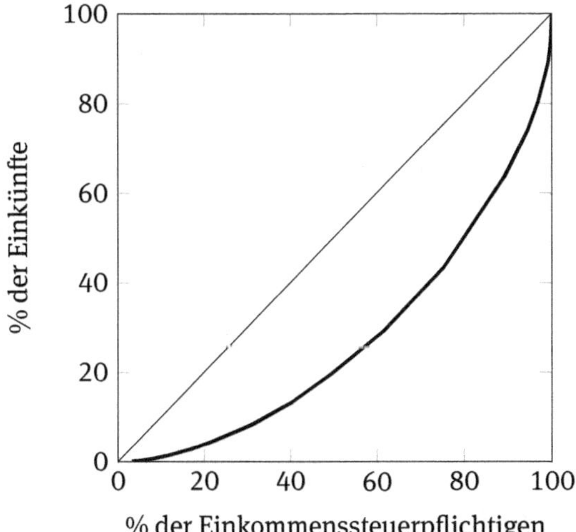

Abb. 4.11. LORENZ-Kurve der einkommenssteuerpflichtigen Einkünfte 2010 (auf Basis von (Statistisches Bundesamt, 2014, S. 8))

Maß für die Ungleichverteilung eines Merkmals dienen kann und als *Konzentrationsfläche* bezeichnet wird.[70]

Es gibt eine ganze Reihe weiterer Maße, die in solchen Zusammenhängen genutzt werden können, auf die im Folgenden jedoch nicht weiter eingegangen wird. Genannt seien lediglich der *HERFINDAHL-HIRSCHMANN-Index*,[71] der *ROSENBLUTH-Index*[72] sowie das *ATKINSON-Maß*.[73]

Ein weiteres Maß für eine Verteilung ist neben dem zentralen Moment der Schiefe die sogenannte *Wölbung w*, auch *Kurtosis* genannt, die als Maß dafür genutzt werden kann, wie „flach" eine Verteilung ist. Hierbei handelt es sich um das vierte zentrale Moment, das analog zu (4.21) mit σ_X^4 normiert wird, es ist also

$$w(X) = \frac{m_4(\mathrm{E}(X))}{\sigma_X^4} = \frac{\sum_{i=1}^{n} (x_i - \mathrm{E}(X))^4 p(x_i)}{\sigma_X^4}.$$

70 Der Zusammenhang zwischen LORENZ-Kurve und GINI-Koeffizient ist nicht eindeutig – unterschiedliche Kurven können den gleichen Koeffizienten besitzen!

71 Nach ORRIS CLEMENS HERFINDAHL (15.06.1918-16.12.1972) und ALBERT OTTO HIRSCHMANN (07.04.1915-10.12.2012).

72 Benannt nach GIDEON ROSENBLUTH (23.01.1921–08.08.2011), siehe beispielsweise ROSENBLUTH (1955).

73 Nach ANTHONY ATKINSON (04.09.1944–).

Eine Verteilung mit $w(X) = 0$ wird *normalgipflig* (auch *mesokurtisch*) genannt, während solche mit $w(X) < 0$ *flachgipflig* (*platykurtisch*) beziehungsweise solche mit $w(X) > 0$ entsprechend *steilgipflig* (*leptokurtisch*) sind.

Häufig interessiert nicht die Wölbung einer Verteilung, sondern die Frage, wie viel steiler oder flacher sie als eine Normalverteilung ist. Hierzu dient der sogenannte *Exzess*, welcher die Differenz zwischen der Wölbung der betrachteten Verteilung und der Wölbung $w(\mathcal{N})$ einer Normalverteilung beschreibt:[74]

$$y(X) = w(X) - w(\mathcal{N})$$

Gilt $y(X) < 0$, so ist die Verteilung flacher als eine Normalverteilung, ist $y(X) > 0$, so ist sie steiler.

4.4 Bedingte Wahrscheinlichkeiten

Ein essenzieller Begriff, der bislang noch nicht betrachtet wurde, ist jener der sogenannten *bedingten Wahrscheinlichkeit*. In den vorangegangenen Abschnitten wurden voneinander *unabhängige* Ereignisse betrachtet, bei denen aufeinanderfolgende Zufallsexperimente einander nicht beeinflussen, wie dies beispielsweise bei wiederholten Münzwürfen der Fall ist.[75]

Solche voneinander unabhängigen Ereignisse sind jedoch nicht die Regel – so ist beispielsweise die Wahrscheinlichkeit, dass eine korrekt gegossene Zimmerpflanze eingeht, in der Regel deutlich kleiner als die, dass eine vernachlässigte oder „ertränkte“ Pflanze eingeht. Angenommen, die Wahrscheinlichkeit, dass jemand vergisst, die Pflanze zu gießen, werde mit $P(B)$ bezeichnet, dann bezeichnet

$$P\left(A|B\right)$$

die bedingte Wahrscheinlichkeit, dass das Ereignis A, „die Pflanze geht ein“, unter der Voraussetzung, dass das Ereignis B, „es wurde vergessen, die Pflanze zu gießen“, bereits eingetreten ist, eintritt. Allgemein gilt für solche bedingten Wahrscheinlichkeiten

$$P\left(A|B\right) = \frac{P(A \cap B)}{P(B)}, \tag{4.22}$$

wobei $\cap$ den bereits aus der Mengenlehre bekannten Schnitt bezeichnet, d. h. $P(A \cap B)$ repräsentiert die Wahrscheinlichkeit, dass sowohl die Ereignisse A als auch B einge-

74 Für die Wölbung einer Normalverteilung gilt $w(\mathcal{N}) = 3$.

75 Unabhängig davon, wie oft und mit welchen Resultaten eine faire Münze geworfen wurde, ist die Wahrscheinlichkeit dafür, beim nächsten Wurf „Kopf“ oder „Zahl“ zu erhalten, gleich $\frac{1}{2}$.

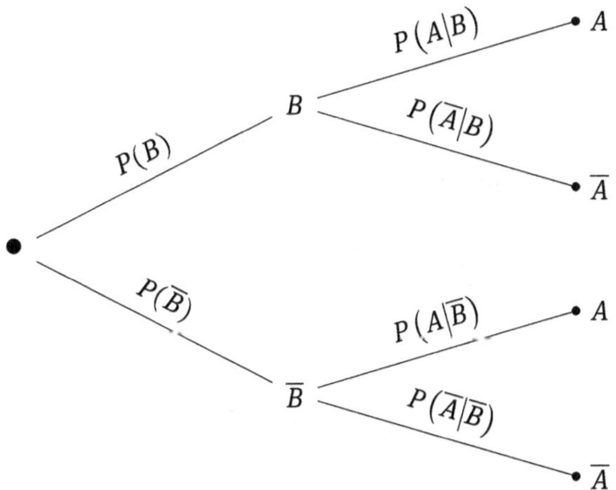

Abb. 4.12. Baumdarstellung von Ereignisabhängigkeiten

treten sind.[76] Im Falle der Pflanze ist dies also die Wahrscheinlichkeit, dass sie sowohl nicht gegossen wurde als auch eingegangen ist.

Abbildung 4.12 zeigt die vier möglichen Kombinationen, die sich aus voneinander abhängigen Ereignissen A, B, $\overline{A}$ und $\overline{B}$ ergeben, wobei allgemein $\overline{A}$ das zu A entgegengesetzte Ereignis darstellt.[77] Bezogen auf das obige Beispiel können offensichtlich die vier folgenden Kombinationen auftreten:

$P\left(A|B\right)$: Wahrscheinlichkeit, dass die nicht gegossene Pflanze vertrocknet.

$P\left(\overline{A}|B\right)$: Wahrscheinlichkeit, dass die nicht gegossene Pflanze nicht vertrocknet.

$P\left(A|\overline{B}\right)$: Wahrscheinlichkeit, dass die gegossene Pflanze vertrocknet.

$P\left(\overline{A}|\overline{B}\right)$: Wahrscheinlichkeit, dass die gegossene Pflanze nicht vertrocknet.

Aufgabe 59:
Wie groß ist die mit Hilfe von (4.22) bestimmte Wahrscheinlichkeit, bei zweimaligem Würfeln mit einem fairen Würfel eine Augensumme größer 9 zu erzielen, wenn beim ersten Wurf eine 5 gewürfelt wurde?

---

76 Die durch Auflösen von (4.22) erhältliche Gleichung $P(A \cap B) = P\left(A|B\right)P(B)$ wird oft auch als *Multiplikationssatz* bezeichnet. Im Übrigen wird hier und im Folgenden davon ausgegangen, dass $P(B) \neq 0$ ist.

77 Offensichtlich gilt mit (4.22) $P\left(A|A\right) = 1$ und $P\left(A|\overline{A}\right) = 0$, was auch der Erwartung entspricht.

Falls zwei Ereignisse A und B wie im obigen Beispiel des Münzwurfes voneinander unabhängig sind, ist

$$P(A \cap B) = P(A)P(B), \tag{4.23}$$

was eine notwendige und hinreichende Bedingung für die stochastische Unabhängigkeit von A und B ist. Einsetzen in (4.22) liefert direkt $P\left(A|B\right) = P(A)$, was in diesem Fall auch anschaulich klar ist, da die Wahrscheinlichkeit, dass das Ereignis A eintritt, nach obiger Voraussetzung von der Wahrscheinlichkeit, dass B eingetreten ist, unabhängig ist. Dies bedeutet aber auch, dass für voneinander unabhängige Ereignisse A und B

$$P\left(A|B\right) = P\left(A|\overline{B}\right) \tag{4.24}$$

gilt. Umgekehrt gilt aber auch, dass A und B nicht unabhängig sind, wenn (4.23) beziehungsweise (4.24) nicht gilt.

Beispiel 48:
Wenn A und B die beiden personenbezogenen Ereignisse „die Person hustet" und „die Person ist erkältet" bezeichnen, dann gilt sicherlich

$$P\left(A|B\right) \neq P\left(A|\overline{B}\right),$$

da die Wahrscheinlichkeit, zu husten, deutlich erhöht ist, wenn eine Erkältung vorliegt.

Löst man (4.22) einmal direkt nach $P\left(A|B\right)$ auf und wiederholt dies noch einmal mit $\overline{B}$ anstelle von B, so ergibt sich

$$\begin{aligned} P\left(A|B\right)P(B) &= P(A \cap B) \text{ und} \\ P\left(A|\overline{B}\right)P\left(\overline{B}\right) &= P\left(A \cap \overline{B}\right). \end{aligned}$$

Werden diese beiden Gleichungen addiert, folgt daraus die sogenannte *totale Wahrscheinlichkeit:*[78]

$$\begin{aligned} P\left(A|B\right)P(B) + P\left(A|\overline{B}\right)P\left(\overline{B}\right) &= P(A \cap B) + P\left(A \cap \overline{B}\right) \\ &= P(A) \end{aligned} \tag{4.25}$$

Diese Gleichung erlaubt es, eine Aussage über die Wahrscheinlichkeit $P(A)$ zu treffen, wenn nur bedingte Wahrscheinlichkeiten $P\left(A|B\right)$, $P\left(A|\overline{B}\right)$ sowie die Wahrscheinlichkeiten $P(B)$ und damit $P\left(\overline{B}\right) = 1 - P(B)$ gegeben sind. Dies ist ein typisches Problem aus der Marktforschung, wo häufig das Kaufverhalten verschiedener Bevölkerungsgruppen untersucht wird, die sich beispielsweise hinsichtlich ihres Bildungs- oder Einkommensgrades voneinander unterscheiden. Mit Hilfe von (4.25)

---

78 Warum ist $P(A \cap B) + P\left(A \cap \overline{B}\right) = P(A)$?

lässt sich aus den solchermaßen bestimmten bedingten Wahrscheinlichkeiten die totale Wahrscheinlichkeit bestimmen, die das Verhalten der Gesamtbevölkerung beschreibt.

In der Praxis tritt häufig der Fall auf, dass die bedingte Wahrscheinlichkeit $P(A|B)$ gesucht, aber nur die „umgekehrte" bedingte Wahrscheinlichkeit $P(B|A)$ gegeben ist. Mit Hilfe des nach Thomas Bayes[79] benannten *Satzes von Bayes* kann von $P(B|A)$ auf $P(A|B)$ geschlossen werden, wenn zusätzlich die Wahrscheinlichkeiten $P(A)$ und $P(B)$ bekannt sind:

$$P(A|B) = \frac{P(B|A)\,P(A)}{P(B)} \tag{4.26}$$

Diese Aussage lässt sich direkt aus der bedingten Wahrscheinlichkeit (4.22) ableiten. Erweitert man dort den Zähler mit $\frac{P(A)}{P(A)}$, so ergibt sich zunächst

$$P(A|B) = \frac{P(A \cap B)}{P(B)} = \frac{\frac{P(A\cap B)}{P(A)}P(A)}{P(B)}.$$

Der Term $\frac{P(A\cap B)}{P(A)}$ im Zähler des rechten Ausdruckes ist aber gemäß (4.22) gleich $P(B|A)$, was Gleichung (4.26) liefert.

Mitunter ist die Wahrscheinlichkeit $P(B)$ nicht bekannt, so dass (4.26) nicht direkt angewandt werden kann. In diesem Fall bietet sich folgende Gleichung an, die darauf beruht, dass eine Ergebnismenge stets in das Eintreten eines Ereignisses A sowie sein Nichteintreten $\overline{A}$ unterteilt werden kann:[80]

$$P(A|B) = \frac{P(B|A)\,P(A)}{P(B|A)\,P(A) + P(B|\overline{A})\,P(\overline{A})} \tag{4.27}$$

Beispiel 49:

Ganz zu Beginn dieses Buches (Abschnitt 1.2) wurde das berühmte *Ziegenproblem* als Beispiel für ein Problem aus der Stochastik mit nicht auf den ersten Blick naheliegender Lösung genannt. Bekannt wurde das Problem durch eine Fernsehspielshow, in der ein Kandidat, der einen Sportwagen gewinnen wollte, eine von drei Türen auswählen musste. Hinter einer dieser drei Türen verbarg sich der Sportwagen, während hinter den beiden anderen Türen jeweils eine Ziege stand, die in der Regel wohl niemand gewinnen wollte.

Nachdem der Kandidat eine Tür gewählt hatte, öffnete der Showmaster, der wusste, was sich hinter welcher der Türen befand, eine der beiden verbleibenden Türen, hinter der sich stets eine Ziege befand. Der Kandidat hatte dann die Chance, bei seiner Wahl zu bleiben oder anstelle seiner ursprünglich ausgewählten Tür zu der anderen nun noch verschlossenen Tür zu wechseln.

Die Frage, die sich hierbei stellt, ist, ob es aus Sicht des Kandidaten, der den Sportwagen gewinnen möchte, vielleicht vernünftig ist, an dieser Stelle zu dieser zweiten Tür zu wechseln.

---

79 Ca. 1701–07.04.1761

80 Diese Gleichung ergibt sich direkt aus (4.26), wenn $P(B)$ im Nenner durch die totale Wahrscheinlichkeit (4.25) ersetzt wird.

Zu Beginn des Spieles ist die Wahrscheinlichkeit, die Tür auszuwählen, hinter der sich der Sportwagen befindet, gleich $\frac{1}{3}$. Spontan würden die meisten vermuten, dass sich hieran nichts ändert, wenn der Showmaster eine Tür öffnet, hinter der sich eine Ziege verbirgt. Interessanterweise trügt dieser erste Anschein! Wechselt der Kandidat nicht zur anderen Tür, beträgt seine Gewinnwahrscheinlichkeit nach wie vor $\frac{1}{3}$, was aber geschieht, wenn er wechselt?

Angenommen, der Sportwagen befindet sich hinter Tür A (die gleiche Überlegung lässt sich für die Türen B und C anstellen), dann sind die drei folgenden Fälle zu unterscheiden:

Der Kandidat wählt zuerst Tür A: Der Showmaster kann nun entweder Tür B oder C öffnen, da sich hinter beiden jeweils eine Ziege befindet. Wechselt der Kandidat die Tür, so verliert er in diesem Fall.

Der Kandidat wählt zuerst Tür B: Der Showmaster kann nur Tür C öffnen, da sich hinter Tür A ja das gewünschte Auto verbirgt. Wechselt der Kandidat nun zur zweiten noch geschlossenen Tür A, so gewinnt er!

Der Kandidat wählt zuerst Tür C: Wie zuvor kann der Showmaster nur Tür B öffnen, so dass der Kandidat, wenn er nun zur Tür A wechselt, ebenfalls gewinnt!

Offensichtlich lässt sich die Gewinnchance bei diesem Spiel durch Wechseln zur zweiten noch geschlossenen Tür von $\frac{1}{3}$ (ohne Wechsel) auf $\frac{2}{3}$ verdoppeln!

Hierbei handelt es sich also um eine bedingte Wahrscheinlichkeit der Form $P(A|B)$, wobei A das gewünschte Ereignis, den Sportwagen zu gewinnen, ist, während B das Ereignis darstellt, dass der Showmaster eine Tür geschlossen lässt.

Offensichtlich gilt zunächst $P(A) = \frac{1}{3}$ – der Sportwagen befindet sich hinter einer von drei Türen. $P(B)$ ist entsprechend die Wahrscheinlichkeit, dass eine Tür nach dem Eingreifen des Showmasters geschlossen bleibt. Da er eine von zwei verbleibenden Türen öffnen muss, ist $P(B) = \frac{1}{2}$. Um den Satz von Bayes anwenden zu können, wird nun noch die bedingte Wahrscheinlichkeit $P(B|A)$ benötigt. Dies ist die Wahrscheinlichkeit, dass die Tür, hinter der sich der Sportwagen befindet, durch den Showmaster nicht geöffnet wird. Da der Showmaster natürlich nie die Tür mit dem dahinter befindlichen Auto öffnet, ist $P(B|A) = 1$. Eingesetzt in (4.26) ergibt sich damit für die gesuchte Wahrscheinlichkeit, das Auto zu gewinnnen, wenn nach dem Öffnen der Tür durch den Showmaster die Tür gewechselt wird, zu

$$P(A|B) = \frac{P(B|A)\,P(A)}{P(B)} = \frac{1 \cdot \frac{1}{3}}{\frac{1}{2}} = \frac{2}{3},$$

was auch dem Resultat des obigen Gedankenexperimentes entspricht.[81]

An dieser Stelle bietet es sich an, die beiden Begriffe der *A-priori-Wahrscheinlichkeit*, umgangssprachlich auch *Anfangswahrscheinlichkeit* genannt, sowie der *A-posteriori-Wahrscheinlichkeit* einzuführen, die sich von den lateinischen Wörtern „prior" („der vordere") und „posterior" („der spätere") herleiten. Die A-Priori-Wahrscheinlichkeit eines Ereignisses wird allein durch Vorwissen bestimmt. Im Falle eines (sechsseitigen) Würfels wird man beispielsweise zunächst davon ausgehen, dass es sich um einen fairen, d. h. nicht gezinkten Würfel handelt. Entsprechend ist hier die A-priori-

81 Eine experimentelle Überprüfung dieses Resultats war sogar Thema der *MythBusters*-Folge 177, „Wheel of Mythfortune" (*MythBusters – Die Wissensjäger* im Deutschen).

Wahrscheinlichkeit für das Auftreten einer jeden der sechs möglichen Augenzahlen gleich $\frac{1}{6}$.

Die A-posteriori-Wahrscheinlichkeit bezeichnet nun die Wahrscheinlichkeit, dass ein Ereignis eintritt, nachdem ein anderes Ereignis eingetreten ist. Im Falle des Ziegenproblems ist die A-priori-Wahrscheinlichkeit für den Gewinn des Sportwagens also $P(A) = \frac{1}{3}$, solange keine Zusatzinformation vorliegt. Das Öffnen einer Tür durch den Showmaster ändert die Sachlage nun deutlich, da es Zusatzinformation darüber liefert, hinter welcher Tür der Sportwagen sicherlich nicht steht. Die A-posteriori-Wahrscheinlichkeit ist nun $P\left(A|B\right) = \frac{2}{3}$.

Abschweifung: Verlorene Wasserstoffbomben und gesunkene Nuklear-U-Boote

Der Satz von BAYES lässt sich beispielsweise auch auf Suchprobleme anwenden, bei denen ein Gegenstand in einem großen, unübersichtlichen oder schwer zugänglichen Gebiet gesucht wird. Zu Beginn wird das Suchgebiet beispielsweise in handhabbar kleine Abschnitte unterteilt, denen aufgrund von Vorwissen über den gesuchten Gegenstand beziehungsweise die Art, auf welche er in das Gebiet gelangte, verschiedene A-priori-Wahrscheinlichkeiten dafür zugeordnet werden, dass sich der gesuchte Gegenstand in ihnen befindet.

Im Verlauf der Suchoperation wird nun naheliegenderweise zunächst der Abschnitt mit der höchsten solchen Wahrscheinlichkeit näher in Augenschein genommen werden. Falls der gesuchte Gegenstand gefunden wurde, ist die Suche erfolgreich beendet. Anderenfalls kann dem betrachteten Abschnitt nun die Wahrscheinlichkeit 0 zugeordnet werden, da sich der Gegenstand mit Sicherheit nicht dort befindet. Dies ändert nun jedoch die Wahrscheinlichkeiten der verbleibenden, noch nicht betrachteten Abschnitte, da die Summe der Wahrscheinlichkeiten aller Abschnitte des Suchgebietes gleich 1 sein muss und nun ein Term als 0 bekannt ist.

Ein interessantes Beispiel für diese Technik ist Folgendes: Am 17. Januar 1966 kollidierte ein mit Wasserstoffbomben bestückter B-52G Bomber mit einem KC-135 Stratotanker. Drei der vier an Bord der B-52G befindlichen Wasserstoffbomben wurden in der Nähe des Fischerdorfes Palomares in Spanien gefunden, während die vierte ins Meer stürzte und erst nach einigen Monaten intensiver Suche gefunden werden konnte.

Nachdem eine klassische Suche erfolglos blieb, nahm sich JOHN PIÑA CRAVEN[82] des Problems an, indem er den Satz von BAYES zur Grundlage einer verbesserten Suchstrategie machte:

> CRAVEN called in a group of mathematicians and set them to work constructing a map of the sea bottom outside Palomares. [...] Once the map was completed, CRAVEN asked a group of submarine and salvage experts to place Las Vegas-style bets on the probability of each of the different scenarious that might describe the bomb's loss being considered by the search team in Spain. Each scenario left the weapon in a different location.
>
> Then, each possible location was run through a formula that was based on the odds created by the betting round. The locations were then replotted, yards away from where logic and acoustic science alone would place them. [...]
>
> He was relying on BAYES' theorem of subjective probability [...] CRAVEN applied that [...] to the search. The bomb had been hitched to two parachutes. He took bets on whether both had opened, or one, or none. He went through the same exercise over each possible detail of the crash. His team of mathematicians wrote out possible endings to the crash story and took bets

---

82 30.10.1924–12.02.2015

> on which ending they believed most. After the betting rounds were over, they used the odds they created to assign probability quotients to several possible locations. Then they mapped those probabilities and came up with the most probable site and several other possible ones.[83]

Solche Suchtechniken wurden in der Folge auch bei der Suche nach der 1968 gesunkenen *USS Scorpion*[84] (SSN-589) und beispielsweise auch bei der Suche nach den Flugdatenschreibern des Fluges Air France Flight 447 im Jahre 2009 genutzt.[85]

Ein grundlegendes Problem im Umgang mit bedingten Wahrscheinlichkeiten ist die sogenannte *Basisratenvernachlässigung*, wie folgendes Beispiel zeigt:

Abschweifung: Genetischer Fingerabdruck
In der Kriminalistik wird mitunter ein sogenannter *genetischer Fingerabdruck* eingesetzt. Hierbei werden sogenannte *nicht-codierende* Abschnitte der Erbsubstanz *DNS*[86] betrachtet. In diesen Bereichen treten Wiederholungen bestimmter Sequenzen auf, die ausgesprochen spezifisch (aber eben nicht eindeutig) für Individuen sind. Gerade bei Mord- und Sexualstraftaten wird häufig öffentlichkeitswirksam auf einen solchen genetischen Fingerabdruck als Beweismittel zurückgegriffen, der meist als „unfehlbar" dargestellt beziehungsweise wahrgenommen wird.

In KRAUSS et al. (2000) findet sich ein schönes Beispiel, das die Gefahr einer oberflächlichen Betrachtung der Ergebnisse solcher Verfahren verdeutlicht: Es wird ein (hypothetischer) Mordfall betrachtet, bei dem am Tatort eine vom Täter hinterlassene Blutspur eine zentrale Rolle spielt. Mit Hilfe eines genetischen Fingerabdrucks ordnet ein Sachverständiger diese Blutspur dem Angeklagten im vorliegenden Fall zu. Hierbei sind folgende Zusatzinformationen bekannt:

- Es kommen ca. 10^6 Personen als Spurverursacher (nicht als Täter!) in Frage, woraus sich die A-priori-Wahrscheinlichkeit, dass eine der Personen der Täter ist, zu 10^{-6} ergibt.
- Die Wahrscheinlichkeit, dass das Verfahren des genetischen Fingerabdrucks dem wirklichen Spurverursacher die gefundene Blutspur zuordnet, die sogenannte *Trefferrate*, liegt bei nahezu 100%.
- Die Wahrscheinlichkeit, dass ein Unschuldiger der Blutspur zugeordnet wird, beträgt lediglich $10^{-6} = 0{,}0001\%$. Dies wird als *Falsch-Positiv-Rate* des Verfahrens bezeichnet.

Abbildung 4.13 zeigt nun die Zahlenverhältnisse im betrachteten Beispiel: Die 10^6 möglichen Spurverursacher setzen sich aus dem eigentlichen Täter sowie 999999 Unschuldigen zusammen. Wird der auf Basis der gefundenen Blutspur bestimmte genetische Fingerabdruck mit dem des Täters verglichen, so liefert das Verfahren mit nahezu 100%-iger Wahrscheinlichkeit eine Übereinstimmung. Leider ist die Menge der Unschuldigen in diesem Fall so groß, dass auch hier mit hoher Wahrscheinlichkeit eine Übereinstimmung festgestellt werden kann. Im vorliegenden Beispiel beträgt die Wahrscheinlichkeit,

---

83 Siehe (SONTAG et al., 1998, S. 58 f.).

84 Siehe RICHARDSON et al. (1971).

85 Siehe STONE et al. (2011). Allgemein sehr interessant in diesem Zusammenhang ist auch Soza & Company (1996).

86 Kurz für *Desoxyribonukleinsäure*, im englischen Sprachraum mit *DNA* (kurz für *deoxyribonucleic acid*) abgekürzt.

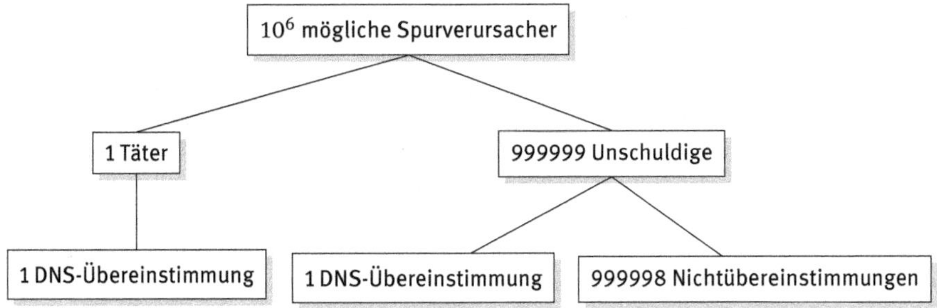

Abb. 4.13. Häufigkeitsbetrachtung im Mordfall (nach (KRAUSS et al., 2000, S. 160))

dass der Angeklagte der gesuchte Täter ist, wenn eine Übereinstimmung des genetischen Fingerabdruckes gefunden wurde, lediglich 50%!

In diesem Fall kann (4.26) nicht direkt genutzt werden, da $P(B)$ nicht bekannt ist – stattdessen kommt (4.27) mit den folgenden Bezeichnungen zum Einsatz:

$P(A)$: A-prioi-Wahrscheinlichkeit dafür, ein Täter zu sein – im vorliegenden Beispiel gleich 10^{-6}.

$P(\overline{A})$: A-priori-Wahrscheinlichkeit dafür, kein Täter zu sein, d. h. $P(\overline{A}) = 1 - P(A) = 0{,}999999$.

$P(B|A)$: Trefferrate des Verfahrens, der Einfachheit halber sei hier $P(B|A) = 1$.

$P(B|\overline{A})$: Falsch-Positiv-Rate des Verfahrens – gleich 10^{-6}.

$P(A|B)$: Die gesuchte Wahrscheinlichkeit dafür, dass der Angeklagte wirklich Verursacher der gefundenen Blutspur ist, nachdem das Verfahren des genetischen Fingerabdrucks eine Übereinstimmung geliefert hat.

Eingesetzt in (4.27) ergibt sich hiermit

$$\begin{aligned} P(A|B) &= \frac{P(B|A)\,P(A)}{P(B|A)\,P(A) + P(B|\overline{A})\,P(\overline{A})} \\ &= \frac{1 \cdot 10^{-6}}{1 \cdot 10^{-6} + 10^{-6} \cdot 0{,}999999} \\ &\approx \frac{1}{2}. \end{aligned}$$

Bei genügend großer Menge von potenziellen Spurverursachern macht sich offensichtlich die zwar kleine, aber nicht vernachlässigbare Falsch-Positiv-Rate des Verfahrens bemerkbar. KRAUSS und HERTWIG bemerken hierzu im Zusammenhang mit der juristischen Anwendung solcher Verfahren auf Grundlage einer an Juristen durchgeführten Studie zu Recht:[87]

> Die[...] Ergebnisse sind alarmierend, wenn man bedenkt, dass die Juristen mit Wahrscheinlichkeitsinformationen zum größten Teil (92%) gar keine korrekten Schlussfolgerungen aus den statistischen Informationen des DNA-Gutachtens ziehen konnten.

---

87 Siehe (KRAUSS et al., 2000, S. 161).

Aufgabe 60:
In (Krauss et al., 2000, S. 158 f.) findet sich folgende schöne Aufgabe, in der es um die Brauchbarkeit eines einfachen „Lügentests“ geht, der auf der Annahme beruht, dass Lügner beim Lügen erröten (was natürlich Unfug ist). Mit Hilfe dieses Tests wurden bereits 100 Personen untersucht, unter denen sich 10 Lügner befanden, von denen 9 erröteten. Unter den 90 Nicht-Lügnern fanden sich allerdings 27, die dennoch erröteten.

Nun wird eine weitere Person untersucht, die prompt errötet. Wie groß ist die Wahrscheinlichkeit, dass es sich hierbei um einen Lügner handelt?

4.5 Statistische Tests

Die letzten Beispiele leiten direkt zu sogenannten *statistischen Tests* über, die recht gut anhand eines praktischen Beispieles erläutert werden können: In den 1990er Jahren wurde der Autor dieses Buches in eine Diskussion mit einigen Personen verwickelt, die den Ideen der *Parapsychologie*[88] nahestanden. Konkret behaupteten einige an dieser Diskussion beteiligte Personen, in der Lage zu sein, zukünftige Ereignisse, beispielsweise das Ergebnis eines in der Zukunft stattfindenden Wurfes mit einem fairen Würfel, vorhersagen oder gar durch reine Geisteskraft manipulieren zu können.

Um sich einer solchen Behauptung zu nähern, bietet es sich an, zunächst zwei Hypothesen, die sogenannte *Nullhypothese* $\mathcal{H}_0$ und die *Alternativhypothese* $\mathcal{H}_1$ aufzustellen. Im vorliegenden Beispiel entspricht $\mathcal{H}_0$ der Aussage, dass eine Person *keine* hellseherischen Fähigkeiten besitzt, was zugleich die Grundannahme aus Sicht eines Skeptikers darstellt. Entsprechend bezeichnet $\mathcal{H}_1$ die Aussage, dass eine Person eben *doch* über solche Fähigkeiten verfügt.

Um nun entscheiden zu können, welche der beiden Hypothesen *verworfen* werden muss, ist ein Experiment durchzuführen: Abbildung 4.14 zeigt das seinerzeit verwendete Equipment. Der Einschub auf der linken Seite enthält einen auf einem physikalischen Phänomen beruhenden Zufallsgenerator, d. h. explizit keinen Pseudozufallsgenerator, wie er in Abschnitt 3.1 beschrieben wurde. Dieser Generator erzeugt in regelmäßigen Zeitabständen der Länge t ein einziges zufälliges Bit, mit dem die „Bewegung“ eines Leuchtpunktes auf dem rechts dargestellten Anzeigesystem kontrolliert wird. Zu Beginn des Experimentes leuchtet die obere Leuchtdiode. Nach jedem

88 Die Parapsychologie, die von vielen (auch vom Autor) als Pseudowissenschaft betrachtet wird, untersucht psychische Fähigkeiten, die über die bekannten, normalen hinausgehen, beispielsweise Hellsehen etc.

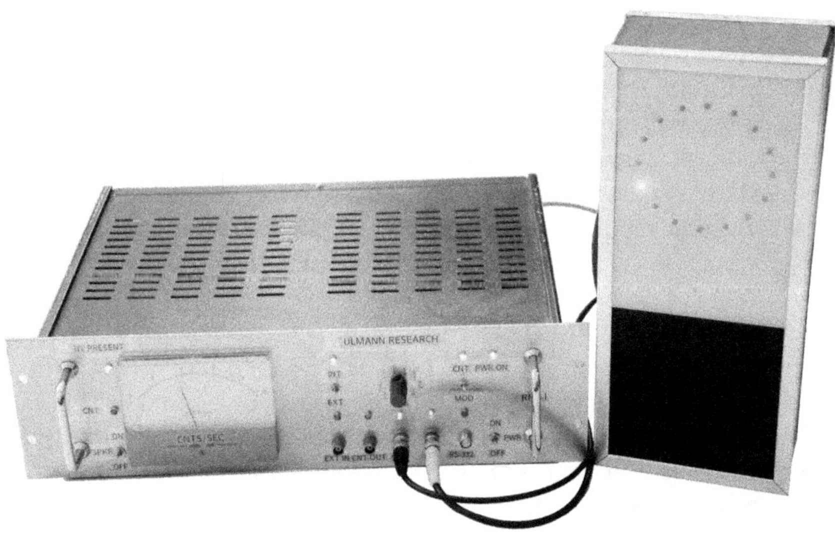

Abb. 4.14. Zufallsgenerator mit Anzeige für Psi-Experiment

Zeitschritt wandert dieser Lichtpunkt entweder um eine Position nach links oder nach rechts – je nachdem, welchen Wert das zufällige Bit besitzt.[89]

Nun wurden Testpersonen gebeten, die Bewegung dieses Lichtpunktes vorherzusagen, d. h. während eines Zeitintervalls t sollte eine Aussage der Art „der Lichtpunkt wird nach rechts/links wandern" getroffen werden. Im Falle der Nullhypothese besitzt die Testperson keine hellseherischen Fähigkeiten und damit entsprechend auch keine Möglichkeit, diese Bewegung und damit den jeweils nächsten Wert des Zufallsbits vorherzusagen. Die Wahrscheinlichkeit für eine korrekte Vorhersage beträgt in diesem Fall also $\frac{1}{2}$.[90] Falls jedoch die Alternativhypothese $\mathcal{H}_1$ gilt, gelingt es der Testperson mit einer deutlich von $\frac{1}{2}$ abweichenden Wahrscheinlichkeit, die Bewegung des Lichtpunktes korrekt vorherzusagen.[91]

89 Hierbei handelt es sich um ein anschauliches Beispiel eines sogenannten *random walks* – einer Bewegung, bei der ein wiederholt ausgeführtes Zufallsexperiment über die Richtung eines jeden Schrittes entscheidet.

90 Der Zufallsgenerator war entsprechend kalibriert, so dass die Wahrscheinlichkeiten für das Erzeugen eines Null- beziehungsweise Einsbits im Rahmen der Messmöglichkeiten gleich waren.

91 Während ein Wert deutlich größer als $\frac{1}{2}$ in diesem Beispiel offensichtlich auf hellseherische Fähigkeiten hindeutet, gilt dies auch für einen deutlich kleineren Wert. In diesem Fall würde eine Person sozusagen verlässlich falsche Voraussagen treffen, was auch eine Form der Hellsichtigkeit darstellte.

Es stellt sich also die Frage, wie groß die Wahrscheinlichkeit dafür ist, die Nullhypothese $\mathcal{H}_0$ („die Person verfügt nicht über hellseherische Fähigkeiten") abzulehnen, d. h. davon auszugehen, die Person verfüge über solche Fähigkeiten, obwohl dies nicht der Fall ist. Gesucht ist also die bedingte Wahrscheinlichkeit $P\left(A|B\right)$, wobei A und B die Ereignisse „$\mathcal{H}_0$ wird abgelehnt" bzw. „$\mathcal{H}_0$ ist korrekt" bezeichnen.

Im Experiment mussten die Testpersonen 100 Vorhersagen über die nächste Bewegung des Lichtpunktes treffen. Angenommen, eine Person hätte in allen Fällen eine korrekte Vorhersage getroffen, so wäre die Wahrscheinlichkeit dafür, fälschlicherweise die Nullhypothese abzulehnen, obwohl sie korrekt ist, gleich

$$P\left(A|B\right) = \left(\frac{1}{2}\right)^{100} \approx 7{,}9 \cdot 10^{-31}.$$

Ein Ablehnen der Nullhypothese in dem Fall, dass sie eben doch korrekt ist, wird auch als *Fehler erster Art* bezeichnet. Die Wahrscheinlichkeit, dass eine solche Fehlentscheidung gefällt wird, wenn eine Testperson in allen 100 Fällen eine richtige Vorhersage getroffen hat, ist offensichtlich vernachlässigbar klein. Als *Fehler zweiter Art* wird der umgekehrte Fall beschrieben, bei dem im vorliegenden Fall einer hellseherisch begabten Person diese Fähigkeiten zu Unrecht abgesprochen werden.

Nun muss man aber auch (angeblich) hellseherisch begabten Personen eine gewisse Irrtumswahrscheinlichkeit zugute halten. Eine 100%-ige Trefferrate ist sicherlich zu viel verlangt. Die Frage ist nur, welche Trefferrate man erwartet, um einer Person hellseherische Fähigkeiten zu attestieren. Genügen im vorliegenden Fall 50, 60 oder 70 richtige Vorhersagen? Wie groß ist konkret die Wahrscheinlichkeit, bei n Versuchsdurchläufen und m korrekten Vorhersagen, einen Fehler erster Art zu begehen? Wie viele Falsch-Positiv-Ergebnisse möchte man tolerieren?

Angenommen, man erwartet von einer Testperson, dass sie von den 100 Teilversuchen den Augang in mindestens 70 der Fälle korrekt vorhersagt, so ergibt sich mit Hilfe der Binomialverteilung

$$B(k,n,p) = \binom{n}{k} p^k (1-p)^{n-k}$$

für die Wahrscheinlichkeit, einen Fehler erster Art zu begehen, d. h. der Person hellseherische Fähigkeiten zuzuschreiben, obwohl sie in Wirklichkeit über keine solchen verfügt, folgender Ausdruck:

$$P\left(A|B\right) = \sum_{k=70}^{100} B(k, 100, \frac{1}{2}) \approx 3.925 \cdot 10^{-5}$$

In der Praxis legt man üblicherweise eine maximal zulässige Wahrscheinlichkeit, einen Fehler erster Art zu begehen, fest, bevor ein Experiment durchgeführt wird.

Meist werden hierbei Werte $1\% \leq p \leq 5\%$ gewählt. Dieser Wert wird als *Signifikanzniveau* bezeichnet.[92]

Es gibt eine schier unüberschaubare Vielzahl statistischer Tests für die unterschiedlichsten Anwendungsfälle, die weit über das obige Beispiel hinausgehen. Sehr häufig stellt sich beispielsweise angesichts von Daten, die durch Messungen, Stichproben etc. gewonnen wurden, die Frage, ob diese einer bestimmten – erwarteten – Verteilung genügen oder bestimmte *Lageparameter* wie den Erwartungswert oder den Median besitzen, auf die im Folgenden jedoch nicht weiter eingegangen wird.[93]

4.6 Korrelationen

Eine interessante Frage ist stets, ob Ereignisse, Merkmalsausprägungen, Mengen etc. – d. h. letztlich Variablen – in irgendeinem Verhältnis zueinander stehen. Ist dies der Fall, spricht man von einer *Korrelation*.[94]

Klassische Beispiele für derartige Korrelationen sind beispielsweise die Größen von Eltern und Kindern, oder Alter und Gewicht von Kindern, Lungenkrebswahrscheinlichkeit und Rauchen,[95] der Umsatz der Speiseeisbranche in Abhängigkeit von den Außentemperaturen etc.

Werden zwei Variablen hinsichtlich einer möglichen wechselweisen Beziehung zwischen ihnen betrachtet, müssen zunächst drei Fälle unterschieden werden: Die Variablen können entweder nicht, positiv oder negativ korreliert sein. Bei positiver Korrelation steigen die Werte der beiden betrachteten Variablen gleichermaßen an, bei negativer Korrelation implizieren größere Werte einer Variablen kleinere der anderen.

Wenn Zufallsvariablen auf einen wechselweisen Zusammenhang hin untersucht werden sollen, stellt sich zunächst die Frage, welchen „Datentyp" diese Variablen besitzen. In der Statistik unterscheidet man allgemein zwischen drei wesentlichen Datentypen:

***Nominale Daten*:** Diese beschreiben qualitative Ausprägungen, wie zum Beispiel „Geschlecht", „verheiratet", „berufstätig" usf.

---

92 Seinerzeit stellte sich übrigens heraus, dass von allen betrachteten Testpersonen keiner einzigen hellseherische Fähigkeiten zugesprochen werden mussten, was allerdings nicht wirklich verwundert.

93 Weiterführende Informationen finden sich beispielsweise in Griffiths (2009), Rinne (2008), Lehn et al. (1992) etc.

94 Vom lateinischen „correlatio" für „Wechselverhältnis" oder auch „Wechselbeziehung".

95 In der Medizin wird in solchen Fällen häufig allgemein davon gesprochen, dass „ein Zusammenhang zwischen ... und ... gefunden wurde". Angesichts der oft sehr kleinen Stichprobengrößen in der Medizin sollten allzu verallgemeinernde Aussagen dieser Form zumindest hinterfragt werden.

***Ordinale Daten*:** Hiermit lassen sich Merkmale bereits feiner granular beschreiben. Ordinale Daten lassen beispielsweise Ausprägungen wie „sehr gut“, „gut“, „befriedigend“, „ausreichend“ und „mangelhaft“ zu. Die Reihenfolge der verschiedenen Werte ist hierbei ausschlaggebend.

***Metrische Daten*:** Mit Hilfe dieses Datentyps lassen sich sozusagen Messwerte repräsentieren. Solche Daten bestehen letztlich aus einem Skalar, zusammen mit einer geeigneten Maßeinheit. Beispiele für solche Daten sind „Körpergröße in Zentimetern“, „Nährwert in kcal“ etc.

Ein Punkt, der immer wieder – mitunter absichtlich – übersehen wird, ist, dass eine Korrelation zwischen zwei Variablen keinesfalls eine Kausalbeziehung zwischen diesen Variablen belegt:

Korrelation impliziert keine Kausalität!

Häufig sind die in einer Studie betrachteten Variablen nicht direkt voneinander, sondern von einer weiteren, nicht im Fokus der Betrachtung stehenden Variablen oder auch gar nicht voneinander abhängig, wie die folgenden Beispiele zeigen:

Beispiel 50:
Ein geradezu notorisches Beispiel für eine Korrelation zwischen zwei Ereignissen, die jedoch in keiner direkten Wechselbeziehung zueinander stehen, ist die in manchen Gebieten nachweisbare positive Korrelation zwischen Geburtenrate und Anzahl von Störchen, was die Mär vom Storch, der Babys bringt, zu stützen scheint. Diese beiden Parameter sind jedoch beide von einem dritten Faktor abhängig, der hier außer Acht gelassen wurde, nämlich vom Grad der Industrialisierung eines Gebietes. Mit steigender Industrialisierung gehen sowohl die Storchenpopulation als auch die Geburtenrate zurück, was auf den ersten Blick eine Korrelation dieser beiden Variablen nahelegt, die jedoch in die Irre führt.[96]

Ein weiteres schönes Beispiel ist das 1983 in der SPD-Parteizeitung „Vorwärts“ veröffentlichte sogenannte *Mierscheid-Gesetz*, das nach einem fiktiven Bundestagsabgeordneten Jakob Maria Mierscheid benannt ist und mittlerweile durch Wolfgang Walla zum *Mierscheid-Walla-Gesetz* verfeinert wurde.[97] Dieses Gesetz besagt:

„Der Erfolg der SPD ist von der Stahlproduktion abhängig und der Erfolg der CDU von der Nichtstahlproduktion.“

Verblüffenderweise sind die für die SPD abgegebenen Stimmen und die in Millionen Tonnen gemessene Stahlproduktion der alten Bundesländer positiv miteinander korreliert.

Ebenso korrelieren die Anzahl der Facebookuser und die griechische Staatsverschuldung miteinander, obwohl hier sicherlich ebenfalls kein direkter Zusammenhang besteht usw.

---

96 In solchen Fällen reicht eine einfache Korrelationsbetrachtung nicht aus – vielmehr muss eine sogenannte *partielle Korrelation* bestimmt werden, was allerdings über den vorliegenden Rahmen hinausgeht.

97 Siehe Walla (2006).

Eine Korrelation zwischen zwei Zufallsvariablen X und Y kann auf einer Reihe von Ursachen beruhen: X kann beispielsweise direkt Y verursachen oder umgekehrt oder sogar wechselseitig. X und Y können aber auch von einer weiteren, nicht beobachteten Variablen Z abhängen. Hiervon sind entsprechend auch Mischformen möglich, in denen beispielsweise X zwar Y verursacht, aber beide zusätzlich über eine dritte Variable beeinflusst werden.

Eines der verbreitetsten Korrelationsmaße ist der nach Karl Pearson[98] benannte *Pearson-Korrelationskoeffizient*,[99] der dann zum Einsatz gelangt, wenn zwischen den beiden betrachteten Variablen eine *lineare Abhängigkeit* besteht. Dieser Punkt kann gar nicht genug betont werden – zwei Variablen können durchaus über einen nichtlinearen Zusammenhang miteinander in Beziehung stehen, was sich aber nicht im Pearson-Korrelationskoeffizienten zeigt. In der Praxis wird beispielsweise mitunter ein sogenanntes *Streudiagramm* erstellt, in dem die Ausprägungen der betrachteten Variablen gegeneinander abgetragen werden, um eine grobe Einschätzung geben zu können, ob ein linearer Zusammenhang zwischen den Variablen bestehen könnte oder nicht.[100]

Ein wesentlicher Begriff in diesem Zusammenhang ist eine Erweiterung des bereits bekannten Konzeptes der Varianz, die sogenannte *Kovarianz* $\operatorname{Cov}(X,Y)$ zweier Zufallsvariablen X und Y,[101]

$$\operatorname{Cov}(X,Y) = \mathrm{E}\left((X - \mathrm{E}(X))(Y - \mathrm{E}(Y))\right), \tag{4.28}$$

die ein Maß dafür ist, wie wie stark monotone Änderungen der einen Zufallsvariablen mit Änderungen der anderen einhergehen.[102] Zu beachten ist hierbei, dass die Kovarianz symmetrisch ist, d. h. es gilt

$$\operatorname{Cov}(X,Y) = \mathrm{E}\left((X - \mathrm{E}(X))(Y - \mathrm{E}(Y))\right) = \mathrm{E}\left((Y - \mathrm{E}(Y))(X - \mathrm{E}(X))\right) = \operatorname{Cov}(Y,X).$$

Entsprechend enthält sie keine Information darüber, ob Y von X oder umgekehrt X von Y abhängt. Es kann mithin keine Aussage über Ursache und Wirkung getroffen werden![103]

---

98 27.03.1857–27.04.1936

99 Es gibt eine Vielzahl anderer Korrelationsmaße, die jeweils für unterschiedliche Voraussetzungen geeignet sind, auf die im Folgenden jedoch nicht näher eingangen wird.

100 Im Falle eines linearen Zusammenhangs zwischen X und Y werden die in das Diagramm eingetragenen Punkte mehr oder weniger um eine gedachte Gerade herum liegen.

101 Mitunter auch als $\sigma(X,Y)$ notiert.

102 Es gilt offensichtlich $\operatorname{Cov}(X,X) = \mathrm{E}\left((X - \mathrm{E}(X))(X - \mathrm{E}(X))\right) = \mathrm{E}\left((X - \mathrm{E}(X))^2\right) = \operatorname{Var}(X)$.

103 Beispielsweise berufen sich viele Programme und Übungen zum „Gehirnjogging“ darauf, dass ein Zusammenhang zwischen geistig anspruchsvollen Tätigkeiten und einem verminderten Risiko, an Alzheimer zu erkranken, besteht. Selbst, wenn man die als gegeben akzeptiert, stellt sich die Frage, was hier Ursache und was Wirkung ist. Verringert intensive geistige Tätigkeit das Risiko, an Alzheimer zu erkranken oder wirkt sich vielleicht umgekehrt eine Alzheimererkrankung bereits in jungen Jahren dergestalt aus, dass erst gar keine geistig anstrengenden Tätigkeiten unternommen werden?

Verändern sich X und Y gleichsinnig, d. h. gehen hohe Werte von X mit hohen Werten von Y einher, so ist $\mathrm{Cov}(X,Y) > 0$. Fallen die Werte von Y für steigende Werte von X, so ist $\mathrm{Cov}(X,Y) < 0$. Hängen X und Y nicht monoton voneinander ab, so ist $\mathrm{Cov}(X,Y) = 0$.

X und Y werden *unkorreliert* genannt, wenn $\mathrm{Cov}(X,Y) = 0$ gilt. Hieraus kann jedoch nicht auf die stochastische Unabhängigkeit von X und Y geschlossen werden! Gilt beispielsweise $Y = X^2$, wobei X eine auf einem Intervall $[-1,1]$ gleichverteilte Zufallsvariable ist, so gilt aufgrund der Gleichverteilung und der symmetrischen Lage des betrachteten Intervalls um den Nullpunkt zunächst $\mathrm{E}(X) = 0$. Einsetzen von X und Y in (4.28) liefert dann

$$\mathrm{Cov}(X,Y) = \mathrm{Cov}(X,X^2) = \mathrm{E}\left((X - \mathrm{E}(X))(X^2 - \mathrm{E}(X^2)\right) = 0,$$

obwohl X und Y aufgrund ihrer Definition ganz offensichtlich nicht stochastisch unabhängig voneinander sind. Die Bedingung $\mathrm{Cov}(X,Y) = 0$ und damit die Unkorreliertheit von X und Y sind also notwendige, aber nicht hinreichende Bedingungen für die stochastische Unabhängigkeit von X und Y.

Wie bereits bei den Momenten wird anstelle der Kovarianz meist ein durch das Produkt der Standardabweichungen $\sigma(X)$ und $\sigma(Y)$ der beiden betrachteten Variablen normierter Ausdruck als Maß für die Korrelation von X und Y verwendet. Dies ist der erwähnte PEARSON-Korrelationskoeffizient, der – wie andere Korrelationskoeffizienten auch – mitunter auch als *Zusammenhangsmaß* bezeichnet und gelegentlich $\rho_{X,Y}$ geschrieben wird:[104]

$$\mathrm{Corr}(X,Y) = \frac{\mathrm{E}\left((X - \mathrm{E}(X))(Y - \mathrm{E}(Y))\right)}{\sigma_X \sigma_Y}$$

Aufgrund der Normierung mit $\sigma_X\sigma_Y$ gilt stets $-1 \leq \mathrm{Corr}(X,Y) \leq 1$. Ist $\mathrm{Corr}(X,Y) > 0$, so sind X und Y *positiv korreliert*, d. h. mit steigendem X steigt auch Y und umgekehrt. Entsprechend spricht man bei $\mathrm{Corr}(X,Y) < 0$ von einer *negativen Korrelation* oder auch von einer *Antikorrelation*.

In der Praxis muss der PEARSON-Korrelationskoeffizient häufig für eine Menge von $n \in \mathbb{N}$ Messwerten (Stichproben) x_i und y_i mit $1 \leq i \leq n$ bestimmt werden. Hierzu bietet sich der folgende Ausdruck an, zu dessen Auswertung lediglich Summen über x_i, y_i, x_i^2, y_i^2 und x_iy_i berechnet werden müssen, was die Auswertung mit Hilfe eines Computers ausgesprochen einfach macht:[105]

$$r_{X,Y} = \frac{n\sum_{i=1}^{n} x_iy_i - \sum_{i=1}^{n} x_i \sum_{i=1}^{n} y_i}{\sqrt{n\sum_{i=1}^{n} x_i^2 - \left(\sum_{i=1}^{n} x_i\right)^2}\sqrt{n\sum_{i=1}^{n} y_i^2 - \left(\sum_{i=1}^{n} y_i\right)^2}} \tag{4.29}$$

104 Hierbei wird stillschweigend vorausgesetzt, dass σ_X und σ_Y sowohl endlich als auch von 0 verschieden sind.

105 Die Bezeichnung $r_{x,y}$ leitet sich vom Begriff des *Ranges* her.

Tab. 4.2. Monatliche Durchschnittstemperaturen und Gewinne

Monat	Temp.	Gewinn	Monat	Temp.	Gewinn	Monat	Temp.	Gewinn
1	0	413	2	–9	325	3	0	387
4	11	571	5	14	1025	6	21	1579
7	27	2109	8	17	1281	9	8	862
10	12	790	11	6	526	12	–1	467

Aufgabe 61:
Der Besitzer einer Eisdiele hat über ein Jahr lang hinweg jeden Monat die in Tabelle 4.2 dargestellten Durchschnittsaußentemperaturen (in Grad Celsius) x_i sowie die durch den Verkauf von Speiseeis erzielten monatlichen Durchschnittsgewinne y_i aufgezeichnet. Welchen Wert hat der Korrelationskoeffizient gemäß (4.29) für diesen Datensatz? Welche Aussage lässt dieser Wert zu?

4.7 Regressionsanalyse

Während ein nahe bei ± 1 liegender Korrelationskoeffizient zwar einen Hinweis darauf gibt, dass zwei Variablen in einer gewissen Wechselbeziehung zueinander stehen, aber, wie bereits erwähnt, keinen Schluss darüber zulässt, ob und wenn ja, wie diese Wechselbeziehung gerichtet ist, kann in der Praxis dennoch häufig eine Vermutung geäußert werden, welches die sogenannte *abhängige* und welches die *unabhängige Variable* in einem betrachteten System ist.

In obiger Aufgabe mit der Eisdiele liegt beispielsweise die Vermutung nahe, dass die Temperatur als unabhängige, d. h. theoretisch frei veränderliche Größe, den Eisumsatz beeinflusst. Entsprechend ist der durch den Verkauf von Speiseeis erzielte Gewinn die abhängige Variable. Unabhängige Variablen werden oft auch als *Regressoren*,[106] abhängige Variablen entsprechend als *Regressand* bezeichnet.[107]

Die Aufgabe der sogenannten *Regressionsanalyse*, oft auch kurz *Regression* genannt, ist es, die Beziehung zwischen unabhängigen und abhängigen Variablen zu modellieren, um auf dieser Basis beispielsweise Vorhersagen über das Verhalten eines Systems treffen zu können. Allgemein gesprochen, wird zu einer Menge von beobachteten, d. h. gemessenen Werten, die beispielsweise als Punkte in ein Koordinatensys-

106 Vom lateinischen „regressio“ für „Rückkehr“.

107 In der Praxis wird häufig a-priori unterstellt, eine Variable sei ein Regressor oder ein Regressand. Ob dies jedoch wirklich zutreffend ist, muss eine eingehendere Analyse zeigen.

tem eingetragen werden können, eine Kurve gesucht, die einen „möglichst geringen Abstand" zu den jeweiligen Punkten besitzt.

Um eine solche Kurve, beziehungsweise Parameter für eine Funktion, welche diese Kurve beschreibt, bestimmen zu können, muss ein Maß für diesen „möglichst geringen Abstand" gefunden werden. In der Praxis wird hier häufig die sogenannte *Methode der kleinsten Quadrate* eingesetzt. Hierbei handelt es sich um ein Minimierungsproblem, bei dem die Summe der quadrierten Differenzen zwischen der Kurve und den jeweiligen Werten minimiert werden sollen. Entwickelt wurde das Verfahren maßgeblich von ADRIEN-MARIE LEGENDRE[108] und GAUSS, der es in recht spektakulärer Weise für die Bestimmung der Bahnparameter eines 1801 entdeckten Zwergplaneten anwandte, von dem eine Reihe von Bahnpunkten durch – prinzipiell fehlerbehaftete[109] – Messungen bekannt waren.[110]

Im speziellen Fall der hier exemplarisch kurz dargestellten *linearen Regression* wird der Zusammenhang zwischen den betrachteten Variablen in Form einer linearen Funktion modelliert, d. h. es werden Parameter a und b gesucht, so dass für eine gegebene Menge von $n \in \mathbb{N}$ Messpunkten (x_i, y_i) mit $1 \leq i \leq n$ eine Gerade der Form

$$y = ax + b \tag{4.30}$$

bestimmt werden kann, die „möglichst nahe" an den Messpunkten verläuft. Im Falle der Methode der kleinsten Quadrate gilt es, wie der Name schon sagt, eine quadratische Funktion der Form

$$E(a,b) = \sum_{i=1}^{n} (ax_i + b - y_i)^2$$

zu minimieren, wobei die beiden Funktionsparameter a und b den Parametern der Geradengleichung (4.30) entsprechen.

Um das Minimum einer Funktion zu finden, wird zunächst ihre Ableitung benötigt. Da es sich bei $E(a,b)$ um eine Funktion mit zwei Argumenten handelt, müssen entsprechend die beiden ersten partiellen Ableitungen bestimmt werden. Hierzu bietet es sich an, $E(a,b)$ zunächst auszumultiplizieren:

$$\begin{aligned} E(a,b) &= \sum_{i=1}^{n} (ax_i + b - y_i)(ax_i + b - y_i) \\ &= \sum_{i=1}^{n} a^2x_i^2 + 2abx_i - 2ax_iy_i - 2by_i + y_i^2 + b^2 \end{aligned}$$

108 18.09.1752–10.01.1833

109 Im Zusammenhang mit solchen Fehlern stellt sich stets eine Reihe von Fragen. Beispielsweise die nach dem Umgang mit „Ausreißern" oder die nach der Behandlung fehlender Werte etc. Können Ausreißer einfach ignoriert werden? Dürfen fehlende Werte durch Interpolation „konstruiert" werden?

110 Siehe hierzu beispielsweise (BATTIN, 1999, S. 295 ff. und S. 646 ff.).

Hiermit ergeben sich die beiden gesuchten partiellen Ableitungen

$$\frac{\partial E(a,b)}{\partial a} = 2\sum_{i=1}^{n} ax_i^2 + bx_i - x_iy_i \text{ und} \tag{4.31}$$

$$\frac{\partial E(a,b)}{\partial b} = 2nb + 2\sum_{i=1}^{n} ax_i - y_i. \tag{4.32}$$

Für ein Minimum von $E(a,b)$ muss

$$\frac{\partial E(a,b)}{\partial a} = 0 \text{ und } \frac{\partial E(a,b)}{\partial b} = 0$$

gelten, was durch Nullsetzen von (4.31) und (4.32) und anschließendes Auflösen nach von a und b bestimmten Termen auf

$$\sum_{i=1}^{n} ax_i^2 + bx_i = a\sum_{i=1}^{n} x_i^2 + b\sum_{i=1}^{n} x_i = \sum_{i=1}^{n} x_iy_i \tag{4.33}$$

und

$$nb + a\sum_{i=1}^{n} x_i = \sum_{i=1}^{n} y_i \tag{4.34}$$

führt. Auflösen von (4.34) nach b liefert

$$b = \frac{\sum_{i=1}^{n} y_i - a\sum_{i=1}^{n} x_i}{n} = \frac{\sum_{i=1}^{n} y_i}{n} - a\frac{\sum_{i=1}^{n} x_i}{n} = \overline{y} - a\overline{x}, \tag{4.35}$$

wobei, wie bereits zuvor, $\overline{x}$ und $\overline{y}$ das arithmetische Mittel der x_i beziehungsweise y_i bezeichnet.

Um den fehlenden Parameter a zu bestimmen, setzt man nun (4.35) in (4.33) ein, woraus sich zunächst

$$a\sum_{i=1}^{n} x_i^2 + (\overline{y} - a\overline{x})\sum_{i=1}^{n} x_i = \sum_{i=1}^{n} x_iy_i$$

ergibt. Ausmultiplizieren der Klammer liefert

$$a\sum_{i=1}^{n} x_i^2 + \overline{y}\sum_{i=1}^{n} x_i - a\overline{x}\sum_{i=1}^{n} x_i = \sum_{i=1}^{n} x_iy_i,$$

das nach

$$a\sum_{i=1}^{n} x_i^2 - a\overline{x}\sum_{i=1}^{n} x_i = \sum_{i=1}^{n} x_iy_i - \overline{y}\sum_{i=1}^{n} x_i$$

umgestellt werden kann. Nun lässt sich a ausklammern, was auf

$$a\left(\sum_{i=1}^{n} x_i^2 - \overline{x}\sum_{i=1}^{n} x_i\right) = \sum_{i=1}^{n} x_iy_i - \overline{y}\sum_{i=1}^{n} x_i$$

führt. Dieser Ausdruck kann nun durch eine Division nach a aufgelöst werden, woraus folgender, auf den ersten Blick etwas unhandlich wirkender Ausdruck resultiert:

$$a = \frac{\sum_{i=1}^{n} x_i y_i - \overline{y} \sum_{i=1}^{n} x_i}{\sum_{i=1}^{n} x_i^2 - \overline{x} \sum_{i=1}^{n} x_i} . \tag{4.36}$$

Da das arithmetische Mittel über x_i die Gestalt

$$\overline{x} = \frac{\sum_{i=1}^{n} x_i}{n}$$

besitzt, lässt sich in (4.36) anstelle von $\sum_{i=1}^{n} x_i$ auch einfacher $n\overline{x}$ schreiben, woraus sich zur Bestimmung des noch fehlenden Parameters a bei der linearen Regression mit der Methode der kleinsten Quadrate

$$a = \frac{\sum_{i=1}^{n} x_i y_i - n\overline{x}\,\overline{y}}{\sum_{i=1}^{n} x_i^2 - n\overline{x}^2} \tag{4.37}$$

ergibt.

Für einen gegebenen Datensatz aus Tupeln der Form (x_i, y_i) lassen sich also mit Hilfe von (4.37) und (4.35) die Parameter a und b für eine sogenannte *Regressionsgerade* bestimmen.

Beispiel 51:
Das folgende Beispiel zeigt das Vorgehen anhand des in einem Zeitraum von 35 Jahren in Seiten gemessenen Umfanges eines britischen Versandhauskataloges.[111] Tabelle 4.3 zeigt die Rohdaten. Auf dieser Basis werden nun mit Hilfe von (4.37) und (4.35) die für die Geradengleichung benötigten Parameter a und b berechnet. Es ergibt sich

$$a \approx 45{,}162 \text{ und}$$
$$b \approx -89260{,}22.$$

Abbildung 4.15 zeigt die Rohdaten zusammen mit der resultierenden Regressionsgeraden.

Die lineare Regression kann selbstverständlich nur dann sinnvoll eingesetzt werden, wenn zwischen (vermutetem) Regressor und Regressand ein im Wesentlichen linearer Zusammenhang vorliegt. In der Praxis werden eine ganze Reihe weiterer Regressionsfunktionen genutzt, um beispielsweise exponentielle oder logarithmische Zusammenhänge modellieren zu können.

---

111 Für dieses Beispiel und die Messdaten sei an dieser Stelle Herrn David Curran herzlich gedankt.

Tab. 4.3. Versandhauskatalogumfang in Seiten

Jahr	Seiten	Jahr	Seiten	Jahr	Seiten	Jahr	Seiten
1975	186	1983	284	1993	499	2000	872
1976	200	1984	294	1994	499	2003	1203
1977	222	1985	310	1995	499	2004	1280
1978	230	1986	324	1996	784	2005	1740
1979	252	1988	332	1997	816	2008	1800
1982	286	1989	331	1999	752	2009	1816

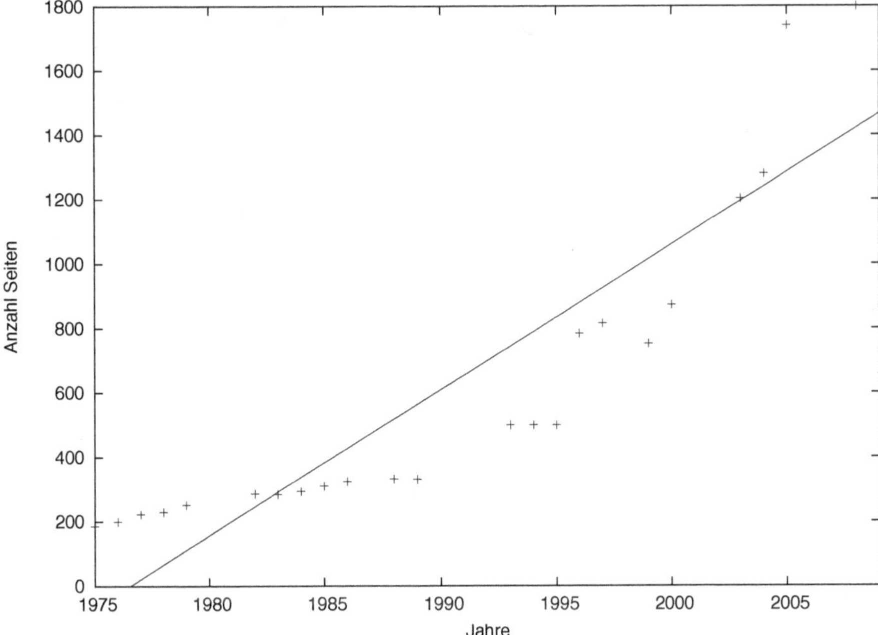

Abb. 4.15. Regressionsgerade für die Seitenanzahl eines Warenhauskatalogs

Durch geeignete Transformation der betrachteten Variablen sowie der linearen Gleichung lassen sich auch mit Hilfe der linearen Regression Parameter für solche Funktionen finden. Soll beispielsweise ein exponentieller Zusammenhang durch eine Gleichung der Form $y = be^{ax}$ modelliert werden, kann durch logarithmieren dieser Gleichung, was zu $\log(y) = ax + \log(b)$ führt, auch das oben beschriebene Verfahren angewandt werden, wobei anstelle der y_i nun $\log(y_i)$ betrachtet werden muss.

Analog hierzu kann auch ein logarithmischer Zusammenhang modelliert werden, indem statt der x_i deren Logarithmus $\log(x_i)$ betrachtet wird, was zu einer Gleichung der Form $y = a\log(x) + b$ führt usf.

5 Ausblick

Ziel der vorangegangenen Kapitel war es, einen Überblick über grundlegende mathematische Techniken und Verfahren zu geben, um so eine Grundlage für eine weitere eigene Beschäftigung und Vertiefung mit diesem Gebiet zu schaffen. Der Schwerpunkt lag hierbei nicht auf einer mathematisch rigorosen Darstellung, sondern vielmehr auf der Vermittlung von Zusammenhängen und typischen Anwendungsgebieten. Diesem Ansatz sind die an vielen Stellen mehr oder weniger stillschweigenden Anforderungen an die „Gutmütigkeit“ (d. h. Stetigkeit, Differenzierbarkeit, Integrierbarkeit etc.) von Funktionen usw. geschuldet.[1]

Die im Zusammenhang mit mathematischen Verfahren (oder anderen Erkenntnissen der Wissenschaft, Entwicklungen in der Technik etc.) oft – nicht nur implizit – gestellte Frage „Wofür brauche ich das?“[2] wurde hoffentlich grundlegend beantwortet: Mathematik, ihre Methoden und auf ihnen beruhende (informations-)technische Verfahren sind aus unserer heutigen Welt nicht mehr wegzudenken!

Kein Bereich des modernen täglichen Lebens wäre ohne die Anwendung meist sehr fortgeschrittener mathematischer Verfahren auch nur denkbar. Nicht zuletzt ganz grundlegende und damit fälschlicherweise als einfach wahrgenommene Dinge wie die ubiquitäre Verfügbarkeit von Strom, Gas und Wasser erfordern hochkomplexe mathematische Verfahren für die Überwachung und Steuerung von Versorgungsnetzen, die Vorhersage von Verbrauchswerten und erzeugten Strommengen etc. Mathematik ist schon lange kein praxisfernes Orchideenfach mehr, wie es noch GODFREY HAROLD HARDY[3] in seinen Lebenserinnerungen *A Mathematicians Apology* zusammenfassend für sein Lebenswerk beschrieb:

> „I have never done anything 'useful'. No discovery of mine has made, or is likely to make, directly or indirectly, for good or ill, the least difference to the amenity of the world. I have helped to train other mathematicians, but mathematicians of the same kind as myself, and their work has been, so far at any rate as I have helped them to it, as useless as my own. Judged by all practical standards, the value of my mathematical life is nil; and outside mathematics it is trivial anyhow. I have just one chance of escaping a verdict of complete triviality, that I may be judged to have created something worth creating. And that I have created is undeniable: the question is about its value.“[4]

1 …eingedenk des bekannten Zitats von OLIVER HEAVISIDE: *„Mathematics is an experimental science, and definitions do not come first, but later on.“* (*„Mathematik ist eine experimentelle Wissenschaft und Definitionen kamen nicht zuerst, sondern erst später“*).

2 So etwas fragen meist nur eher kleine Geister – DAVID HILBERT sagte einmal: *„Manche Menschen haben einen Gesichtskreis vom Radius Null und nennen ihn ihren Standpunkt“*.

3 07.02.1877–01.12.1947

4 Siehe (HARDY, 2012, S. 49). *„Ich habe niemals etwas ‚nützliches‘ getan. Keine meiner Entdeckungen hat oder wird je, direkt oder indirekt, zum Guten oder Schlechten, den kleinsten Unterschied in der Welt bewirken. Ich habe viele Mathematiker ausgebildet, die mir jedoch ähnlich, und deren Arbeiten eben-*

In gewissem Sinne hat die Mathematik durch den in den letzten ca. 150 Jahren vollzogenen gesellschaftlichen Wandel zunächst hin zu einer Industrie- und nun zu einer Informationsgesellschaft einen Teil ihrer vielbeschworenen Reinheit und Unschuld verloren. Vorbei sind die Zeiten, in denen sich ein Mathematiker rühmen durfte, allein der Schönheit einer mathematischen Struktur verpflichtet zu sein. Heutzutage bringt die Beschäftigung mit Mathematik eine nicht zu unterschätzende Verantwortung mit sich, da kein Gebiet einen größeren und direkteren Einfluss auf unsere Infrastruktur, unsere Kommunikationssysteme und damit unsere Gesellschaft besitzt. Noch im Jahre 1940 schrieb GODFREY HAROLD HARDY:[5]

> Real mathematics has no effects on war. No one has yet discovered any warlike purpose to be served by the theory of numbers or relativity, and it seems unlikely that anyone will do so for many years.[6]

Zu dieser Zeit arbeiteten bereits Mathematiker an Verfahren, um verschlüsselte Nachrichten ohne Kenntnis des jeweiligen Schlüssels entziffern zu können – eine Tätigkeit, die sich bald als kriegsentscheidend herausstellte. Hiermit rückte beispielsweise das in diesem Buch leider aus Gründen des Umfanges völlig unberücksichtigt gebliebene Gebiet der sogenannten *Zahlentheorie* zunächst in den Mittelpunkt des militärischen und in der Folge im heutigen Informationszeitalter in den des gesellschaftlichen Interesses, da die Zahlentheorie Grundlage der Mehrzahl aller modernen Verschlüsselungsverfahren, Techniken zur *digitalen Unterschrift* etc. ist. Am überraschendsten war bei dieser Entwicklung vielleicht, dass von allen Gebieten der Mathematik just die Zahlentheorie eine so große militärische und kommerzielle Bedeutung erlangen sollte, galt und gilt sie doch als einer der reinsten Bereiche der Mathematik an sich. GAUSS bezeichnete die Zahlentheorie beispielsweise als die „Königin der Mathematik".[7]

---

so nutzlos wie die meinen sind. Von einem praktischen Standpunkt aus betrachtet, ist der Wert meines mathematischen Lebens gleich null – außerhalb der Mathematik sind meine Errungenschaften ohnehin von keinerlei Interesse. Das einzige, was mich von dem Vorwurf der völligen Trivialität befreien kann, ist die Hoffnung, dass ich etwas geschaffen habe, was es wert war, geschaffen zu werden. Dass ich etwas geschaffen habe, ist unbestreitbar, die Frage ist nur, welchen Wert man ihm beimisst."

5 Dieses Zitat lässt zugegebenermaßen ausser Acht, dass beispielsweise Fragen der Ballistik schon lange vor HARDY mit mathematischen Mitteln behandelt wurden.

6 „Echte Mathematik hat keinerlei Auswirkungen auf einen Krieg. Niemand hat bislang eine Anwendung in der Kriegsführung entdeckt, die Nutzen aus der Zahlen- oder der Relativitätstheorie ziehen könnte, und es ist unwahrscheinlich, dass sich daran in naher Zukunft etwas ändern wird." Siehe (HARDY, 2012, S. 44).

7 Eine etwas alte, aber dennoch sehr schöne Einführung in die Zahlentheorie findet sich in BURTON (1994), modernere Texte hierzu sind beispielsweise SCHEID et al. (2013) und FORSTER (2015) etc. Speziell mit Kryptographie befassen sich BAUER (2000) (der Schwerpunkt liegt hier allerdings vorwiegend auf klassischen Verfahren – moderne Techniken werden nur kurz dargestellt), BUCHMANN (2010) oder WÄTJEN (2008).

Unberücksichtigt blieben in den vorangegangenen Kapiteln eine ganze Reihe weiterer essenzieller Teilgebiete der Mathematik. Zu nennen sind hier beispielsweise die

Algebra, die weit über die in Kapitel 2 dargestellten Strukturen und Fragestellungen hinausgeht,[8] das gänzlich unberührt gebliebene Gebiet der

Funktionentheorie, welche quasi die Ideen der Analysis auf Funktionen mit Argumenten aus $\mathbb{C}$ erweitert,[9] die

Topologie, die sich mit der „Verformung" von Strukturen, die man sich zum Teil durchaus als konkrete geometrische Körper vorstellen kann, befasst,[10] die

Numerik, die sich mit der Entwicklung und Untersuchung von Algorithmen für den praktischen Einsatz speicherprogrammierter Digitalrechner zur Lösung mathematischer Probleme befasst,[11] das weite Gebiet der

Differentialgleichungen, das nur kurz in Abschnitt 3.8 angeschnitten wurde und von großer Bedeutung beispielsweise für die Untersuchung des Verhaltens dynamischer Systeme ist[12] und viele, viele weitere Gebiete.

An dieser Stelle bleibt nicht viel mehr zu tun, als Freude und Spaß bei der Beschäftigung mit mathematischen Fragen, Problemen und Gebieten und nicht zuletzt ihrer Anwendung in Technik und Naturwissenschaft zu wünschen.

„Math is like Ophelia in Hamlet – charming and a bit mad."[13]

---

8 Weiterführende Informationen hierzu finden sich beispielsweise in MODLER et al. (2012), ARTIN (1998) oder KARPFINGER et al. (2013).

9 Siehe hierzu beispielsweise REMMERT (1995/1), REMMERT (1995/2), STEWART et al. (1983) oder JÄNICH (2011).

10 Näheres hierzu findet sich beispielsweise in BARTSCH (2007), LAURES et al. (2009) – und im Zusammenhang mit Anwendungen in der Informatik in ZOMORODIAN (2005).

11 Abschnitt 3.9 vermittelte einen kleinen Eindruck von Fragestellungen, wie sie in der Numerik behandelt werden. Empfehlenswert in diesem Zusammenhang sind beispielsweise SCHWARZ (2011), DEUFLHARD et al. (2008), STOER (1989/1) und STOER (1989/2). Kein Lehrbuch im klassischen Sinne, aber dennoch sehr lesenswert ist PRESS et al. (2007). Für Praktiker ebenfalls empfehlenswert sind ACTON (2005) und DAHMEN et al. (2008).

12 Eine nicht ganz moderne, aber dennoch empfehlenswerte Einführung findet sich in TENENBAUM et al. (1985). Moderne numerische Methoden zur Lösung verschiedener Klassen von Differentialgleichungen werden in DEUFLHARD et al. (2008) und DEUFLHARD et al. (2011) behandelt.

13 ALFRED NORTH WHITEHEAD (15.02.1861–30.12.1947): *„Die Mathematik ist wie Ophelia in Hamlet – bezaubernd und ein wenig verrückt."*

A Rechenregeln und Formelsammlung

A.1 Symbole

Kennzeichnend für die Mathematik ist die Verwendung besonderer und meist innerhalb des jeweiligen Teilgebietes (recht) einheitlich verwendeter Symbole, um bestimmte Operationen beziehungsweise Variablen zu repräsentieren, die als Operanden für Operationen dienen. Dies ist die wesentliche Stärke der Mathematik, da hierdurch auch sehr komplexe Sachverhalte sehr kurz und vor allem unmissverständlich formuliert werden können.

Gerade zu Beginn der Beschäftigung mit der Mathematik stellt die Vielzahl von Symbolen und Notationsformen jedoch eine gewisse Hürde dar, die es zu meistern gilt. Zunächst einmal sind hier die oftmals ungewohnten Buchstaben des griechischen Alphabets (teilweise werden auch hebräische Buchstaben und andere hierzulande exotische Zeichen verwendet) zu nennen:

A	α	Alpha	I	ι	Iota	P	ρ	Rho
B	β	Beta	K	κ	Kappa	Σ	σ	Sigma
Γ	γ	Gamma	Λ	λ	Lambda	T	τ	Tau
Δ	δ	Delta	M	μ	My	Υ	υ	Ypsilon
E	ϵ oder ε	Epsilon	N	ν	Ny	Φ	ϕ oder φ	Phi
Z	ζ	Zeta	Ξ	ξ	Xi	X	χ	Chi
H	η	Eta	O	o	Omikron	Ψ	ψ	Psi
Θ	θ oder ϑ	Theta	Π	π oder ϖ	Pi	Ω	ω	Omega

Die folgende Tabelle listet eine Reihe wichtiger mathematischer Symbole und Notationsformen auf:

Symbol	Bedeutung
$\cup$	Mengenvereinigung
$\cap$	Mengenschnitt
$\setminus$	Mengendifferenz
$\{\dots\}$	Mengenklammern
$\mathbb{N}$	Menge der natürlichen Zahlen
$\mathbb{N}_0$	Menge der natürlichen Zahlen mit 0
$\mathbb{Z}$	Menge der ganzen Zahlen
$\mathbb{R}$	Menge der reellen Zahlen
$\mathbb{C}$	Menge der komplexen Zahlen
$\mathbb{P}$	Menge der Primzahlen
	Fortsetzung auf nächster Seite

Fortsetzung von voriger Seite

Symbol	Bedeutung
$\varnothing$	Leere Menge
C^0	Menge der stetigen Funktionen
C^n	Menge n-mal stetig differenzierbarer Funktionen
$[a,b]$	Geschlossenes Intervall von a bis b
(a,b) oder $]a,b[$	Offenes Intervall von a bis b
$\wedge$	Logisches Und
$\vee$	Logisches Oder
$\neg$ oder $\sim$	Logische Negation
$\perp$	Orthogonal
$\circ$	Hintereinanderausführen von Funktionen
$+$	Addition
$-$	Subtraktion
$\cdot$	Multiplikation (nur in Ausnahmefällen notiert)
/ oder $\frac{a}{b}$	Division
$\times$	Kartesisches Produkt
$>$	größer
$<$	kleiner
$=$	Gleichheitszeichen
$\geq$	größer gleich
$\leq$	kleiner gleich
Δ	Differenz
d	Differential
∂	Partielles Differential
$\sum\limits_{i=0}^{n} a_i$	Summe über alle a_i, wobei i von 0 bis n läuft
$\prod\limits_{i=0}^{n} a_i$	Produkt über alle a_i, wobei i von 0 bis n läuft
$\int\limits_a^b f(x)\,\mathrm{d}x$	Integral über $f(x)$ zwischen den Grenzen a und b
$\aleph_0$	Aleph-Null
$\mathcal{O}$	Big-O, ein Komplexitätsmaß
Γ	Gamma-Funktion
$\Longrightarrow$	Aus ... folgt...
$\Longleftrightarrow$	... genau dann, wenn...
$\longrightarrow$	... geht gegen...
$\longmapsto$	Abbildungsvorschrift
$\exists$	Es gibt/existiert ein...

Fortsetzung auf nächster Seite

Fortsetzung von voriger Seite	
Symbol	**Bedeutung**
$\exists!$	Es gibt/existiert genau ein...
$\forall$	Für alle...
$\square$	Ende eines Beweises
$p(x)$	Polynom
$P(A)$	Wahrscheinlichkeit eines Ereignisses
$P(A\|B)$	Bedingte Wahrscheinlichkeit
$\rho(x_i)$	Wahrscheinlichkeitsfunktion
$F(x)$	kumulative Verteilungsfunktion
$\mathcal{P}(M)$	Potenzmenge
$\delta_{i,j}$	KRONECKER-Delta
e	EULERsche Zahl
π	Kreiszahl („Pi")
σ_X^2	Varianz

A.2 Präzedenzregeln

Operatoren unterliegen in der Regel *Präzedenzregeln*, die festlegen, in welcher Reihenfolge zusammengesetzte Ausdrücke ausgewertet werden. Beispielsweise gilt stets, dass Potenzbildungen, wozu auch Wurzeln zählen, vor umgangssprachlich als „Punktrechnungen" genannten Operationen, d. h. Multiplikation und Division, ausgeführt werden. Multiplikation und Division ihrerseits werden wiederum vor „Strichoperationen" (Addition und Subtraktion) ausgeführt, was durch den bekannten Merksatz „Punkt vor Strich!" zum Ausdruck gebracht wird. Entsprechend besitzt der Ausdruck $1+2\cdot 3^4$ also den Wert 163, da er aufgrund dieser Vorrangsregeln wie folgt ausgewertet wird: Zunächst wird 3^4 gebildet; dieser Wert wird dann mit 2 multipliziert, bevor im letzten Schritt 1 addiert wird.[1]

1 Im englischen Sprachraum wird als Merkwort (solche möglichst leicht memorierbaren (Kunst-)Wörter werden als *mnemonics* bezeichnet) meist *PEMDAS*, kurz für *Parantheses, Exponents, Multiplication, Division, Addition, Subtraction* verwendet. Speziell in England findet sich anstelle hiervon der Ausdruck *BODMAS*, kurz für *Brackets, Orders, Division, Multiplication, Addition, Subtraction*. Während übrigens die Mehrzahl der Programmiersprachen entsprechende Operatorenpräzedenzregeln implementiert, gibt es auch Ausnahmen – neben der bereits erwähnten Sprache APL gehören hierzu vor allem sogenannte *stackorientierte Sprachen* wie *Forth* oder *Lang5* (siehe `http://lang5.sf.net`), bei denen alle Operanden auf einem sogenannten *Stack*, einer einfachen Datenstruktur, die nach dem *First-in-first-out*-Verfahren arbeitet, abgelegt werden müssen, da alle mathematischen Operatoren nur auf diesen Stack zugreifen können. Hier entscheidet allein die Reihenfolge der Operanden auf dem Stack sowie die Ausführungsreihenfolge der Operatoren über die durchgeführte Rechnung. Bis in die 1990er Jahre hinein waren stackorientierte Taschenrechner weit verbreitet – auf einem solchen Gerät lässt sich die Rechnung $2 \times (3+4)$ beispielsweise wie folgt durchführen: `3 ENTER 4 + 2 ×`.

Mit Hilfe von Klammern kann diese implizite Operatorenpräzedenz umgangen werden – hierbei gilt stets, dass Ausdrücke innerhalb von Klammern vor jenen außerhalb ausgewertet werden.[2] Folgen in einem Ausdruck mehrere Operatoren gleicher Präzedenzstufe aufeinander, wie beispielsweise in

$$a \operatorname{op} b \operatorname{op} c, \tag{A.1}$$

so hängt es von der Definition der Operatoren ab, ob sie *links-* oder *rechtsassoziativ* sind. Im Falle eines linksassoziativen Operators op wird das Beispiel (A.1) als

$$((a \operatorname{op} b) \operatorname{op} c)$$

ausgewertet. Ist hingegen op rechtsassoziativ, ergibt sich

$$(a \operatorname{op} (b \operatorname{op} c)) .$$

Ein Beispiel für einen rechtsassoziativen Operator ist die Potenzbildung, bei der

$$a^{b^c} = a^{\left(b^c\right)}$$

gilt.

A.3 Gleichungen

Eine *Gleichung* beschreibt die *Gleichheit* zweier Terme, die links und rechts des sogenannten *Gleichheitszeichens* „=“ notiert werden. So ist beispielsweise $a = b$ eine einfache Gleichung, die aussagt, dass a und b gleich sind.

Hierbei gilt, dass die Gleichheit erhalten bleibt, wenn auf Terme zur linken und rechten Seite des Gleichheitszeichens die gleichen sogenannten *Äquivalenzumformungen* angewandt werden. Eine solche Äquivalenzumformung ist ganz allgemein eine Umformung, die nichts an der Aussage einer Gleichung ändert.

Ein Beispiel hierfür ist die Addition: Wenn $a = b$ gilt, so folgt hieraus auch, dass $a + c = b + c$ erfüllt ist. Ebenso ist die Subtraktion eine Äquivalenzumformung, d. h. wenn $a = b$ gilt, gilt auch $a - c = b - c$.

In der Regel können auch beide Seiten einer Gleichung mit einem Faktor multipliziert oder durch ihn dividiert werden, wobei darauf zu achten ist, dass hierbei nicht (eventuell nur implizit) durch 0 geteilt wird. Bei Operationen wie dem Potenzieren und damit dem Wurzelziehen ist besondere Vorsicht angesagt, da Wurzeln nicht aus negativen reellen Zahlen gezogen werden können.

---

2 Hierzu gibt es das Merkwort „KlaPuStri“, kurz für „Klammer vor Punkt vor Strich“.

↯

Ein typisches Beispiel für die Fehler, die aus der Anwendung von Nichtäquivalenzumformungen auf Gleichungen resultieren, ist der folgende (natürlich fehlerhafte) „Beweis“ der unsinnigen Aussage $1 = 2$:

Zunächst sei $a = b$. Werden beide Seiten mit a multipliziert, ergibt sich $a^2 = ab$, wovon auf beiden Seiten b^2 abgezogen werden kann, woraus $a^2 - b^2 = ab - b^2$ folgt. Die linke Seite kann nun umgeformt werden: $(a + b)(a - b) = ab - b^2$. Soweit, so gut und bislang auch fehlerfrei... Nun aber schleicht sich ein kapitaler Fehler ein, indem auf beiden Seiten durch $a - b$ dividiert wird, woraus $a + b = b$ folgt. Da nach Voraussetzung $a = b$ gilt, ist dies jedoch gleichbedeutend mit $2b = b$, woraus nach Division durch b die Aussage $2 = 1$ folgt.

Wo liegt der Fehler? In der Division durch $a - b$, da ja nach Voraussetzung $a = b$ gilt, so dass $a - b = 0$ ist. Hier wurde implizit und eventuell unbemerkt durch 0 dividiert, was ein sinnloses Resultat liefert!

A.4 Bruchrechnung

Ein Bruch, d. h. die Division zweier (reller) Zahlen a und b wird in der Regel als $\frac{a}{b}$, mitunter aber auch als a/b notiert, wobei diese Schreibweise meist nur innerhalb von Fließtext eingesetzt wird. a wird *Zähler* genannt, während b als *Nenner* bezeichnet wird. Der Nenner darf hierbei aus offensichtlichen Gründen[3] nicht 0 sein. Ist ein Bruch $\frac{a}{b}$ gegeben, so wird der Bruch $\frac{b}{a}$ *Kehrwert* genannt.

Ein Bruch $\frac{a}{b}$ heißt *gekürzt*, wenn a und b keine gemeinsamen Teiler besitzen, d. h. wenn der sogenannte *größte gemeinsame Teiler* von a und b gleich 1 ist, was als $\text{ggT}(a,b) = 1$ notiert wird.

Das Produkt zweier Brüche entsteht durch Multiplikation ihrer jeweiligen Zähler und Nenner:

$$\frac{a}{b} \cdot \frac{c}{d} = \frac{ac}{bd}$$

Die Division eines Bruches $\frac{a}{b}$ durch einen Bruch $\frac{c}{d}$ entspricht der Multiplikation des ersten Bruches mit dem Kehrwert des zweiten:

$$\frac{\frac{a}{b}}{\frac{c}{d}} = \frac{a}{b} \cdot \frac{d}{c} = \frac{ad}{bc}$$

Addition beziehungsweise Subtraktion zweier Brüche sind nur möglich, wenn die beteiligten Brüche jeweils den gleichen Nenner aufweisen.[4] Dies lässt sich stets, falls es nicht von vorneherein gilt, durch *Erweitern* der beiden Brüche erzielen. Beim Erweitern eines Bruches werden Zähler und Nenner mit einem an sich beliebigen, aber

---

3 Siehe Abschnitt 3.3.3.

4 Hierzu gibt es auch einen zwar nicht netten, aber inhaltlich korrekten Merkspruch: „Differenzen und Summen kürzen nur die Dummen!“

natürlich im Sinne des gewünschten Ergebnisses geeigneten Wert multipliziert oder durch diesen dividiert. Sind also zwei Brüche $\frac{a}{b}$ und $\frac{c}{d}$ mit $b \neq d$ zu addieren, so gilt

$$\frac{a}{b} + \frac{c}{d} = \frac{ad}{bd} + \frac{cb}{db} = \frac{ad + cb}{bd}.$$

Die Subtraktion verläuft analog:

$$\frac{a}{b} - \frac{c}{d} = \frac{ad}{bd} - \frac{cb}{db} = \frac{ad - cb}{bd}.$$

A.5 Potenzen und Wurzeln

Für $n \in \mathbb{N}$ ist die Potenz eines Wertes x definiert durch

$$x^n = \underbrace{x \cdots x}_{n \text{ mal}}.$$

Ist $n = 0$ (und damit aus $\mathbb{N}_0$), so ist $x^0 = 1$ (dies gilt auch für $x = 0$, siehe die Abschweifung zu diesem Thema in Abschnitt 3.5).

Für $n \in \mathbb{N}$ gilt

$$x^{-n} = \frac{1}{x^n}.$$

Weiterhin ist

$$x^{\frac{1}{n}} = \sqrt[n]{x}.$$

Für $q = \frac{n}{m}$ mit $n, m \in \mathbb{Z}$ und $m \neq 0$, d. h. $q \in \mathbb{Q}$, ergibt sich hieraus direkt

$$x^q = \sqrt[m]{x^n}.$$

Für reelle Exponenten $r \in \mathbb{R}$ ist x^r durch eine Grenzwertbetrachtung definiert: Mit einer Folge aus Folgengliedern $q_i \in \mathbb{Q}$, für die $\lim_{i \longrightarrow \infty} q_i = r$ gilt, ist

$$x^r = \lim_{i \longrightarrow \infty} x^{q_i}.$$

Für Summen im Exponenten gilt allgemein

$$x^{a+b} = x^a x^b$$

beziehungsweise

$$x^{a-b} = \frac{x^a}{x^b}.$$

Die Potenz eines Produktes ist

$$(xy)^a = x^a y^a,$$

woraus sofort

$$\left(\frac{x}{y}\right)^a = \frac{x^a}{y^a}$$

folgt.

A.6 Exponentialfunktionen und Logarithmen

Generell ist der Logarithmus zur Basis b die Umkehrfunktion zur Exponentialfunktion zu dieser Basis, d. h. es gilt

$$b^{\log_b x} = x.$$

Mit Hilfe der Logarithmusfunktion lassen sich Multiplikation und Division auf Addition und Subtraktion zurückführen:

$$xy = b^{\log_b(x)+\log_b(y)}$$
$$\frac{x}{y} = b^{\log_b x-\log_b(y)}$$

Daraus folgt auch

$$\log_b(xy) = \log_b(x) + \log_b(y) \text{ und}$$
$$\log_b\left(\frac{x}{y}\right) = \log_b(x) - \log_b(y).$$

Dies lässt sich auf Potenzen und damit Wurzeln verallgemeinern:

$$\log_b\left(x^y\right) = y\log_b(x)$$
$$\log_b\left(\frac{1}{x}\right) = -\log_b(x)$$
$$\log_b\left(\sqrt[n]{x}\right) = \log_b\left(x^{\frac{1}{n}}\right) = \frac{1}{n}\log_b(x)$$

Ein Wechsel der Basis des Logarithmus von b nach c kann mit Hilfe von

$$\log_c(x) = \frac{\log_b(x)}{\log_b(c)}$$

durchgeführt werden.[5]

A.7 Differentiationsregeln

Meist werden Ableitungen durch einen Strich gekennzeichnet, wenn klar ist, bezüglich welcher Variablen die Ableitung durchgeführt wird. So bezeichnet $f'(x)$ die Ableitung der Funktion $f(x)$ „nach" der Variablen x. Hierbei handelt es sich um eine Kurzschreibweise für

$$\frac{\mathrm{d}f(x)}{\mathrm{d}x}.$$

5 An dieser Stelle lohnt es sich, explizit darauf hinzuweisen, dass ein solcher Basiswechsel einfach durch Division durch eine Konstante, nämlich $\log_b(c)$, vollzogen werden kann, die, falls eine Vielzahl solcher Rechnungen erforderlich sind, nur ein einziges Mal berechnet werden muss.

Höhere Ableitungen, d. h. Ableitungen von Ableitungen werden entsprechend wie folgt notiert, wobei hier n die n-te Ableitung bezeichnet:

$$f^{(n)}(x) = \frac{D^n f(x)}{Dx^n}$$

Ist n „klein“, so werden häufig auch n Striche geschrieben, z. B. ist $f^{(3)}(x) = f'''(x)$.

Da die Ableitung einer Funktion anschaulich betrachtet deren Steigung liefert, ist die Ableitung einer Konstanten gleich Null:

$$\text{const.}' = 0$$

Summen und Differenzen von Funktionen können direkt nach der Summenregel gliedweise differenziert, d. h. abgeleitet werden:

$$(f(x) \pm g(x))' = f'(x) \pm g'(x)$$

Konstante Vorfaktoren können vor die eigentliche Ableitung gezogen werden:

$$((const.) \cdot f(x))' = \text{const.} \cdot f'(x)$$

Potenzen werden abgeleitet, indem mit dem Exponenten multipliziert wird und der eigentliche Exponent um 1 verringert wird:

$$\left(x^n\right)' = nx^{n-1}$$

Zur Ableitung eines Produktes zweier Funktionen dient die Produktregel:

$$(u(x)v(x))' = u'(x)v(x) + u(x)v'(x)$$

Die Ableitung des Quotienten zweier Funktionen ergibt sich aus der Quotientenregel:

$$\left(\frac{u(x)}{v(x)}\right)' = \frac{u'(x)v(x) - u(x)v'(x)}{v^2(x)}$$

Wird eine Funktion als Argument einer anderen Funktion verwendet, die differenziert werden soll, liegt also die Komposition zweier Funktionen vor, so wird nach der Kettenregel vorgegangen:

$$(u(v(x)))' = v'(x)u'(v(x))$$

A.8 Integrationsregeln

Die durch die Funktion $f(x)$ nach oben begrenzte Fläche zwischen zwei Stützstellen a und b auf der x-Achse wird durch

$$\int_a^b f(x)\,\mathrm{d}x$$

repräsentiert. Bei der Integration handelt es sich um die Umkehrfunktion zur Differentiation, d. h. die Ableitung der Stammfunktion $F(X)$ ist gerade die Funktion $f(x)$, die integriert wurde. Die Differenz $F(x)|_a^b = F(b) - F(a)$ liefert den von der Funktion zwischen den Grenzen a und b beschränkten Flächeninhalt.

Die Stammfunktion zu einer Potenz wird für $n \in \mathbb{N}$ mit $n \neq -1$ wie folgt bestimmt:

$$\int x^n\,\mathrm{d}x = \frac{1}{n+1}x^{n+1} + \text{const.}$$

Weiterhin gilt

$$\int \frac{1}{x}\,\mathrm{d}x = \ln|x| + \text{const.}$$

Summen von Funktionen und konstante Vorfaktoren werden wie folgt behandelt:

$$\int f(x) \pm g(x)\,\mathrm{d}x = \int f(x)\,\mathrm{d}x \pm \int g(x)\,\mathrm{d}x$$

$$\int \text{const.} \cdot f(x)\,\mathrm{d}x = \text{const.} \int f(x)\,\mathrm{d}x$$

$$\int -f(x)\,\mathrm{d}x = -\int f(x)\,\mathrm{d}x$$

Die Integration des Produktes zweier Funktionen kann (gegebenenfalls) mit Hilfe der partiellen Integration, welche die Umkehrung der Produktregel der Differentiation darstellt, durchgeführt werden:

$$\int u'(x)v(x)\,\mathrm{d}x = u(x)v(x) - \int u(x)v'(x)\,\mathrm{d}x$$

Die Substitionsregel erlaubt die Integration von verketteten Funktionen:

$$\int_a^b u'(v(x))v(x)\,\mathrm{d}x = u(v(x))\Big|_a^b = u(x)\Big|_{v(a)}^{v(b)} = \int_{v(a)}^{v(b)} u'(\xi)\,\mathrm{d}\xi$$

B Lösungen

Aufgabe 1:

„$\forall a \forall b : a + b = b + a$“ wird gelesen als „für alle a und alle b gilt, dass $a + b$ gleich $b + a$ ist“.

„$\forall a \exists! b : ab = 1$“ ist entsprechend „für alle a gibt es genau ein b, so dass gilt: a mal b ist gleich 1“.

„$\forall a : \text{ist\_gerade}(a) \iff \frac{a}{2}$ lässt keinen Rest“ lässt sich als „für alle a gilt: a ist genau dann gerade, wenn die Division von a durch 2 keinen Rest lässt“ lesen.

Aufgabe 2:

Induktionsanfang: Für $n = 1$ gilt offensichtlich

$$1^3 = \left(\frac{1(1+1)}{2}\right)^2.$$

Induktionsschritt: Zu zeigen ist, dass die Aussage aus Gleichung (1.5) unter der Annahme, dass sie für n gilt, was im vorigen Schritt für $n = 1$ gezeigt wurde, allgemein auch für den Fall $n + 1$ gilt, d. h.

$$\begin{aligned}
\left(1^3 + 2^3 + 3^3 + \cdots + n^3\right) + (n+1)^3 &= \\
\left(\frac{n(n+1)}{2}\right)^2 + (n+1)^3 &= \\
\frac{n^4 + 2n^3 + n^2}{4} + n^3 + 3n^2 + 3n + 1 &= \\
\frac{n^4 + 6n^3 + 13n^2 + 12n + 4}{4} &= \\
\left(\frac{(n+1)(n+2)}{2}\right)^2 &.
\end{aligned}$$

□

Wie kommt man von der vorletzten Zeile zur letzten? Die 4 im Nenner legt die Vermutung nahe, dass man mit Hilfe eines Quadrats irgendwie etwas vereinfachen kann, da $2^2 = 4$. Mit ein wenig Ausprobieren zeigt sich, dass

$$(n^2 + 3n + 2)^2 \tag{B.1}$$

gerade den Nenner in der vorletzten Zeile ergibt, womit das Ziel schon fast erreicht ist. Für den Beweis ist es jedoch nötig, diesen Ausdruck weiter aufzuspalten. Da in (B.1) in der Klammer als höchste Potenz ein n^2 auftritt, lässt sich das vielleicht auch als

Produkt der Form $(n + x)(n + y)$ schreiben, wobei x und y noch zu finden sind. Der letzte Term in der Klammer von (B.1) ist gleich 2, was $x = 1$ und $y = 2$ (oder umgekehrt) erzwingt.

Aufgabe 3:

Der Hotelier bittet jeden bereits im Hotel eingecheckten Gast, in das Zimmer zu ziehen, dessen Nummer dem Doppelten seiner jetzigen Zimmernummer entspricht. Danach sind nur noch die geraden Hotelzimmer belegt und alle Zimmer mit ungerader Nummer sind frei und können den Passagieren des HILBERT-Busses zugewiesen werden. Da die Mächtigkeit der Menge der geraden Zahlen gleich jener der natürlichen Zahlen ist, wurde hiermit Platz für eine abzählbar unendliche Menge neuer Gäste geschaffen. Die Abbildungsvorschrift lautet somit $f(n) = 2n$.

Aufgabe 4:

1. $\mathcal{P}(\{a, b, c, d\}) = \{\varnothing, \{a\}, \{b\}, \{c\}, \{d\}, \{a,b\}, \{a,c\}, \{a,d\}, \{b,c\}, \{b,d\}, \{c,d\}, \{a,b,c\}, \{a,b,d\}, \{a,c,d\}, \{b,c,d\}, \{a,b,c,d\}\}$
2. $\mathcal{P}(\mathcal{P}(\varnothing)) = \{\varnothing, \{\varnothing\}\}$

Aufgabe 5:

Induktionsanfang: Zu zeigen ist, dass die Aussage $|\mathcal{P}(M)| = 2^{|M|}$ für eine vorzugsweise einelementige Menge $M = \{a\}$ gilt. Diese Menge besitzt zwei Teilmengen, nämlich die leere Menge $\varnothing$ und die Menge $\{a\}$, so dass die Menge dieser beiden Teilmengen, die Potenzmenge, die Mächtigkeit 2 besitzt, d. h. in diesem Fall ist die Aussage erfüllt, da $2^1 = 2$.

Induktionsschritt: Angenommen, die Aussage gilt für eine Menge M der Mächtigkeit n, dann ist zu zeigen, dass sie auch für eine Menge der Mächtigkeit $n + 1$ gilt. Entsprechend werde nun M in Gedanken um ein Element ergänzt, so dass $|M| = n + 1$ gilt. Die ursprünglichen n Elemente von M liefern gemäß der Induktionsvoraussetzung 2^n Teilmengen. Das hinzugefügte Element wird nun jeder dieser Teilmengen mit Ausnahme der leeren Teilmenge zugeordnet, was $2^n - 1$ weitere Teilmengen ergibt. Dazu kommt noch die Teilmenge, die nur aus diesem neuen Element besteht, so dass sich alles in allem 2^n zusätzliche Teilmengen zu den bereits vorhandenen 2^n Teilmengen ergeben. Nimmt man diese Teilmengen zusammen, so ergeben sich 2^{n+1} Teilmengen für eine Menge M der Mächtigkeit $n + 1$. □

Aufgabe 6:

Abbildung B.1 zeigt das VENN-Diagramm zu $A \setminus B$.

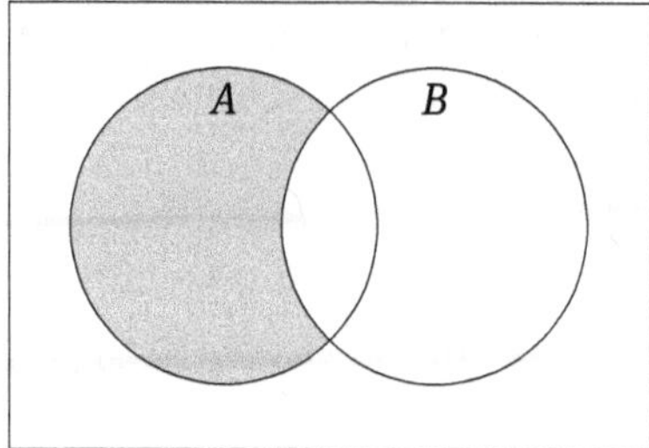

Abb. B.1. VENN-Diagramm zu $A \setminus B$

Aufgabe 7:

Offensichtlich gilt $A \setminus B = B \setminus A$, falls $A = B$ gilt, was insbesondere auch für leere Mengen A und B gilt.

Aufgabe 8:

Die Menge $P = \{\{1,3,5\}, \{2,4,6\}, \{5,7\}, \{8\}\}$ ist keine Partition der Menge $M = \{1,2,3,4,5,6,7,8\}$, da die in P enthaltenen Mengen nicht paarweise disjunkt sind, es ist offensichtlich $\{1,3,5\} \cap \{5,7\} = \{5\}$.

Aufgabe 9:

2,3,5,7,11,13,17,19,23,29,31,37,41,43,47

Aufgabe 10:

$510510 = 2 \cdot 3 \cdot 5 \cdot 7 \cdot 11 \cdot 13 \cdot 17$

Aufgabe 11:

1. $\frac{1}{7} = 0,\overline{142857}$, $\frac{3}{7} = 0,\overline{428571}$, $\frac{1}{8} = 0,125$, $\frac{7}{8} = 0,875$ und $\frac{2}{9} = 0,\overline{2}$
2. Die Tatsache, dass $0,\overline{9} = 1$ gilt, lässt sich auf viele Arten beweisen. Zwei der naheliegendsten Ansätze lauten wie folgt:
   (a) Aus $x = 0,\overline{9}$ ergibt sich durch Multiplikation mit 10 direkt $10x = 9,\overline{9}$. Subtrahiert man von dieser Gleichung auf beiden Seiten x, so ergibt sich $10x - x = 9,\overline{9} - 0,\overline{9}$, d. h. $9x = 9$ und damit $x = 1$.
   (b) Man kann auch argumentieren, dass $0,\overline{9} = 3 \cdot \frac{1}{3}$ ist. Da $3 \cdot \frac{1}{3} = 1$ gilt, ist also $0,\overline{9} = 1$.

Aufgabe 12:

1. $\mathbb{Z}$ zusammen mit der Multiplikation ist keine Gruppe: Es gilt zwar die Assoziativität, und es existiert mit der Eins ein neutrales Element bezüglich der Multiplikation, es gibt aber kein inverses Element a^{-1} für alle $a \in \mathbb{Z}$.
2. Bezüglich der Multiplikation bilden $\mathbb{R} \setminus \{0\}$ sowie $\mathbb{Q} \setminus \{0\}$ Gruppen.

Aufgabe 13:

$123_{10} = 1111011_2$, $314_{10} = 100111010_2$ und $12{,}5_{10} = 1100{,}1_2$.

Aufgabe 14:

$$\begin{array}{cccc} & 1 & 2 & 3 \\ + & 0 & 1_1 & 4 \\ \hline & 1 & 4 & 2 \end{array} \quad \text{und} \quad \begin{array}{cccccccc} & & 1 & 1 & 0 & 0 & 1 & 1 \\ + & {}_1 & 0_1 & 1 & 0_1 & 1_1 & 1_1 & 1 \\ \hline & 1 & 0 & 0 & 1 & 0 & 1 & 0 \end{array}$$

Aufgabe 15:

1. Die 10er-Komplemente der Werte 5, 12 und 314 in $\mathbb{Z}/1000\mathbb{Z}$ lauten 995, 988 und 686.
2. Die 2er-Komplemente der Werte 10110_2, 10101101_2 und 1111_2 in $\mathbb{Z}/256\mathbb{Z}$ lauten 11101010_2, 01010011_2 und 11110001_2.
3. Das 2er-Komplement von 1000_2 in $\mathbb{Z}/16\mathbb{Z}$ ist gerade wieder 1000_2! Dies ist eine interessante Beobachtung, da hier die Komplementbildung ihre Wirkung als Vorzeichenumkehr einbüßt! Das 2er-Komplement von 0000_2 liefert wieder 0000_2 zurück, d. h. es gibt keine -0.

Abschweifung: Einerkomplement

In den frühen Jahren der Digitalrechner wurde anstelle des 2er-Komplements häufig das 1er-Komplement eingesetzt, das sich vom 2er-Komplement dadurch unterscheidet, dass die Addition von 1_2 nach der Invertierung der Bits entfällt. Dies hat den Vorteil, dass eine Addition gespart werden kann – darüber hinaus stellt dieses Verfahren auch sicher, dass zu jeder positiven Zahl eine negative gehört. Der letzte Punkt hat aber leider zur Folge, dass auch zwei verschiedene Nullwerte, nämlich $+0$ und -0 unterschieden werden müssen.

Aufgabe 16:

Dargestellt als 16 Bit lange Integerwerte gilt $314 = 0000000100111010_2 = 013A_{16}$ und $-314 = 1111111011000110_2 = FEC6_{16}$.

Aufgabe 17:

Bei der Rechnung `1+1E30` tritt der Absorptionseffekt auf – der Wert `1` ist im Vergleich zu `1E30` so klein, dass er keinen Einfluss auf die Mantisse der Summe besitzt, so dass das Resultat gleich `1E30` ist. Wird hiervon `1E30` abgezogen, ergibt sich das falsche Resultat `0`.

Wird hingegen – durch geeignete Klammerung – zuerst `1E30-1E30` gerechnet, ergibt sich das Zwischenresultat `0`, das fehlerfrei zu `1` addiert werden kann, so dass die zweite Variante der Rechnung das korrekte Ergebnis `1` liefert.

Aufgabe 18:

Die beiden Formeln sind natürlich nicht richtig, auch wenn ein kurzer Test mit einem Taschenrechner etwas anderes nahelegt. Hintergrund ist die doch sehr beschränkte Mantissenlänge eines solchen Gerätes im Zusammenhang mit den immens großen Werten, die sich aus den beiden zwölften Potenzen ergeben. Rechnet man mit höherer Genauigkeit, zeigt sich, dass

$$\sqrt[12]{3987^{12} + 4365^{12}} \approx 4472{,}0000000070592907 38.$$

Analoges gilt für das zweite Beispiel. Solche Lösungen werden als *near misses* bezeichnet.

Aufgabe 19:

Der Kern einer injektiven linearen Abbildung besteht lediglich aus dem Nullvektor **0**. Enthielte der Kern mehr als ein einziges Element, wäre die Abbildung nicht injektiv, da mehr als einem Urbildelement das gleiche Bildelement zugeordnet wäre. Warum enthält der Kern einer bijektiven linearen Abbildung just den Nullvektor und nicht irgendein anderes Element? Dies liegt an der Homogenitätsbedingung, nach der $f(ax) = af(x)$ gelten muss.

Aufgabe 20:

Nein, die drei Vektoren sind nicht linear unabhängig, weil $\mathbf{v}_3 = 2\mathbf{v}_2 - \mathbf{v}_1$ gilt.

Aufgabe 21:

$\| (3,1,4,1,5,9) \|_2 = \sqrt{133}$.

Aufgabe 22:

Mit diesen Werten beschreibt $\mathbf{Ax} = \mathbf{x}$ das lineare Gleichungssystem

$$\begin{aligned} 3x_1 + 7x_2 &= 14 \\ 5x_1 + 4x_2 &= 9. \end{aligned}$$

Aufgabe 22:

$\mathbf{x} = (3,1,4,1)^T$.

Aufgabe 24:

Zunächst ist

$$|\mathbf{A}| = \begin{vmatrix} 2 & 2 & 2 \\ 4 & -2 & 7 \\ 3 & 5 & -9 \end{vmatrix} = 132.$$

Die drei Nebendeterminanten sind

$$|\mathbf{A_1}| = \begin{vmatrix} 12 & 2 & 2 \\ 21 & -2 & 7 \\ -14 & 5 & -9 \end{vmatrix} = 132, |\mathbf{A_2}| = \begin{vmatrix} 2 & 12 & 2 & \\ 4 & 21 & -2 & 7 \\ 3 & -14 & -9 & \end{vmatrix} = 264$$

und

$$|\mathbf{A}| = \begin{vmatrix} 2 & 2 & 12 \\ 4 & -2 & 21 \\ 3 & 5 & -14 \end{vmatrix} = 396.$$

Damit ergeben sich die drei gesuchten Unbekannten zu

$$x_1 = \frac{|\mathbf{A}_1|}{|\mathbf{A}|} = \frac{132}{132} = 1, x_2 = \frac{|\mathbf{A}_2|}{|\mathbf{A}|} = \frac{264}{132} = 2 \text{ und } x_3 = \frac{|\mathbf{A}_3|}{|\mathbf{A}|} = \frac{396}{132} = 3.$$

Aufgabe 25:

Die Periodenlänge beträgt 16, die Folgenglieder einer solchen Periode lauten 4, 14, 16, 13, 9, 15, 6, 11, 12, 2, 0, 3, 7, 1, 10, 5.

Aufgabe 26:

collatz.c

```c
#include <stdio.h>

#define START 1
#define END   30

int main()
{
    int i, period, a;

    for (i = START; i <= END; i++)
    {
        period = 0;
        a = i;
```

```
14          while (a != 1)
15          {
16              period++;
17              a = (a & 1) ? 3 * a + 1 : a >> 1;
18          }
19          printf("%d:\t%d\n", i, period);
20      }
21      return 0;
22  }
```
collatz.c

Die COLLATZ-Folge benötigt für die ersten dreißig Startwerte a_1 die in der folgenden Tabelle angegebene Anzahl s von Schritten bis zum Erreichen des Wertes 1:[1]

a_1	s	a_1	s	a_1	s	a_1	s	a_1	s	a_1	s
1	0	6	8	11	14	16	4	21	7	26	10
2	1	7	16	12	9	17	12	22	15	27	111
3	7	8	3	13	9	18	20	23	15	28	18
4	2	9	19	14	17	19	20	24	10	29	18
5	5	10	6	15	17	20	7	25	23	30	18

Aufgabe 27:

Um einen Funktionsgraphen der Funktion $f(x) = x^2$ zu zeichnen, ist zunächst die Frage nach geeigneten Definitions- und Wertebereichen zu klären. Im Unterschied zur Quadratwurzelfunktion, die auf den reellen Zahlen nur für positive Argumente definiert ist, unterliegt die Quadratfunktion keiner solchen Einschränkung. In Abbildung B.2 wurde der Bereich $-4 \leq x \leq 4$ gewählt.

Aus Gründen der Darstellbarkeit unterscheidet sich in dieser Darstellung die Skalierung der x- von jener der y-Achse.

Aufgabe 28:

Einige Beispiele für gerade Funktionen sind die Betragsfunktion $f(x) = |x|$, $f(x) = \cos(x)$, $f(x) = x^2, \ldots$ Bei $f(x) = \sin(x)$ und auch $f(x) = x^3$ handelt es sich hingegen um ungerade Funktionen.

1 Der Ausdruck `(a & 1)` in Zeile 17 des Programmes maskiert mit Hilfe einer bitweisen Und-Verknüpfung das LSB der Variablen `a` aus und liefert entsprechend den Wert `1` im Falle eines ungeraden Wertes von `a` beziehungsweise `0` für gerades `a`.

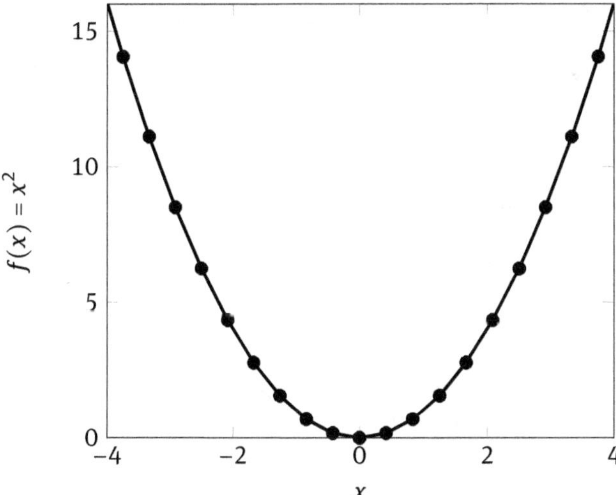

Abb. B.2. Graph der Funktion $f(x) = x^2$

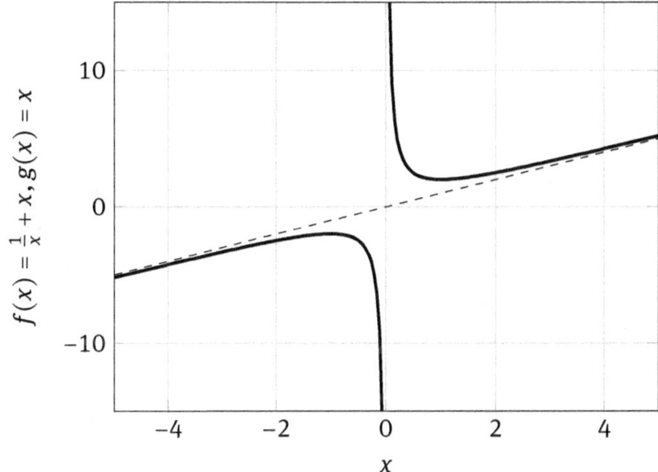

Abb. B.3. Graph der Funktion $f(x) = \frac{1}{x} + x$

Aufgabe 29:

Abbildung B.3 zeigt den Funktionsgraphen von $f(x) = \frac{1}{x} + x$ – gut zu erkennen ist das asymptotische Verhalten, die Funktion nähert sich für $x \longrightarrow \infty$ beziehungsweise $x \longrightarrow -\infty$ der gestrichelt eingezeichneten Funktion $g(x) = x$ an.

Tab. B.1. Häufigkeiten der ersten Ziffern der ersten 1000 Glieder der FIBONACCI-Folge

Ziffer	Häufigkeit	Ziffer	Häufigkeit	Ziffer	Häufigkeit
1	300	4	96	7	57
2	177	5	80	8	53
3	125	6	67	9	45

Aufgabe 30:

Mit Hilfe des folgenden kleinen Perl-Programmes lassen sich die ersten 1000 Glieder der FIBONACCI-Folge generieren, deren jeweils erste Ziffer zur Erstellung der in Tabelle B.1 dargestellten Häufigkeitenliste genutzt wird:

fibonacci_benford.pl

```
use strict;
use warnings;

use bignum;

my %counter;
my ($x, $y) = (0, 1);

for (0 .. 999)
{
    ($x, $y) = ($y, $x + $y);
    $counter{substr($y, 0, 1)}++;
}

print "$_: $counter{$_}\n" for sort(keys(%counter));
```

fibonacci_benford.pl

Aufgabe 31:

1. Die Gesamtstreckendämpfung beträgt 69 dB.
2. Ein mit einer Amplitude von 1,4 V eingespeistes Signal besitzt am Ausgang dieser Übertragungsstrecke noch eine Amplitude von $1{,}4 \cdot 10^{-\frac{69}{20}} \approx 0{,}0005$ V.

Aufgabe 32:

1. Die Beantwortung der Frage, nach wie vielen Zinsperioden sich ein Startkapital bei einem Zinssatz von 2.7 % verdoppelt hat, ergibt sich durch Auflösen von $1{,}027^x = 2$ nach x, wofür der Logarithmus zur Basis 1,027 benötigt wird. Da die Wahl der Logarithmusbasis im Folgenden unwesentlich ist, solange nur sowohl im Zähler als auch im Nenner mit der gleichen Basis gerechnet wird, wird keine Basis explizit angegeben:
$$x = \frac{\log 2}{\log 1{,}027} \approx 26.$$
Es dauert also etwa 26 Zinsperioden, bis sich das Startkapitel bei diesem Zinssatz verdoppelt hat.
2. Die Frage ist, mit welchem Wert x die Basis 2 potenziert werden muss, um den Wert $2 \cdot 10^{12}$ zu erhalten:
$$x = \text{ld}(10^{12}) \approx 40{,}86.$$
Da gebrochene Bits nicht möglich sind, ist dieser Wert auf die nächste natürliche Zahl aufzurunden. Somit werden 41 Bit benötigt, um den Wert 2 Billionen € darzustellen.

Aufgabe 33:

Zunächst einmal gilt
$$\ln\left(1 + \frac{1}{i}\right)^i = i \ln\left(1 + \frac{1}{i}\right).$$
Da nach Voraussetzung $\ln(1 + x) \leq x$ gilt, ist auch
$$\ln\left(1 + \frac{1}{i}\right) \leq \frac{1}{i}$$
und damit
$$i \ln\left(1 + \frac{1}{i}\right) \leq 1,$$
womit die Beschränktheit der ursprünglichen Folge nach oben gezeigt ist. Gleichzeitig ist damit e^1 eine obere Schranke.

Aufgabe 34:

Anhand von Abbildung 3.21 ergeben sich die in Tabelle B.2 angegebenen Werte für die Teilsignalamplituden a und Phasenverschiebungen φ. Daraus ergibt sich die gesuchte Bitfolge zu `01010100 01100101 01110011 01110100`, was in *ASCII*-Codierung[2] der Zeichenkette „`Test`“ entspricht.

2 Kurz für *American Standard Code for Information Interchange.*

Tab. B.2. Amplituden und Phasenverschiebungen

a	φ_0	Bitfolge	a	φ_0	Bitfolge
1	$\frac{7}{4}\pi$	0101	2	π	0111
2	$\frac{3}{2}\pi$	0100	1	$\frac{3}{4}\pi$	0011
1	$\frac{5}{4}\pi$	0110	2	π	0111
1	$\frac{7}{4}\pi$	0101	2	$\frac{3}{2}\pi$	0100

Aufgabe 35:

$$\begin{aligned}(5x^2)' &= \lim_{\Delta x \longrightarrow 0} \frac{5(x_0+\Delta x)^2 - 5x_0^2}{\Delta x} \\ &= \lim_{\Delta x \longrightarrow 0} \frac{5\left(x_0^2 + 2x_0\Delta x + (\Delta x)^2\right)}{\Delta x} \\ &= \lim_{\Delta x \longrightarrow 0} \frac{10x_0\Delta x}{\Delta x} \\ &= 10x_0\end{aligned}$$

Aufgabe 36:

Verwendet wird die Reihenentwicklung

$$\sin(x) = \frac{x^1}{1!} - \frac{x^3}{3!} + \frac{x^5}{5!} - \dots .$$

Abgeleitet nach x ergibt sich hieraus

$$\left(\frac{x^1}{1!} - \frac{x^3}{3!} + \frac{x^5}{5!} - \dots\right)' = 1 - \frac{x^2}{2!} + \frac{x^4}{4!} - \dots ,$$

was gleich der Reihenentwicklung von $\cos(x)$ ist.

Aufgabe 37:

Zur Bildung der Ableitung $(\sin(x)\cos(x))'$ werden zunächst die beiden Ableitungen $\sin'(x)$ und $\cos'(x)$ benötigt. Entsprechend der Lösung von Aufgabe 36 ist $\sin'(x) = \cos(x)$. Auf dem gleichen Weg lässt sich $\cos'(x) = -\sin(x)$ zeigen. Damit ergibt sich die gesuchte Ableitung wie folgt:

$$\begin{aligned}(\sin(x)\cos(x))' &= \sin'(x)\cos(x) + \sin(x)\cos'(x) \\ &= \cos(x)\cos(x) - \sin(x)\sin(x) \\ &= \cos^2(x) - \sin^2(x).\end{aligned}$$

Aufgabe 38:

$$\left(\frac{\sin(x)}{\cos(x)}\right)' = \frac{\cos^2(x) + \sin^2(x)}{\cos^2(x)}$$
$$= 1 + \frac{\sin^2(x)}{\cos^2(x)}.$$

Aufgabe 39:

$$(\sin(\cos(x)))' = -\sin(x)\cos(\cos(x))$$

Aufgabe 40:

Mit $f(x,y) = 5x^2y^3 - 7x^3y$ ist

$$\frac{\partial^2 f}{\partial x \partial y} = 30xy^2 - 21x^2 \text{ und}$$
$$\frac{\partial^3 f}{\partial x^2 \partial y} = 30y^2 - 42x$$

Aufgabe 41:

Aus $f(x) = 3x^3 - 5x^2 + x$ ergeben sich zunächst die folgenden Ableitungen:

$$f'(x) = 9x^2 - 10x + 1, \quad \text{(B.2)}$$
$$f''(x) = 18x - 10 \text{ und} \quad \text{(B.3)}$$
$$f'''(x) = 18.$$

Mit Hilfe der p,q-Formel ergeben sich für (B.2) die beiden Nullstellen

$$x_1 = \frac{1}{9} \text{ und}$$
$$x_2 = 1,$$

an denen Extrema von $f(x)$ vorliegen müssen. Einsetzen von x_1 und x_2 in (B.3) liefert $f''(x_1) = -8$ und $f''(x_2) = 8$, so dass an x_1 ein Hoch- und an x_2 ein Tiefpunkt von $f(x)$ vorliegen.

$f''(x)$ besitzt bei $x = \frac{5}{9}$ eine Nullstelle. Da $f''(x)$ eine Gerade mit positiver Steigung beschreibt, wie aus der dritten Ableitung $f'''(x)$ ersichtlich ist, liegt an dieser Stelle ein Übergang des Funktionsgraphen von $f(x)$ von einer Rechts- in eine Linkskrümmung vor.

Aufgabe 42:

Wiederholte Ausführung der Iterationsvorschrift (3.45) liefert die in Tabelle B.3 aufgelisteten Näherungen für $a = 2$ und $x_1 = 1$. Als Abbruchbedingung wird $|x_{i+1} - x_i| < \varepsilon$ verwendet. Die gewünschte Genauigkeit des Resultats wird hierbei über den zuvor festgelegten Wert ε bestimmt.

Tab. B.3. Näherungswerte des NEWTON-RAPHSON-Verfahrens bei der Berechnung von $\sqrt{2}$

x_1	1
x_2	1.25000000000
x_3	1.38671875000
x_4	1.41341693699
x_5	1.41421288939
x_6	1.41421356237

Tab. B.4. Durch das NEWTON-RAPHSON-Verfahren gelieferte Näherungswerte für $\ln(2)$ mit Startwert 1

x_1	1
x_2	7.35758882343e-01
x_3	6.94042299919e-01
x_4	6.93147581060e-01
x_5	6.93147180560e-01

Aufgabe 43:

Die Berechnung der Funktion $ln(a)$ kann auf die Bestimmung der Nullstelle der Funktion

$$f(x) = a - e^x$$

zurückgeführt werden, da $a = e^x$ für $x = \ln(a)$ gilt. Einsetzen in 3.43 liefert die Rekursionsvorschrift

$$x_{i+1} = x_i + \frac{a - e^x}{e^x},$$

da $f'(x) = -e^x$ gilt. Soll hiermit beispielsweise eine Näherung von $\ln(2)$ bestimmt werden, so ergibt sich mit dem Startwert $x_1 = 1$ die in Tabelle B.4 dargestellte Folge.

Aufgabe 44:

Mit den Integrationsgrenzen 0 und 2 ergibt sich bei fünf äquidistanten Stützstellen $\Delta x = \frac{1}{2}$, d. h. $x_0 = 0$, $x_1 = \frac{1}{2}$, $x_2 = 1$, $x_3 = \frac{3}{2}$ und $x_4 = 2$. Hiermit ergibt sich

$$\begin{aligned}\int_0^2 x^2 \mathrm{d}x &\approx \frac{\Delta x}{2}\left(f(x_0) + 2f(x_1) + 2f(x_2) + 2f(x_3) + f(x_4)\right)\\ &= \frac{1}{4}\left(0 + \frac{1}{2} + 2 + \frac{9}{2} + 4\right)\\ &= \frac{11}{4} = 2.75.\end{aligned}$$

Dies weicht aufgrund der geringen Anzahl an Stützstellen vergleichsweise stark vom exakten Wert $\frac{8}{3}$ ab.

Aufgabe 45:

$$\begin{aligned}\int -x^3+\sqrt{x}\,\mathrm{d}x &= -\int x^3+\sqrt{x} = -\int x^3\,\mathrm{d}x+\int \sqrt{x}\,\mathrm{d}x\\ &= -\int x^3\,\mathrm{d}x+\int x^{\frac{1}{2}}\,\mathrm{d}x = \frac{1}{4}x^4+\frac{2}{3}x^{\frac{3}{2}}\\ &= -\frac{1}{4}x^4+\frac{2}{3}\sqrt{x^3}.\end{aligned}$$

Aufgabe 46:

Wird $f(x) = x\ln(x)$ als $f(x) = u'(x)v(x)$ aufgefasst, ergeben sich hieraus direkt

$$\begin{aligned} u(x) &= \frac{1}{2}x^2 \quad & u'(x) &= x\\ v(x) &= \ln(x) \quad & v'(x) &= \frac{1}{x},\end{aligned}$$

woraus sich mit Hilfe der Produktregel

$$\begin{aligned}\int x\ln(x)\,\mathrm{d}x &= \frac{1}{2}x^2\ln(x)-\frac{1}{2}\int x^2\frac{1}{x}\,\mathrm{d}x\\ &= \frac{1}{2}x^2\ln(x)-\frac{1}{4}x^2\end{aligned}$$

ergibt.

Aufgabe 47:

Gesucht ist $\int_a^b \exp(3x)\,\mathrm{d}x$, woraus sich zunächst die Substitution $v(x) = 3x = \xi$ und damit $v'(x) = 3$, d. h. $v'(x)\mathrm{d}x = \mathrm{d}\xi$ und damit $\mathrm{d}x = \frac{1}{3}\mathrm{d}\xi$ ergeben:

$$\begin{aligned}\int_a^b \exp(3x)\,\mathrm{d}x &= \frac{1}{3}\int_{3a}^{3b}\exp(\xi)\,\mathrm{d}\xi\\ &= \frac{1}{3}\exp(\xi)\Big|_{3a}^{3b}\\ &= \frac{1}{3}\left(\exp(3b)-\exp(3a)\right).\end{aligned}$$

Aufgabe 48:

Die Polynome L_i zu den Stützpunkten $(0,5)$, $(2,-1)$ und $(3,3)$ haben die Form

$$\begin{aligned} L_0(x) &= \frac{(x-x_1)(x-x_2)}{(x_0-x_1)(x_0-x_2)} = \frac{x^2-5x+6}{6},\\ L_1(x) &= \frac{(x-x_0)(x-x_2)}{(x_1-x_0)(x_1-x_2)} = -\frac{x^2-3x}{2} \text{ und}\\ L_2(x) &= \frac{(x-x_0)(x-x_1)}{(x_2-x_0)(x_2-x_1)} = \frac{x^2-2x}{3},\end{aligned}$$

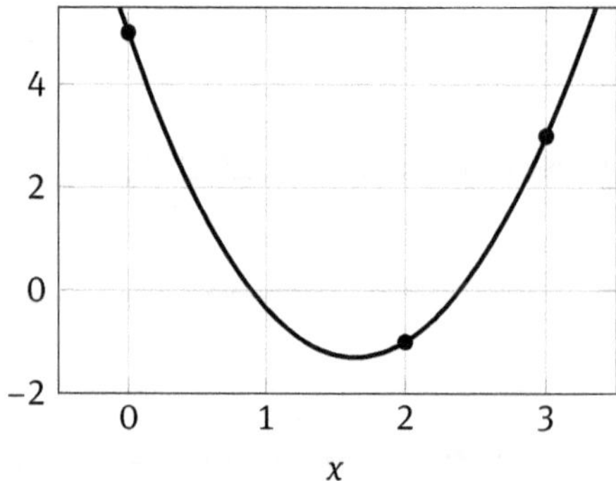

Abb. B.4. Funktionsgraph des Interpolationspolynoms $p(x) = \frac{7}{3}x^2 - \frac{23}{3}x + 5$

woraus sich das LAGRANGE-Interpolationspolynom

$$\begin{aligned} p(x) &= 5\frac{x^2 - 5x + 6}{6} + \frac{x^2 - 3x}{2} + x^2 - 2x \\ &= \frac{7}{3}x^2 - \frac{23}{3}x + 5 \end{aligned}$$

ergibt, dessen Verhalten in Abbildung B.4 dargestellt ist.

Aufgabe 50:

Im Folgenden werden die fünf kubischen Polynome aus (3.73) mit $s_0(x)$, $s_1(x)$, $s_2(x)$, $s_3(x)$ und $s_4(x)$ bezeichnet. Durch Einsetzen ergibt sich direkt, dass $s_0(1) = s_1(1)$, $s_1(2) = s_2(2)$, $s_2(3) = s_3(3)$ und $s_3(4) = s_4(4)$ gelten.

Zu überprüfen bleibt also das Übereinstimmen der ersten und zweiten Ableitungen an diesen Punkten:

$$\begin{aligned} s_0'(x) &= \frac{78x^2 - 235}{209} \\ s_0''(x) &= \frac{156x}{209} \\ s_1'(x) &= \frac{237x^2 - 318x - 76}{209} \\ s_1''(x) &= \frac{474x - 318}{209} \\ s_2'(x) &= \frac{-1026x^2 + 4734x - 5128}{209} \\ s_2''(x) &= \frac{-2052x + 4734}{209} \\ s_3'(x) &= \frac{1359x^2 - 9576x + 16337}{209} \\ s_3''(x) &= \frac{2718x - 9576}{209} \end{aligned}$$

$$s_4'(x) = \frac{-648x^2 + 6480x - 15775}{209}$$
$$s_4''(x) = \frac{-1296x + 6480}{209}$$

Hieraus ergibt sich $s_0'(1) = s_1'(1)$, $s_0''(1) = s_1''(1)$, $s_1'(2) = s_2'(2)$, $s_1''(2) = s_2''(2)$, $s_2'(3) = s_3'(3)$, $s_2''(3) = s_3''(3)$, $s_3'(4) = s_4'(4)$ und $s_3''(4) = s_4''(4)$.

Aufgabe 51:
Betrachtet man

$$g_2(x) = f(x_0) + f'(x_0)(x - x_0) + \frac{1}{2}f''(x_0)(x - x_0)^2$$

für das Argument $x = x_0$, so ergibt sich direkt $g_2(x_0) = f(x_0)$, da die beiden Terme $x - x_0$ und $(x - x_0)^2$ gleich null sind, so dass die entsprechenden additiven Terme mit den beiden ersten Ableitungen von $f(x_0)$ wegfallen, womit die erste Bedingung gezeigt ist.

Bezogen auf die gesuchten ersten beiden Ableitungen von $g_2(x_0)$ nach x stellen die beiden Terme $f'(x_0)$ und $f''(x_0)$ Konstanten dar, da sie nur von x_0, nicht aber von x abhängen. Für die erste Ableitung ergibt sich also

$$\frac{\mathrm{d}g_2(x_0)}{\mathrm{d}x} = \underbrace{f(x_0)\frac{\mathrm{d}1}{\mathrm{d}x}}_{=f(x_0)\cdot 0=0} + \underbrace{f'(x_0)\frac{\mathrm{d}x - x_0}{\mathrm{d}x}}_{=f'(x_0)\cdot 1} + \underbrace{\frac{1}{2}f''(x_0)\frac{\mathrm{d}(x - x_0)^2}{\mathrm{d}x}}_{\frac{1}{2}f''(x_0)\cdot 2(x-x_0)=0} = f'(x_0).$$

Entsprechend ergibt sich für die zweite Ableitung

$$\frac{\mathrm{d}^2g_2(x_0)}{\mathrm{d}x^2} = \underbrace{\frac{1}{2}f''(x_0)\frac{\mathrm{d}^2(x - x_0)^2}{\mathrm{d}x^2}}_{\frac{1}{2}f''(x_0)\cdot 2} = f''(x_0).$$

Aufgabe 52:
Mit $x_0 = 0$ und $f(x) = e^x$ ergeben sich

$$T_6f(x) = 1 + x + \frac{1}{2}x^2 + \frac{1}{6}x^3 + \frac{1}{24}x^4 + \frac{1}{120}x^5 + \frac{1}{720}x^6$$

und

$$R_6(x) = \frac{1}{720}\int_0^x (x - \xi)^6 e^{\xi}\,\mathrm{d}\xi.$$

Das TAYLOR-Polynom entspricht gerade den ersten sechs Gliedern der in Abschnitt 3.5 eingeführten unendlichen Reihe (3.28).

Tab. B.5. Häufig- und Wahrscheinlichkeiten für die elf möglichen Augensummen bei zweimaligem Würfeln

Realisierung	Häufigkeit	Wahrscheinlichkeit
x_1	1	$\frac{1}{36}$
x_2	2	$\frac{1}{18}$
x_3	3	$\frac{1}{12}$
x_4	4	$\frac{1}{9}$
x_5	5	$\frac{5}{36}$
x_6	6	$\frac{1}{6}$
x_7	5	$\frac{5}{36}$
x_8	4	$\frac{1}{9}$
x_9	3	$\frac{1}{12}$
x_{10}	2	$\frac{1}{18}$
x_{11}	1	$\frac{1}{36}$

Aufgabe 53:

Wie schon im Beispiel mit dem sechsmaligen Werfen einer Münze gibt es jeweils nur eine Kombination von Würfelaugen für die Realisierungen x_1 und x_{11}, nämlich $1 + 1$ beziehungsweise $6 + 6$. Das Ereignis, dass die Würfelsumme gleich 3 ist, lässt sich bereits auf zwei Arten erzielen: $1 + 2$ und $2 + 1$. Gleiches gilt für das Ereignis x_{10}, das durch Würfeln einer 5 und einer 6 beziehungsweise umgekehrt erzielt werden kann. Insgesamt ergeben sich die in Tabelle B.5 angegebenen Häufigkeiten und Wahrscheinlichkeiten. Letztere beruhen darauf, dass mit zwei Würfeln 36 verschiedene Kombinationen erwürfelt werden können, die sich gemäß der angegebenen Häufigkeiten auf die Realisierungen x_i verteilen.

Aufgabe 54:

Für einen sechsseitigen fairen Würfel gilt, dass die Wahrscheinlichkeit für jede der sechs möglichen Realisierungen der Zufallsvariablen X, welche die Augenzahl repräsentiert, gleich $\frac{1}{6}$ ist. Hiermit ergibt sich

$$\mathrm{E}(X) = \sum_{i=1}^{6} \frac{1}{6} i = \frac{1}{6} \sum_{i=1}^{6} i = 3{,}5.$$

Aufgabe 55:

Gemäß (4.8) gilt für den Fall eines fairen sechsseitigen Würfels

$$\operatorname{Var}(X) = \frac{1}{6}\sum_{i=1}^{6}(i - \operatorname{E}(X))^2 .$$

$\operatorname{E}(X)$ ist aus Aufgabe 54 bereits bekannt und gleich $3{,}5$, so dass sich $\operatorname{Var}(X) = 2{,}91\overline{6}$ gilt. Hieraus ergibt sich die Standardabweichung zu $\sigma \approx 1{,}7$.

Aufgabe 56:

$$\begin{aligned}(a+b)^7 = {} & \binom{7}{0}a^7 + \binom{7}{1}a^6 b + \binom{7}{2}a^5 b^2 + \binom{7}{3}a^4 b^3 + \\ & \binom{7}{4}a^3 b^4 + \binom{7}{5}a^2 b^5 + \binom{7}{6}ab^6 + \binom{7}{7}b^7 \\ = {} & a^7 + 7a^6 b + 21a^5 b^2 + 35a^4 b^3 + 35a^3 b^4 + 21a^2 b^5 + 7ab^6 + b^7\end{aligned}$$

Aufgabe 57:

Um die Symmetrie der das PASCALsche Dreieck konstituierenden Binomialkoeffizienten zu zeigen, muss

$$\binom{n}{k} = \binom{n}{n-k}$$

gezeigt werden. Einsetzen der rechten Seite in (4.10) ergibt

$$\binom{n}{n-k} = \frac{n!}{(n-k)!\,(n-(n-k))!} = \frac{n!}{(n-k)!k!} = \binom{n}{k},$$

womit der Beweis erbracht ist.

Aufgabe 58:

Die Ableitung von $N(t) = N(0)e^{-\lambda t}$ nach der Zeit t liefert

$$\frac{\mathrm{d}N(0)e^{-\lambda t}}{\mathrm{d}t} = -\lambda N(0)e^{-\lambda t}.$$

Einsetzen in die Differentialgleichung

$$\frac{\mathrm{d}N(t)}{\mathrm{d}t} = -\lambda N(t)$$

ergibt

$$-\lambda N(0)e^{-\lambda t} = -\lambda N(0)e^{-\lambda t}.$$

Aufgabe 59:

Die Wahrscheinlichkeit, beim ersten Wurf mit einem fairen Würfel das Ereignis B, nämlich eine 5 zu erzielen, ist gleich $P(B) = \frac{1}{6}$. Da die Augensumme größer 9 sein soll, tritt das hiervon abhängige Ereignis A ein, wenn im zweiten Wurf entweder eine 5 oder eine 6 gewürfelt wird. Von allen möglichen 36 Kombinationen, die sich bei zwei Würfelvorgängen erzielen lassen, sind also nur zwei von Interesse: $A \cap B = \{(5,5),(5,6)\}$, d. h. es gilt $P(A \cap B) = \frac{2}{36}$. Mit Hilfe von (4.22) ergibt sich die gesuchte Wahrscheinlichkeit, mit zwei Würfen eines fairen Würfels eine Augensumme größer 9 zu erzielen, wenn der erste Wurf eine 5 lieferte, zu

$$P\left(A\middle|B\right) = \frac{P(A \cap B)}{P(B)} = \frac{\frac{2}{36}}{\frac{1}{6}} = \frac{1}{3}.$$

Aufgabe 60:

Aus den Angaben ergibt sich zunächst die A-priori-Wahrscheinlichkeit, einen Lügner vor sich zu haben, zu $P(A) = 0{,}1$. Auf Grundlage des durchgeführten Tests sind die bedingten Wahrscheinlichkeiten, dass jemand errötet, wenn er ein Lügner ist gleich $P\left(B\middle|A\right) = \frac{9}{10} = 0{,}9$, beziehungsweise die, dass er errötet, obwohl er nicht lügt gleich $P\left(B\middle|\overline{A}\right) = \frac{27}{90} = 0{,}3$. Einsetzen in (4.27) ergibt dann die gesuchte Wahrscheinlichkeit dafür, dass eine Person lügt, wenn sie errötet, zu

$$P\left(A\middle|B\right) = \frac{0{,}9 \cdot 0{,}1}{0{,}9 \cdot 0{,}1 + 0{,}3 \cdot 0{,}9} = 0{,}25.$$

Der vorgeschlagene Lügentest ist also offensichtlich nicht nur unbrauchbar, sondern – je nach Anwendungsfall – gefährlich, da unter den gegebenen Voraussetzungen die Wahrscheinlichkeit dafür, dass jemand, der errötet, auch lügt, lediglich 25% beträgt!

Aufgabe 61:

Eingesetzt in (4.29) ergibt sich mit den Daten aus Tabelle 4.2 ein Korrelationskoeffizient $r_{X,Y} \approx 0.9186$, d. h. die beiden betrachteten Variablen X und Y sind stark positiv miteinander korreliert, was auch der Erwartung entspricht – in warmen Monaten wird mehr Speiseeis als in kalten verkauft.[3]

3 Der Korrelationskoeffizient selbst gibt keine Auskunft über eine mögliche Wirkrichtung zwischen den beiden betrachteten Phänomenen. Die Vermutung, dass hier sommerliche Temperaturen zu einem Anstieg der Eisverkäufe führen, ist allerdings wahrscheinlicher als die umgekehrte Richtung, dass steigende Eisverkäufe sommerliche Temperaturen nach sich ziehen.

Literatur

MILTON ABRAMOWITZ, IRENE A. STEGUN, *Handbook of Mathematical Functions with Formulas, Graphs, and Mathematical Tables*, National Bureau of Standards, Applied Mathematics Series, Tenth Printing, December 1972

N. ABRAMSON, „Development of the ALOHANET“, in *IEEE Transactions on Information Theory*, Volume 31, Issue 2, March 1985, S. 119–123

FORMAN S. ACTON, *Real computing made real: preventing errors in scientific and engineering calculations*, Dover Publications, Inc., 2005

AMIR D. ACZEL, *Die Natur der Unendlichkeit – Mathematik, Kabbala und das Geheimnis des Aleph*, Rowohlt Taschenbuch Verlag, 2002

MARTIN AIGNER, GÜNTER M. ZIEGLER, *Proofs from THE BOOK*, Springer-Verlag, Second Corrected Printing, 1999

R. ALBRECHT, U. KULISCH (Hrsg.), *Grundlagen der Computer-Arithmetik*, Springer-Verlag, Wien, New York, 1977

IGOR A. APOKIN, "The Development of Electronic Computers in the USSR", in TROGEMANN et al. (2001), S. 76–104

JOHN ARGYRIS, GUNTER FAUST, MARIA HAASE, RUDOLF FRIEDRICH, *Die Erforschung des Chaos – Eine Einführung in die Theorie nichtlinearer Systeme*, Springer-Verlag, 2010

MICHAEL ARTIN, *Algebra*, Birkhäuser Verlag, 1998

BENNO ARTMANN, *Der Zahlbegriff*, Vandenhoeck & Ruprecht, 1983

MICHAEL AUER, JÜRGEN DIETRICH, „Mehrwertige Digitalschaltungen“, in *radio fernsehen elektronik*, 24(1975), Heft 12., S. 389–393

FRANK AYRES Jr., *Differentialgleichungen*, McGraw-Hill, 1999

DOMINIQUE BARBOLOSI, „Vom Konkreten zum Abstrakten, von der Heuristik zur Strenge: Eine neue Hoffnung für den Mathematikunterricht?“, in *Mathematische Semesterberichte*, Band 62, Heft 1, April 2015, S. 83–100

RENÉ BARTSCH, *Allgemeine Topologie I*, Oldenbourg Wissenschaftsverlag, 2007

RICHARD HORACE BATTIN, *An Introduction to the Mathematics and Methods of Astrodynamics*, Revised Edition, AIAA Education Series, American Institute of Aeronautics and Astronautics, 1999

FRIEDRICH LUDWIG BAUER, *Entzifferte Geheimnisse – Methoden und Maximen der Kryptologie*, Springer-Verlag, 3. überarbeitete und erweiterte Auflage, 2000

THOMAS BAYES, *Versuch zur Lösung eines Problems der Wahrscheinlichkeitsrechnung*, herausgegeben von H. E. TIMERDING, Verlag von Wilhelm Engelmann, Leipzig, 1908

ERIC T. BELL, *Die großen Mathematiker*, Econ-Verlag, 1967

DAVID BELLHOUSE, „Decoding CARDANO's *Liber de Ludo Aleae*“, in *Historia Mathematica*, Volume 32, Issue 2, May 2005, S. 180–202

ROBERT E. BIXBY, "Solving Real-World Linear Programs: A Decade and More or Progress", in *Journal of Operations Research*, Vol. 50, Issue 1, Januar 2002, S. 3–15

Karl Heinz Borgwardt, „Wie schnell arbeitet das Simplexverfahren normalerweise? Oder: Das Streben nach (stochastischer) Unabhängigkeit“, in *Mitteilungen der DMV*, #2, 2014, S. 80–92

Harmut Bossel, *Systemzoo 3 – Wirtschaft, Gesellschaft und Entwicklung*, Books on Demand GmbH, Norderstedt, 2004

Gernot Brähler, Markus Bensmann, Hans-Ralph Jakobi, *Das Benfordsche Gesetz und seine Anwendbarkeit bei der digitalen Prüfung von Fahrtenbüchern*, Ilmenauer Schriften zur Betriebswirtschaftslehre, Verlag proWiWi e. V., Ilmenau, 2011

Mark Braverman, "Computing with Real Numbers, from Archimedes to Turing and Beyond", in *Communications of the ACM*, September 2013, Vol. 56, No. 9, S. 74–83

Jens Breitenbach, *Ein Reiseführer durch die Harmonische Analyse*, DeGruyter, in Vorbereitung

N. Brisebarre, David Defour, Peter Kornerup, Jean-Michel Muller, Nathalie Revol, „A new range reduction algorithm“, in *IEEE Transactions on Computers*, Issue No. 03, March 2005, Vol. 54, S. 331–339

Ilja N. Bronstein, Heiner Mühlig, Gerhard Musiol, Konstantin A. Semendjajew, *Taschenbuch der Mathematik*, Verlag Harri Deutsch, 2013

George W. Brown, *History of RAND's Random Digits – Summary*, RAND Corporation, P-113, June 1949, `http://www.rand.org/content/dam/rand/pubs/papers/2008/P113.pdf`, Stand 16.12.2014

Johannes Buchmann, *Einführung in die Kryptographie*, Springer-Verlag, 5. Auflage, 2010

M. G. Bulmer, *Principles of Statistics*, The MIT Press, Second Edition, 1967

David M. Burton, *Elementary Number Theory*, 3rd edition, Wm. C. Brown Publishers, 1994

Florian Cajori, *A History of the Logarithmic Slide Rule and Allied Instrument and on the History of Gunter's Scale and the Slide Rule During the Seventeenth Century*, Astragal Press, 1994

W. Meyer zur Capellen, *Mathematische Instrumente*, Akademische Verlagsgesellschaft Geest & Portig K.-G., Leipzig 1949

Girolamo Cardano, *ARS MAGNA or The Rules of Algebra*, Translated and Edited by T. Richard Witmer, Dover Publications, Inc., 1993

John H. Conway, *On Numbers and Games*, A K Peters, Ltd., 2001

John W. Cooley, John Wilder Tukey, „An Algorithm for the Machine Calculation of Complex Fourier Series“, in *Mathematics of Computation*, Vol. 19, No. 90, April 1965, S. 297–301

Hubert Cremer, *Carmina mathematica und andere poetische Jugendsünden*, J. A. Mayer Verlag, 3. Auflage 1965

Ole-Johan Dahl, E. W. Dijkstra, C. A. R. Hoare, *Structured Programming*, Academic Press, London and New York, 1972

Wolfgang Dahmen, Arnold Reusken, *Numerik für Ingenieure und Naturwissenschaftler*, 2. Auflage, Springer-Verlag, 2008

C. N. Dean, M. G. Hinchey (Ed.), *Teaching and Learning Formal Methods*, Academic Press, 1996

Peter Deuflhard, Andreas Hohmann, *Numerische Mathematik 1: Eine algorithmisch orientierte Einführung*, DeGruyter, 4. Auflage, 2008

PETER DEUFLHARD, FOLKMAR BORNEMANN, *Numerische Mathematik 2: Gewöhnliche Differentialgleichungen*, DeGruyter, 3. Auflage, 2008

PETER DEUFLHARD, MARTIN WEISER, *Numerische Mathematik 3: Adaptive Lösung partieller Differentialgleichungen*, DeGruyter, 2011

EDSGER WYBE DIJKSTRA, "Notes in Structured Programming", in (DAHL et al., 1972, pp. 1–82)

APOSTOLOS DOXIADIS, CHRISTOS H. PAPADIMITRIOU, *Logicomix – Eine epische Suche nach Wahrheit*, Süddeutsche Zeitung Bibliothek, 2012

KLAUS-DIETER DREWS, *Lineare Gleichungssysteme und lineare Optimierungsaufgabe*, VEB Deutscher Verlag der Wissenschaften, Berlin

C. H. EDWARDS, *The Historical Development of the Calculus*, Springer-Verlag, 1979

PETER EICHELSBACHER, MATTHIAS LÖWE, „90 Jahre LINDENBERG-Methode", in *Mathematische Semesterberichte*, Band 61, Heft 1, April 2014, S. 7–34

CHRISTOPHER EVANS, „Conversation: J. M. M. PINKERTON", in *Annals of the History of Computing*, Vol. 5, Number 1, January 1983, S. 64–72

STANLEY J. FARLOW, *Partial Differential Equations for Scientists and Engineers*, Dover Publications, 1993

ULRICH FELGNER, „Das Induktions-Prinzip", in *Jahresbericht der Deutschen Mathematiker-Vereinigung*, Volume 114, Number 1, April 2012, Springer-Verlag, S. 23–45

WALTER FELSCHER, *Naive Mengen und abstrakte Zahlen I*, BI Wissenschaftsverlag, 1989

ADOLF FINGER, *Pseudorandom Signalverarbeitung*, B. G. Teuber Stuttgart, 1997

MARC FISCHER, *Produktlebenszyklus und Wettbewerbsdynamik: Grundlagen für die ökonomische Bewertung von Markteintrittsstrategien*, Gabler Edition Wissenschaft, 2001

JOACHIM FOCKE, „Distributionen und Heaviside-Kalkül", in *Wissenschaftliche Zeitschrift der Karl-Marx-Universität Leipzig*, 11. Jahrgang, 1962, S. 627–629

LAURA FONTANARI, MICHEL GONZALEZ, GIORGIO VALLORTIGARA, VITTORIO GIROTTO, „Probabilistic cognition in two indigenous Mayan groups", in *Proceedings of the National Academy of Scienced of the United States of America*, doi: 10:1073/pnas.1410583111

ROBERT L. FOOTE, ED SANDIFER, „Area Without Integration: Make Your Own Planimeter", in *Hands on History – A Resource for Teaching Mathematics*, Amy Shell-Gellash, ed., The Mathematical Association of America (Incorporated), 2007

OTTO FORSTER, *Algorithmische Zahlentheorie*, Springer Spektrum, 2. Auflage, 2015

FRANCIS GALTON, *Natural Inheritance*, Macmillan, 1889

DAVID GOLDBERG, "What every computer scientist should know about floating-point arithmetic", in *ACM Computing Surveys*, Vol. 23, Issue 1, March 1991, S. 5–48

MARTIN GOLDSTERN, „Mengenlehre: Hierarchie der Unendlichkeiten", in *Schriftenreihe zur Didaktik der Mathematik der Österreichischen Mathematischen Gesellschaft (ÖMG)*, Heft Nr. 32, S. 59–72

SIEGFRIED GOTTWALD, *Mehrwertige Logik – Eine Einführung in Theorie und Anwendungen*, Akademie-Verlag Berlin, 1989

JOHN GREENSTADT, „Recollections of the Technical Computing Bureau", in *Annals of the History of Computing*, Volume 5, Number 2, April 1983, S. 149–153

DAVID ALAN GRIER, „The Math Tables Project of the Work Projects Administration: The Reluctant Start of the Computing Era“, in *Annals of the History of Computing*, Volume 20, Issue 3, July 1998, S. 33–50

DAWN GRIFFITHS, *Statistik von Kopf bis Fuß*, O'Reilly, 2009

THOMAS MÜLLER-GRONBACH, KLAUS RITTER, *Erich Nowak*, *Monte Carlo-Algorithmen*, Springer-Verlag, 2012

GODFREY HAROLD HARDY, *A Mathematician's Apology*, Cambridge University Press, Reissue, 2012

GERD HOFMEISTER, HAAKON WAADELAND, „Eine Minimaleigenschaft des Fünfer-Systems“, in *Det Kongelige Norske Videnskabers Selskabs Forhandlinger*, Bind 39, 1966, Nr. 11, S. 66–72

A. RUPERT HALL, *Philosophers at War – the Quarrel Between NEWTON and LEIBNIZ*, Cambridge University Press, 1980

RUDOLF HALLER, FRIEDRICH BARTH, *Berühmte Aufgaben der Stochastik: von den Anfängen bis heute*, DeGruyter, 2013

BILL HAMMACK, STEVE KRANZ, BRUCE CARPENTER, *Albert Michelson's Harmonic Analyzer: A Visual Tour of a Nineteenth Centry Machine that Performs Fourier Analysis*, Articulate Noise Books, 2014

RICHARD WESLEY HAMMING, *Numerical Methods for Scientists and Engineers*, Dover Publications, 1986

JULIAN HAVIL, *Gamma – EULERS Konstante, Primzahlstrände und die RIEMANNsche Vermutung*, Springer-Verlag, 2007

O. HENRICI, „Report on Planimeters“, in *Report of the Sixty-Fourth Meeting of the British Association for the Advancement of Science*, London: John Murray, Albemarle Street, 1894

HANS HERMES, *Einführung in die mathematische Logik*, 4. Auflage, B. G. Teubner Stuttgart, 1976

PAUL HOFFMAN, *The Man Who Loved Only Numbers*, Hyperion Books, 1998

DIRK W. HOFFMANN, *Grenzen der Mathematik – Eine Reise durch die Kerngebiete der mathematischen Logik*, Spektrum Akademischer Verlag, Heidelberg, 2011

KURT HUBER, *Leibniz – Der Philosph der universalen Harmonie*, R. Piper GmbH & Co. KG, 1989

GEOFFREY HUNTER, *Metalogic – An Introduction to the Metatheory of Standard First Order Logic*, University of California Press, 6th printing, 1996

HARRY D. HUSKEY, GRANINO A. KORN, *Computer Handbook*, McGraw-Hill Book Company, Inc., 1962

KAI HWANG, *Computer Arithmetic*, John Wiley & Sons, Inc., 1979

IEEE, *754-2008 – IEEE Standard for Floating-Point Arithmetic*

GEORGES IFRAH, *Universalgeschichte der Zahlen*, Campus Verlag, 1991

KENNETH E. IVERSON, "Conventions Governing Order of Evaluation", in *A Source Book in APL*, APL PRESS, Palo Alto, 1981, S. 29–32

KLAUS JÄNICH, *Funktionentheorie – Eine Einführung*, Springer-Verlag, 2011

DIETER VON JEZIERSKI, *Slide Rules – A Journey Through Three Centuries*, Astragal Press, 2000

DIETER JÖRGENSEN, *Der Rechenmeister*, Aufbau Taschenbuch, 2004

E. CALVIN JOHNSON, „Computers and Control“, in (HUSKEY et al., 1962, S. 21-62 ff.)

WILLIAM JONES, *Synopsis Palmariorum Matheseos: Or, a New Introcution to the Mathematics: Containing the Principles ofArithmetic & Geometry Demonstrated, In a Short and Easie Method*, London, 1706

ROBERT KAPLAN, *Die Geschichte der Null*, Piper Taschenbuch, 6. Auflage, 2006

CHRISTIAN KARPFINGER, KURT MEYBERG, *Algebra: Gruppen – Ringe – Körper*, Springer Spektrum, 3. Auflage, 2013

JOHN E. KERRICH, *An Experimental Introduction to the Theory of Probability*, E. Munksgaard, 1946

EBERHARD KNOBLOCH, *Der Beginn der Determinantentheorie – LEIBNIZens nachgelassene Studien zum Determinantenkalkül*, Gerstenberg Verlag, 1980

DONALD E. KNUTH, *Surreal Numbers: How Two Ex-Students Turned on to Pure Mathematics and Found Total Happiness*, Addison Wesley Pub. Co. Inc, 1974

DONALD E. KNUTH, "Two Notes on Notation", in *Americal Mathematical Monthly*, Vol. 99, No. 5, May 1992, S. 403–422

DONALD E. KNUTH, *The Art of Computer Programming*, Fascicle 1, MMIX, Addison-Wesley, 2004

DONALD E. KNUTH, *The Art of Computer Programming*, Volume 1 – 4, Addison-Wesley, 2011

HANS-HEINRICH KÖRLE, *Die phantastische Geschichte der Analysis – Ihre Probleme und Methoden seit Demokrit und Archimedes. Dazu die Grundbegriffe von heute*, Oldenbourg, 2012

ALEX ELY KOSSOVSKY, *BENFORD's Law – Theory, the General Law of Relative Quantities, and Forensic Fraud Detection Applications*, World Scientific Publishing, 2015

STEFAN KRAUSS, RALPH HERTWIG, „Muss DNA-Evidenz schwer verständlich sein? Der Ausweg aus einem Kommunikationsproblem“, in *Monatsschrift für Kriminologie und Strafrechtsreform*, 83. Jahrgang, Heft 3, 2000, S. 155–162

ALFRED KUNZ, „Physikalische Interpretation der Exponentialfunktion“, in *radio und fernsehen*, 24, 1961, S. 765–769

D. W. LADD, J. W. SHELDON, „The Numerical Solution of a Partial Differential Equation on the IBM Type 701 Electronic Data Processing Machines“, in *Annals of the History of Computing*, Volume 5, NUmber 2, April 1983, S. 142–145

JEFFREY C. LAGARIAS, „The $3x+1$ problem and its generalizations“, in *American Mathematical Monthly*, 92(1), S. 3-23

ANSELM LAMBERT, UWE PETERS, *Straßen sind keine Splines*, Universität des Saarlandes, Fachrichtung 6.1 (Mathematik, Preprint Nr. 139, 2005, `http://www.math.uni-sb.de/PREPRINTS/preprint139.pdf`, Stand 29.10.2014

GERD LAURES, MARKUS SZYMIK, *Grundkurs Topologie*, Spektrum Akademischer Verlag, 2009

F. WILLIAM LAWVERE, ROBERT ROSEBRUGH, *Sets for mathematics*, Cambridge University Press, 2003

JIŘÍ LEBL, *Notes on Diffy Qs – Differential Equations for Engineers*, `http://www.jirka.org/diffyqs/diffyqs.pdf`, Stand 23.11.2014

JÜRGEN LEHN, HELMUT WEGMANN, *Einführung in die Statistik*, Wissenschaftliche Buchgesellschaft, Darmstadt, 1992

TANYA LEISE, „As the Planimeter's Wheel Turns: Planimeter Proofs for Calculus Class“, in *College Mathematics Journal*, January 2007

ROMAN LIEDL, KRISTIAN KUHNERT, *Analysis in einer Variablen – Eine Einführung für ein praxisorientiertes Studium*, BI Wissenschaftsverlag, 1992

FALKO LORENZ, *Lineare Algebra I*, BI Wissenschaftsverlag, 1988

FALKO LORENZ, *Lineare Algebra II*, BI Wissenschaftsverlag, 1988

HEINZ LÜNEBURG, *LEONARDI PISANI liber abbaci oder Lesevergnügen eines Mathematikers*, 2. Auflage, BI Wissenschaftsverlag, 1993

BASIL MAHIN, *Oliver Heaviside – Maverick mastermind of electricity*, The Institution of Engineering and Technology, 2009

B. N. MALINOVSKIY, N. P. BRUSENTSOV, "NIKOLAI PETROVICH BRUSENTSOV and his Computer SETUN", in (TROGEMANN et al., 2001, S. 104–107)

STÉPHANE MALLAT, *a wavelet tour of signal processing*, Academic Press, 2001

W. F. MCCLELLAND, D. W. PENDERY, „701 Installation in the West", in *Annals of the History of Computing*, Volume 5, Number 2, April 1983, S. 167–170

DENNIS L. MEADOWS, DONELLA H. MEADOWS, ERICH K. O. ZAHN, PETER MILLING, *Die Grenzen des Wachstums – Bericht des Club of Rome zur Lage der Menschheit*, dva informativ, 1972

DENNIS L. MEADOWS, WILLIAM W. BEHRENS III, DONATELLA H. MEADOWS, ROGER F. NAILL, JØRGEN RANDERS, ERICH K. O. ZAHN, *Dynamics of Growth in a Finite World*, Wright-Allen Press, Inc., 1974

EDUARD MEMMESHEIMER, „Matrizenkalkül im Unterricht – Anwendung bei betriebswirtschaftlichen Problemen", in *Matrizenrechnung*, Tagungsvorträge, Lehrerfortbildung, 22.–23.03.1984, Universität Mainz

NICHOLAS METROPOLIS, „The Beginning of the Monte Carlo Method", in *Los Alamos Science*, Special Issue, 1987, S. 125–130

ALBERT ABRAHAM MICHELSON, SAMUEL WESLEY STRATTON, „A new Harmonic Analyzer", in *American Journal of Science*, Series 4, Vol. 5, 1898, S. 1–13

N. N., „Taschenrechner minirex 75", in *radio fernsehen elektronik*, 24 (1975) Heft 18, S. 608–609

FLORIAN MODLER, MARTIN KREH, *Tutorium Algebra: Mathematik von Studenten für Studenten erklärt und kommentiert*, Springer Spektrum, 2012

FOSTER MORRISON, *The art of modeling dynamic systems: forecasting for chaos, randomness, and determinism*, Dover Publications, Inc., 2008

RAINER MÜNCHRATH, „Datensicherung auf Übertragungswegen mit zyklischen Codes", in *Elektronik*, 1976, Heft 8, S. 55–59

PAUL J. NAHIN, *Oliver Heaviside: The Life, Work, and Times of an Electrical Genius of the Victorian Age*, The Johns Hopkins University Press, Baltimore and London, 2002

ELI NAOR, *e – The Story of a Number*, Princeton University Press, 1994

THAMÉR NEMES, *Kybernetische Maschinen*, Berliner Union GmbH, Stuttgart 1967

O. NEUGEBAUER, *Vorlesungen über Geschichte der antiken mathematischen Wissenschaften, Erster Band, Vorgriechische Mathematik*, Zweite, unveränderte Auflage, Springer-Verlag, 1969

N. N., „Recreations of a Philosopher", in *Harper's New Monthly Magazine*, Vol. 30, Issue 175, December 1864, S. 34–49

HORST OSTERLOH, *Strassenplanung mit Klothoiden: Einrechnung von Trasse und Gradiente*, Bauverlag, 1965

CHRISTOS H. PAPADIMITRIOU, *Kenneth Steiglitz, Combinatorial Optimization: Algorithms and Complexity*, Prentice-Hall, Inc., 1982

BLAISE PASCAL, *Gedanken über die Religion*, Edition Holzinger, Berliner Ausgabe, 2013

DONALD A. PIERRE, *Optimization Theory with Applications*, Dover Publications, Inc., 1986

WILLIAM H. PRESS, SAUL A. TEUKOLSKY, WILLIAM T. VETTERLING, BRIAN P. FLANNERY, *Numerical Recipes – The Art of Scientific Computing*, 3rd edition, Cambridge University Press, 2007

THOMAS PÜTTMANN, „Der Seilcomputer KELVIN", in *Mitteilungen der DMV*, Heft 22, 2014, S. 222–225

RAND Corporation, *A Million Random Digits with 100,000 Normal Deviates*, RAND, 2001

ULF VON RAUCHHAUPT, „Am Amazonas ist das Rechnen nicht so wichtig.", in *Frankfurter Allgemeine Zeitung*, 22. August 2004, Nr. 34, S. 57

ROBERT RECORDE, *The whetstone of witte, whiche is the seconde parte of Arithmetike: containyng the extraction of rootes; the cossike practise, with the rule of equation; and the workes of Surde Nombers*, 1557

REINHOLD REMMERT, *Funktionentheorie 1*, 4. Auflage, Springer-Verlag Berlin Heidelberg, 1995

REINHOLD REMMERT, *Funktionentheorie 2*, 2. Auflage, Springer-Verlag Berlin Heidelberg, 1995

HENRY R. RICHARDSON, LAWRENCE D. STONE, DANIEL H. WAGNER, „Operations Analysis During teh Underwater Search for Sorpion", in *Naval Research Logistics Quarterly*, Volume 18, Issue 2, June 1971, S. 141–157

HORST RINNE, *Taschenbuch der Statistik*, Harri Deutsch / C. H. Beck, 2008

DENIS ROEGEL, *A reconstruction of the tables of BRIGGS'* Arithmetica logarithmica *(1624)*, http://hal.archives-ouvertes.fr/docs/00/54/39/39/PDF/briggs1624doc.pdf, 6 December 2010

RAÚL ROJAS (Hrsg.), *Die Rechenmaschinen von KONRAD ZUSE*, Springer-Verlag, 1998

GIDEON ROSENBLUTH, „Measures of Concentration", in *Business Concentration and Price Policy*, Universities-National Bureau, Princeton University Press, 1955, S. 57-99

ENRIO RUBIOLA, *Phase Noise and Frequency Stability in Oscillators*, Cambridge University Press, 2010

HARALD SCHEID, ANDREAS FROMMER, *Zahlentheorie*, Springer Spektrum, 4. Auflage, 2013

FRIEDRICH SCHILLER, *Briefe über die ästhetische Erziehung des Menschen*, 1795

HANS-RUDOLF SCHWARZ, *Numerische Mathematik*, Vieweg+Teubner Verlag, 8. Auflage, 2011

CHARLES SEIFE, *Zwilling der Unendlichkeit: Eine Biographie der Zahl Null*, Goldmann Verlag, 2002

SIMON SINGH, *Fermats letzter Satz: Die abenteuerliche Geschichte eines mathematischen Rätsels*, ungekürzte Ausgabe 2000, dtv, 2014

SIMON SINGH, *The Simpsons and Their Mathematical Secrets*, Bloomsbury Publishing Plc, 2013

JON M. SMITH, *Scientific Analysis on the Pocket Calculator*, John Wiley & Sons, 1977

IAN NAISMITH SNEDDON, *FOURIER transforms*, Dover Publications, 1995 (Nachdruck der Originalausgabe von 1950)

SHERRY SONTAG, CHRISTOPHER DREW, ANNETTE LAWRENCE DREW, *Blind Man's Bluff – the Untold Story of Cold War Submarine Espionage*, arrow books, 1998

EDWARD F. SOWELL, *Programming in Assembly Language – VAX-11*, Addison-Wesley Publishing Company, 1987

Soza & Company, Ltd, Office of Search and Rescue U.S. Coast Guard, *The Theory of Search – A Simplified Explanation*, `http://www.navcen.uscg.gov/pdf/Theory_of_Search.pdf`, Stand 18.04.2015

Statistisches Bundesamt, *Finanzen und Steuern – Jährliche Einkommenssteuerstatistik, Sonderthema: Einkünfte aus Vermietung und Verpachtung, 2010*, Statistisches Bundesamt, Wiesbaden, 2014

IAN STEWART, DAVID TALL, *Complex Analysis – The Hitchhiker's Guide to the Plane*, Cambridge University Press, 1983

IAN STEWART, *Die Macht der Symmetrie – Warum Schönheit Wahrheit ist*, Springer Spektrum, 2013

MICHAELE STIFELIO, *Arithmetica integra*, Norimbergæ apud John. Petreium. Anno Christi M.D.XLIIII.

W. W. STIFLER, jr. (ed.), C. B. TOMPKINS, J. H. WAKELIN (superv.), *High-Speed Computing Devices*, McGraw-Hill Book Company, Inc., 1950

JOHN STILLWELL, *Wahrheit, Beweis, Unendlichkeit*, Springer Spektrum, 2014

JOSEF STOER, *Numerische Mathematik 1*, Springer-Verlag, 5. Auflage, 1989

JOSEF STOER, *Numerische Mathematik 2*, Springer-Verlag, 3. Auflage, 1990

LAWRENCE D. STONE, COLLEEN M. KELLER, THOMAS M. KRATZKE, JOHAN P. STRUMPFER, „Search Analysis for the Underwater Wreckage of Air France Flight 447", in *14th International Conference on Information Fusion*, Chicago, Illinois, USA, July 5–8, 2011, S. 1061–1068

STEVEN H. STROGATZ, *Nonlinear Dynamics and Chaos with Applications to Physics, Biology, Chemistry, and Engineering*, 2nd edition, Westview Press, 2014

PATRICK SUPPES, *Axiomatic Set Theory*, Dover Publications, Inc., 1972

LEONARD SUSSKIND, ART FRIEDMAN, *Quantum Mechanics – The Theoretical Minimum*, Basic Books, New York, 2014

ANTONIN SVOBODA, *Computing Mechanisms and Linkages*, McGraw-Hill Book Company, Inc., 1948

DORON SWADE, *The Cogwheel Brain*, Litte Brown Print on Demand, 2nd edition, 2001

LEONARD W. SWANSON, *Linear Programming – Basic Theory and Applications*, McGraw-Hill, 2nd printing, 1985

ALEXANDER G. TARTAKOVSKY, „Rapid Detection of Attacks in Computer Networks by Quickest Changepoint Detection Methods", in *Data Analysis for Network Cyber-Security*, NEIL ADAMS, NICHOLAS HEARD (Hrsg.), Imperial College Press, 2014

MORRIS TENENBAUM, HARRY POLLARD, *Ordinary Differential Equations – An Elementary Textbook for Students of Mathematics, Engineering, and the Sciences*, korrigierter Nachdruck der Ausgabe von 1963, Dover Publications, 1985

Sir WILLIAM THOMSON Lord KELVIN, „The tidal gauge, tidal harmonic analyser, and tide predicter", in *KELVIN, Mathematical and Physical Papers*, Volume VI, Cambridge 1911, S. 272–305

EDWARD OAKLEY THORP, „The Inventeion of the First Wearable Computer“, in *ISWC '98 Proceedings of the 2nd IEEE International Symposium on Wearable Computers*, S. 4–8

GEORGI P. TOLSTOV, *FOURIER Series*, Dover Publications, 1976

FRANCESCO GIACOMO TRICOMI, *Differential Equations*, Nachdruck der Ausgabe von 1961, Dover Publications, 2012

GEORG TROGEMANN, ALEXANDER Y. NITUSSOV, WOLFGANG ERNST (Eds.), *Computing in Russia – The History of Computer Devices and Information Technology revealed*, Vieweg, 2001

T. H. TURNEY, *HEAVISIDE's Operational Calculus Made Easy*, Dover Publications, 1944

Stanis law Marcin Ulam, „On the Monte Carlo Method“, in *The Annals of the Computation Laboratory of Harvard University, Proceedings of a Second Symposium on Large-Scale Digital Calculating Machinery*, Vol. XXVI, 1951, S. 207–212

BERND ULMANN, *Analogrechner, Wunderwerke der Technik – Grundlagen, Geschichte und Anwendung*, Oldenbourg Wissenschaftsverlag GmbH, 2010

GEORG FREIHERR VON VEGA, *Logarithmisch-Trigonometrisches Handbuch*, bearbeitet von Dr. C. BREMIKER, 71. Auflage, Weidmannsche Buchhandlung, Berlin, 1889

HELMUT VOGEL, *GERTHSEN Physik*, Springer-Verlag, 20. aktualisierte Auflage, 1999

RUDOLF VOGELSANG, *Die mathematische Theorie der Spiele*, Ferd. Dümmlers Verlag, Bonn, 1963

JACK E. VOLDER, „The CORDIC Trigonometric Computing Technique“, in *IRE Transactions on Electronic Computers*, EC-8, 1959, S. 330–334

JACK E. VOLDER, „The Birth of Cordic“, in *The Journal of VLSI Signal Processing*, Volume 25, Number 2, June 2000, S. 101–105

JOHN VON NEUMANN, „Various Techniques Used in Connection with Random Digits“, in *Journal of Research of the National Bureau of Standards*, Appl. Math. Series, 1951, 3, S. 36–38

WOLFGANG WALLA, „Das MIERSCHEID-WALLA-Gesetz“, in *Statistisches Monatsheft Baden-Württemberg*, 3/20 06, S. 34–36

DIETMAR WÄTJEN, *Kryptographie: Grundlagen, Algorithmen, Protokolle*, Spektrum Akademischer Verlag, 2. Auflage, 2008

HORST WESSEL, *Logik*, VEB Deutscher Verlag der Wissenschaften, Berlin 1989

JOHANNES WIDMANN, *Behend und hüpsch Rechnung uff allen Kauffmanschafften*, Pforzheim 1508, Bayerische Staatsbibliothek, Res/Merc. 265, urn:nbn:de:bvb:12-bsb00003523-2, VD16 W 2478

FRIEDRICH ADOLF WILLERS, *Mathematische Instrumente*, Verlag von R. Oldenbourg, München und Berlin 1943

HANS WUSSING, *Carl Friedrich Gauss*, BSB B. G. Teubner Verlagsgesellschaft, 1979

GENE ZIRKEL (Ed.), “Reflections on the DSGB”, in *The Duodecimal Bulletin*, Volume 4χ, Number 1, Whole Number 98, S. 13–16, http://www.dozenal.org/drupal/sites/default/files/db4a113_0.pdf, Stand 07.08.2014

AFRA J. ZOMORODIAN, *Topology for Computing*, Cambridge University Press, 2005

KONRAD ZUSE, *Der Computer – Mein Lebenswerk*, Springer-Verlag, 3., unveränderte Auflage, 1993

Stichwortverzeichnis

Q

www.ingramcontent.com/pod-product-compliance
Lightning Source LLC
LaVergne TN
LVHW080112070326
832902LV00015B/2544

* 9 7 8 3 1 1 0 3 7 5 1 1 4 *